Braun   Planung und
         Berechnung von Kurzwellen-
         verbindungen

Planung und Berechnung von Kurzwellenverbindungen

Von Gerhard Braun

2., wesentlich überarbeitete Auflage, 1986

Siemens Aktiengesellschaft

CIP-Kurztitelaufnahme der Deutschen Bibliothek

Braun, Gerhard:
Planung und Berechnung von Kurzwellenverbindungen / von Gerhard Braun.
— 2., wesentl. überarb. Aufl. —
Berlin; München: Siemens-Aktiengesellschaft, 1986.

ISBN 3-8009-1442-5

Der Kurzwellenbereich von 1,5 bis 30 MHz ist auch nach Einführung der Übertragung von Nachrichten aller Art mit Hilfe stationärer Satelliten und breitbandiger bzw. vielfach ausgenützter Kabel von großer Bedeutung.
Das Buch behandelt den Entwurf und die Parameterberechnung von Kurzwellen-Richtfunkstrecken hinsichtlich der Pegel, der Zuverlässigkeit, der CCIR-Bedingungen, der Kanalzahl und der Antennen.
Die Veröffentlichung stellt sowohl ein Kompendium dar für den Planungs- und Vertriebsingenieur, als auch ein Repetitorium für den Leser, dem die Grundlagen der Kurzwellenausbreitung und deren Anwendung für die praktischen Planungsaufgaben nicht mehr ganz geläufig sind.

Schlagwörter

Bodenwelle
Raumwelle
Aufbau der Ionosphäre
Einfluß der Sonnenflecken
Einfluß des erdmagnetischen Feldes
Schwunderscheinungen (Fading)
Funkstörungen im Frequenzbereich
0,5 bis 30 MHz
Kurzwellenfrequenzbereiche
Sendearten
Betriebsarten
Frequenzstabilität der Funkgeräte
Senderleistung
Oberwellen der Betriebsfrequenz
Parasitär erzeugte Frequenzen
Intermodulationsprodukte
Außerbandstrahlung
Erforderlicher Signal-/Geräuschabstand

Diversity-Verfahren
Berechnen von Kurzwellenstrecken
bei Raumwellenausbreitung
Großkreisentfernung
und -richtung
Ermitteln der günstigsten
Abstrahlwinkel
Ermitteln der anwendbaren
Frequenzbereiche
Berechnungsbeispiele
Störungen der Bodenwellen-
übertragung
Kurzwellenantennen
Antennen für Raumwellen-
ausbreitung
Antennen für Bodenwellen-
ausbreitung

ISBN 3-8009-1442-5

Herausgeber und Verlag:
Siemens Aktiengesellschaft, Berlin und München
© 1981 by Siemens Aktiengesellschaft, Berlin und München
Alle Rechte vorbehalten, insbesondere das Recht der Vervielfältigung und Verbreitung, der Übersetzung und sonstiger Bearbeitungen sowie der Entnahme von Abbildungen auch bei nur auszugsweiser Verwertung. Reproduktionen (durch Fotokopie, Mikrofilm oder andere Verfahren), sowie Verarbeitung, Vervielfältigung und Verbreitung unter Verwendung elektronischer Systeme nur mit schriftlicher Zustimmung des Verlags.
Printed in the Federal Republic of Germany

Vorwort zur zweiten Auflage

Der Kurzwellenbereich von 1,5 bis 30 MHz ist auch nach Einführung der Übertragung von Nachrichten aller Art mit Hilfe stationärer Satelliten und breitbandiger bzw. vielfach ausgenutzter Kabel von großer Bedeutung. Dies trifft besonders zu für Flugfunk- und Seefunkdienste, für die mobilen und festen Dienste und für die weltweite Übertragung von Rundfunkprogrammen. In die vorliegende Auflage sind nun der neue Frequenzverteilungsplan, herausgegeben von der UIT 1982 in Genf, und die neuen Bezeichnungen der Sendearten eingearbeitet. Im Hinblick auf eine besonders gute Übersichtlichkeit wurde im Anhang eine Vergleichstabelle aufgenommen, die die bisherigen Bezeichnungen den heute gültigen gegenüberstellt. Das Gesamtkonzept ist dabei nicht berührt; es zeigt die für die Planung von Kurzwellenverbindungen erforderlichen Rechenoperationen in konsequent aufgebauter Reihenfolge. Um die dafür benötigte Zeit soweit wie möglich einzuschränken und den Rechnungsgang zu vereinfachen, sind aus der vorhandenen umfangreichen Fachliteratur entnommene und eigens berechnete Diagramme und Nomogramme zur Ermittlung der für die Übertragung maßgeblichen Eigenschaften einer Funkstrecke in den Rechnungsgang einbezogen und dafür wichtige Daten in Tabellen zusammengestellt. Diese Rechenunterlagen berücksichtigen sowohl die nicht beeinflußbaren Vorgänge in den beteiligten Medien entlang einer Funkstrecke, als auch die — eine weitgehende Störfreiheit anstrebenden — Empfehlungen des CCIR und die an die Übertragungssicherheit und -güte zu stellenden Forderungen. Die ebenfalls dazugehörenden wichtigen technischen Eigenschaften der Sende- und Empfangsantennen und Hinweise für eine zweckmäßige Antennenauswahl werden in einem besonderen Kapitel behandelt.

Die Vorgänge in den die Kurzwellenübertragung ermöglichenden Medien und deren Einfluß auf die Güte der ausgesendeten Signale werden ebenfalls für die Bearbeitung einer Streckenplanung von Interesse sein. Ohne auf die Theorie des Entstehens und des Aufbaus dieser Medien näher einzugehen, werden ausreichende Informationen zum Verständnis dieser Vorgänge mitgeteilt.

Die zu jedem Kapitel dieses Buches gegebenen Hinweise auf die umfangreiche Spezialliteratur dienen auch zur weitergehenden Information zu den behandelten Themen. Hierzu soll noch erwähnt werden, daß die UIT und das CCIR Vorschriften und Empfehlungen, die eine Nachrichtenübertragung mit Hilfe der Kurzwelle betreffen, laufend überwacht und, falls erforderlich, an neue technische Systeme und Übertragungsbedingungen anpaßt. Dem Bearbeiter der Planung von Kurzwellenverbindungen wird deshalb empfohlen, nach Möglichkeit den neuesten Stand dieser Vorschriften und Empfehlungen zu berücksichtigen.

Dank der gewählten Konzeption stellt die Veröffentlichung sowohl ein Kompendium für den Planungs- und Vertriebsingenier dar, als auch ein Repetitorium für denjenigen Techniker und Ingenieur, dem die Grundlagen der Kurzwellenausbreitung und deren Anwendung für die praktischen Planungsaufgaben nicht mehr ganz geläufig sind.

München, im Februar 1986

Siemens Aktiengesellschaft

Inhalt

1	**Einleitung**	11
2	**Grundlagen**	16
2.1	Ausbreitungsarten	17
2.1.1	Bodenwelle	17
2.1.2	Raumwelle	17
2.2	Aufbau der Ionosphäre	18
2.2.1	Aktive Schichten	20
2.3	Einfluß der Sonnenflecken	22
2.4	Einfluß des erdmagnetischen Feldes	31
2.5	Schwunderscheinungen (Fading)	33
2.5.1	Interferenz- oder selektiver Schwund	33
2.5.2	Polarisationsschwund	34
2.5.3	Absorptionsschwund	35
2.5.4	Skip Fading	35
2.5.5	Statistische Verteilung der Feldstärke am Empfangsort	35
2.6	Ausbreitungswege der Raumwelle	39
2.6.1	Mehrwegeausbreitung	45
2.7	Änderung der Empfangsfrequenz durch Dopplereffekt	48
2.8	Funkstörungen im Frequenzbereich 0,5 bis 30 MHz	49
2.8.1	Atmosphärisches Rauschen	49
2.8.2	Störungen durch elektrische Maschinen und Anlagen	58
2.8.3	Kosmisches (galaktisches) Rauschen	59
2.8.4	Rauschfeldstärke	59
2.8.5	Planungswerte für erforderliche Signalfeldstärken	59
2.9	Kurzwellenfrequenzbereiche	69
Literatur		83
3	**Technische Bedingungen für Kurzwellenverbindungen**	85
3.1	Sendearten	85
3.1.1	Telegrafiesendearten	89
3.1.1.1	Sendeart A1A, A1B, Telegrafie ohne Modulation des HF-Trägers	89
3.1.1.2	Sendeart A2A, A2B, Telegrafie mit niederfrequent moduliertem HF-Träger	90
3.1.1.3	Sendeart F1B, Telegrafie mit frequenzumgetastetem HF-Träger	90

3.1.1.4	Sendeart F7B, zwei Fernschreibkanäle über einen frequenzumgetasteten HF-Träger	92
3.1.1.5	Sendearten R7B, B7B, J7B, B7W, Fernschreiben mit Wechselstromtelegrafiesystemen im Seitenband	92
3.1.1.6	Sendearten A3C und F1C, Faksimile und Telebilder	93
3.1.2	Telefoniesendearten	95
3.1.2.1	Sendeart A3E, amplitudenmodulierte Zweiseitenbandmodulation	95
3.1.2.2	Sendeart R3E, Telefoniesendungen im oberen Seitenband mit reduziertem HF-Träger	96
3.1.2.3	Sendeart H3E, Telefoniesendungen im oberen Seitenband mit vollem HF-Träger	96
3.1.2.4	Sendeart J3E, Telefoniesendungen im oberen Seitenband mit unterdrücktem HF-Träger	97
3.1.2.5	Sendeart B8E, Mehrkanaltelefoniesendungen im oberen und unteren Seitenband	97
3.1.2.6	Zusammenfassung	99
3.2	Betriebsarten	102
3.2.1	Simplexverkehr	102
3.2.2	Duplexverkehr	102
3.2.3	Halbduplexverkehr	103
3.3	Frequenzstabilität der Funkgeräte	105
3.4	Senderleistung	108
3.4.1	HF-Trägerleistung	108
3.4.1.1	Voller HF-Träger	108
3.4.1.2	Verminderter (reduzierter) HF-Träger	109
3.4.1.3	Unterdrückter HF-Träger	109
3.4.2	Mittlere Senderleistung	109
3.4.3	Durchschnittliche HF-Spitzenleistung (*PEP*)	109
3.4.4	Beziehungen zwischen der durchschnittlichen Spitzenleistung, der mittleren Leistung und der Trägerleistung	109
3.4.5	Leistungsverteilung bei Mehrkanalbetrieb	113
3.4.5.1	Mehrkanal-Telegrafiebetrieb	113
3.4.5.2	Mehrkanal-Telefoniebetrieb	117
3.5	Sonstige technische Bedingungen	117
3.5.1	Oberwellen der Betriebsfrequenz	118
3.5.2	Parasitär erzeugte Frequenzen	119
3.5.3	Intermodulationsprodukte	119
3.5.4	Außerbandstrahlung	120
3.5.5	Erforderlicher Signal-/Geräuschabstand	124

3.6	Diversity-Verfahren	125
3.6.1	Diversity-Empfang	128
3.6.1.1	Raumdiversity	128
3.6.1.2	Polarisationsdiversity	131
3.6.1.3	Frequenzdiversity	131
3.6.2	Zeitdiversity-Verfahren	132
	Literatur	132

4	**Berechnen von Kurzwellenstrecken bei Raumwellenausbreitung**	**134**
4.1	Großkreisentfernung und -richtung	136
4.2	Ermitteln der günstigsten Abstrahlwinkel	138
4.3	Ermitteln der anwendbaren Frequenzbereiche	145
4.3.1	Beschreibung des Rechnungsganges	148
4.3.2	Berechnungsbeispiele	204
4.4	Berechnen der Streckendämpfung und der erreichbaren Feldstärken	216
4.4.1	Verluste in einem Kurzwellensystem	216
4.4.1.1	Verluste durch Dämpfung im freien Raum	217
4.4.1.2	Verluste in der Ionosphäre	222
4.4.1.3	Verluste durch Reflexion am Boden	226
4.4.1.4	Fadingreserven	228
4.4.1.5	Verfügbarkeit einer Funkstrecke	229
4.4.2	Beschreibung des Rechnungsganges	230
4.4.3	Berechnungsbeispiele	236
4.5	Zusammenfassung der Antennendaten	262
	Literatur	267

5	**Berechnen von Kurzwellenstrecken bei Bodenwellenausbreitung**	**268**
5.1	Ausbreitung der Bodenwelle über Gelände mit homogener Beschaffenheit	268
5.1.1	Berechnen der Bodenwellenfeldstärken	271
5.1.1.1	Funkweglänge $d < d_{kr}$	273
5.1.1.2	Funkweglänge $d > d_{kr}$	274
5.1.2	Bodenwellendämpfung in Abhängigkeit von der Polarisation	285
5.2	Ausbreitung der Bodenwelle über nicht ebenem Gelände	286
5.3	Ausbreitung der Bodenwelle über nicht homogenem Gelände	287
5.3.1	Berechnungsmethode nach Eckersley	287
5.3.2	Berechnungsmethode nach Millington	289

5.4	Störungen der Bodenwellenübertragung	295
5.4.1	Mehrwegeausbreitung	295
5.4.2	Interferenzen durch andere Sender	295
5.4.3	Empfang atmosphärischer Störungen	297
5.4.4	Störungen der Bodenwelle durch die Raumwelle des eigenen Senders	298
5.4.5	Störungen durch elektrische Maschinen und Anlagen	300
Literatur		301

6	**Kurzwellenantennen**	302
6.1	Allgemeines	302
6.1.1	Polarisation	302
6.1.2	Strahlungsdiagramme	303
6.1.3	Gewinn	307
6.1.4	Frequenzbereich	308
6.1.5	Fehlanpassung oder Welligkeit	312
6.1.6	Zulässige Hochfrequenzleistung	314
6.2	Antennen für Raumwellenausbreitung	314
6.2.1	Verbindungen über kurze Entfernungen	315
6.2.1.1	Rahmenantenne	317
6.2.1.2	Stab- und Peitschenantennen	319
6.2.1.3	Dipolantennen	321
6.2.1.4	Vertikale Breitbandreusen	326
6.2.1.5	Andere Antennenformen	330
6.2.2	Verbindungen über mittlere Entfernungen	330
6.2.2.1	Logarithmisch-periodische Antennen	332
6.2.3	Verbindungen über große Entfernungen	337
6.2.3.1	Horizontal polarisierte, logarithmisch-periodische Doppelantenne	338
6.2.3.2	Vertikal polarisierte, logarithmisch-periodische Doppelantenne	339
6.2.3.3	Rhombusantennen	340
6.2.3.4	Dipolwände	343
6.3	Antennen für Bodenwellenausbreitung	344
6.4	Empfangsantennen	344
6.4.1	Empfangsantenne mit wählbarer Polarisation	345
6.4.2	Aktive Empfangsantennen	345
Literatur		347
Anhang		348

Stichwortverzeichnis 351

1 Einleitung

Seit Anwendung hochfrequenter Wellen im Bereich von 1,5 bis 30 MHz für die Übertragung von Nachrichten über Strecken von wenigen Kilometern Länge bis zu sehr großen Entfernungen sind Verfahren zur Berechnung solcher Funkverbindungen entwickelt und laufend verbessert worden. Hierzu gehörten Untersuchungen der Ausbreitungsbedingungen und der erzielbaren Reichweiten der Raumwelle – die sich durch Reflexionen an den aktiven Schichten der Ionosphäre und am Boden fortpflanzt – und der Bodenwelle bei sehr unterschiedlichen elektrischen Eigenschaften des Erdbodens. Aus intensiven Beobachtungen solcher Kurzwellenverbindungen ergab sich, daß die benutzten Frequenzen und deren Anwendungszeit entscheidenden Anteil am Zustandekommen einer Funkverbindung über eine bestimmte Entfernung haben.

Für die Übertragung von telegrafischen und telefonischen Nachrichten, oder auch Rundfunkprogrammen mit Hilfe der Kurzwelle müssen hinsichtlich Sicherheit, Qualität und Zeitdauer bestimmte Forderungen erfüllt werden; diese sind vor allem in den Empfehlungen des CCIR niedergelegt. Sie können auch durch zusätzliche Pflichtenhefte und Vorschriften – wie sie z. B. von zivilen und militärischen Behörden, internationalen Organisationen, die für Wetterdienste, Seefunk- und Flugfunkdienste, Gesundheitsdienste, weltweite Rundfunkübertragungen u. ä. zuständig sind – herausgegeben werden. Um die einschlägigen technischen Forderungen zu erfüllen, müssen solche Funkverbindungen auf der Grundlage einer Streckenberechnung geplant und errichtet werden, welche die Ausbreitungsbedingungen über mehrere charakteristische Tages- und Jahreszeiten erfasst. Mit dem Ergebnis dieser Berechnungen ist dann das Festlegen der Geräteausrüstung, der Senderleistung, der Eigenschaften der Sende- und Empfangsantennen und der Qualität der Empfänger und der Modulations- und Demodulationseinrichtungen möglich.

Anders als bei der Übertragung von Nachrichten über Kabelverbindungen – bei denen die Eigenschaften des Übertragungsweges unabhängig von zeitlichen Faktoren genau definiert und reproduziert werden können –, haben die für Kurzwellendienste benutzbaren Ausbreitungsmedien keine konstanten Eigenschaften. Besonders bei der Raumwellenausbreitung ändern sich die für die Fortpflanzung der Kurzwelle maßgebenden Übertragungsbedingungen dauernd und führen dadurch zu kurzzeitig aufeinander folgenden positiven oder negativen Beeinflussungen der empfangenen Signale. Bei der Planung solcher Verbindungen sollten deshalb die für die Raumwellenausbreitung wichtigen Vorgänge in der Ionosphäre und ihr Einfluß auf die Funkstrecke bekannt sein; diese sind daher in Kapitel 2 so weit wie notwendig beschrieben. In dem zur Verfügung stehenden Frequenzbereich müssen sehr viele Nachrichten- und Rundfunkdienste untergebracht werden, die sich nicht gegenseitig stören dürfen. Erschwerend ist dabei, daß jede Funkverbindung mehrere Frequenzen braucht, wenn der Betrieb über 24 Stunden dauernd aufrechterhalten werden soll. Die technischen Forderungen an die Funkgeräte – wie die Frequenzgenauigkeit und die Unterdrückung störender Neben- und Oberwellen bei Sendern – sowie gute Trennschärfe und Empfindlichkeit und die Genauigkeit der Abstimmung bei Empfängern müssen wegen der außerordentlich starken Belegung des Kurzwellenbandes sehr gut sein. Eine wesentliche Beeinträchtigung der Übertragungsqualität ist durch die vom Empfänger aufgenommenen, nicht kontrollierbaren Störungen durch das atmosphärische und das kosmische Rauschen gegeben. Die Stärke des atmosphärischen Rauschens ist nicht gleichmäßig über der Erdoberfläche verteilt; sie ist am größten in tropischen Gebieten und nimmt zu den Polen hin ab. Im Kapitel 2 ist auch ein Verteilungsplan der atmosphärischen Störgrade enthalten; soweit dies für die Planung erforderlich ist, sind aus CCIR-Report 322 noch die Antennenrauschfaktoren in Abhängigkeit vom atmosphärischen Störgrad (auszugsweise) und Angaben über die örtlich entstehenden industriellen Störungen aus CCIR-Report 258-2 wiedergegeben. Die Betriebsfrequenzen für Kurzwellenverbindungen werden zumindest für zivile Dienste durch die staatlichen Postverwaltungen zugeteilt, die wiederum diese Frequenzen bei dem „International Frequency Registration Board" (IFRB), einer Organisation des Weltpostvereins (UIT), anmelden. An Hand der dort vorhandenen Hauptkartei können die Frequenzen hinsichtlich der Gefahr, andere Dienste zu stören, oder durch solche gestört zu werden, beurteilt werden. Dabei sind die Frequenzen bezüglich des geplanten Funkdienstes anzumelden; z. B. darf ein fester Dienst nicht in einem Flugfunk- oder Seefunkbereich arbeiten. Die in den „Radio Regulations Genf 1982" der UIT enthaltende Frequenzzuteilungsliste ist ebenfalls wiedergegeben; sie ist eine unumgängliche Grundlage bei der Planung von Kurzwellenverbindungen.

Die technischen Forderungen, die bei der Übertragung von Telegrafie- und Telefonie-Nachrichten an deren Güte gestellt werden, sind in Kapitel 3 für alle dafür einsetzbaren Sendearten beschrieben. Diese Bedingungen basieren auf den einschlägigen CCIR-Empfehlungen, die Angaben sowohl für nicht kommerzielle als auch für kommerzielle Dienste enthalten.

In Kapitel 3 werden auch die CCIR-Empfehlungen über die bei der Modulation und der Demodulation entstehenden unerwünschten Frequenzen behandelt, die zu Störungen anderer Funkdienste und zur Verringerung der Übertragungssicherheit und -qualität der Signale führen können. Einen bedeutenden Beitrag zur Verminderung der Fehlerhäufigkeit bei der Fernschreib- und Datenübertragung liefern die Diversity-Verfahren, die ebenfalls in Kapitel 3 beschrieben werden.

Der erste Schritt bei der Berechnung von Kurzwellenstrecken bei Raumwellenausbreitung besteht im Ermitteln der günstigsten Betriebsfrequenzen. In Kapitel 4 ist hierfür das Verfahren beschrieben, das in CCIR-Report 340-1, Atlas of Ionospheric Characteristics, veröffentlicht ist; es stützt sich auf seit vielen Jahren durchgeführte Beobachtungen der Ionosphäre und der dort für die Ausbreitung der Kurzwelle wirksamen Schichten durch weltweit verteilte, speziell für diese Funktion ausgerüstete Stationen, sowie auf Messungen, die mit Hilfe von Satelliten durchgeführt werden. Der Berechnung der Eigenschaften einer Kurzwellenverbindung – insbesondere der Streckendämpfung – ist die Methode zu Grunde gelegt, die von K. Davies in „Ionospheric Radio Propagation", US-Department of Commerce, National Bureau of Standards, Monograph 80, beschrieben ist; sie berücksichtigt alle auf die Raumwelle wirkenden Faktoren, wie die Freiraumdämpfung, die Verluste durch Absorption in der Ionosphäre, Verluste durch Reflexionen am Boden, Reserven für Schwunderscheinungen und den atmosphärischen und industriellen Störpegel. Bei diesen Berechnungen stellt sich die Frage nach deren Genauigkeit. Wie aus den Kapiteln 2 und 4 entnommen werden kann, unterliegt die Raumwelle dauernd veränderten Ausbreitungsbedingungen. Wenn diese zum Zeitpunkt der Berechnung genau erfaßt werden könnten, ließe sich dafür eine zutreffende Ermittlung der Streckenbedingungen durchführen. Eine Übertragung dieser so berechneten Werte auf andere Zeiten ist nicht richtig; sie führt dort zu falschen Ergebnissen. Eine korrekte Behandlung der Streckeneigenschaften bei zeitlich wechselnden Übertragungsbedingungen ist deshalb nur möglich, wenn eine statistische Verteilung der die Raumwelle beeinflussenden Ereignisse und damit die Häufigkeit von deren Auftreten zu Grunde gelegt werden kann. Langzeitbeobachtungen haben ergeben, daß die an einem Empfangsort auftretenden Feldstärken einer Rayleigh-Verteilung folgen. Die Streckenberechnung nach dem beschriebenen Verfahren ergibt einen Wert, der zu 50% der Zeit erreicht oder überschritten wird. Durch Berücksichtigen entsprechend hoher Fadingreserven lassen sich bei dieser Verteilung Streckenwerte bestimmen, deren Wahrscheinlichkeit des Auftretens z. B. gleich oder größer als 90% der Zeit ist. Die Übereinstimmung der berechneten Streckenwerte mit den im Betrieb erreichten läßt sich nur aus der Beobachtung einer Kurzwellenverbindung über eine längere Zeit feststellen. Dabei sollen die der Rechnung zu Grunde liegenden Frequenzen und deren Anwendungszeit nicht verändert werden, d. h. Beobachtungen während der Tageszeit nur bei der aus der Frequenzberechnung ermittelten, bzw. bei der auf Grund dieser Berechnung zugeteilten Tagfrequenz. Die Beurteilung einer solchen Verbindung aus nur einer oder wenigen Streckenbeobachtungen ist nicht ausreichend.

Die Berechnung von Kurzwellenverbindungen mit Hilfe der Bodenwelle ist in Kapitel 5 so weitgehend für die hauptsächlich vorkommenden Bodenarten beschrieben und durch Diagramme dargestellt, daß praktisch alle vorkommenden Planungsaufgaben, die diese Ausbreitungsart betreffen, damit gelöst werden können. Funkstrecken, die aus Erdböden mit unterschiedlichen elektrischen Eigenschaften bestehen, sind oft anzutreffen. Mit solchen Verbindungen hat man z. B. zu rechnen, wenn in einer Seefunkstrecke Inseln liegen; diese Strecken werden deshalb ausführlich behandelt und ein erprobtes Rechenverfahren dafür beschrieben. Wird hier wieder die Genauigkeit der Streckenberechnung betrachtet, so muß von den möglichen Veränderungen der Bodeneigenschaften ausgegangen werden. Langzeitig konstante Übertragungsbedingungen können nur bei Wasserflächen und größeren Wüstengebieten vorausgesetzt werden. Bei solchen Strecken kann eine gute Übereinstimmung der gerechneten mit den bei Betrieb der Funkverbindung erreichten Streckenwerten erwartet werden. Die elektrischen Werte von anderen Erdböden sind klimatischen Beeinflussungen unterworfen. Über eine längere Zeit gesehen können dadurch erhebliche Abweichungen von den berechneten Streckenwerten auftreten. Dieser Fehler kann dadurch eingegrenzt werden, daß bei der Streckenberechnung bereits die wahrscheinlich zu erwartenden ungünstigen Bodeneigenschaften eingesetzt werden oder daß mit den elektrischen Werten des unter normalen Klimabedingungen vorhandenen Bodens gerechnet und eine zweite Rechnung für extrem abweichende Klimaverhältnisse durchgeführt wird. Ein typisches Beispiel dafür sind Regenzeit und Dürre in tropischen Gebieten. Diese zweite Möglichkeit der Streckenberechnung läßt auch eine Betrachtung der zu erwartenden Schwankungen der Streckenwerte und damit Rückschlüsse auf die Dimensionierung der Geräteausrüstung zu.

Zu den aus der Streckenberechnung ermittelten Forderungen an die Funkausrüstung gehören auch Angaben über den Typ und die elektrischen Eigenschaften der Sende- und Empfangsantennen. Im Rahmen dieses Buches kann nicht die Theorie der Kurzwellenantennen behandelt oder etwa auf alle auf dem Markt befindlichen Antennentypen und deren Verwendungszweck eingegangen werden. In Kapitel 6 sind deshalb nur wenige der am häufigsten im Kurzwellenbereich eingesetzten Antennen erwähnt. Ihre Strahlungsdiagramme werden mit berechneten, auf Entfernungsbereiche bezogenen Strahlungsdiagrammen – die Mindestanforderungen darstellen – verglichen. Damit kann man bei der Planung von Kurzwellenverbindungen die Antennen entsprechend der Länge der Funkstrecke oder der Größe eines Versorgungsbereiches, sowie die dafür günstigsten Betriebsfrequenzen leichter auswählen. Die wenigen in Kapitel 6 beschriebenen Antennen sollen keine Einschränkung der Typenauswahl darstellen, bei der außer den elektrischen Eigenschaften auch Größe, Aufstellungszeit, Platzbedarf, Transportmöglichkeit und ähnliche Forderungen bestimmend für eine Kurzwellenanlage sein können. Sehr oft sind es gerade diese Bedingungen, die den Ausbau einer Station entsprechend den Ergebnissen der Streckenberechnung behindern. Die Geräteausrüstung kann unter solchen Verhältnissen für einen ununterbrochenen Betrieb unterdimensioniert sein. In solchen Fällen gehört es mit zur Streckenplanung, festzustellen, zu welchen Zeiten z. B. innerhalb von 24 Stunden eine gute Nachrichtenübertragung möglich sein wird und wann mit einem nicht den gestellten Qualitätsforderungen entsprechenden Betrieb zu rechnen ist.

2 Grundlagen

Der Beginn der Übertragung von Nachrichten mit Hilfe der Kurzwelle – hierunter wird der Frequenzbereich von 1,5 bis 30 MHz verstanden – liegt schon einige Jahrzehnte zurück. Zunächst war es damit möglich, Informationen – und zwar nach dem Morsealphabet getastete Telegraphienachrichten – über große Entfernungen mit Hilfe der Raumwelle mit verhältnismäßig kleinen Senderleistungen zu übertragen. Erst später gelang es, Telefongespräche und – mit Anwendung der Seitenbandtechnik gleichzeitig mehrere Telefoniekanäle – auszusenden und weltweite Rundfunkübertragungen durchzuführen. Dabei konnte ein Telefoniekanal auch mit einer Anzahl von Telegrafiekanälen belegt werden. Es zeigte sich auch, daß die Kurzwelle innerhalb eines bestimmten Frequenzbereichs mit Hilfe der Bodenwelle einen guten Funkverkehr zuließ. Für den Austausch von Nachrichten hatte bis zur Einführung der Unterseekabel- und Satlitentechnik Anfang der sechziger Jahre (und in gewissem Umfang auch der internationalen Richtfunktrassen) die Kurzwelle das Monopol für alle internationalen und interkontinentalen Nachrichtenübertragungen. Die Postverwaltungen aller Länder hatten dazu geeignete Sende- und Empfangsanlagen errichtet, die in den meisten Fällen mit einem nach dem Nachrichtenaufkommen orientierten Zeitplan miteinander in Verbindung standen. Darüberhinaus benutzen auch andere Dienste, wie Seefunk-, Flugfunk-, meteorologische- und eine Anzahl von Diensten der Verwaltungen, Behörden und privater Organisationen die Kurzwelle zum Austausch von Nachrichten aller Art. Ein weiteres Anwendungsgebiet stellen die militärischen Verbindungen dar, bei denen vorwiegend mit sehr kleinen Senderleistungen und einfachsten Antennen über kurze und mittlere Entfernungen ein sicherer Nachrichtenaustausch durchzuführen ist. Dabei werden tragbare und fahrbare Funkeinrichtungen eingesetzt, die nur einen Telefonie- oder Telegrafiekanal übertragen. Als weiteres Beispiel für die nicht postalische Anwendung der Kurzwelle sind die diplomatischen Dienste zu nennen, die vorwiegend Fernschreibnachrichten übertragen.

Das Planen von Kurzwellenverbindungen erfordert die eingehende Betrachtung einer jeden Funkstrecke, die nicht nur die *Streckenlänge* sondern auch deren geografische *Lage* einbezieht. So hat z. B. eine 1000 km lange Strecke auf der nördlichen Halbkugel ganz andere Ausbreitungsbedingungen als auf der südlichen Halbkugel oder im tropischen Gürtel ± 20° vom Äquator. Schon die Unterschiede in der Tages- und Jahreszeit erfordern andere optimal anwendbare Betriebsfrequenzen und die ebenfalls über der Erdoberfläche unterschiedlichen atmosphärischen Störpegel auch entsprechend angepaßte Senderleistungen, wenn eine gute

Nachrichtenübertragung sichergestellt werden soll. Von besonderer Bedeutung ist aber der entlang der Funkstrecke vorhandene Zustand des an der Übertragung beteiligten Mediums, bei einer Bodenwellenübertragung also die elektrischen Eigenschaften z. B. des Bodens und bei der Raumwellenübertragung die sich zeitlich sehr stark ändernden Eigenschaften der Ionosphäre.

2.1 Ausbreitungsarten

Frequenzen im Bereich von 1,5 bis 30 MHz breiten sich entlang der Erdoberfläche (Bodenwelle) oder durch Reflexionen an der Ionosphäre und am Boden (Raumwelle) aus. Jeder dieser Ausbreitungsarten kommen bestimmte Entfernungs- und Frequenzbereiche zu, in denen bei Einsatz geeigneter technischer Mittel eine gute Nachrichtenübertragung durchgeführt werden kann. Weiter unten werden die Eigenschaften dieser Ausbreitungsarten beschrieben; dabei wird auch auf die unterschiedlichen, die Übertragung der Kurzwelle beeinflussenden Phänomene eingegangen.

2.1.1 Bodenwelle

Für die Übertragung von Nachrichten mit Hilfe der Bodenwelle werden Frequenzen im Bereich von 1,5 bis etwa 5 MHz angewendet. Dieser Bereich wird auch *Grenzwellenbereich* genannt. Die überbrückbaren Entfernungen hängen sehr stark von den elektrischen Eigenschaften der an der Übertragung beteiligten Medien (Erde, Wasser) ab. Antennen, die ein vertikal polarisiertes Feld abstrahlen, sind für die Ausbreitung der Bodenwelle besonders gut geeignet. Wegen der auch beim Empfang der Bodenwelle auftretenden Störungen – wie Interferenzen mit Frequenzen anderer Sender, von elektrischen Anlagen und Maschinen erzeugten Störungen, gleichzeitiger Empfang der von dem eigenen fernen Sender abgestrahlten Raumwelle u. ä. – ist es erforderlich, daß auch beim Empfang der Bodenwelle die gleichen auf die angewendete Sendeart bezogenen Mindestfeldstärken zugrunde gelegt werden, wie beim Empfang der Raumwelle (siehe Abschnitt 2.8). Die Bodenwellenausbreitung bei Vorhandensein unterschiedlicher Medien wird in Kapitel 5 eingehend betrachtet.

2.1.2 Raumwelle

Für Kurzwellenverbindungen ist die Raumwelle i. a. wichtiger als die Bodenwelle, weil mit ihr neben der Überbrückung von großen und sehr großen Entfernungen auch bei ungünstigen Geländen Funkverbindungen über sehr kurze Entfernungen hergestellt werden können, bei denen die Bodenwelle versagen würde. Bei der Planung solcher Funkstrecken ist es notwendig, für jede Verbindung eine individuelle Berechnung der anwendbaren Frequenzbereiche abhängig von der Tages-

und Jahreszeit und der Sonnenfleckentätigkeit durchzuführen. Mit Hilfe der ermittelten Frequenzen wird dann der zum Erreichen der notwendigen Feldstärken erforderliche Aufwand, wie Senderleistung und Antennengewinn, bestimmt (Kap.4). Hinsichtlich der auf der Erde vorhandenen unterschiedlichen Pegel der „atmosphärischen Geräusche" und der bei der ionosphärischen Ausbreitung auftretenden Schwankungen sind in Empfehlungen des CCIR für die einzelnen Sendearten (siehe Kapitel 3) Mindestfeldstärken angegeben, die bei der Planung solcher Funkverbindungen zu Grunde gelegt werden sollen.

Die Ionosphäre bietet zu keiner Zeit einen Übertragungsweg mit konstanten Eigenschaften. Die Übertragungsbedingungen ändern sich insgesamt völlig unregelmäßig. Ein Überblick über die zu erwartende Qualität einer Kurzwellenverbindung mit Hilfe der Raumwelle ist deshalb aus der statistischen Auswertung vieler registrierter Funkstrecken zu gewinnen. Sie muß über einen längeren Zeitraum durchgeführt werden, um alle tages- und jahreszeitlichen sowie die durch die Sonnenfleckentätigkeit verursachten Varianten der Übertragungsbedingungen erfassen zu können. Entsprechende Untersuchungen sind bereits seit vielen Jahren durchgeführt und veröffentlicht worden.

2.2 Aufbau der Ionosphäre

Die Ionosphäre besteht aus mehreren elektrisch leitenden Schichten, die die Erde umgeben. Die Ionisation dieser Schichten und ihre Stärke hat ihren Ursprung in überwiegendem Maße in der Bestrahlung durch die Sonne. Mit stärker werdender Sonnenstrahlung wird auch die Fähigkeit der einzelnen Schichten größer, hochfrequente Wellen mit Frequenzen, die in extremen Fällen noch über dem Kurzwellenbereich liegen können, zur Erde zurück zu reflektieren. Gleichzeitig wird aber die Dämpfung der vom Funksender ausgesendeten Energie größer. Da die Sonnenbestrahlung der einzelnen Schichten nicht konstant ist – sie ändert sich ganz erheblich mit der Tages- und Jahreszeit und mit der Sonnenfleckentätigkeit –, werden sich auch die Übertragungsmöglichkeiten für die ausgesendeten Frequenzen entsprechend ändern. Für Frequenzen oberhalb des Kurzwellenbereiches bestehen keine dauernd nutzbaren Übertragungsmöglichkeiten durch die Raumwelle, weil diese bis zu etwa 40 MHz nur noch unter sehr günstigen, selten auftretenden Bedingungen von der Ionosphäre reflektiert werden. Für noch höhere Frequenzen scheidet diese Übertragungsmöglichkeit völlig aus.

Der Luftmantel der Erde reicht mit ständig abnehmender Dichte und abnehmendem Druck bis in große Höhen. Gleichzeitig ist auch die Temperatur mit steigender Höhe erheblichen Änderungen unterworfen. Da diese Werte zeitlich nicht konstant sind und von der Sonneneinstrahlung abhängen, bilden sie für die Berechnung der Eigenschaften der Ionosphäre keine geeignete Grundlage. Es wurden deshalb

„Modellatmosphären" entwickelt, die den durchschnittlichen Zustand der Ionosphäre widerspiegeln und eine Basis für die Betrachtung des Aufbaues der Ionosphäre und den daraus resultierenden Übertragungseigenschaften bilden. Ein häufig angewendetes Modell ist das ARDC-Modell 1959 [1]. Bild 2.1 zeigt die darin angegebene Verteilung des Druckes und der Dichte in Abhängigkeit von der Höhe. Gleichzeitig ändert sich auch die Temperatur mit der Höhe. Wird von der Temperatur 288 K (15° C) auf der Erdoberfläche ausgegangen, so fällt die Temperatur in einer Höhe von 90 km auf 166 K (−107° C) ab und steigt danach allmählich wieder an. In einer Höhe von 700 km herrscht die Temperatur von 1812 K (+1539 °C). Der Temperaturverlauf und alle davon abhängigen Werte ist durch die tageszeitlichen Änderungen der Intensität der Sonneneinstrahlung erheblichen Schwankungen unterworfen. Mit steigender Höhe ändert sich auch die chemische Zusammensetzung der oberen Atmosphäre.

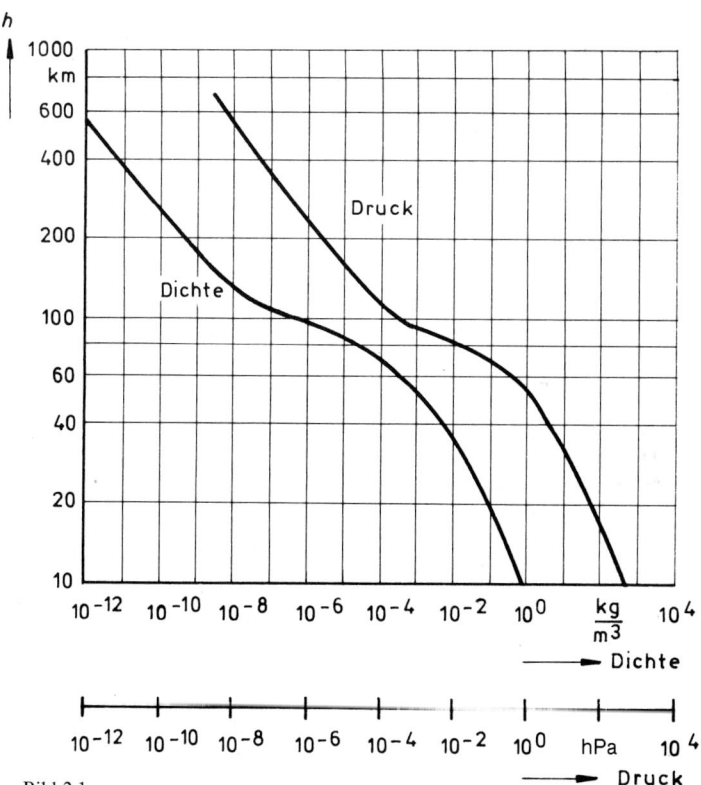

Bild 2.1
Verteilung der Luftdichte und des Luftdrucks in der oberen Atmosphäre nach ARDC-Modell 1959 [1]

Die hier zu erwähnende Ionisation der einzelnen Schichten wird durch ultraviolettes Licht, durch Röntgenstrahlen und durch korpuskulare Strahlung verursacht. Hauptsächlich durch das ultraviolette Licht werden die Luftmoleküle in Elektronen und positive Ionen aufgespalten. Die Elektronen bewirken die (elektrische) Leitfähigkeit der Atmosphäre. Es treffen aber ständig wieder Elektronen mit Ionen zusammen, die sich gegenseitig neutralisieren (Rekombination). Mit höher steigender Sonne (kleiner werdendem Zenitwinkel) wird die Ionisation immer stärker, d. h. die Anzahl der freien Elektronen und Ionen nimmt ständig zu und erreicht ein Maximum bei höchstem Sonnenstand. Die Rekombination bleibt in dieser Phase – die also zwischen Sonnenaufgang und der Mittagszeit liegt – hinter der Ionisation zurück. Mit sinkender Sonne läßt die Ionisation nach und die Rekombination nimmt zu, so daß nach Sonnenuntergang wieder ein etwa neutraler Zustand hergestellt ist. Dies spielt sich bei großer Dichte – also in kleinen Höhen über der Erde – schneller ab. Die dort während der Tageszeit entstandenen Schichten werden deshalb schneller abgebaut als die in großer Höhe vorhandenen, die – wenn auch mit einer wesentlich reduzierten Ionisation – während der Nachtstunden für die Übertragung von Kurzwellen wirksam sind.

Die in der Ionosphäre vorhandenen Schichten haben einen unterschiedlichen Einfluß auf die Ausbreitung der Kurzwellen, der besonders in der Dämpfung der ausgesendeten Hochfrequenzenergie und in der optimal anwendbaren Betriebsfrequenz zu beobachten ist.

2.2.1 Aktive Schichten

Nachstehend werden hinsichtlich Aufbau und Wirkungsweise die Schichten der Ionosphäre beschrieben, die für die Ausbreitung der Kurzwelle wichtig sind.

D-Schicht

Die D-Schicht ist die unterste Schicht mit einer Höhe zwischen 60 und 90 km über der Erde. Das Maximum der Elektronendichte liegt bei etwa 80 km, die Halbdicke[1] beträgt etwa 10 km. Die D-Schicht entsteht nach Sonnenaufgang und erreicht ihre stärkste Ionisation bei höchstem Sonnenstand. Danach baut sich die Schicht allmählich durch die stärker werdende Rekombination wieder ab und ist nach Sonnenuntergang neutralisiert. Die Ionenkonzentration reicht in dieser Schicht nicht aus, um die Kurzwelle zu reflektieren [2], [7], jedoch trägt sie zur Übertragung von langen Funkwellen bis zum Mittelwellenbereich über größere Entfernungen bei. Die Kurzwelle durchdringt die D-Schicht; sie wird dabei aber sehr stark bedämpft. Diese Dämpfung ist sehr viel größer als die durch die anschließenden E- und F-Schichten. Für die Kurzwellenausbreitung während der

---
1) Schichtdicke, bei der die Elektronendichte auf die Hälfte ihres Maximums zurückgegangen ist

Tagesstunden ist deshalb die D-Schicht bestimmend für die erzielbaren Reichweiten bzw. für die für eine gute Übertragung notwendigen Senderleistungen und Antennengewinne. Nach neueren Untersuchungen [6] – die auf Messungen der Elektronendichte mit Hilfe von Satelliten beruhen – ist es jedoch möglich, während der Tagesstunden auch die Kurzwelle im Bereich von 2 bis 5 MHz über die D-Schicht zu übertragen. Versuche über Entfernungen bis etwa 1000 km haben eine gute Übereinstimmung der gemessenen mit den berechneten Dämpfungswerten ergeben.

E-Schicht

Das Maximum der Ionisation befindet sich bei der E-Schicht in einer Höhe von 110 km über der Erde. Die Halbdicke der Schicht beträgt 20 bis 25 km [3], [7]. Diese Werte bleiben während der Tagesstunden annähernd konstant. Wie bei der D-Schicht beginnt die Ionisation bei Sonnenaufgang und erreicht ihr Maximum um die Mittagszeit. Danach baut sich die Schicht allmählich ab; sie ist nach Sonnenuntergang praktisch nicht mehr wirksam. Die E-Schicht reflektiert Frequenzen ab 1,5 MHz bereits in den Morgenstunden nach Beginn der Ionisation.

Es-Schicht

Die Es-Schicht wird die sporadische E-Schicht genannt, weil sie nur gelegentlich entsteht. Die Höhe dieser Schicht über der Erde liegt bei 120 km, ihre Halbdicke ist verglichen mit den anderen Schichten sehr klein; sie variiert von 300 m bis zu wenigen Kilometern [8]. Die Ionenkonzentration ist aber sehr hoch und ermöglicht das Übertragen hoher Frequenzen, die erheblich über dem Kurzwellenbereich liegen können.

F-Schicht

Die F-Schicht hat für die Ausbreitung der Kurzwelle eine sehr große Bedeutung, weil sie wegen ihrer großen Höhe über der Erde die Überbrückung sehr großer Entfernungen ermöglicht; sie besteht aus der F1-Schicht, die nur während der Tagesstunden vorhanden ist. Ihre Höhe über der Erde beträgt 170 bis 220 km; sie hängt von jahreszeitlichen Schwankungen und dem jeweiligen Sonnenstand ab.

Die F2-Schicht liegt in einer Höhe von 225 bis 450 km über der Erde; ihre Halbdicke beträgt 100 bis 200 km. Die Höhe der Schicht hängt ab von der Tages- und Jahreszeit; sie ist im Winter am niedrigsten und erreicht die höchsten Werte im Sommer, in beiden Fällen in den Tagesstunden. Die Schicht löst sich aber nach Sonnenuntergang nicht vollständig auf. Es verbleibt eine Restionisation, die ihre Ursache in einer wegen der geringen Elektronendichte verlangsamten Rekombination und außerdem in der auch während der Dunkelheit dauernd vorhandenen Korpus-

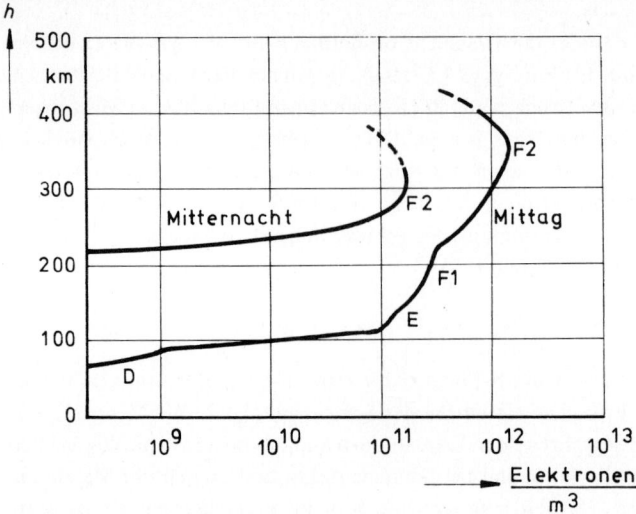

Bild 2.2
Typische Werte für Elektronendichte und Schichthöhen bei ungestörter Ionosphäre

kularstrahlung hat. Diese Restionisation ermöglicht auch während der Nachtstunden die Kurzwellenübertragung auf Frequenzen, die erheblich unter den am Tage anwendbaren Frequenzen liegen.

Bild 2.2 zeigt eine typische Verteilung der Elektronendichte während der Mittags- und Mitternachtsstunden. Die Schichten, die unter Einfluß der Sonneneinstrahlung entstehen, sind deutlich zu erkennen. In der Nacht bleibt für die Kurzwellenausbreitung nur noch die F2-Schicht erhalten, deren Elektronendichte sich aber in dieser Zeit um eine Größenordnung verringert hat. Für die anwendbaren Betriebsfrequenzen ist die Elektronendichte der einzelnen Schichten von ausschlaggebender Bedeutung. Hohe Frequenzen werden von Schichten mit großer Elektronendichte reflektiert, während Schichten mit kleiner Elektronendichte diese Frequenzen durchlassen.

In Kapitel 4 wird die Bestimmung der anwendbaren Frequenzen in Abhängigkeit von den Tages- und Jahreszeiten und der Sonnenfleckenaktivität beschrieben.

2.3 Einfluß der Sonnenflecken

Wie bereits erwähnt, haben die Sonnenflecken großen Einfluß auf die Stärke der Ionisation der oberen Atmosphäre und damit auf die Ausbreitungsmöglichkeiten der Kurzwelle [1], [9]. Ein noch heute angewendetes Maß für die Anzahl der Sonnenflecken ist die von Wolf vor mehr als 100 Jahren angegebene Sonnenfleckenrelativzahl R, die von der Sternwarte Zürich monatlich bekannt gegeben wird (Wolf'sche Sonnenfleckenzahl oder ZSN: Zürich Sunspot Number). Sie wird bestimmt durch

$$R = k\,(10\,g + s). \tag{2.1}$$

g Anzahl der Sonnenfleckengruppen
s Anzahl der Einzelflecken
k Korrekturfaktor der die Charakteristiken der Beobachtungseinrichtung berücksichtigt

Die tägliche Sonnenfleckenzahl ist sehr starken Schwankungen unterworfen. Aus den bereits gemessenen Sonnenfleckenzahlen bildet man deshalb Monatsmittelwerte und damit wird der *abgeglichene Zwölfmonatswert* $\bar{R}_{12}$ wie folgt ermittelt. Für einen noch nicht durch eine solche Messung erfassten Monat wird dieser Wert gebildet aus den durch Messungen bestimmten Mittelwerten der vorhergegangenen sechs Monate und den für die kommenden sechs Monate zu erwartenden Mittelwerten. Für die Planung von Kurzwellenverbindungen und die dazu erforderliche Bestimmung der anwendbaren Betriebsfrequenzen ist der $\bar{R}_{12}$-Wert völlig ausreichend. Die seit 1749 laufend durchgeführte Beobachtung der Sonnenflecken, für die von Wolf rückwirkend der R-Wert bestimmt wurde, hat gezeigt, daß im Mittel mit einer 11jährigen Periode des Auftretens von Sonnenfleckenmaxima und -minima gerechnet werden kann. Die Dauer der einzelnen Perioden schwankt dabei für die Maxima von 7 bis zu 17 Jahren und für die Minima von 8,5 bis zu 14 Jahren. Der An- und Abstieg der Sonnenfleckenzahlen ist also nicht symmetrisch zum Auftreten der Maxima und Minima. Beobachtungen über viele Jahre haben ergeben, daß die jährlichen Mindestwerte für $\bar{R}_{12}$ im Bereich von 0 bis 10 und die Höchstwerte im Bereich von 50 bis 190 liegen können [1]. Bild 2.3 zeigt das Auftreten der Sonnenfleckenperioden in der Zeit von 1830 bis 1977. Aufgetragen sind die abgeglichenen Sonnenfleckenzahlen $\bar{R}_{12}$ über den Jahreszahlen. Die an den Maxima angeschriebenen Zahlen stellen die Nummern der beobachteten Zyklen dar. Die Strahlungsaktivität der Sonne ist sehr stark von der Anzahl der Sonnenflecken abhängig. Ist diese hoch, so ist auch die ultraviolette und die Röntgenstrahlung stark und damit auch die Ionisation der D-, E- und F-Schichten. Dieses hat zur Folge, daß die Dämpfung der Kurzwelle in der D-Schicht mit der Sonnenfleckenzahl zunimmt und die E- und F-Schichten höhere Kurzwellenfrequenzen reflektieren können. Bild 2.4 zeigt dazu die Abhängigkeit der kritischen Frequenzen der E-, F1- und F2-Schichten von der abgeglichenen Sonnenfleckenzahl $\bar{R}_{12}$ (die kritische Frequenz f_0 ist die höchste Frequenz, die bei einem senkrechten Einfall in die Ionosphäre noch reflektiert wird). Zur besseren Übersicht sind in Bild 2.4 die Frequenzbereiche eingetragen, die sich insgesamt aus Messungen in Washington, Huancayo (Peru) und Watheroo (Australien) für die Mittagszeit ergeben haben [4]. Diese Meßstationen liegen in den gemäßigten Zonen der nördlichen und südlichen Halbkugel und im tropischen Gebiet. Die Ergebnisse der f_0-Messungen sind in [4. Abschnitt 5.5] im Detail dargestellt.

Bei kleinen Sonnenfleckenzahlen ist die Ionisation der einzelnen Schichten ausgeglichen und nicht sehr stark. Die Ionosphäre wird dann als ruhig bezeichnet. Hohe Frequenzen werden dabei nicht mehr reflektiert, sondern durchdringen die Schichten. Funkbetrieb ist dann nur noch auf relativ niedrigen Frequenzen durchführbar. Der gesamte zur Verfügung stehende Frequenzbereich ist dann stark

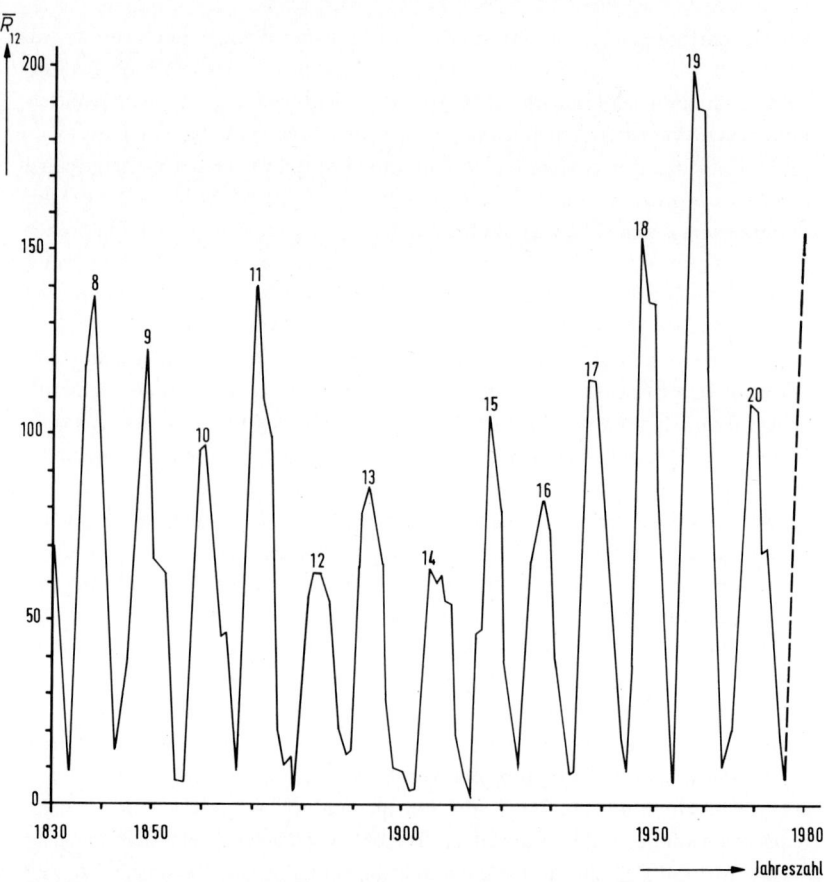

Bild 2.3   Sonnenfleckenzyklen seit 1830

eingeschränkt und die Betriebsfrequenzen der vielen Kurzwellenverbindungen sind auf diesen verkleinerten Bereich zusammengedrängt. Damit steigt die Gefahr gegenseitiger Störungen; außerdem wird der Einfluß der atmosphärischen Störungen größer, weil deren Feldstärke mit sinkender Frequenz ansteigt (siehe Abschnitt 2.8.4).

Mit zunehmender Sonnenfleckenzahl wird die Ionisation der D-, E- und F-Schichten stärker. Es können dann höhere Betriebsfrequenzen angewendet werden, die den atmosphärischen Störungen weniger ausgesetzt sind. Die Dämpfungseigenschaften der D-Schicht steigen aber stark an, so daß bei hoher Sonnenfleckenzahl mit geringeren Signalfeldstärken gerechnet werden muß. Oft treten auch Sonneneruptionen auf, die von starken Emissionen von Röntgenstrahlen begleitet sind;

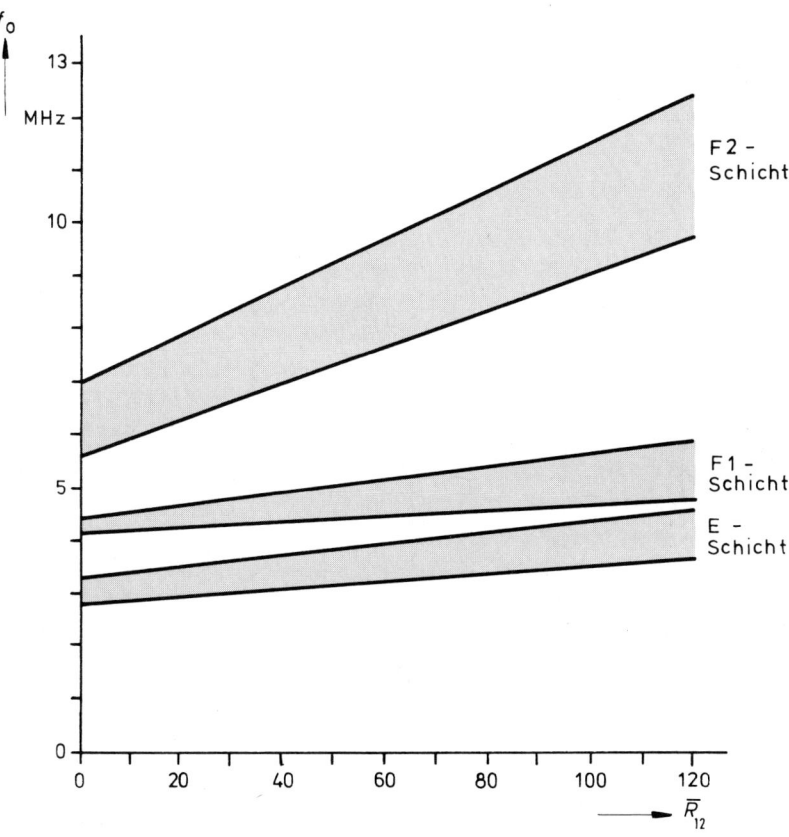

Bild 2.4   Änderung der kritischen Frequenz f_0 mit der Sonnenfleckenzahl $\bar{R}_{12}$

diese dringen in die obere Atmosphäre bis zur D-Schicht ein und verursachen dort eine so starke Ionisation, daß praktisch alle Funkwellen absorbiert werden. Diese Erscheinung ist der MÖGEL-DELLINGER-Effekt, der für eine Zeit von einigen Minuten bis zu einer Stunde jeden Funkverkehr im Kurzwellenbereich unterbinden kann. Bild 2.5 zeigt die Registrierung eines solchen Effektes bei einer kurzen Funkstrecke. Zu Beginn fällt die Empfängereingangsspannung in wenigen Minuten bis auf den Wert 0 µV ab. Nach einer Stunde beginnt ein langsamer Anstieg,

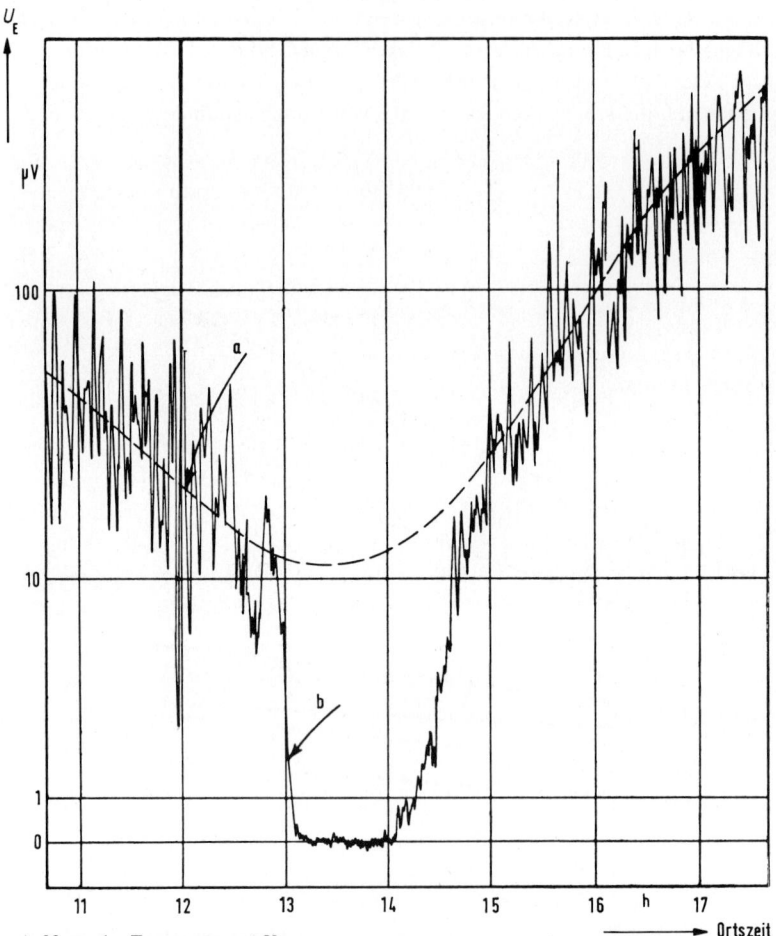

a) Normaler Tagesgang von U_E
b) Abnormaler Einbruch von U_E wegen eines Mögel-Dellinger-Effektes

Bild 2.5
Störung eines Funksignales durch den Ausbruch von Sonnenprotuberanzen
(aus Ionospheric Radio Propagation, NBS-Circular 462)

der die allmähliche Rekombination der extremen Ionisation der D-Schicht anzeigt. Nach einer weiteren Stunde wird dann der normale Tagesgang der Empfängereingangsspannung wieder erreicht. In Bild 2.6 ist der gleiche Effekt dargestellt, der zu gleicher Zeit auf einer 600 km langen und einer 5400 km langen Funkstrecke bei verschiedenen Frequenzen registriert wurde [4].

Bei Sonneneruptionen werden aber nicht nur elektromagnetische Wellen in Form von ultravioletter Strahlung erzeugt; vielmehr entsteht auch eine sehr starke korpuskulare Strahlung, die besonders aus dem Gebiet der Sonnenflecken ausgesendet wird. Diese Strahlung dringt bis zu den untersten ionosphärischen Schichten vor.

Neben einer verstärkten Ionisation wird durch die elektrisch geladenen Teilchen auch eine Störung des erdmagnetischen Feldes verursacht. Es treten dann sogenannte magnetische Stürme auf, die in den Polargebieten von Nordlichterscheinungen begleitet werden. Die Störungen beginnen ganz plötzlich und sind in wenigen Sekunden auf der ganzen Erde festzustellen. Es dauert oft mehrere Tage, bis das erdmagnetische Feld seinen Normalzustand wieder erreicht hat. Parallel zu diesen Störungen läuft auch eine Veränderung der Eigenschaften der ionosphärischen Schichten. So wird die kritische Frequenz der F2-Schicht f_0 F2 herabgesetzt; es kann eine vollständige Unterbrechung jeglichen Kurzwellenfunkverkehrs eintreten und eine Vergrößerung der Ausdehnung der F-Schicht und der sporadischen E-Schicht ist häufig. Diese Ereignisse werden auch ionosphärische Stürme genannt. Bild 2.7 gibt die Registrierung der Empfängereingangsspannung bei ruhiger Ionosphäre, bei einem mittleren und einem starken ionosphärischen Sturm wieder. Während an einem ungestörten Tag die Verbindung von 6 Uhr morgens bis nach Mitternacht brauchbare bis sehr gute Übertragungsergebnisse liefert, wird bei einem ionosphärischen Sturm mittlerer Stärke die Betriebsmöglichkeit auf die Zeit von 12 Uhr bis 20 Uhr eingeschränkt. Bei einem schweren Sturm ist die Verbindung unbrauchbar. Den Einfluß, den ein starkes Nordlicht auf eine Kurzwellenverbindung hat, ist auf Bild 2.8a zu erkennen. Kurz vor Beginn des sichtbaren Nordlichts steigt die Empfängereingangsspannung auf den 5 bis 10-fachen Wert der ungestörten Verbindung an und fällt dann in wenigen Minuten auf praktisch 0 µV ab. Dieser Zustand bleibt für die volle Dauer der Nordlichterscheinung erhalten. Die Erholung der Strecke beginnt erst in den frühen Morgenstunden. Zum Vergleich zeigt Bild 2.8b den einen Tag nach der Erscheinung, durchgeführten ungestörten Empfang. In der Zeit von 04^{45} bis 05^{45} war der Sender ausgeschaltet. Das in dieser Zeit vom Empfänger aufgenommene Geräusch liegt praktisch bei den gleichen Werten, wie sie nach Eintreten der Nordlichtstörung vorhanden waren (Bild 2.8a). Es kann daher angenommen werden, daß während der Störung kein Signal von der fernen Station aufgenommen wurde.

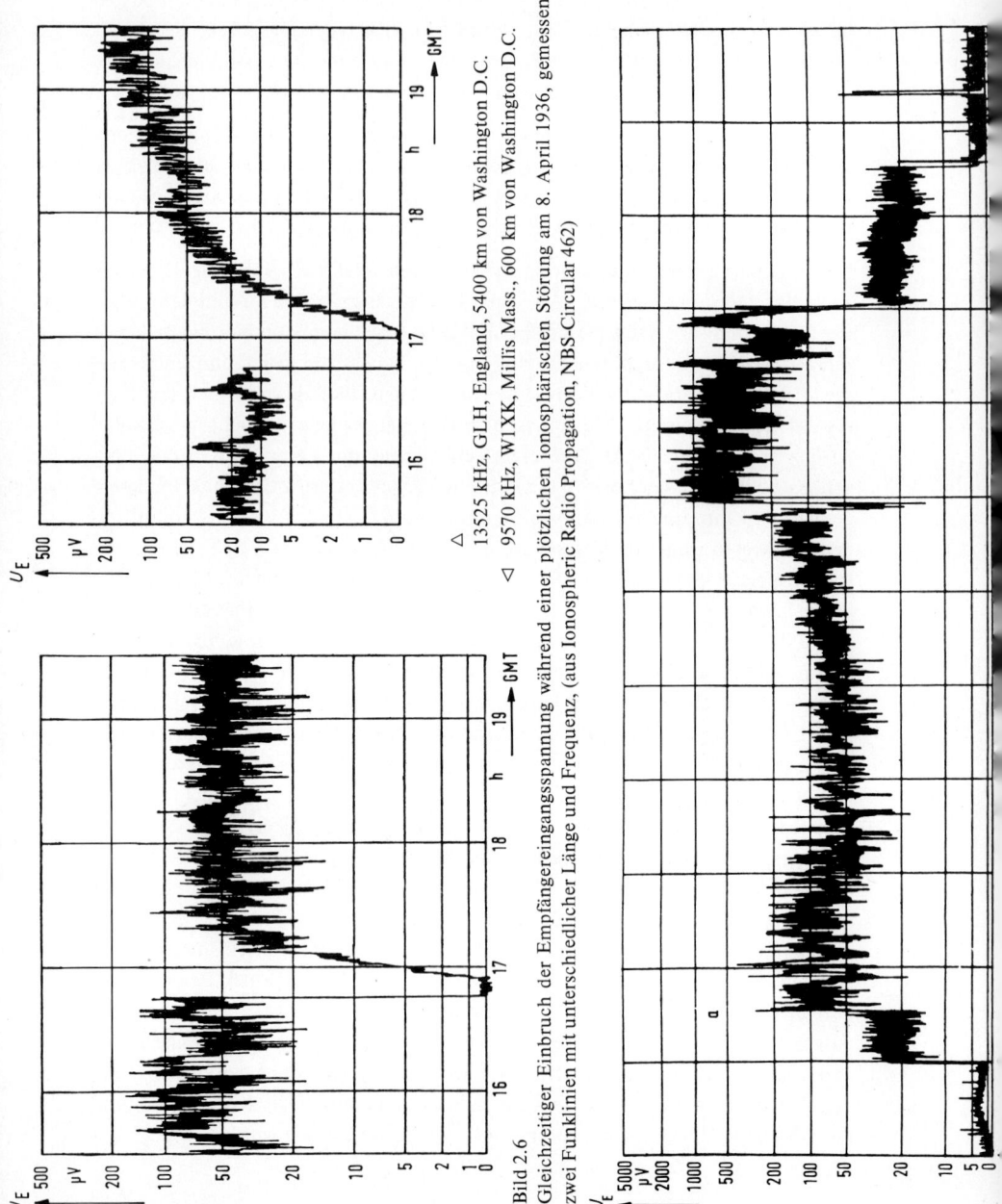

Bild 2.6
Gleichzeitiger Einbruch der Empfängereingangsspannung während einer plötzlichen ionosphärischen Störung am 8. April 1936, gemessen auf zwei Funklinien mit unterschiedlicher Länge und Frequenz, (aus Ionospheric Radio Propagation, NBS-Circular 462)

△ 13525 kHz, GLH, England, 5400 km von Washington D.C.
▽ 9570 kHz, W1XK, Millis Mass., 600 km von Washington D.C.

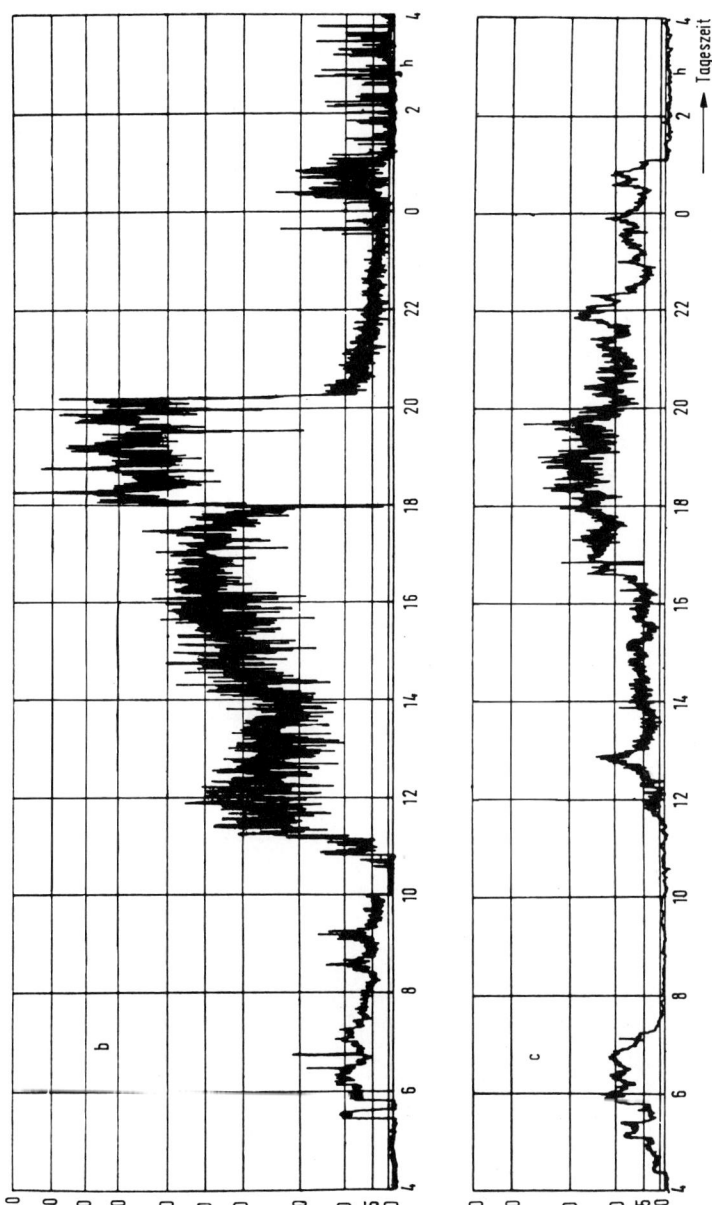

Bild 2.7
Registrierte Empfängereingangsspannung U_E einer 600 km langen Kurzwellenverbindung von Millis Mass. nach Washington, 9570 kHz
a) Bei ruhiger Ionosphäre, 17.2.1938
b) Bei ionosphärischem Sturm mittlerer Stärke, 14.2.1938
c) Bei einem sehr starken ionosphärischen Sturm, 17.1.1938
(aus Ionospheric Radio Propagation, NBS-Circular 462)

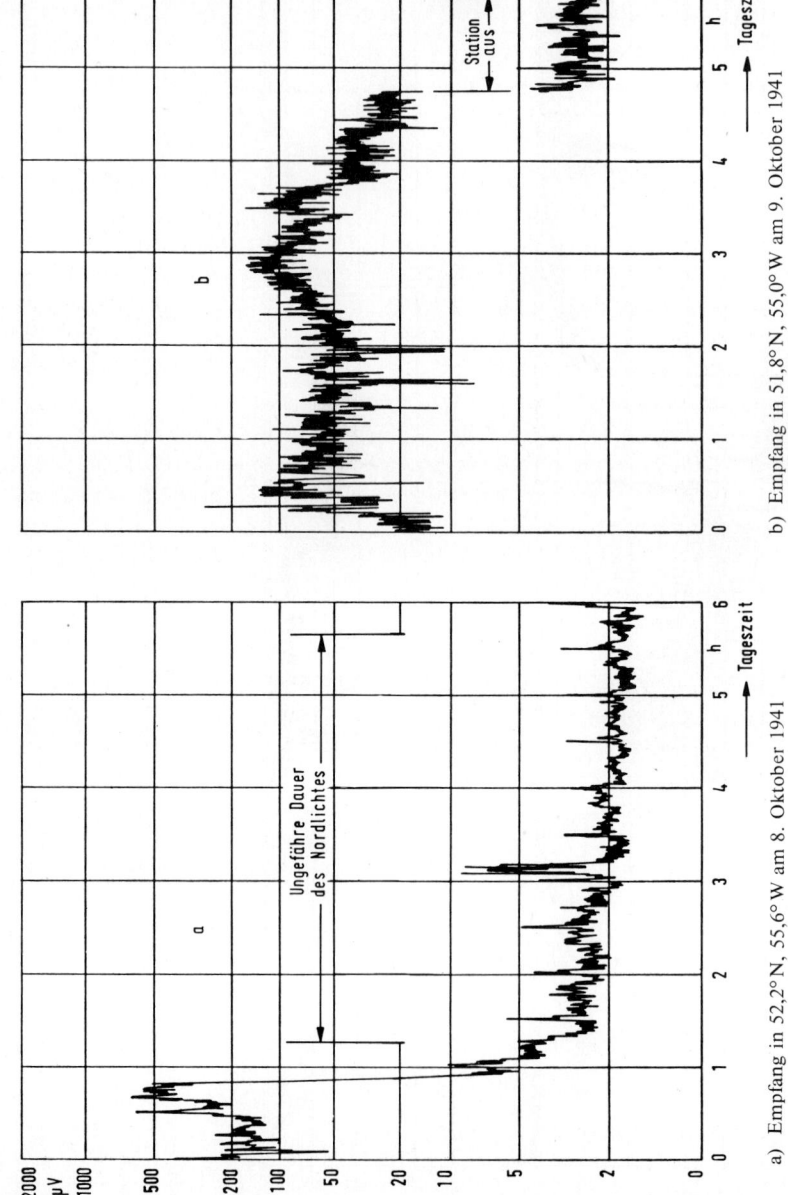

a) Empfang in 52,2° N, 55,6° W am 8. Oktober 1941   b) Empfang in 51,8° N, 55,0° W am 9. Oktober 1941

Bild 2.8
Registrierte Empfängereingangsspannung des Senders GSD 11750 kHz London (England) [4]

2.4 Einfluß des erdmagnetischen Feldes

Auf der Erdoberfläche ist ein magnetisches Feld vorhanden, daß seinen Nordpol in der Arktis bei etwa 76° Nord und 102° West, und seinen Südpol bei etwa 68° Süd und 145° Ost in der Antarktis hat. Diese Koordinaten sind jedoch nicht konstant; vielmehr ändern sich die geografische Lage der Pole und damit auch die Verteilung der magnetischen Kraftlinien entlang der Erdoberfläche langsam. Daher müssen auch die „Mißweisungen" – das sind die Abweichungen der Kompaßnadel von der wirklichen Nordrichtung – ständig kontrolliert werden. Die Stärke des erdmagnetischen Feldes ist außerdem tages- und jahreszeitlichen und durch die Sonnenaktivität bedingten Schwankungen unterworfen. Als Ursache dieser Feldänderungen gelten Ströme, die besonders in der E-Schicht als Folge der Ionisation und der Rekombination fließen und ihrerseits wieder Ströme in die Erdoberfläche induzieren. An elektrisch ruhigen Tagen sind die dadurch hervorgerufenen Schwankungen des erdmagnetischen Feldes gering. Treten jedoch ionosphärische Stürme auf, dann ändern sich die Ströme in der Ionosphäre in kurzer Zeit sehr stark und erreichen besonders in den nördlichen und südlichen Breiten (Aurorazonen) sehr hohe Werte (10^6 A). Dementsprechend erhöhen sich auch die in die Erdoberfläche induzierten Ströme. Die Stärke des erdmagnetischen Feldes und der Verlauf der magnetischen Kraftlinien ist damit auch von dem jeweiligen Zustand der Ionosphäre abhängig.

Bewegen sich nun freie Elektronen in der oberen Atmosphäre mit einer beliebigen Geschwindigkeit, dann werden sie unter Einfluß des erdmagnetischen Feldes so aus ihrer gradlinigen Bahn abgelenkt, daß diese sich in Form einer Spirale um die magnetischen Kraftlinien bewegen. Die Winkelgeschwindigkeit, mit der sich das Elektron dabei bewegt, ist gegeben durch seine elektrische Ladung, seine Masse und die Stärke des magnetischen Feldes:

$$\omega_H = \frac{e}{m} \cdot B. \qquad (2.2)$$

Daraus ergibt sich die Frequenz (in Hz)

$$f_H = \frac{e}{2\pi m} \cdot B. \qquad (2.3)$$

e Ladung des Elektrons
m Masse des Elektrons
B magnetische Induktion in $\frac{Wb}{m^2}$

Die Frequenz f_H ist die Gyrofrequenz. Wie aus Gleichung (2.3) hervorgeht, ist sie von der Geschwindigkeit der Elektronen unabhängig. In der Ionosphäre gilt

$$f_H = 2{,}84 \cdot 10^{10} \cdot B \text{ und mit} \tag{2.4}$$

$B = 0{,}5 \cdot 10^4 \text{ Wb/m}^2$ wird

$$f_H = 1{,}42 \text{ MHz}. \tag{2.5}$$

Wie aus Bild 4.24 entnommen werden kann, hat f_H wegen der nicht gleichförmigen Verteilung des magnetischen Feldes über der Erdoberfläche keinen konstanten Wert. In der Nähe des magnetischen Nord- und Südpols ist $f_H = 1{,}6$ bis 1,7 MHz und erreicht als tiefsten Wert entlang des magnetischen Äquators 0,7 MHz.

Wenn eine Kurzwelle mit der Frequenz f in die Ionosphäre eintritt, wird sie in zwei Komponenten aufgeteilt,
die ordentliche Welle mit

$$\omega_o = \sqrt{\omega\,(\omega + \omega_H)} \text{ bzw. } f_0 = \sqrt{f(f + f_H)} \quad \text{und die} \tag{2.6a}$$

außerordentliche Welle mit

$$\omega_x = \sqrt{\omega\,(\omega - \omega_H)} \text{ bzw. } f_X = \sqrt{f(f - f_H)}. \tag{2.6b}$$

Die Darstellung der mathematischen Ableitung dieser Gleichungen, in der die Elektronendichte, die Stärke des magnetischen und elektrischen Feldes, die Dielektrizitätskonstante, die Masse der Elektronen und die Winkelgeschwindigkeit der in die Ionosphäre eintretenden Welle einbezogen werden muß, würde den Rahmen dieses Buches überschreiten. Sie ist für die praktische Berechnung von Kurzwellenstrecken auch nicht erforderlich. In [1] und [4] sind diese Ableitungen eingehend behandelt. Die Entstehung der ordentlichen und der außerordentlichen Welle ist aber nur durch die Gegenwart des erdmagnetischen Feldes möglich. Wie aus den Gleichungen (2.6a) und (2.6b) zu ersehen ist, erfolgt eine Addition und eine Subtraktion der Winkelgeschwindigkeiten der Gyrofrequenz f_H mit der der ausgesendeten Welle mit der Frequenz f. Die Polarisation der beiden Wellen ist zirkular, einander gegenläufig und mit senkrecht zueinander stehenden Polarisationsebenen, wenn keine Kollision der an der Übertragung beteiligten Elektronen mit anderen freien Elektronen oder neutralen Gasmolekülen zu berücksichtigen ist. Für die ordentliche und die außerordentliche Welle liegen nun nicht die gleichen Bedingungen in der Ionosphäre vor. Ihre Reflexionen finden in unterschiedlichen Höhen statt, d. h. bei verschiedenen Elektronendichten. Dementsprechend sind die Dielektrizitätskonstanten, die Beugungsindices, die Laufzeiten und die Verluste durch Kollisionen für beide Wellen unterschiedlich. Die ordentliche Welle wird dabei weniger bedämpft als die außerordentliche. Betrachtet man hierzu den Sonderfall, bei dem die ausgesendete Frequenz gleich der Gyrofrequenz ist, so wird die außerordentliche Welle praktisch vollständig absorbiert und nur die ordentliche Welle kann empfangen werden; sie ist in diesem Fall zirkular polarisiert. Aus beiden Wellen entsteht nach Verlassen der Ionosphäre – wenn also keine Beeinflussung durch das erdmagnetische Feld mehr stattfinden kann – wieder die ursprünglich ausgesendete Frequenz f. Durch die unterschiedliche Bedämpfung und Laufzeit der ordentlichen und der außerordentlichen Welle hat die ausgesendete Frequenz nunmehr eine elliptische Polarisation, wobei sich die Ellipse je nach dem zeitlich vorliegenden Zustand der Ionosphäre drehen und ihre Form ändern kann.

2.5 Schwunderscheinungen (Fading)

Wie aus den Registrierungen der Feldstärken am Empfangsort bzw. der Empfängereingangsspannungen Bild 2.5 bis 2.8 entnommen werden kann, ist auch in völlig ungestörten Zeiten nicht mit einer konstanten Feldstärke zu rechnen. Es treten laufend sehr kurzzeitige Schwankungen auf, die oft nur Bruchteile von Sekunden andauern. Dabei werden zwischen den Maximum- und Minimumstellen Unterschiede von 20 bis 25 dB erkennbar. Diese schnellen Schwankungen kommen bei sehr dicht nebeneinander liegenden Frequenzen nicht gleichzeitig vor, sodaß z. B. innerhalb eines modulierten Seitenbandes niemals die gesamte Modulation, sondern nur schmale Teilbereiche beeinträchtigt werden. Neben diesem schnellen Schwund gibt es auch eine länger andauernde Schwankung, die auf eine Änderung der Dämpfungseigenschaften der ionosphärischen Schichten zurückgeführt wird. Solche Fadings dauern eine oder bis zu mehreren Stunden an. Man kennt noch eine Anzahl weiterer Ursachen für Schwunderscheinungen, die sich jedoch in vier grundsätzliche Typen zusammenfassen lassen.

2.5.1 Interferenz- oder selektiver Schwund

Von einer ausgesendeten Funkwelle können mit einem zeitlichen Unterschied mehrere Signale auf unterschiedlichen Wegen bei der fernen Empfangsstation ankommen. Die Phasenlagen dieser Signale werden nicht übereinstimmen; aber auch ihre Feldstärken werden nicht gleich hoch sein, weil die Dämpfungseigenschaften ihrer Ausbreitungswege unterschiedlich sind. Die Feldstärke eines Signals, die zu einem bestimmten Zeitpunkt an einem Empfangsort vorhanden ist, ergibt sich aus der Addition der Phasen und der Amplituden aller dort eintreffenden Wellen. Diese *„Mehrwegeausbreitung"* hat ihre Ursache in den Unregelmäßigkeiten der Ionosphäre. Eine Welle wird dort nicht nur von einer einzigen eng begrenzten

Stelle reflektiert, sondern von einem größeren Gebiet einer Schicht, dessen Ionisation und Höhe nicht einheitlich sind. Es entsteht eine Streuung der Funkwelle, bei der die einzelnen Strahlen unterschiedliche Ausbreitungsbedingungen antreffen. Innerhalb der von einer modulierten Hochfrequenz benutzten Bandbreite ist eine große Anzahl von Frequenzen vorhanden, die den nicht konstanten Bedingungen einer Mehrwegeausbreitung unterworfen sind. Innerhalb eines Modulationsbandes entstehen dann Verzerrungen und sogar selektive Auslöschungen schmaler Frequenzbereiche mit einer Bandbreite von nicht mehr als etwa 300 Hz. Diese Schwunderscheinung wird selektives Fading genannt; es kann häufig bei der Übertragung mit Hilfe der Raumwelle beobachtet werden und stellt besonders bei Telegrafiesendungen die Ursache von Übertragungsfehlern dar. Mit Hilfe von systemtechnischen Maßnahmen wird diese Fehlerquelle aber sehr wirksam bekämpft (Frequenzdiversity).

Ein weiterer Typ des Interferenzschwunds ist das *„Flatterfading"*; es tritt hauptsächlich bei Funkverbindungen auf, die in der oder nahe der Nordlichtzone verlaufen und dort besonders starken Störungen in der Ionosphäre ausgesetzt sind. Die Feldstärke schwankt mit der Frequenz von 10 bis 100 Hz; dies stellt eine erhebliche Störquelle für den Funkempfang dar.

Von Interferenzschwund spricht man auch, wenn innerhalb eines kleinen Entfernungsbereichs vom Sender eine Überlagerung der Bodenwelle mit der nach der ersten Reflexion in der Ionosphäre zur Erde zurückkehrenden Welle stattfindet (Kapitel 5 Abschnitt 5.4.4.).

2.5.2 Polarisationsschwund

Eine von der Ionosphäre reflektierte Welle behält nicht dieselbe Polarisation bei, wie sie von der Sendeantenne abgestrahlt wurde; sie ist am Empfangsort elliptisch polarisiert. Dabei ändern sich Phasenlage und Dimensionen der Ellipsenachsen dauernd. Stimmt die Polarisation der ankommenden Welle zufällig mit der der Empfangsantenne überein, dann erreicht die am Empfängereingang liegende Spannung ein Maximum. Die Ursache für den „Polarisationsschwund" liegt in einer Kombination der Phasen- und Amplitudenbeziehung der ordentlichen und der außerordentlichen Welle, die gleichzeitig bei der Raumwellenausbreitung auftreten (siehe 2.4). Gegenüber der Empfangsspannung, die von einer durch Fading unbeeinflußten Welle geliefert wird, verringert sich der effektive Mittelwert dieser Spannung bei Eintreten eines Polarisationsschwundes um den Faktor 0,707. Zur Vermeidung von Störungen durch diese Schwundart werden mehrere Empfangsantennen unterschiedlicher Polarisation über eine Auswahlschaltung mit dem Empfängereingang verbunden. Das Signal mit dem größten Pegel wird dann automatisch zum Empfänger durchgeschaltet (Polarisationsdiversity).

2.5.3 Absorptionsschwund

Der Absorptionsschwund wird verursacht durch langsame Änderung der Dämpfungseigenschaften der D-Schicht; er kann länger als eine Stunde andauern. Wenn keine anderen Störungen der Ionosphäre vorhanden sind – wie magnetische Stürme, Mögel-Dellinger-Effekt oder Nordlichter – kann die Schwundtiefe gegenüber dem Mittelwert 10 dB erreichen. Durch eine automatische Volumenregelung im Empfänger kann die Beeinflussung des Signals vollständig unterdrückt werden.

2.5.4 Skip Fading

Für eine bestimmte Entfernung zwischen zwei Kurzwellenstationen läßt sich die höchste noch anwendbare Frequenz für jede Übertragungszeit berechnen (siehe Kapitel 4). Noch höhere Frequenzen werden nicht mehr von der Ionosphäre reflektiert, sondern sie durchdringen die Schichten und breiten sich im Weltraum aus. Die höchste noch reflektierte Frequenz wird die *MUF (maximum useful frequency)* genannt; sie hängt ab von der Länge der Funkstrecke, der geografischen Lage der Funkstellen, dem Einfallswinkel der Funkwelle in die Ionosphäre sowie von der Tages- und Jahreszeit und der Sonnenfleckenzahl. Eine Betriebsfrequenz, die z. B. während der Tagesstunden mit Sicherheit unter der *MUF* liegt, kann während des Sonnenunterganges – bei dem die Ionisation allmählich nachläßt – auch kurzzeitig die reflektierende Schicht durchdringen. Der Funkverkehr ist dann unterbrochen. Anschließend kann die Feldstärke wieder schnell zu ihrem früheren Wert ansteigen, weil der Grad der Ionisation wieder für eine Reflexion ausreichend ist. Dieser Vorgang kann sich schnell viele Male wiederholen, bevor ein stabiler Zustand in der Ionosphäre erreicht wird. Während der Tages- und Nachtstunden tritt dieser Fadingtyp kaum auf, vielmehr in Zeiten, in denen erhebliche Veränderungen in der Ionosphäre ablaufen, also hauptsächlich bei Sonnenauf- und -untergang.

Zum Vermeiden von Empfangsstörungen ist eine automatische Volumenregelung im Empfänger nicht mehr geeignet, weil die Feldstärkeschwankungen schnell aufeinanderfolgen. Am wirkungsvollsten ist das zeitlich richtig durchgeführte Umstellen der Betriebsfrequenz, d. h., der Wechsel von Tag- auf Nachtfrequenz noch kurz *vor* Sonnenuntergang und von Nacht- auf Tagfrequenz gleich *nach* Sonnenaufgang. Die günstigsten Zeiten für den Frequenzwechsel werden für eine bestimmte Kurzwellenverbindung durch Beobachtung des Funkverkehrs ermittelt.

2.5.5 Statistische Verteilung der Feldstärke am Empfangsort

Wie bereits aus den vorhergegangenen Betrachtungen der Schwunderscheinungen entnommen werden kann, ist mit dem Vorhandensein einer über längere Zeit konstanten Feldstärke an einem Empfangsort nicht zu rechnen. Während einer ungestörten Ausbreitung der Kurzwelle – d. h. wenn keine Beeinflussungen durch magnetische bzw. ionosphärische Stürme auftreten – werden die schnellen Änderungen der Feldstärken hauptsächlich auf den Einfluß des Interferenz- und Polarisationsschwundes zurückzuführen sein. Unter dieser Voraussetzung hat eine eingehende Beobachtung ergeben, daß der Größe der Amplituden der sich in kurzer Zeit ändernden Feldstärkewerte eine Rayleigh-Verteilung zu Grunde liegt. Der prozentuale Anteil T der Zeit, in der ein bestimmter Feldstärkewert erreicht oder überschritten wird, ist gegeben durch

$$T = 100 \cdot e^{-0,69315 \cdot \left(\frac{E}{E_{50}}\right)^2}. \qquad (2.7)$$

T Prozent der Zeit, in der der Augenblickswert der Feldstärke E erreicht oder überschritten wird

E_{50} der Feldstärkemittelwert (50%); dieser ist $\sqrt{0,69315} = 0,8326$ mal Feldstärke eines homogenen nicht durch Schwund beeinflußten Feldes

Bild 2.9 zeigt die statistische Feldstärkeverteilung nach (2.7). Es ergibt sich, daß die zu 90% der Zeit erreichten oder überschrittenen Feldstärken dem 0.39fachen Mittelwert entsprechen, d. h. 8,2 dB unter dem E_{50}-Wert liegen. Der Wert, der zu 10% der Zeit erreicht oder überschritten wird, ist um den Faktor 1,8 ≙ 5.1 dB größer als der Mittelwert. Der zu 99,3% der Betriebszeit erreichbare bzw. überschrittene Feldstärkewert liegt 20 dB unter dem Mittelwert. Wenn eine Kurzwellenverbindung zu einem so hohen Prozentsatz der Zeit mit guter Signalqualität betrieben werden soll, dann müßte die von der Sendestelle abgestrahlte Leistung um den Faktor 100 vergrößert werden gegenüber der Leistung, die für die Erreichung des E_{50}-Wertes erforderlich ist. Eine solche Leistungssteigerung wäre aber mit technisch vertretbarem Aufwand nicht mehr zu realisieren. Sowohl für Telegrafie- als auch für Telefonieübertragungen sind deshalb besondere Korrektur- und Modulationsverfahren entwickelt worden, die unter normalen Schwundbedingungen eine weitgehend sichere Übertragung gewährleisten.

In CCIR-Report 266 – 3 [10] wird die von Nakagami und Rice angegebene Feldstärkeverteilung beschrieben. Diese setzt voraus, daß das empfangene Signal aus einer festen sinusförmigen Komponente v_1 und einer zufälligen Rayleigh-Komponente v_n besteht. Bild 2.10 zeigt diese Verteilung des empfangenen Signals in Abhängigkeit von dem Verhältnis $\frac{v_n}{v_1}$. Wird $\frac{v_n}{v_1} \geq 2$ (6 dB), dann ergibt sich für die Wahrscheinlichkeit des Auftretens einer bestimmten Feldstärke die in Bild 2.9 dargestellte Rayleigh-Verteilung, weil die Komponente v_1 überwiegt. Wird $\frac{v_n}{v_1} \ll 1$, d. h. wenn die Rayleigh-Komponente klein gegenüber der festen sinusförmigen Komponente ist, dann ändert sich das Signal nur noch symmetrisch zu dem Mittelwert v_1 mit einer Abweichung von $\frac{v_n}{\sqrt{2}}$. Nach Bild 2.10 beginnt dieser Vorgang, wenn $\frac{v_n}{v_1} \leq 0,1$ (20 dB) wird.

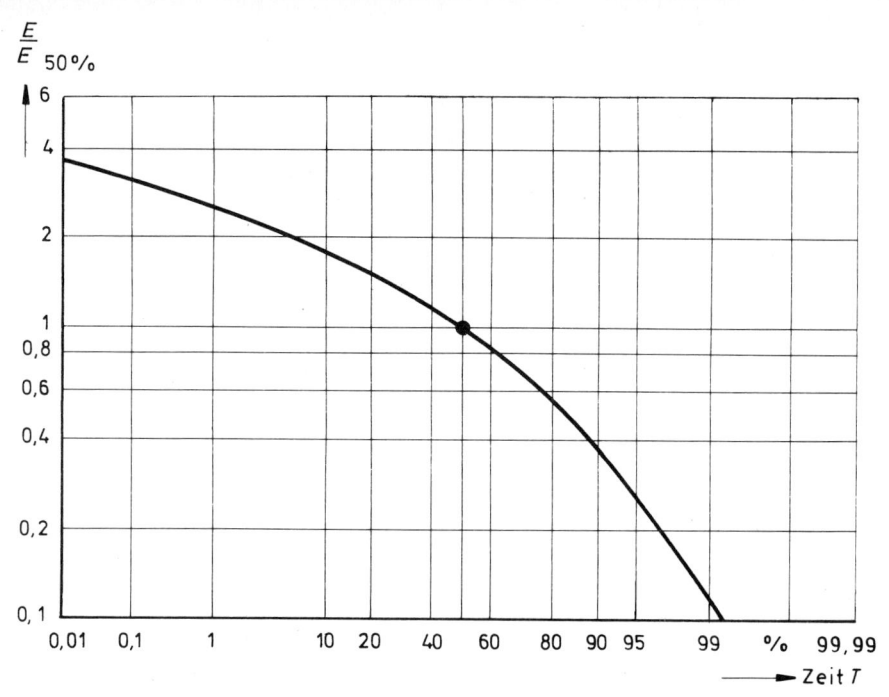

Bild 2.9   Rayleigh - Verteilung der Momentanwerte der Feldstärke am Empfangsort [4]

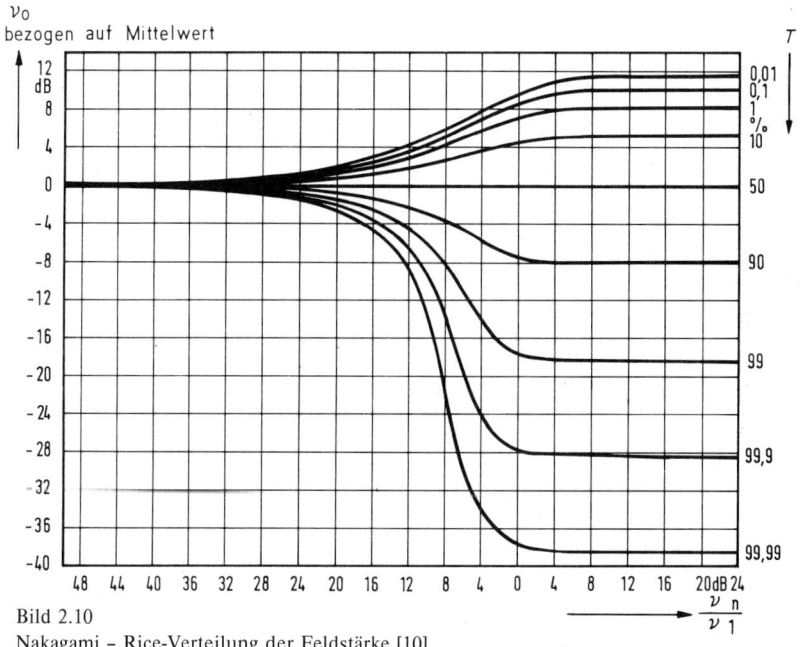

Bild 2.10
Nakagami - Rice-Verteilung der Feldstärke [10]
Parameter ist die Zeitwahrscheinlichkeit in der die v_0-Werte erreicht oder überschritten werden

Der Schwundbereich bei Kurzwellenverbindungen wird häufig als der Unterschied der Feldstärken angegeben, die zu 10% und zu 90% der Zeit erreicht oder überschritten werden. Bei Vorliegen einer Rayleigh-Verteilung beträgt dieser Wert 13,3 dB. Für große Entfernungen hat Großkopf dafür den Wert $13 \pm 3,2$ dB angegeben, der auch mit den durch die Tages- und Jahreszeit bedingten Änderungen der Ausbreitungsbedingungen keinen wesentlichen Schwankungen unterworfen ist.

Auf mehreren Kurzwellenstrecken der Deutschen Bundespost haben H. Retting und K. Vogt [14] in den Jahren 1960 - 1962 Schwunderscheinungen registriert und deren Häufigkeit und Dauer bei unterschiedlichen relativen Signalpegeln ermittelt, die auf den Stundenmittelwert bezogen sind. Bei den untersuchten Strecken handelt es sich um Verbindungen von Deutschland nach Nah- und Fernost sowie nach Nord- und Südamerika. Die Streckenlängen betrugen zwischen 2200 km und 11300 km. Die benutzten Kurzwellenfrequenzen lagen im Bereich von 14 MHz und 20 MHz

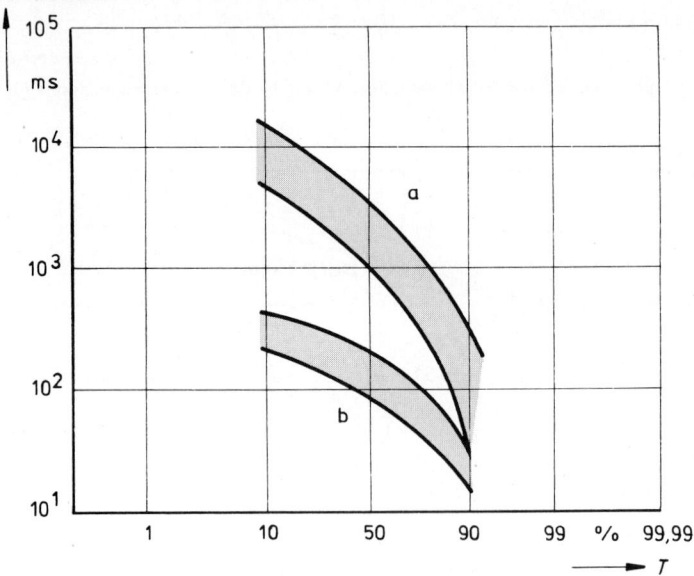

Bild 2.11
Häufigkeitsverteilung der Schwunddauer (ms) nach Messungen der Deutschen Bundespost [14]
a) Streubereich für alle gemessenen Strecken bezogen auf den relativen Pegel 0 dB über dem Mittelwert
b) Streubereich für alle gemessenen Strecken bezogen auf den relativen Pegel -25 dB unter dem Mittelwert

nahe an der für die Strecken während der Meßzeiten gültigen MUF. Bild 2.11 zeigt dazu die Häufigkeitsverteilung der Schwunddauer. Angegeben sind für die relativen Signalpegel von 0 dB und –25 dB die Streubereiche, die die gemessenen Strecken umschließen.

2.6 Ausbreitungswege der Raumwelle

Ein Kurzwellensignal wird dem Strahlungsdiagramm der Sendeantenne entsprechend mit unterschiedlich großen Erhebungswinkeln gegen die Ionosphäre abgestrahlt. Vorausgesetzt, daß die Sendefrequenz von einer der ionosphärischen Schichten reflektiert wird, sind mehrere Ausbreitungswege möglich. Die noch einsetzbare Frequenz f_{ob} bei schrägen Einfall in die Ionosphäre bei einer bestimmten Funkweglänge d und einer bestimmten Höhe des Reflexionspunkts über der Erde ist gegeben durch:

$$f_{ob} = \frac{f_v}{\cos \varphi} = f_v \cdot \sqrt{1 + \left(\frac{d}{2\,h'}\right)^2} \quad \text{und} \tag{2.8}$$

daraus die virtuelle Höhe des Reflexionspunktes

$$h' = \frac{f_v \cdot d}{2} \sqrt{\frac{1}{f_{ob}^2 - f_v^2}} \; . \tag{2.9}$$

f_{ob} bei schrägem Einfall in die Ionosphäre noch reflektierte Frequenz in MHz
f_v bei vertikalem Einfall in die Ionosphäre noch reflektierte Frequenz in MHz
φ Einfallswinkel der Strahlung in die Ionosphäre.
d Entfernung zwischen den beteiligten Funkstellen in km
h' virtuelle Höhe des Reflexionspunktes in der Ionosphäre über der Erde in km

Bild 2.12 zeigt als Beispiel eine nach Formel (2.9) berechnete Kurvenschar für eine Funkstreckenlänge von $d = 2000$ km. Wird dieser Kurvenschar ein gemessenes Ionogramm überlagert, dann ergeben sich mehrere Schnittpunkte mit den f_{ob}-Kurven, die alle einen möglichen Ausbreitungsweg für eine bestimmte Frequenz darstellen. Für die Frequenz 14 MHz sind in dem Beispiel über die F2-Schicht ein Weg mit der Reflexionshöhe $h' = 380$ km und ein zweiter Weg mit der Höhe $h' = 680$ km möglich. Dabei wird das von Punkt 1 reflektierte Signal stärker sein, d. h. am Empfangsort eine größere Feldstärke haben als das von Punkt 1' reflektierte, weil bei 1 nur eine Dämpfung beim Durchgang durch die E- und F1-Schicht erfolgt, während bei 1' aber noch eine zusätzliche Dämpfung wegen des langen Weges durch die F2-Schicht hinzu kommt. Wird die Frequenz 18 MHz für die 2000 km lange Strecke benutzt, so ergibt sich ein Reflexionspunkt 2 an der F2-Schicht in der Höhe $h' = 340$ km und der zweite Reflexionspunkt 2' bei $h' = 460$ km. Diese Frequenz liegt bereits außerhalb der Reflexionsmöglichkeiten der E- und F1-Schicht. Die Feldstärke des am Punkt 2 reflektierten Strahls wird aber immer noch höher sein als die, die durch den am Punkt 2' reflektierten Strahl erzeugt wird. Da der Höhenunterschied zwischen beiden Punkten nicht mehr so groß ist, wird der Feldstärkeunterschied geringer sein als bei der Frequenz 14 MHz. Für die Frequenz 20 MHz ist nur noch ein Reflexionspunkt 3 bei h' = 370 km vorhanden. Diese Frequenz ist die höchste noch anwendbare Frequenz, die noch zur Erde zurück reflektiert wird. Für die hier betrachtete Funkstrecke – und zu dem Zeitpunkt an dem das überlagerte Ionogramm zutrifft – ist diese Frequenz die *MUF* der F2-Schicht. Höhere Frequenzen, wie z. B. 22 MHz, werden unter den hier vorliegenden Bedingungen nicht mehr reflektiert; sie durchdringen die Ionosphäre und kehren nicht zur Erde zurück. Zu jeder Entfernung zwischen zwei Funkstellen gehört eine eigene *MUF*. Die Entfernung, die mit einer *MUF* überbrückt werden kann, wird *Sprungentfernung* genannt (skip distance). Im Gegensatz zu allen niedrigeren Frequenzen hat die *MUF* nur einen Ausbreitungsweg; sie liefert i. a. die besten Empfangsmöglichkeiten. Da sie aber an der Grenze zwischen einer Reflexion zur Erde und einer Durchdringung der Ionosphäre liegt, und die Ionosphäre in ihrem Aufbau nicht zeitlich konstant ist, sind auch die Ausbreitungsbedingungen für die *MUF* über längere Zeit gesehen nicht dauernd sicher. Es wird deshalb für die Bestimmung der an-

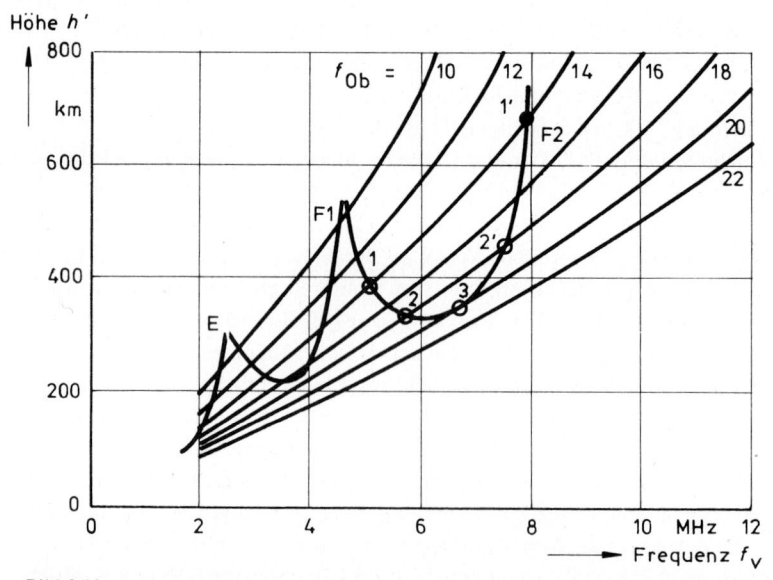

Bild 2.12
Übertragungskurven für eine Funkstrecke mit 2000 km Länge und Frequenzen f_{ob} von 10 bis 22 MHz als Parameter mit überlagertem Ionogramm (nach [1] Kap. 4.3)

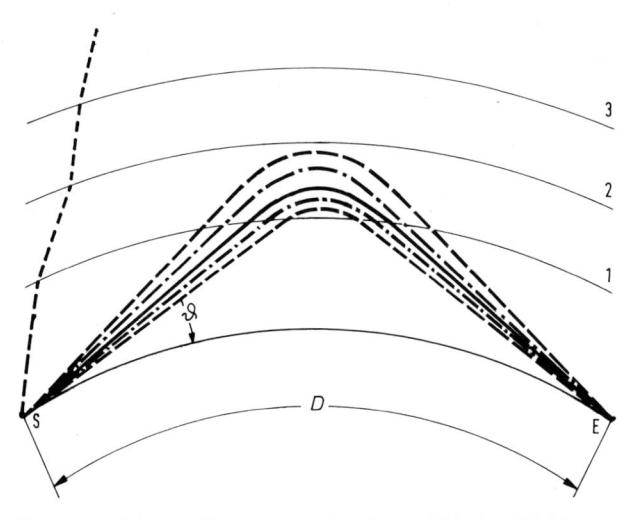

1 untere wirksame Grenze der aktiven ionosphärischen Schicht
2 Höhe der maximalen Elektronendichte
3 obere wirksame Grenze der aktiven ionosphärischen Schicht

— — — Strahlungswege mit steilem und flachem Erhebungswinkel
         Frequenz erheblich unter der *MUF*
—·—·—   Strahlungswege mit steilem und flachem Erhebungswinkel
         Frequenz nur wenig unter der *MUF*
——————— Strahlungsweg der *MUF*
- - - - Strahlungsweg einer Frequenz über der *MUF*

D Sprungentfernung, bei *MUF* ist *D* gleich der skip distance
ϑ Erhebungswinkel der Strahlung

Bild 2.13   Darstellung der möglichen Strahlungswege

wendbaren Betriebsfrequenzen nicht die *MUF*, sondern die *FOT* (fréquence optimale de traffic) – die 15% unter der vorausgesagten *MUF* liegt – benutzt.

Bild 2.13 zeigt die möglichen Strahlungswege für Frequenzen, die erheblich unter, oder nur noch wenig unterhalb der *MUF* liegen. Für diese beiden Möglichkeiten sind ein Strahlungsweg mit einem steilen Erhebungswinkel (high angle radiation) und ein solcher mit einem flachen Erhebungswinkel (low angle radiation) entsprechend der Darstellung Bild 2.12 vorhanden. Für die *MUF* gibt es für eine bestimmte Frequenz nur einen Strahlungsweg mit einem dazu gehörenden Erhebungswinkel. Neben diesen möglichen Ausbreitungswegen ist auch der Weg einer Welle dargestellt, deren Frequenz höher als die *MUF* ist. Diese Welle durchdringt die Ionosphäre. Die Strahlung mit steilem Erhebungswinkel wird „Pedersen Ray" genannt. Dafür sind auch Ausbreitungswege beobachtet worden, die in der Ionosphäre große Entfernungen überbrücken, ohne daß dabei Bodenreflexionen stattfinden. Bei der Berechnung von Kurzwellenverbindungen muß von stabilen Bedingungen ausgegangen werden. Diese sind aber durch den Pedersen-Strahl nicht gegeben, auch wenn diese Ausbreitungsart einmal vorherrschend sein sollte. Sie kann nicht mit genügender Sicherheit vorausgesagt oder durch Wahl einer bestimmten Betriebsfrequenz erzeugt werden.

Der genaue Verlauf eines Strahlungsweges in der Ionosphäre ist jedoch komplizierter, weil Beugungen des Strahles beim Durchgang durch die unteren Schichten auftreten, die von der jeweils vorhandenen Ionendichte und damit vom Tagesgang der Sonnenstrahlung abhängig sind. Bild 2.14 stellt einen solchen Strahlungsweg dar. Bei der praktischen Planung von Kurzwellenstrecken wird es nicht möglich sein, den dauernden Änderungen des Zustandes der Ionosphäre unterworfenen

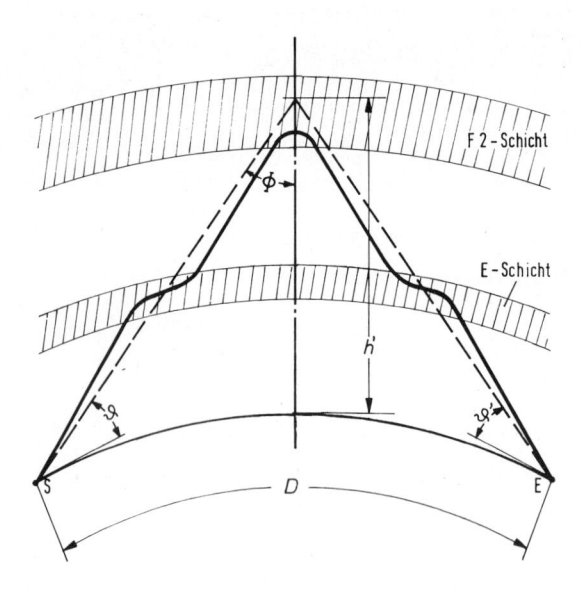

D Entfernung zwischen Sender (S) und Empfänger (E)
ϑ Erhebungswinkel des ausgesendeten Strahles
ϑ' Erhebungswinkel des empfangenen Strahles
Φ Einfallswinkel des Strahles in die reflektierende Schicht
h' virtuelle Höhe des Reflektionspunkts
——————— wirklicher Strahlungsweg
— — — — vereinfachter Strahlungsweg

Bild 2.14   Wirklicher und vereinfachter Strahlungsweg

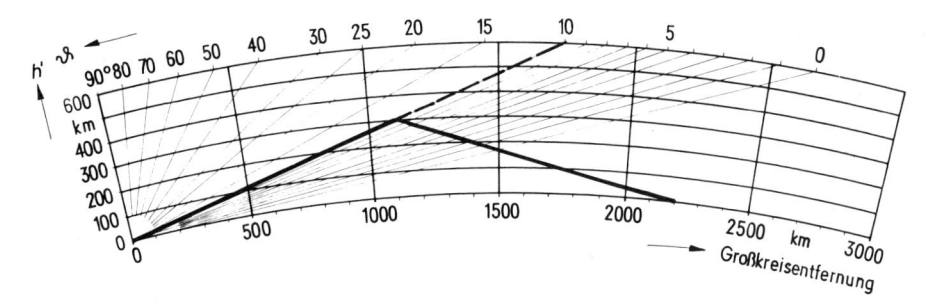

Bild 2.15   Streckendiagramm für Kurzwellenverbindungen (nach Prof. Helliwell)

Strahlungsweg im Detail zu berücksichtigen. Es wird deshalb auf ein vereinfachtes Modell zurückgegriffen, bei dem ein gradliniger Strahlungsweg bis zu einem Reflexionspunkt in der aktiven Schicht der Ionosphäre mit einer virtuellen Höhe h' über der Erdoberfläche angenommen ist. Dieses Modell ist ausreichend zum Bestimmen der kleinsten Anzahl von Sprüngen zum Überbrücken einer bestimmten Funkweglänge und zum Festlegen der dafür erforderlichen Erhebungswinkel der ausgesendeten Strahlung. Eine sehr gute Hilfe für den Aufriß eines Strahlungswegs stellt das Streckendiagramm von Prof. Helliwell dar. Wenn die virtuelle Höhe bekannt ist, können für eine zu planende Strecke aus diesem Diagramm alle erforderlichen Werte abgelesen werden, die auch zum Bestimmen einer günstigen Antenne zu Grunde gelegt werden können. In Bild 2.15 ist dieses Diagramm dargestellt. Eingetragen ist als Beispiel eine Funkverbindung mit einer Streckenlänge von 2200 km. Bei einer Höhe h' von 300 km läßt sich diese Strecke mit einem Sprung überbrücken, wenn der Erhebungswinkel $\vartheta = 10°$ ist. Mit Hilfe eines willkürlich gewählten Gewinnmaßstabes kann in dieses Diagramm auch das vertikale Strahlungsdiagramm der gewählten Antenne eingetragen werden.

Bei großen Funkweglängen ($\vartheta < 8°$, $D > 2500$ km) werden mehrere Sprünge erforderlich. Dabei können bei den einzelnen Teilstücken der Strecke unterschiedliche Übertragungsbedingungen vorhanden sein. Bild 2.16 zeigt dazu einige Beispiele.

a) Die Strecke S – E kann mit einem Sprung über die F2-Schicht überbrückt werden, wenn die angewendete Betriebsfrequenz die darunter liegende E (E_s) – Schicht durchdringt. Ist jedoch die E-Schicht aktiv, so sind zwei Sprünge erforderlich, weil wegen der geringeren Höhe der E-Schicht der dann für einen Sprung notwendige Erhebungswinkel der Strahlung so klein wird, daß er mit den üblichen Kurzwellenantennen nicht mehr dargestellt werden kann.

b) Die Strecke S – E wird mit drei Sprüngen überbrückt. Während bei dem ersten und dem letzten Sprung die Betriebsfrequenz erst an der F2-Schicht reflektiert wird, ist in dem mittleren Teil der Strecke die E - Schicht für diese Frequenz aktiv. Dieser Fall kann z. B. eintreten, wenn bei dem mittleren Teil wegen des dort vorherrschenden höheren Sonnenstandes (Mittagszeit) eine erheblich stärkere Ionisation der E-Schicht vorhanden ist als bei dem ersten und letzten Teilstück der Strecke.

c) Dieses Beispiel zeigt die „Duct-Bildung", die dann gegeben ist, wenn der von der F2-Schicht reflektierte Strahl von einer darunter liegenden E_s-Schicht zur F2-Schicht zurück reflektiert wird. Bei dem letzten Teilstück dieser Strecke ist wieder angenommen, daß die E-Schicht für die Betriebsfrequenz aktiv ist.

Eine genaue Betrachtung der bei langen Funkstrecken möglichen Ausbreitungswege erfordert eine umfangreiche Untersuchung der Eigenschaften der einzelnen Streckenteile hinsichtlich der anwendbaren Betriebsfrequenz und des dafür er-

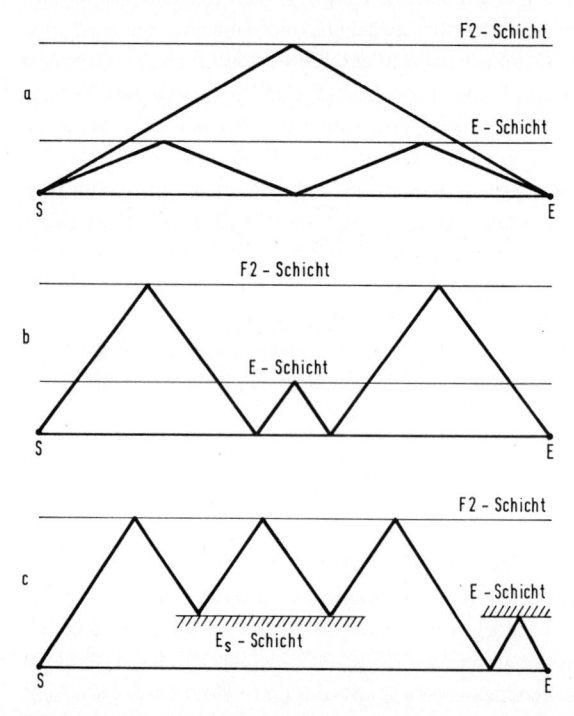

Bild 2.16 Beispiele für mögliche Strahlungswege bei Mehrsprungverbindungen

forderlichen, von der Sendeantenne zu liefernden Erhebungswinkels der Strahlung. Im allgemeinen wird bei der Streckenplanung auf eine solche Detailuntersuchung verzichtet und nur die Ausbreitungsbedingungen an den Endpunkten der Strecken betrachtet. Für die Bestimmung des für eine Kurzwellenverbindung erforderlichen Geräteaufwandes ist dieses auch völlig ausreichend [1], [4].

2.6.1 Mehrwegeausbreitung

Wie bereits in Abschnitt 2.5.1 erwähnt, kann eine Funkwelle auf mehreren Wegen die ferne Empfangsstelle erreichen. Wegen der unterschiedlichen Länge dieser Wege sind auch die Zeiten, die die Welle zu deren Durchlauf benötigt, unterschiedlich. Messungen mit Hilfe von Faksimilesendungen, die auf den Strecken Washington-England (6000 km) und Japan-England (9600 km) durchgeführt wurden, haben Verzögerungszeiten ergeben, die im Bereich von 0,5 bis 4,5 ms liegen [12]. Die statistische Auswertung dieser Messungen zeigt Bild 2.17. Daraus ergibt

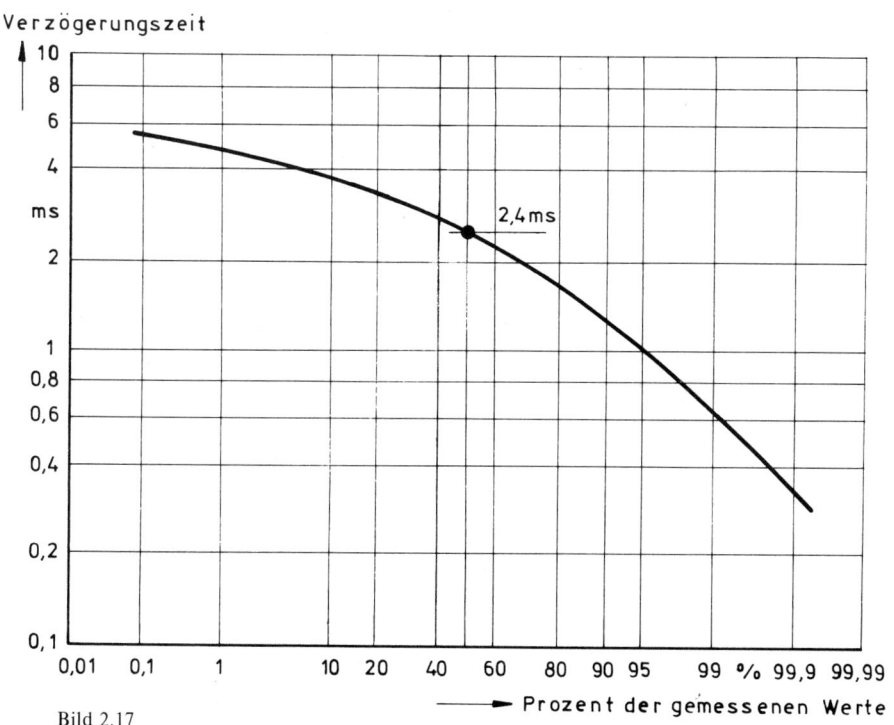

Bild 2.17
Statistische Verteilung der Verzögerungszeiten gegenüber dem direkten unverzögerten Funkweg bei großen Funkweglängen

sich, daß bei großen Funkweglängen 50% aller Verzögerungswerte gleich oder größer als 2,4 ms sein werden, 99,5% sind gleich oder größer als 0,5 ms und 0,5% aller Werte erreichen oder übersteigen 5 ms. Beim Übertragen von Fernschreibzeichen in der bekannten Form mit Frequenzumtastsystemen (Sendearten F1B, F7B, bzw. R7B und B7W) tragen diese Verzögerungszeiten schon erheblich zu Zeichenverzerrungen bei. Wenn angenommen wird, daß eine Verzerrung von 10% eine sichere Übertragung noch nicht beeinträchtigt, darf die Verzögerung eines Fernschreibsignals, das die Empfangsstelle über einen Umweg erreicht, folgende Werte nicht überschreiten:

Telegrafiegeschwindigkeit	Zeitdauer je Zeichen	Zulässige Verzögerung
50 Baud	20 ms	2 ms
100 Baud	10 ms	1 ms
200 Baud	5 ms	0,5 ms

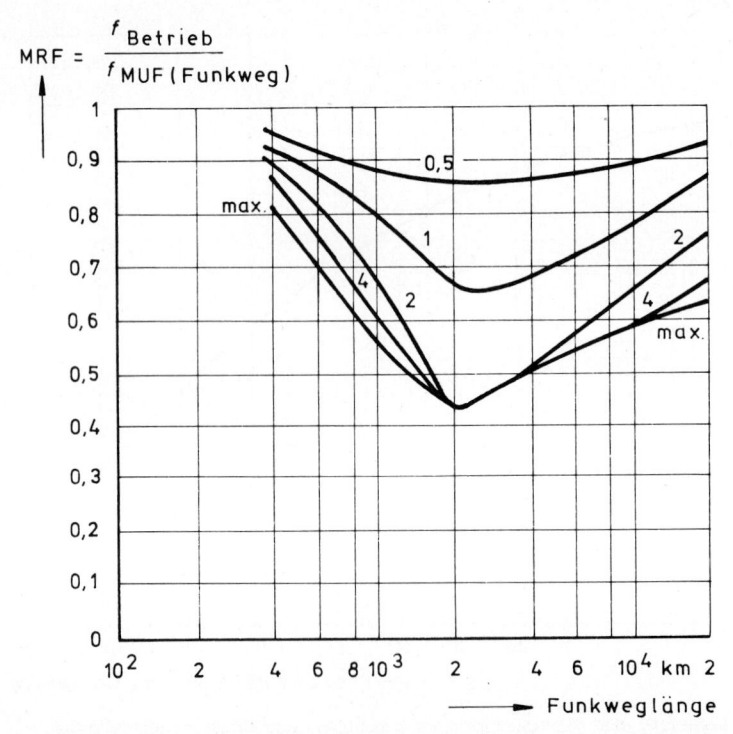

$$MRF = \frac{f_{Betrieb}}{f_{MUF(Funkweg)}}$$

Bild 2.18   Mehrwege-Reduktionsfaktor *MRF* in Abhängigkeit von der Streckenlänge [13]

Experimentelle Untersuchungen, die von Salaman [13] durchgeführt wurden, ergaben eine interessante Relation zwischen der Funkweglänge, der ermittelten Verzögerungszeit und einem *Mehrwege-Reduktionsfaktor (MRF* multipath reduction factor); dieser stellt das Verhältnis der Betriebsfrequenz f_B zur höchsten noch übertragbaren Frequenz, also der *MUF* des Funkweges dar:

$$MRF = \frac{f_B}{f_{MUF}}. \qquad (2.10)$$

Bild 2.18 zeigt die von Salaman ermittelten Werte. Bei einer Funkweglänge von etwa 2000 km ist mit einer Mehrwegeverzögerung von 0,5 ms zu rechnen, wenn die Betriebsfrequenz nicht kleiner als 85% der *MUF* dieses Funkweges ist. In der Praxis wird sich dieser geringe Abstand zur *MUF* über mehrere Stunden nicht verwirklichen lassen, weil die Betriebsfrequenzen innerhalb der von der UIT für die einzelnen Funkdienste zugelassenen Bereiche liegen müssen und der Abstand von 85% von der *MUF* der der Planung zu Grunde zu legenden *FOT* entspricht. Wird z. B. zur Zeit eines Wechsels von Nacht- auf Tagfrequenz oder umgekehrt der

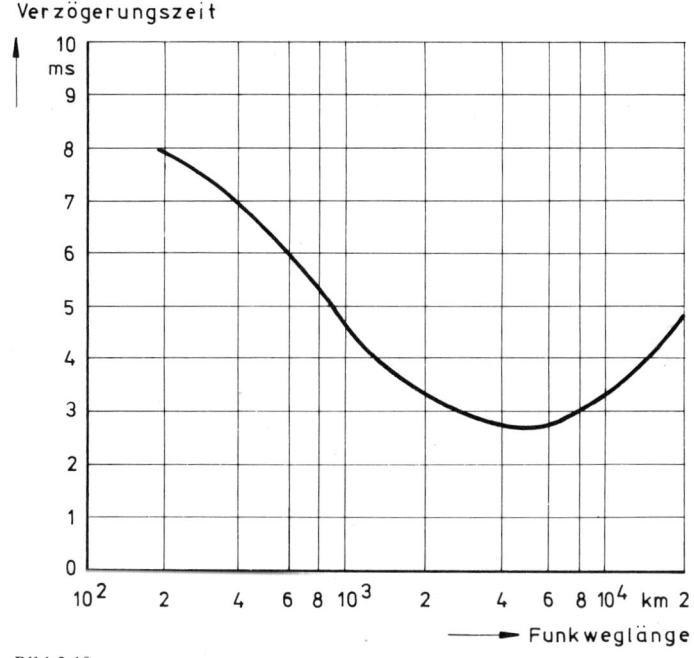

Bild 2.19
Maximal zu erwartende Zeitverzögerung bei Mehrwegeausbreitung in Abhängigkeit von der Funkweglänge [13]. Parameter ist die Verzögerungszeit in ms

85%-Wert und damit eine kleine Mehrwegeverzögerung erreicht, so ist der Abstand zwischen der *MUF* und der Betriebsfrequenz einige Stunden später erheblich größer. Deshalb bleibt die Mehrwegeverzögerung in ihrem Tagesgang nicht konstant; sie ändert sich mit dem jeweiligen *MRF*-Wert. Die maximal zu erwartenden Verzögerungszeiten in Abhängigkeit von der Funkweglänge zeigt Bild 2.19. Danach sind für kürzere Strecken größere Verzögerungszeiten zu erwarten als für Strecken von einigen tausend Kilometern Länge. Der höchste Wert ist etwa 8 ms bei einer Entfernung von nur 200 km zwischen der Sende- und der Empfangsstelle gegenüber einem Wert von nur etwa 3 ms bei einer Streckenlänge von etwa 2000 km bis etwa 8000 km.

2.7 Änderung der Empfangsfrequenz durch Dopplereffekt

Bei der Übertragung eines Kurzwellensignals mit Hilfe der Raumwelle entstehen nicht nur die bereits geschilderten Störungen durch Schwunderscheinungen; es sind auch Änderungen der ausgesendeten Frequenz um einen Betrag $\pm \Delta f$ zu beobachten. Besonders während des Sonnenauf- und -unterganges wird der entsprechende Wert groß und kann auch schmalbandige Telegrafiesendungen beeinflussen, die einen kleinen Frequenzhub anwenden. Bei ruhiger Ionosphäre sind Δf-Werte von 1 bis 2 Hz und bei starken Störungen (wie magnetische Stürme) solche bis zu 6 Hz festgestellt worden. Es handelt sich dabei um einen Dopplereffekt, der seine Ursache in der Änderung der Höhe der ionosphärischen Schichten hat. Bei Sonnenaufgang werden zuerst die oberen Regionen der Atmosphäre in sehr großer Höhe über der Erde ionisiert. Mit steigender Sonne werden auch die unteren Schichten erfaßt, d. h., die Höhe der reflektierenden Schicht wird kleiner und erreicht zur Mittagszeit ein Minimum. Damit wird auch der von der Funkwelle durchlaufene Weg immer kürzer und die ausgesendete Frequenz erscheint dadurch am Empfänger um einen Betrag von $+\Delta f$ erhöht. Bei sinkender Sonne steigt die Höhe der ionisierten Schichten wieder an, weil durch den immer schräger werdenden Einfall der Sonnenstrahlen in die Atmosphäre die unteren Schichten nicht mehr erreicht werden und dort die Rekombination beginnt. Der von der Funkwelle zu durchlaufende Weg wird damit immer länger und die ausgesendete Frequenz verringert sich entsprechend um einen Wert $-\Delta f$. Der Dopplereffekt tritt also immer dann auf, wenn eine *schnelle* Änderung der Höhe der reflektierenden Schichten zu erwarten ist. Neben den Zeiten des Sonnenauf- und -unterganges ist dies auch bei Störungen der Ionosphäre (magnetische Stürme) der Fall. Während der Nachtstunden ist bei ruhiger Ionosphäre kein Doppler-Effekt zu erwarten. Die Berechnung des Dopplereffekts erfordert eine genaue Kenntnis des Ionisationszustandes in der oberen Atmosphäre in Abhängigkeit vom Sonnenstandswinkel. Wesentlich ist auch die Zeit für den Aufbau und den Abbau der reflektierenden

Schichten. L. W. Pickering beschreibt in [11] den Berechnungsgang. Dabei hat sich als wichtiger Grundsatz ergeben, daß die durch den Dopplereffekt verursachte Frequenzänderung für eine schräg in die Ionosphäre einfallende Funkwelle die gleiche ist wie für eine vertikal einfallende Welle, wenn die ausgesendeten Frequenzen den vertikalen bzw. den schrägen Reflexionsbedingungen angepaßt sind. Sie müssen der Beziehung

$$f_{ob} = \frac{f_v}{\cos \Phi} \qquad (2.11)$$

genügen und von derselben Schicht in der Ionosphäre reflektiert werden.

Es bedeuten:

f_{ob} für den schrägen Einfall in die Ionosphäre noch reflektierte Frequenz
f_v bei einem senkrechten Einfall noch reflektierte Frequenz
Φ Einfallswinkel der Funkwelle in die Ionosphäre

Die eingangs angegebenen, im Laufe der Zeit beobachteten Frequenzänderungen von 2 Hz bis max. 6 Hz gelten für Entfernungen, die mit *einem* Sprung überbrückt werden können. Sind bei großen Entfernungen *mehrere Sprünge* (Anzahl *n*) erforderlich, so kann für die gesamte Frequenzänderung überschlägig angesetzt werden

$$\Delta f_{gesamt} = \frac{\Delta f}{\text{Sprung}} \cdot n. \qquad (2.12)$$

2.8 Funkstörungen im Frequenzbereich 0,5 bis 30 MHz

Neben den Schwunderscheinungen – die beträchtliche Schwankungen des Signalpegels verursachen – wird der Kurzwellenempfang auch durch Störungen beeinflußt, die von der Empfangsantenne aufgenommen werden. Störungen, die in den Empfangsgeräten selbst erzeugt werden, wie das Rauschen, sollen hier nicht betrachtet werden. Das von außen kommende Geräusch kann für den Kurzwellenbereich in drei Störungstypen eingeteilt werden.

2.8.1 Atmosphärisches Rauschen

Die Ursache des atmosphärischen Rauschens sind statische Entladungen in der Atmosphäre, die durch Gewitter, heftige Regen- und Schneefälle sowie Sandstürme ausgelöst werden können. Die Stärke dieser Störungen ist auf der Erdoberfläche sehr unterschiedlich. Während in den hohen Breiten der nördlichen und der südlichen Halbkugel nur relativ kleine Störfeldstärken zu erwarten sind, hat man es in der tropischen Zone $\pm 20°$ vom Äquator mit sehr großen Feldstärken zu tun.

Es besteht auch eine tages- und jahreszeitliche Abhängigkeit. So sind i. a. die Störungen durch atmosphärisches Rauschen in den Wintermonaten geringer als in den Sommermonaten, weil dann statische Entladungen viel häufiger auftreten. Während der Nachtstunden sind die Störungen stärker als am Tage. Die Ursache hierfür ist darin zu sehen, daß die von den statischen Entladungen herrührenden Frequenzen vorwiegend im unteren Teil des für Funkübertragungen nutzbaren Bereiches liegen und die Übertragungsbedingungen für diese Frequenzen in den Nachtstunden besonders günstig sind. In dieser Zeit können dann auch Störungen aus größeren Entfernungen aufgenommen werden.

Innerhalb der äquatorialen Zone bestehen drei Zentren, die eine besonders hohe Gewittertätigkeit haben und als starke Quellen für das atmosphärische Rauschen angesehen werden können. Es handelt sich dabei um große Gebiete in Zentralafrika, in Mittel- und Südamerika und in Ostasien (Malaysia und Indonesien). Eine sehr ausführliche Darstellung der weltweiten Verteilung des atmosphärischen Rauschens wird in CCIR-Report 322 gegeben [15]. Um eine für alle Rauschquellen anwendbare Basis zu schaffen, die auch einen Vergleich der Stärke dieser Quellen zuläßt, wird in [15] von einer mittleren Rauschleistung ausgegangen, die von einer externen Rauschquelle mit einer kurzen, verlustfreien Vertikalantenne aufgenommen wird. Diese Rauschleistung wird durch den *effektiven Antennenrauschfaktor* f_a nach der Beziehung dargestellt:

$$f_a = \frac{P_n}{k \cdot T_o \cdot b} = \frac{T_a}{T_o} \ . \tag{2.13}$$

P_n Rauschleistung an einer verlustfreien kurzen Vertikalantenne in W
k Boltzmann-Konstante $1,38 \cdot 10^{-23}$ JK^{-1}
T_o Bezugstemperatur, hier 288 K
b effektive Rauschbandbreite des Empfängers in Hz
T_a effektive Antennentemperatur bei externem Rauschen in K

Aus (2.13) ergibt sich die *Antennenrauschtemperatur* T_a zu

$$T_a = \frac{P_n}{k \cdot b} \ . \tag{2.14}$$

Für die hier zu Grunde gelegte Bezugstemperatur von 288 K (= 15° C) wird

$10 \log kT_o = -204$ dBW.

Aus (2.13) ergibt sich dann – wenn der effektive Antennenrauschfaktor f_a bekannt ist – die empfangene Rauschleistung

$$P_n = F_a + B - 204 \text{ dBW} \tag{2.15}$$

mit

$$F_a = 10 \cdot \log f_a \text{ und } B = 10 \cdot \log b.$$

Die für einen bestimmten Funkdienst erforderliche Mindestleistung des empfangenen Signales ergibt sich dann aus (2.15)

$$P_e = F_a + B + R - 204 \text{ dBW}. \tag{2.16}$$

R erforderlicher HF-Geräuschabstand in dB bezogen auf die angewendete Sendeart.

In [15] werden für die jahres- und tageszeitlichen Blöcke (siehe Tabelle 2.1) Kurven für den mittleren Antennenrauschfaktor angegeben, die auf die Frequenz 1 MHz bei einer Signalbandbreite von 1 Hz bezogen sind und für den Hochfrequenzbereich von 10 kHz bis etwa 40 MHz gelten.

Gleichzeitig sind auch Kurven für den örtlich erzeugten Störpegel (man made noise) und für das aus dem Weltraum kommende Rauschen angegeben (galaktisches oder kosmisches Rauschen).

Als Beispiel zeigt Bild 2.20 die Verteilung des atmosphärischen Störgrades auf der Erdoberfläche für die Jahreszeit Frühling 12^{00} bis 16^{00} [15]. Auf dieser Weltkarte sind die Gebiete mit gleichem Störgrad durch entsprechend bezeichnete Linien dargestellt. Besonders hohe – also für den Kurzwellenbetrieb ungünstige – Werte

Tabelle 2.1 Zeitblöcke zur Ermittlung des atmosphärischen Störgrades

Jahreszeitliche Blöcke	Tageszeitliche Blöcke	
1) Dezember, Januar, Februar 2) März, April, Mai 3) Juni, Juli, August 4) September, Oktober, November	1) Nacht I 2) Nacht II 3) Übergang I 4) Übergang II 5) Tag I 6) Tag II	20^{00} bis 24^{00} 24^{00} bis 04^{00} 04^{00} bis 08^{00} 16^{00} bis 20^{00} 08^{00} bis 12^{00} 12^{00} bis 16^{00}

sind innerhalb des tropischen Gürtels ±20° vom Äquator für Südostasien, Mittelamerika und Zentralafrika zu erkennen. Tabelle 2.2 enthält die Werte für die weltweite Verteilung des atmosphärischen Störgrades, die den Streckenplanungen zu allen Jahreszeiten zu Grunde gelegt werden können. Zur Bestimmung einer ausreichenden Strahlungsleistung muß bei der Berechnung von Kurzwellenverbindungen der am fernen Empfangsort zu erwartende Antennenrauschfaktor F_{am} (Mittelwert von f_a in dB, Gleichung 2.13) bekannt sein. Die Bilder 2.21a und 2.22a zeigen dazu für die Jahreszeiten Winter und Sommer und die in Tabelle 2.1 angegebenen tageszeitlichen Blöcke den F_{am}-Wert in Abhängigkeit von dem atmosphärischen Störgrad, der Betriebsfrequenz und der Betriebszeit. Die unterste

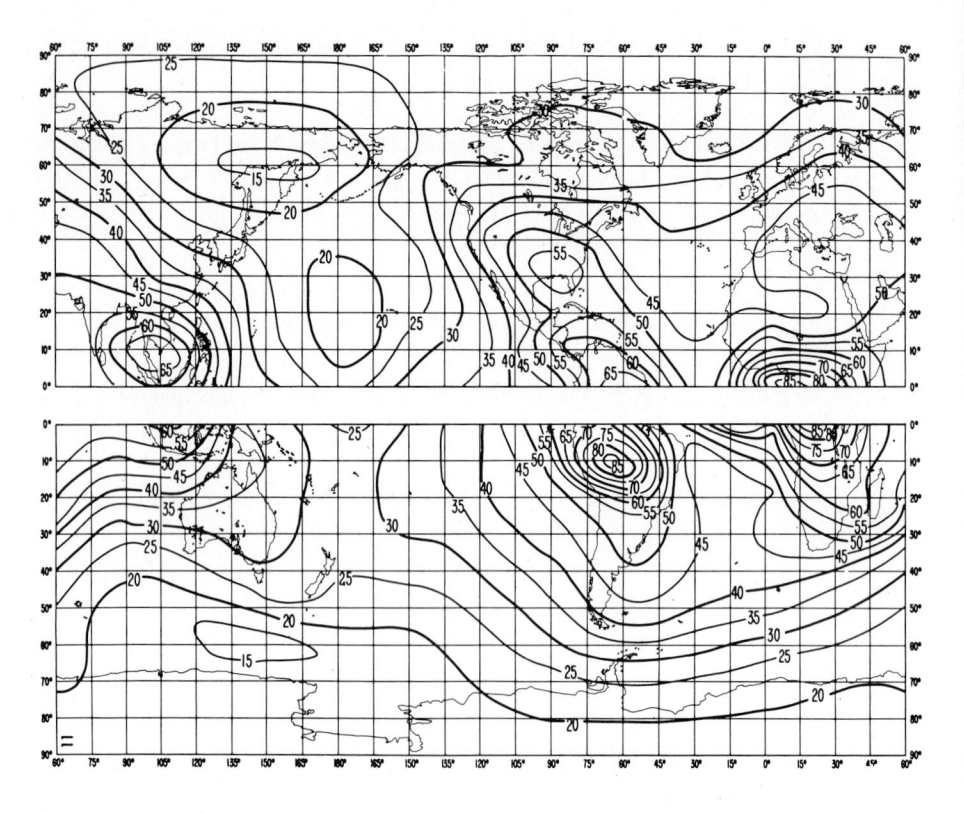

Bild 2.20
Verteilung des atmosphärischen Störgrades über der Erde. (aus CCIR-Report 322)
Zeit: Frühling, 12^{00} bis 16^{00}

Grenze dieses Wertes ist bis zu etwa 3 MHz durch die örtlich von elektrischen Maschinen und Anlagen erzeugten Störungen und oberhalb dieser Frequenz durch das kosmische Rauschen gegeben. In den Bildern 2.21a und 2.22a beziehen sich die Werte für die örtlich erzeugten Störungen auf eine Empfangsstation in elektrisch ruhiger Lage. Es wird deshalb empfohlen, bei Planungsarbeiten die wirklich auftretenden Störwerte zu ermitteln und diese in die Berechnungen einzusetzen.

Die aus den Bildern 2.21a und 2.22a zu entnehmenden F_{am}-Werte unterliegen von der Zeit und der Frequenz abhängigen Schwankungen (σF_{am}), deren Werte für die gleichen Zeitblöcke wie für F_{am} in den Bildern 2.21b und 2.22b dargestellt sind.

Beispiel
Für eine Empfangsanlage in Hamburg ist für die Jahreszeit Winter 12^{00} bis 16^{00} die erforderliche Empfangsleistung zu bestimmen, wenn die Betriebsfrequenz 10 MHz ist und die Sendeart 3A3J angewendet wird. Die Empfangsantenne hat einen Gewinn von 0 dB.

Lösung
Aus Tabelle 2.2 (siehe Abschnitt 2.8.5) wird für den Ort und die Zeit ein atmosphärischer Störgrad von 66 entnommen. Aus Bild 2.21a ergibt sich für die Frequenz von 10 MHz der F_{am}-Wert 40 dB und aus Bild 2.21b die mögliche Schwankung dieses Wertes zu 6 dB. Der Antennenrauschfaktor bei einer Bandbreite von 1 Hz ist damit

$$F_{am} = 40 + 6 = 46 \text{ dB (über } kT_o).$$

Auf die geforderte Bandbreite von 3000 Hz bezogen ergibt sich mit (2.15) die Rauschleistung am Empfängereingang

$$P_n = 46 + 10 \log 3000 - 204 = -124 \text{ dBW}.$$

Wird für die Sendeart 3K00 J3E ein HF-Signal/Geräuschabstand von 50 dB am Empfängereingang gefordert, dann muß die Empfangsleistung von

$$P_e = P_n + 50 = -124 + 50 = -74 \text{ dBW}$$

vorhanden sein (Gleichung 2.16).
Bezogen auf einen Empfängereingang von 50 Ω ergibt sich damit eine Eingangsspannung von 1,4 mV.

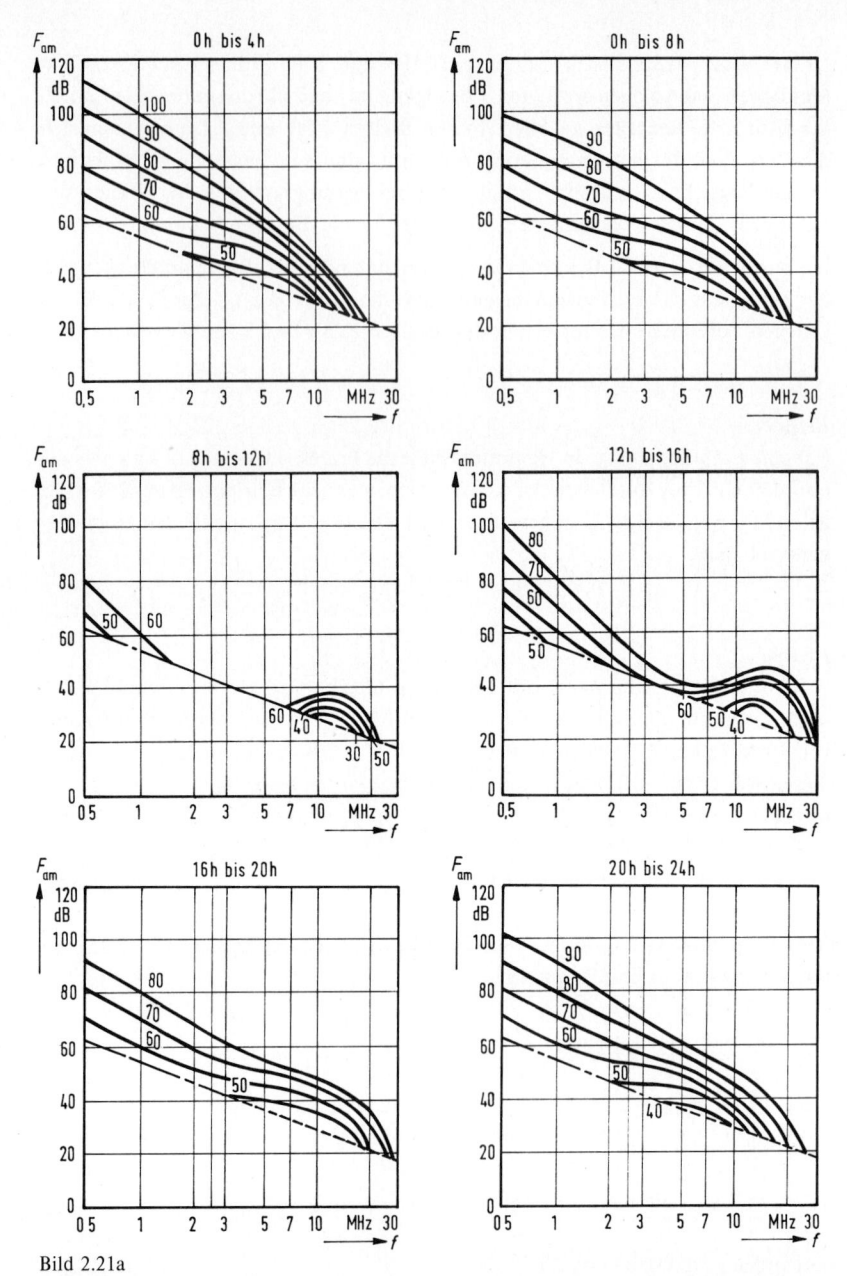

Bild 2.21a
Antennenrauschfaktor F_{am} in Abhängigkeit vom atmosphärischen Störgrad, der Frequenz und der Betriebszeit [15]
Wintermonate

—·—·— industrielle Störungen
— — — — Kosmisches Rauschen

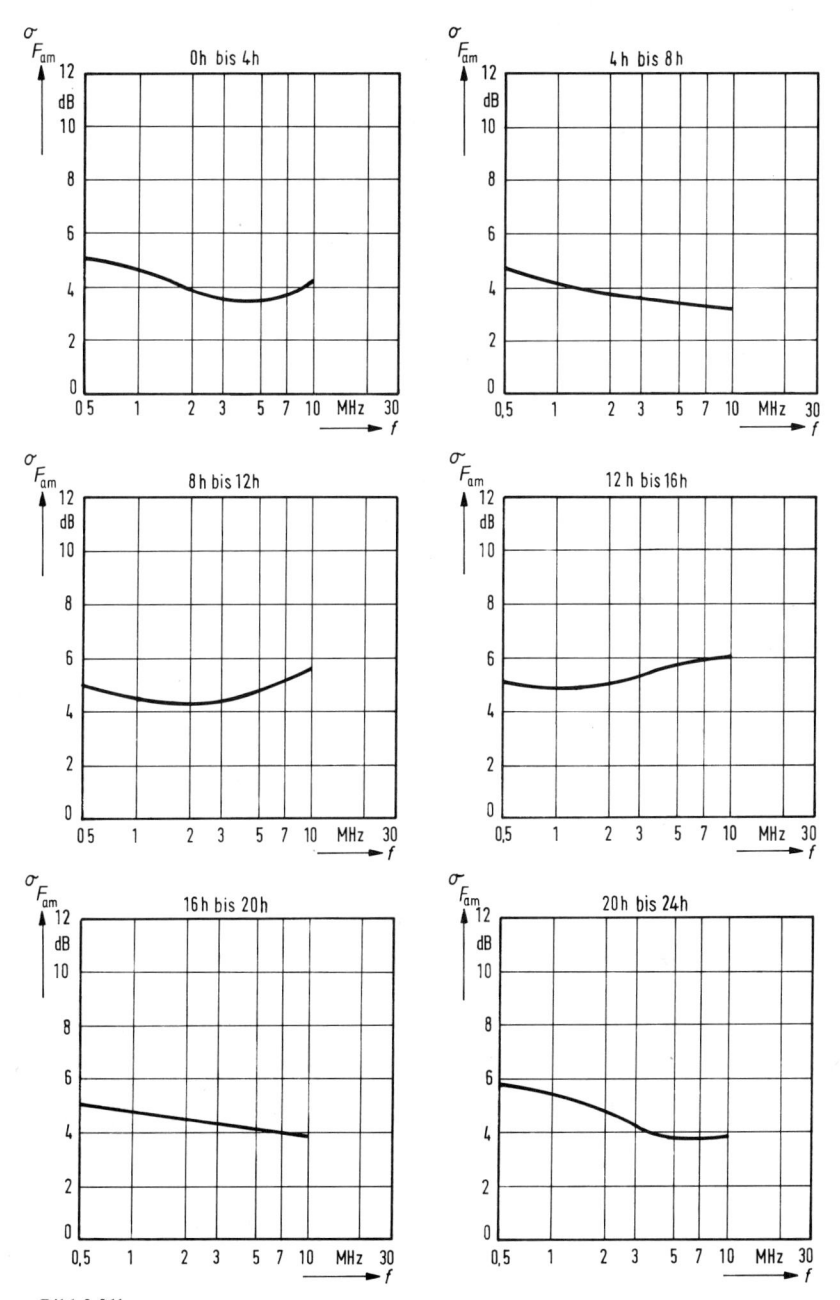

Bild 2.21b
Mögliche Schwankungen des F_{am}-Wertes als Funktion der Betriebszeit und Frequenz [15] Wintermonate

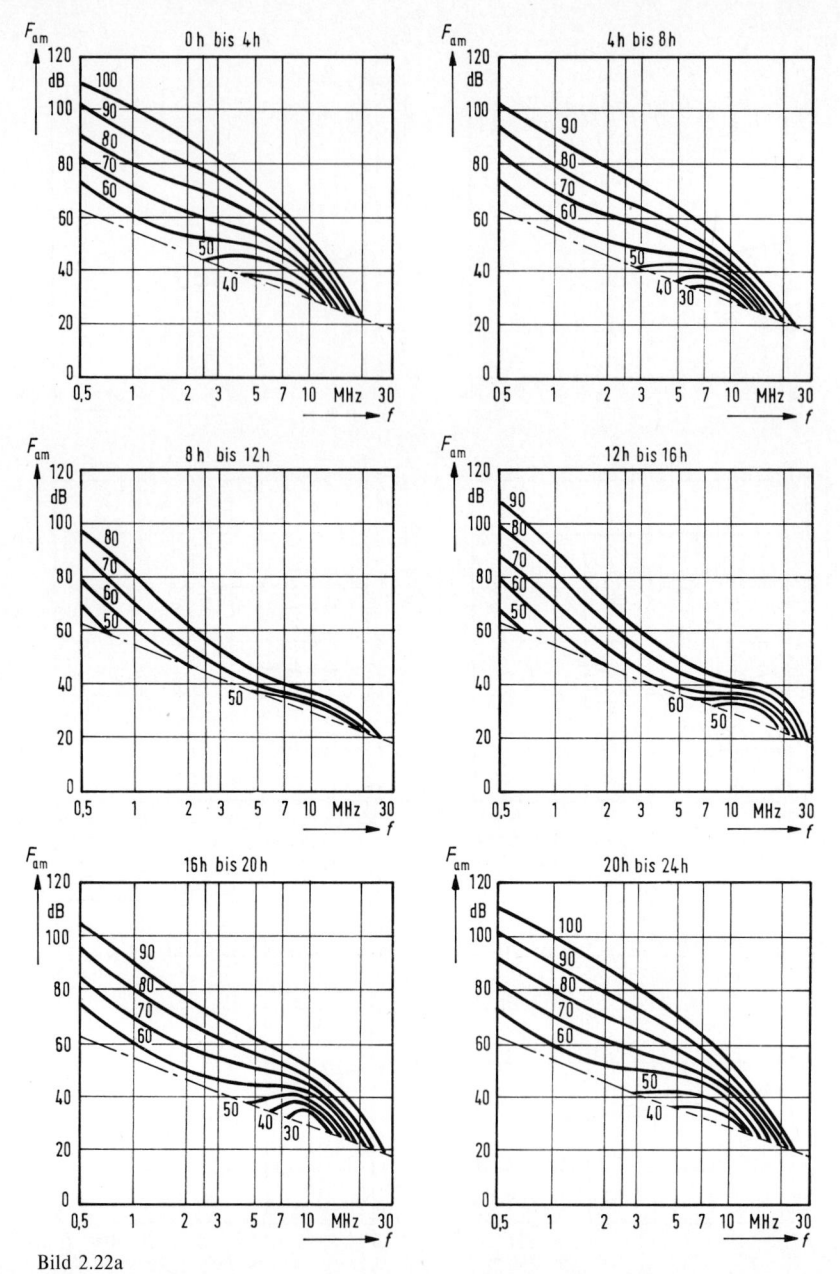

Bild 2.22a
Antennenrauschfaktor F_{am} in Abhängigkeit vom atmosphärischen Störgrad, der Frequenz
und der Betriebszeit [15]   —·—·—·   industrielle Störungen
Sommermonate   — — — — —   Kosmisches Rauschen

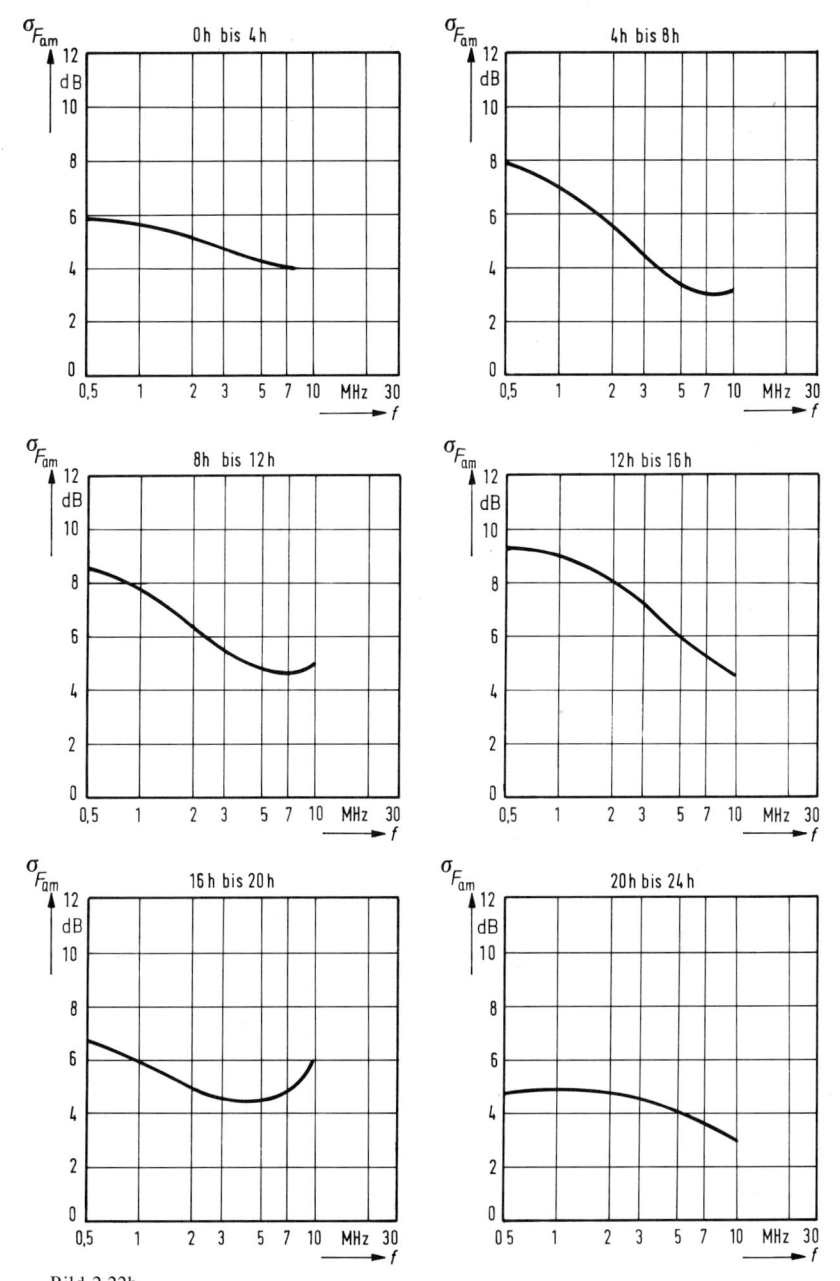

Bild 2.22b
Mögliche Schwankungen des F_{am}-Wertes als Funktion der Betriebszeit und der Frequenz [15] Sommermonate

2.8.2 Störungen durch elektrische Maschinen und Anlagen

Ein großer Teil des für die Übertragung von Nachrichten und Rundfunksendungen nutzbaren Frequenzbereiches wird durch Störungen, die von elektrischen Anlagen verursacht werden („man made noise") wesentlich beeinflußt. Als Quellen solcher Störungen sind z. B. Überschläge an Hochspannungsleitungen, Zündanlagen in Kraftfahrzeugen, nicht oder schlecht entstörte elektrische Maschinen zu nennen. Dabei ist die Polarisation der abgegebenen Störung von Bedeutung. Bezogen auf die gleiche Entfernung von der Empfangsanlage und gleiche Stärke der Störquelle ist der empfangene Störpegel bei vertikaler Polarisation um mehr als 3 dB höher als bei horizontaler Polarisation. In den Kurvensätzen des CCIR-Reports 322 sind für den man made noise Werte enthalten, die sich auf einen elektrisch ruhigen Ort beziehen. In Industriegebieten sind diese Störungen aber oft so stark, daß sie das

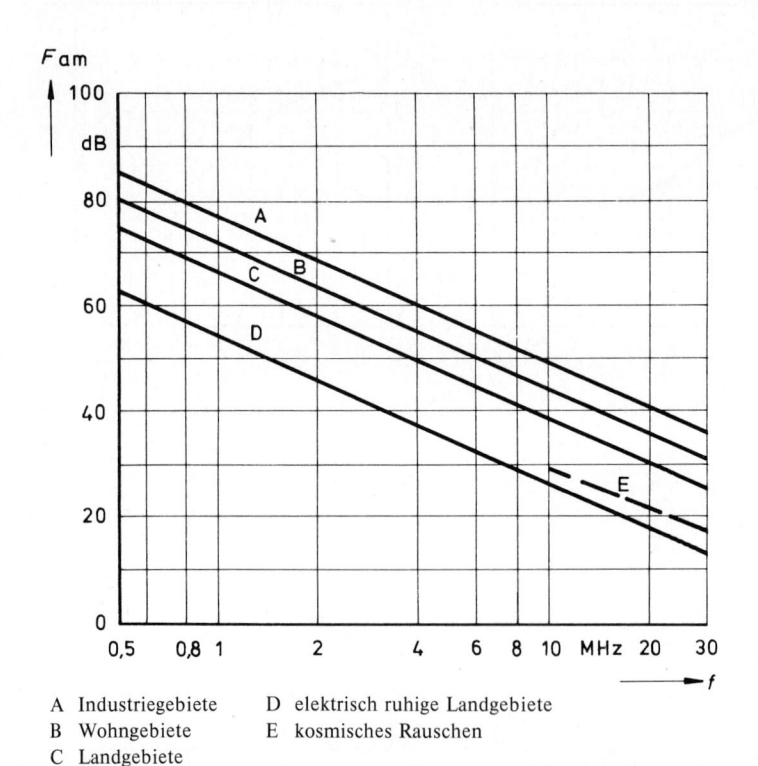

A Industriegebiete   D elektrisch ruhige Landgebiete
B Wohngebiete   E kosmisches Rauschen
C Landgebiete

Bild 2.23
Mittelwerte des Rauschfaktors von örtlich erzeugten elektrischen Störungen
(aus CCIR-Report 258-2)

atmosphärische Rauschen erheblich übersteigen; sie werden damit zum bestimmenden Wert für die Planung einer Funkempfangsstelle. CCIR-Report 258-2 [16] gibt dazu Werte, die durch Messungen an unterschiedlichen Orten ermittelt worden sind und als Richtwerte bei der Planung von Funkempfangsstellen gelten. Bild 2.23 aus [16] zeigt dazu Mittelwerte des Rauschfaktors von örtlich erzeugten Störungen, die für eine verlustfreie Vertikalantenne gelten.

2.8.3 Kosmisches (galaktisches) Rauschen

Neben dem atmosphärischen Rauschen und den durch elektrische Maschinen und Anlagen verursachten Störungen gibt es bei Frequenzen ab 10 MHz auch ein Rauschen, das seinen Ursprung im Weltraum hat. Verglichen mit Werten der bereits genannten Quellen ist der Rauschfaktor für das kosmische Rauschen relativ gering. Nur in elektrisch völlig ruhigen Gebieten und bei Frequenzen über 10 MHz wird es allmählich bemerkbar und bei Frequenzen über 20 MHz vorherrschend. Bereits in ländlichen Gebieten werden die Mittelwerte der durch andere Störquellen verursachten Rauschwerte größer sein als das kosmische Rauschen. In Bild 2.23 zeigt Kurve E den Verlauf des kosmischen Rauschens ab einer Frequenz von 10 MHz.

2.8.4 Rauschfeldstärke

Das atmosphärische Rauschen läßt sich auch durch die am Empfangsort vorhandene Rauschfeldstärke angeben. Bezogen auf eine kurze Vertikalantenne über verlustfreiem Boden ergibt sich diese *Feldstärke* aus der Beziehung [15]

$$E_n = F_a - 65{,}5 + 20 \log f. \tag{2.17}$$

E_n die Feldstärke des externen Rauschens in dB $\frac{\mu V}{m}$
  bei einer Bandbreite von 1 kHz
F_a der Rauschfaktor in dB bezogen auf die Frequenz f
f die empfangene Frequenz in MHz

Soll die Rauschfeldstärke für eine von 1 kHz abweichende Bandbreite b bestimmt werden, so ist zur o. a. Gleichung der Ausdruck ($10 \log b - 30$) zu addieren.

2.8.5 Planungswerte für erforderliche Signalfeldstärken

Vom I.F.R.B. (International Frequency Registration Board) ist im Rahmen der Serie „Technical Standards Series A" [17] eine Zusammenstellung von Mindestfeldstärkewerten herausgegeben worden, die für den einwandfreien Empfang der hauptsächlichsten im Kurzwellenbetrieb angewendeten Sendearten unter Berücksichtigung des Störgrades und der Betriebsfrequenz erforderlich sind. Diese Werte sind mit Hilfe des CCIR-Reports 322 und der CCIR-Empfehlung 339-1 ermittelt worden; sie berücksichtigen die täglichen Schwankungen des atmosphärischen Rauschens und, wo zutreffend, auch die Langzeitschwankungen der Feldstärke. Die Werte basieren auf der Feldstärke eines Signals, dessen erforderlicher Signal/Geräuschabstand unter stabilen Ausbreitungsbedingungen zu 90% der Betriebszeit überschritten wird. Ergeben sich aus einer Streckenberechnung Feldstärkewerte, die kleiner sind als die, die für die gewünschte Sendeart, Betriebsfrequenz und Betriebszeit in den Tabellen des I.F.R.B. enthalten sind, dann muß mit Einbußen an Qualität im Betrieb gerechnet werden.

Bei der Planung von Kurzwellenverbindungen muß neben der geografischen Lage der beteiligten Funkstationen und den dafür geltenden Geräuschwerten die höchste für die angewendete Sendeart und Betriebsfrequenz über längere Zeit notwendige Mindestfeldstärke berücksichtigt und Senderleistung sowie Antennengewinn dementsprechend bemessen werden. Zum Ermitteln dieser Feldstärkewerte werden die Tabellen 2.2 bis 2.7 benutzt, die unter Verwendung der in [17] enthaltenen, sehr detaillierten Angaben aufgestellt worden sind.

Tabelle 2.2
zeigt die Verteilung der Jahreshöchstwerte der Störgrade über der Erdoberfläche für die Zeitblöcke Nacht (N) 20^{00} bis 04^{00}, Übergangszeit (Ü) 16^{00} bis 20^{00} und 04^{00} bis 08^{00} und Tag (T) 08^{00} bis 16^{00}. Es handelt sich um Ortszeiten. Das Raster der Tabelle ist in den Zeilen durch die Breitengrade und in den Spalten durch die Längengrade der Erdkugel gegeben. Es ist zu erkennen, daß innerhalb des tropischen Gürtels von $\pm\ 20°$ vom Äquator und über den Kontinenten höhere Störgrade vorhanden sind als über den Ozeanen, weil die Gewittertätigkeit in den Tropen und über großen Landgebieten viel häufiger ist als über See. Gegenüber den Tabellen in [17] sind hier nur die Höchstwerte angegeben, weil die innerhalb der Zeitblöcke auch vorhandenen kleineren Werte der Störgrade bei der Planung nicht berücksichtigt werden können.

In den Tabellen 2.3 bis 2.7 sind für die hauptsächlichsten Sendearten die Mindestwerte der erforderlichen Feldstärken in dB über $1\ \frac{\mu V}{m}$, die an einem Empfangsort in Abhängigkeit von dem dort vorhandenen Störgrad und der Betriebsfrequenz eingehalten werden müssen, wenn ein ausreichend guter Empfang der Nachrichten aufrecht erhalten werden soll. Zwischenwerte der Störgrade werden durch lineare Interpolation gefunden. Diese Tabellen zeigen die aus den entsprechenden Tabellen in [17] entnommenen höheren Feldstärkewerte für die tageszeitlichen Blöcke.

Tabelle 2.3

enthält die erforderlichen Feldstärkewerte für Telegrafie-Hörempfang. Dazu gehören die Sendearten A1A, A2A und H2X(B), wenn Handtastung angewendet und die Sendung mit Kopfhörer aufgenommen wird.

Tabelle 2.4

Die notwendigen Feldstärkewerte für Telegrafieempfang mit automatischen Aufnahmeeinrichtungen wie Fernschreibempfang, Sendeart F1B und F7B und A1B-Schnellmorseempfang mit Recordern sind Tabelle 2.4 zu entnehmen.

Tabelle 2.5

enthält die Feldstärkewerte für den Empfang von Faksimile-Sendungen, wie Wetterkarten und andere Dokumente mit Schwarz-Weiß-Informationen, aber auch Bildtelegrafie mit Grautönen, wie Pressebilder.

Tabelle 2.6

zeigt die erforderlichen Feldstärkewerte für Einseitenbandbetrieb mit kommerzieller Qualität, d. h. Werte, die beim Durchschalten von Telefoniekanälen in öffentliche Nachrichtennetze oder diesen gleichwertige Netze mindestens erreicht werden müssen. Es handelt sich hierbei um die Sendearten R3E mit einem Sprachkanal im oberen und unteren Seitenband, B8E mit bis zu zwei Sprachkanälen im oberen und unteren Seitenband, um R7B und B7B, bei denen die Seitenbänder mit Wechselstrom-Telegrafiekanälen anstelle der Telefoniekanäle belegt sind und um die Sendeart B7W mit einer aus Telefonie- und Telegrafiekanälen gemischten Seitenbandbelebung. Bei nicht kommerziellem Seitenbandbetrieb können die notwendigen Feldstärkewerte 11 dB unter denen in dieser Tabelle angegebenen Werten liegen.

Tabelle 2.7

Feldstärkewerte, die in den mit Rundfunk zu versorgenden Gebieten entsprechend dem dort vorhandenen Störgrad mindestens erreicht werden müssen, zeigt Tabelle 2.7.
Feldstärkewerte für Sprechfunk mit Doppelseitenbandmodulation sind hier nicht erwähnt, weil diese Sendeart wegen der dafür notwendigen großen Bandbreite nicht mehr angewendet werden darf.

Lat \ Lon	180°	165°	150°	135°	120°	105°	90°	75°	60°	45°	30°	15°
90°												
60°										51		
50°	66 51 28		67 55 34		83 73 60		81 66 52		67 54 39		66 55	
30°	69/58/27	69/57/26	68/56/34	69/59/44	74/68/58	86/65/71	86/80/73	84/66/61	74/60/44	72/59/43	71/61/43	71/6…
20°	68/61/28	71/60/27	70/59/37	69/61/45	72/63/54	80/74/65	90/81/75	85/75/65	75/63/46	73/62/44	72/64/44	75/…/7…
10°	69/63/28	69/61/29	69/59/38	69/59/45	71/65/51	80/71/65	100/82/84	93/81/75	78/70/53	74/68/45	75/75/45	82/…/7…
0°	69/65/32	69/63/34	69/61/36	69/61/37	70/63/48	79/70/55	90/80/67	94/84/70	87/78/60	75/75/50	89/87/65	95/…/9…
10°	75/66/45	74/64/43	73/64/41	72/63/41	70/66/45	77/71/50	98/85/67	100/88/78	98/85/70	78/75/54	75/74/50	83/…/8…
20°	81/76/58	81/72/57	77/69/50	72/64/44	69/65/44	74/66/47	80/77/56	92/85/75	90/83/71	78/75/60	71/69/44	74/…/7…
30°	74/71/54	81/70/54	72/66/52	72/65/51	70/62/44	68/60/43	72/65/47	78/72/55	80/73/55	75/70/59	69/64/46	63/6…
40°	68/64/46	65/62/44	64/61/41	65/60/41	62/58/39	64/57/39	68/60/43	73/65/50	74/67/53	71/64/49	67/61/44	66/5…
50°	54 53 32		53 50 34		56 49 32		62 55 39		64 57 43		59 55	
60°											37	
90°												

Erklärung der Zahlenanordnung

	N	Ü	T
	20⁰⁰ bis 04⁰⁰	16⁰⁰ bis 20⁰⁰ / 04⁰⁰ bis 08⁰⁰	08⁰⁰ bis 16⁰⁰
	66 / 69	51 / 58	28 / 27

	15°	30°	45°	60°	75°	90°	105°	120°	135°	150°	165°	180°
90°		32										
60°												
50°		71 66		80 70 65		71 61 50		68 60 35		70 56 31		71 54 29
40°		73 / 66 / 58	72 / 69 / 62	73 / 72 / 65	74 / 72 / 67	76 / 72 / 67	74 / 70 / 66	74 / 69 / 59	77 / 65 / 51	76 / 60 / 47	73 / 60 / 40	71 / 61 / 30	60 / 27
30°		74 / 73 / 56	74 / 71 / 55	75 / 68 / 62	77 / 70 / 67	78 / 71 / 70	81 / 72 / 72	82 / 71 / 68	83 / 70 / 61	77 / 66 / 55	72 / 65 / 44	69 / 63 / 31	62 / 29
20°		85 / 83 / 68	81 / 81 / 70	79 / 75 / 71	78 / 72 / 66	80 / 71 / 65	86 / 74 / 69	86 / 79 / 67	91 / 77 / 62	81 / 70 / 52	72 / 68 / 40	70 / 66 / 32	65 / 29
10°		100 / 85 / 75	90 / 90 / 82	82 / 80 / 68	78 / 75 / 61	80 / 72 / 60	85 / 75 / 60	88 / 80 / 65	83 / 78 / 66	77 / 71 / 55	76 / 69 / 37	72 / 67 / 35	66 / 33
0°		100 / 85 / 74	94 / 87 / 80	84 / 82 / 70	79 / 74 / 60	80 / 68 / 56	83 / 70 / 54	86 / 75 / 56	85 / 74 / 56	84 / 77 / 50	82 / 75 / 50	77 / 74 / 49	67 / 46
10°		95 / 73 / 54	105 / 85 / 74	95 / 90 / 85	80 / 80 / 75	77 / 66 / 54	82 / 64 / 46	85 / 69 / 45	90 / 71 / 49	92 / 82 / 59	86 / 85 / 61	79 / 79 / 55	76 / 54
20°		82 / 65 / 48	94 / 75 / 63	89 / 83 / 75	77 / 74 / 64	74 / 60 / 49	78 / 59 / 38	80 / 64 / 38	81 / 64 / 43	80 / 71 / 47	79 / 73 / 51	76 / 73 / 52	74 / 53
30°		71 / 58 / 45	72 / 60 / 46	74 / 60 / 50	70 / 57 / 40	70 / 54 / 34	72 / 54 / 29	71 / 57 / 29	74 / 57 / 31	73 / 60 / 35	73 / 65 / 41	71 / 67 / 45	68 / 47
40°													
50°		53 34		59 47 29		59 42 24		55 43 22		55 48 20		57 53 27
60°													
90°		28										

Tabelle 2.2
Verteilung der Höchstwerte des Störgrades in dB über der Erdoberfläche
(nach I.F.R.B. Technical Standard A2)

Störgrad in dB	Frequenz in MHz																				
	0,5			1,5			2			4			6			8			10		
	N	Ü	T	N	Ü	T	N	Ü	T	N	Ü	T	N	Ü	T	N	Ü	T	N	Ü	T
100	57	63	68	47	50	43	44	47	36	34	38	22	28	31	15	24	28	13	21	26	14
90	48	53	57	38	40	33	35	38	28	28	31	15	23	25	11	20	23	11	17	22	12
80	38	43	46	28	31	25	27	29	20	22	25	9	18	21	8	15	19	9	12	18	10
70	28	32	36	19	22	16	18	20	12	16	18	4	13	16	4	11	14	7	8	14	8
60	18	22	26	10	12	7	10	12	4	10	12	-2	9	10	1	7	10	4	3	10	6
50	8	12	16	0	3	-2	1	3	-4	4	5	-7	5	6	-2	3	6	1	-1	6	4
40	-2	2	5	-9	-7	-9	-8	-6	10	-2	-1	-11	0	1	-6	-2	2	-1	-6	2	2
30		-5			-9			-10		-8	-8	-11	-4	-4	-9	-6	-3	-4	-10	-2	0
20		-5			-9			-10			-11		-9	-9	-11	-10	-7	-7	-13	-6	-2
10		-5			-9			-10			-11			-12		-12	-11	-10	-13	-10	-4
0		-5			-9			-10			-11			-12			-12		-13	-13	-6

Störgrad in dB	Frequenz in MHz											
	12			15			20			30		
	N	Ü	T	N	Ü	T	N	Ü	T	N	Ü	T
100	19	25	15	14	22	15	7	17	14	-13	0	2
90	14	21	13	9	18	13	0	11	12	-14	-13	-5
80	9	17	11	3	13	11	-7	5	9	-14	-14	-11
70	4	13	9	-3	9	9	-14	-1	6		-14	
60	-1	9	7	-9	4	7	-14	-6	2		-14	
50	-6	5	5	-13	0	5	-14	-12	-2		-14	
40	-10	1	3	-13	-6	2	-14	-14	-6		-14	
30	-13	-3	1	-13	-11	-1	-14	-14	-10		-14	
20	-13	-8	-1	-13	-13	-4		-14			-14	
10	-13	-13	-3	-13	-13	-6		-14			-14	
0	-13	-13	-5	-13	-13	-10		-14			-14	

N Nacht
Ü Übergangszeit 20^{00} bis 04^{00}
T Tag 16^{00} bis 20^{00}, 04^{00} bis 08^{00}
08^{00} bis 16^{00}

Tabelle 2.3
Sendeart Telegrafie Hörempfang (A1A, A2A, H2X(B))
Mindestwerte der Feldstärke (dB $\frac{\mu V}{m}$) am Empfangsort in Abhängigkeit von Störgrad und Betriebsfrequenz (nach I.F.R.B. Tech. Stand. A-2)

Störgrad in dB	0,5			1,5			2			4			6			8			10			12			15			20			30		
	N	Ü	T	N	Ü	T	N	Ü	T	N	Ü	T	N	Ü	T	N	Ü	T	N	Ü	T	N	Ü	T	N	Ü	T	N	Ü	T	N	Ü	T
100	62	67	72	51	54	47	48	49	40	38	42	26	32	35	19	28	32	17	25	30	18	25	29	19	18	26	19	11	26	18	-9	4	6
90	52	54	61	42	44	37	39	42	32	32	35	19	27	29	15	24	27	15	21	26	16	18	25	17	13	22	17	4	15	16	-10	-9	-1
80	42	47	50	32	35	29	31	33	24	26	29	13	22	25	12	19	23	13	16	22	14	13	21	15	7	17	15	-3	9	13	-10	-10	-7
70	32	36	40	23	26	20	22	24	16	20	22	8	17	20	8	15	18	11	12	18	12	8	17	13	1	13	13	-10	3	10			-10
60	22	26	30	14	16	11	14	16	7	14	16	2	13	15	5	11	14	8	7	14	10	3	13	11	-5	8	11	-10	2	6			-10
50	12	16	20	4	7	2	5	7	0	8	9	-3	9	10	2	7	10	5	3	10	8	-2	9	9	-9	4	9	-10	-8	2			-10
40	2	6	9	-5	-2	-5	-4	-2	-6	2	3	-7	4	5	-2	2	6	3	-2	6	6	-6	5	7	-9	-2	6	-10	-10	-2			-10
30	-1			-5			-6			-4	-4	-7	0	0	-5	-2	1	0	-6	2	4	-9	1	5	-9	-7	3	-10	-10	-6			-10
20	-1			-5			-6			-7			-5	-5	-8	-6	-3	-3	-9	-2	2	-9	-4	3	-9	-9	0			-10			-10
10	-1			-5			-6			-7					-8	-8	-7	-6	-9	-6	0	-9	-9	1	-9	-9	-2			-10			-10
0	-1			-5			-6			-7					-8			-8	-9	-9	-2	-9	-9	-1	-9	-9	-6			-10			-10

Frequenz in MHz

N Nacht 20⁰⁰ bis 04⁰⁰
Ü Übergangszeit 16⁰⁰ bis 20⁰⁰, 04⁰⁰ bis 08⁰⁰
T Tag 08⁰⁰ bis 16⁰⁰

Tabelle 2.4
Sendeart Telegrafie autom. Empfang (A1B, F1B)
Mindestwerte der Feldstärke (dB $\frac{\mu V}{m}$) am Empfangsort in Abhängigkeit von Störgrad und Betriebsfrequenz (nach I.F.R.B. Tech. Stand. A-2)

Frequenz in MHz

Störgrad in dB	0,5			1,5			2			4			6			8			10			12			15			20			30		
	N	Ü	T	N	Ü	T	N	Ü	T	N	Ü	T	N	Ü	T	N	Ü	T	N	Ü	T	N	Ü	T	N	Ü	T	N	Ü	T	N	Ü	T
100	73	79	84	63	66	59	60	63	52	50	54	38	44	47	31	40	44	29	37	42	30	35	41	31	30	38	31	23	33	30	3	16	18
90	64	69	73	54	56	49	51	54	44	44	44	31	39	41	27	36	39	27	33	38	28	30	37	29	25	34	29	16	27	28	2	3	11
80	54	59	62	44	47	41	43	45	36	38	41	25	34	37	24	31	35	25	28	34	26	25	33	27	19	29	27	9	21	25	2	2	5
70	44	48	52	35	38	32	34	36	28	32	34	20	29	32	20	27	29	23	24	25	24	20	29	25	13	25	25	2	15	22		2	
60	34	38	42	26	28	23	26	28	20	26	28	14	25	27	17	23	26	20	19	26	22	15	25	23	7	20	23	2	10	18		2	
50	24	28	32	16	19	14	17	19	12	20	21	9	21	22	14	19	22	17	15	22	20	10	21	21	3	16	21	2	4	14		2	
40	14	18	21	7	10	7	8	10	6	14	15	5	16	17	10	14	18	15	10	18	18	6	17	19	3	10	18	2	2	10		2	
30	11			7				6		8	8	5	12	12	7	10	13	12	6	14	16	3	13	17	3	5	15	2	2	6		2	
20	11			7				6			5		7	7	4	6	9	9	3	10	14	3	8	15	3	3	12		2			2	
10	11			7				6			5			4		4	5	6	3	6	12	3	3	13	3	3	10		2			2	
0	11			7				6			5			4			4		3	3	10	3	3	11	3	3	6		2			2	

N Nacht 20^{00} bis 04^{00}
Ü Übergangszeit 16^{00} bis 20^{00}, 04^{00} bis 08^{00}
T Tag 08^{00} bis 16^{00}

Tabelle 2.5
Sendeart Faksimile (A3C, F1C)
Mindestwerte der Feldstärke (dB $\frac{\mu V}{m}$) am Empfangsort in Abhängigkeit von Störgrad und Betriebsfrequenz (nach I.F.R.B. Tech. Stand. A-2)

Störgrad in dB	0,5			1,5			2			4			6			8			10			12			15			20			30		
	N	Ü	T	N	Ü	T	N	Ü	T	N	Ü	T	N	Ü	T	N	Ü	T	N	Ü	T	N	Ü	T	N	Ü	T	N	Ü	T	N	Ü	T
100	82	88	83	72	75	68	69	72	61	59	63	47	53	56	40	49	53	38	46	51	39	44	50	44	39	47	40	32	42	39	12	25	27
90	73	78	82	63	65	58	60	63	53	53	56	40	48	50	36	45	48	36	42	47	37	39	36	38	34	43	38	25	36	37	11	12	20
80	63	68	71	53	56	50	52	54	45	47	50	34	43	46	33	40	44	34	37	43	35	34	42	36	28	38	36	18	30	34	11	11	14
70	53	57	61	44	47	41	43	45	37	41	43	29	38	41	29	36	39	32	33	39	33	29	38	34	22	34	34	11	24	31		11	
60	43	47	51	34	37	32	35	37	29	35	37	23	34	36	26	32	35	29	28	35	31	24	34	32	16	29	32	11	19	27		11	
50	33	37	41	25	28	23	26	28	21	29	30	18	30	31	23	28	31	26	24	31	29	19	30	30	12	25	30	11	13	23		11	
40	23	27	30	16	19	16	17	19	15	23	24	14	25	26	19	23	27	24	19	27	27	15	26	28	12	19	27	11	11	19		11	
30		20			16				15	17	17	14	21	21	16	19	22	21	15	23	25	12	22	26	12	14	24	11	11	13		11	
20		20			16				15			14	16	16	13	15	18	18	12	19	23	12	17	24	12	12	21		11			11	
10		20			16				15			14		13		13	14	15	12	15	21	12	12	22	12	12	19		11			11	
0		20			16				15			14		13			13		12	12	19	12	12	20	12	12	15		11			11	

Frequenz in MHz

N Nacht 20⁰⁰ bis 04⁰⁰
Ü Übergangszeit 16⁰⁰ bis 20⁰⁰, 04⁰⁰ bis 08⁰⁰
T Tag 08⁰⁰ bis 16⁰⁰

Tabelle 2.6
Sendeart Seitenbandbetrieb kommerziell (R3E, B8E, R7B, B7B, B7W)
Mindestwerte der Feldstärke (dB $\frac{\mu V}{m}$) am Empfangsort in Abhängigkeit von Störgrad und Betriebsfrequenz (nach I.F.R.B. Tech. Stand. A-2)

Störgrad in dB	0,5			1,5			2			4			6			8			Frequenz in MHz 10			12			15			20			30		
	N	Ü	T	N	Ü	T	N	Ü	T	N	Ü	T	N	Ü	T	N	Ü	T	N	Ü	T	N	Ü	T	N	Ü	T	N	Ü	T	N	Ü	T
100	102	108	113	92	95	88	89	92	81	79	83	67	73	76	60	69	73	58	66	71	59	64	70	60	59	67	60	52	62	59	32	33	47
90	93	98	102	83	85	78	80	83	73	73	76	56	68	70	56	65	68	56	62	67	57	59	66	58	54	63	58	45	56	57	31	32	40
80	83	88	91	73	76	70	72	74	65	67	70	54	63	66	53	60	64	54	57	63	55	54	62	56	48	58	56	38	50	54	31	31	34
70	73	77	81	64	67	61	63	65	57	61	63	49	58	61	49	56	59	52	53	59	53	49	58	54	42	54	54	31	44	51			31
60	63	67	71	55	57	52	55	57	49	55	57	43	54	56	46	52	55	49	48	55	51	44	54	52	36	49	52	31	39	47			31
50	53	57	61	45	48	43	46	48	41	49	50	38	50	51	43	48	51	46	44	51	49	39	50	50	32	45	50	31	33	43			31
40	43	47	50	36	39	36	37	39	35	43	44	34	45	46	39	43	47	44	39	47	47	35	46	48	32	39	47	31	31	39			31
30			40			36			35	37	37	34	41	41	36	39	42	41	35	43	45	32	43	46	32	34	44	31	31	35			31
20			40			36			35			34	36	36	33	35	38	38	32	39	42	32	37	44	32	32	41			31			31
10			40			36			35			34			33	33	34	35	32	35	41	32	32	42	32	32	39			31			31
0			40			36			35			34			33			33	32	32	39	32	32	40	32	32	35			31			31

N Nacht 20⁰⁰ bis 04⁰⁰
Ü Übergangszeit 16⁰⁰ bis 20⁰⁰, 04⁰⁰ bis 08⁰⁰
T Tag 08⁰⁰ bis 16⁰⁰

Tabelle 2.7
Sendeart Rundfunk (A3E)
Mindestwerte der Feldstärke (dB $\frac{\mu V}{m}$) am Empfangsort in Abhängigkeit von Störgrad und Betriebsfrequenz (nach I.F.R.B. Tech. Stand. A-2)

2.9 Kurzwellenfrequenzbereiche

Der gesamte, für Kurzwellendienste zur Verfügung stehende Frequenzbereich von 1,5 bis 30 MHz ist sehr schmal, verglichen mit den vielen Diensten und Funkverbindungen, die darin betrieben werden. Nach der Internationalen Frequenzliste des I.F.R.B. sind viele Frequenzen an mehrere Anwender, besonders für nationale Dienste vergeben. Daraus ergibt sich eine starke Anhäufung von belegten Frequenzen im unteren Teil des Kurzwellenbereichs bis zu etwa 10 MHz, in dem etwa 62% aller zugeteilten Frequenzen liegen. Bild 2.24 zeigt dazu die Belegung des Kurzwellenbereichs in Prozent für je 1 MHz Bandbreite. Diese außerordentlich starke Belegung des zur Verfügung stehenden Bereichs verbunden mit der großen Reichweite der Kurzwelle erfordert zur weitgehenden Vermeidung von Interferenzen eine sorgfältige Beachtung der in [18] enthaltenen und von der UIT beschlossenen Empfehlungen und Vorschriften. So soll die

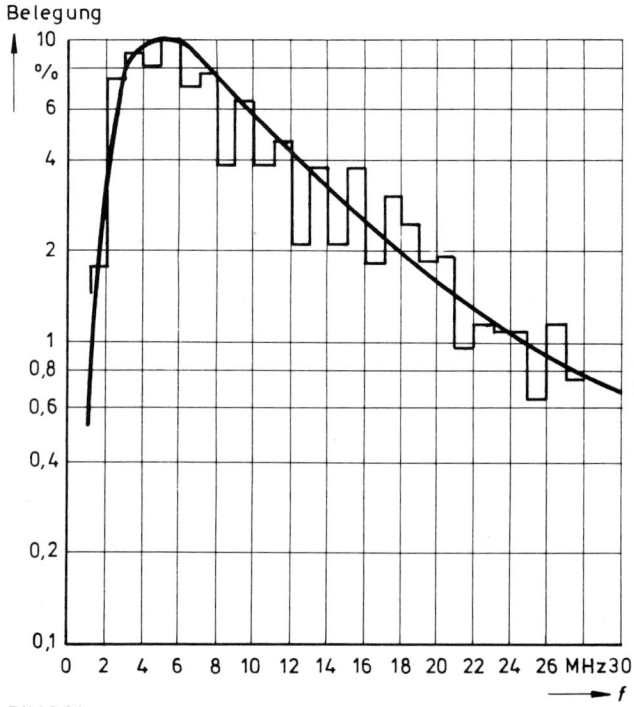

Bild 2.24
Durchschnittliche Belegung des Kurzwellenbereiches 1,5 bis 30 MHz in Prozent je 1 MHz-Band (Auszug aus „Internationale Frequenzliste der UIT")

abgestrahlte Leistung nur so groß sein, wie sie zur Durchführung des Funkbetriebes unbedingt notwendig ist. Die Modulationsbandbreiten sollen nur so groß gewählt werden, daß eine einwandfreie Übertragung einer Nachricht gewährleistet werden kann. Schmalbandige Sendearten, wie Fernschreiber mit kleinem Frequenzhub (Sendeart F1B), haben größere Aussichten, vom I.F.R.B. eine wenig von Interferenzen beeinflußte Frequenz zugeteilt zu bekommen als breitbandige Sendearten, wie z.B. 12K0 B8E. Zum Schutz aller Benutzer von Kurzwellendiensten bestehen besondere Empfehlungen für die zulässige Stärke der „Außerbandstrahlung", der Ober- und Nebenwellen und der Unterdrückung der Nebenzipfel in den Strahlungsdiagrammen der Sende- und Empfangsantennen.

Für die Vergabe von Kurzwellenfrequenzen sind von der UIT drei *Regionen* auf der Erde festgestellt worden, für die bei einigen Funkdiensten vorzugsweise im unteren Teil des zur Verfügung stehenden Frequenzbereiches ein unterschiedlicher Bedarf vorliegt. Diese Regionen umfassen folgende Gebiete:

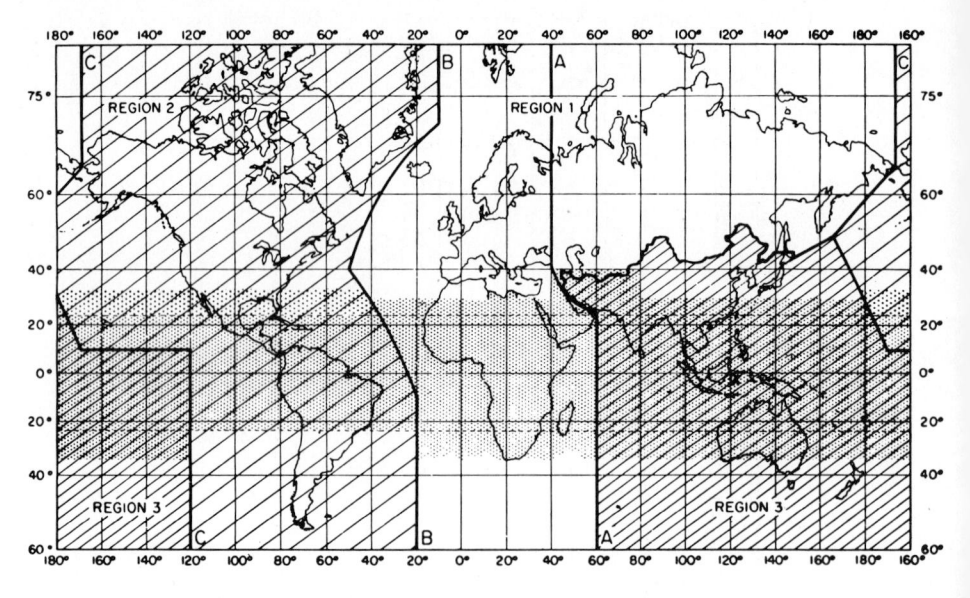

Die punktierte Fläche zeigt die tropische Zone

Bild 2.25
Weltkarte mit der Darstellung der Regionen, die der Kurzwellen-Frequenzverteilung zu Grunde liegen
(aus Radio-Regulations, Genf 1976)

Region 1
Europa einschließlich Spitzbergen und Island,
den afrikanischen Kontinent,
den Nahen Osten einschließlich der arabischen Halbinsel,
das gesamte Staatsgebiet der UdSSR;

Region 2
den nord- und südamerikanischen Kontinent,
Grönland;

Region 3
alle zum asiatischen Kontinent gehörenden Staaten mit Ausnahme des Staatsgebietes der UdSSR,
den australischen Kontinent,
große Teile des Pazifischen und des Indischen Ozeans.

Bild 2.25 zeigt die Grenzen der drei Regionen mit den dazu gehörenden Weltmeeren.

Der Kurzwellenbereich von 1,5 bis 30 MHz ist in eine Anzahl von Teilbereichen unterteilt, die bestimmten Funkdiensten zugeordnet sind. Dabei ist dafür gesorgt, daß jeder Funkdienst mehrere über das ganze Band verteilte Bereiche benutzen kann, damit Auswahlmöglichkeiten für Tag-, Übergangs- und Nachtfrequenzen und für die Überbrückung unterschiedlich großer Entfernungen geboten werden. Nach [18] handelt es sich dabei um folgende *Dienste:*

Feste Dienste
Funkverbindungen zwischen ortsfesten Stationen. Dazu gehören kommerzielle Funkverbindungen, die i. a. von den Postverwaltungen betrieben werden, für die aber auch in einigen Ländern private Gesellschaften zugelassen sind;

nicht kommerzielle Funkverbindungen. Benutzer sind z. B. Behörden (Zoll, Polizei, Rettungsdienste, Wetterdienste), feste Flugfunkdienste (AFTN: aironautical fixed telecommunications network), diplomatische Dienste (weltweite Botschafter-Funknetze), Pressedienste, private Funkverbindungen, die z. B. von Baufirmen bei weit ausgedehnten Baustellen (Pipelinebau, Fernleitungsbau u. ä.), Forschungsunternehmungen usw. eingesetzt werden.

Bewegliche Dienste
Funkverbindungen zwischen beweglichen Stationen (Funkwagen) und zwischen diesen und ortsfesten Stationen. Benutzer sind besonders Behörden wie Zoll und Polizei, aber auch Privatgesellschaften wie Baufirmen, Forschungsunternehmen u. ä.

Seefunkdienste
Funkverbindungen zwischen Schiffen in See sowie zwischen diesen und den ortsfesten Küstenfunkstellen. Die für den Seefunk zugelassenen Frequenzbereiche sind in [18] mit Bezug auf die angewendete Sendeart angegeben und in Kanäle mit bestimmten Frequenzpaaren unterteilt. Außerdem sind die Anruf- und Notruffrequenzen (SOS) einheitlich für die drei Regionen festgelegt;

Flugfunkdienste
Funkverbindungen zwischen Flugzeugen (air to air) und zwischen diesen und den Bodenstationen (air to ground). Wie in den Radio Regulations [18] Appendix 27 festgelegt, sind die für den Flugfunk zugeteilten Frequenzbereiche unterschiedlichen geografischen Zonen und den darin liegenden Ländern zugewiesen. Diese Zonen sind die MWARA (major world air route aereas) und die RDARA (regional and domestic air route aereas). Die MWARA umfassen eine Anzahl von Weltflugverbindungen, deren Flugwege geografisch so zueinander liegen, daß gleiche Frequenzfamilien angewendet werden können. Die RDARA umfassen regionale Gebiete, die einzelnen Staaten – aber auch Teile eines Staates – außerdem Staatengruppen zugeordnet werden können. Es gehören dazu auch Gebiete, die nicht von der MWARA erfaßt werden, d. h. von Weltfluglinien im allgemeinen nicht berührt werden. Die Flugfunkverbindungen stehen ausschließlich betrieblichen Zwecken zur Verfügung und nicht dem Austausch von allgemeinen Nachrichten, wie z. B. privaten Telefonverbindungen für Passagiere. Es sind bestimmte Frequenzbereiche für dauernd erforderliche Verbindungen, bezeichnet mit R (required)-Service und für angeforderte Verbindungen, OR (on request)-Service, vorgesehen.

Rundfunkdienste
Versorgung des eigenen Landes oder weit entfernter Länder oder Erdteile mit Rundfunkprogrammen. Mit Hilfe von sehr hohen Senderleistungen und Antennen mit sehr hohem Gewinn werden weltweite Rundfunkübertragungen durchgeführt;

Normalfrequenzen
Auf bestimmten Frequenzen werden mit Hilfe von hochkonstanten Frequenzerzeugern regelmäßig die Frequenzen 2,5 MHz, 5 MHz, 10 MHz, 15 MHz, 20 MHz und 25 MHz ausgesendet, die für Eich- und Kontrollzwecke, aber auch zur Beobachtung der Ausbreitungsbedingungen benutzt werden. In diese Gruppe gehören auch die Zeitzeichensender, die regelmäßig und mit einer bestimmten Kennung genaue Zeitangaben aussenden, die besonders im Seefunk benötigt werden.

Amateure
Den Kurzwellenamateuren sind, über das gesamte Band verteilt, Frequenzbereiche zugewiesen.

Es wird erwartet, daß die vom I.F.R.B. über die Postverwaltungen für bestimmte Funkdienste zugewiesenen Frequenzen von den Anwendern eingehalten werden. Ein Ausweichen auf andere Frequenzen, die gegebenenfalls sogar für andere Dienste bestimmt sind, ist wegen der damit verbundenen Möglichkeit erheblicher Störungen nicht zulässig.

Tabelle 2.8 gibt die aus [19] entnommene Aufstellung über die den einzelnen Diensten in den Regionen 1 bis 3 zugewiesenen Frequenzbereiche wieder. In [19] sind außerdem noch viele Ausführungsbestimmungen, Vorschriften und Empfehlungen enthalten, die bei der Zuteilung und der Benutzung von Kurzwellenfrequenzen eingehalten werden müssen, wenn Störungen des Funkverkehrs vermieden werden sollen. Insbesondere gehören dazu die Frequenzpläne für die Betriebskanäle des Seefunk- und des Flugfunkdienstes und der Not- und Anruffrequenzen.

Tabelle 2.8
Frequenzbereiche der Kurzwellendienste (Radio Regulations Genf 1982) [19]

Frequenz-Bereich in kHz	Zuteilung zu Funkdiensten		
	Region 1	Region 2	Region 3
1605 bis 1625		Rundfunk	
1606,5 bis 1625	Seefunk mobil Feste Dienste Landfunk mobil		Feste Dienste Mobile Dienste Funkortung Funknavigation
1625 bis 1635	Funkortung		
1625 bis 1705		Rundfunk Feste Dienste Mobile Dienste (Funkortung)	
1635 bis 1800	Seefunk mobil Feste Dienste Landfunk mobil		
1705 bis 1800		Feste Dienste Mobile Dienste Funkortung Flugfunk Navigation	

Frequenz-Bereich in kHz	Zuteilung zu Funkdiensten		
	Region 1	Region 2	Region 3
1800 bis 1810	Funkortung		Amateure
1800 bis 1850		Amateure	Feste Dienste Mobile Dienste mit Ausnahme von Flugfunk mobil Funknavigation (Funkortung)
1810 bis 1850	Amateure		
1850 bis 2000	Feste Dienste Mobile Dienste mit Ausnahme von Flugfunk mobil	Amateure Feste Dienste Mobile Dienste mit Ausnahme von Flugfunk mobil Funkortung Funknavigation	
2000 bis 2025	Feste Dienste Mobile Dienste mit Ausnahme von Flugfunk mobil (R)		
2000 bis 2065		Feste Dienste Mobile Dienste	
2025 bis 2045	Feste Dienste Mobile Dienste mit Ausnahme von Flugfunk mobil (R) Meteorologische Hilfen		
2045 bis 2160	Seefunk mobil Feste Dienste Landfunk mobil		
2065 bis 2107		Seefunk mobil	
2107 bis 2170		Feste Dienste Mobile Dienste	
2160 bis 2170	Funkortung		
2170 bis 2173,5	Seefunk mobil		

Frequenz-Bereich in kHz	Zuteilung zu Funkdiensten		
	Region 1	Region 2	Region 3
2173,5 bis 2190,5	Mobile Dienste (Not- und Anruffrequenz)		
2190,5 bis 2194	Seefunk mobil		
2194 bis 2300	Feste Dienste Mobile Dienste mit Ausnahme von Flugfunk mobil (R)	Feste Dienste Mobile Dienste	
2300 bis 2495		Feste Dienste Mobile Dienste Rundfunk	
2300 bis 2498	Feste Dienste Mobile Dienste mit Ausnahme von Flugfunk (R) Rundfunk		
2495 bis 2501		Normalfrequenz und Zeitsignal (2500 kHz)	
2498 bis 2501	Normalfrequenz und Zeitsignal (2500 kHz)		
2501 bis 2502	Normalfrequenz und Zeitsignal (Raumforschung)		
2502 bis 2505		Normalfrequenz und Zeitsignal	
2502 bis 2625	Feste Dienste Mobile Dienste mit Ausnahme von Flugfunk mobil (R)		
2505 bis 2850		Feste Dienste Mobile Dienste	
2625 bis 2650	Seefunk mobil Seefunk Funknavigation		

Frequenz-Bereich in kHz	Zuteilung zu Funkdiensten		
	Region 1	Region 2	Region 3
2650 bis 2850	Feste Dienste Mobile Dienste mit Ausnahme von Flugfunk mobil (R)		
2850 bis 3025	Flugfunk mobil (R)		
3025 bis 3155	Flugfunk mobil (OR)		
3155 bis 3200	Feste Dienste Mobile Dienste mit Ausnahme von Flugfunk mobil (R)		
3200 bis 3230	Feste Dienste Mobile Dienste mit Ausnahme von Flugfunk mobil (R) Rundfunk		
3230 bis 3400	Feste Dienste Mobile Dienste mit Ausnahme von Flugfunk mobil Rundfunk		
3400 bis 3500	Flugfunk mobil (R)		
3500 bis 3750		Amateure	
3500 bis 3800	Amateure Feste Dienste Mobile Dienste mit Ausnahme von Flugfunk mobil		
3500 bis 3900			Amateure Feste Dienste Mobile Dienste
3750 bis 4000		Amateure Feste Dienste Mobile Dienste mit Ausnahme von Flugfunk mobil	

(R) dauernd erforderliche (required) Flugfunkdienste
(OR) Flugfunkdienste auf Anforderung (on request)

Frequenz-Bereich in kHz	Zuteilung zu Funkdiensten		
	Region 1	Region 2	Region 3
3800 bis 3900	Feste Dienste Flugfunk mobil (OR) Landfunk mobil		
3900 bis 3950	Flugfunk mobil (OR)		Flugfunk mobil Rundfunk
3950 bis 4000	Feste Dienste Rundfunk		Feste Dienste Rundfunk
4000 bis 4063	Feste Dienste Seefunk mobil		
4063 bis 4438	Seefunk mobil		
4438 bis 4650	Feste Dienste Mobile Dienste mit Ausnahme von Flugfunk mobil (R)		Feste Dienste Mobile Dienste mit Ausnahme von Flugfunk mobil
4650 bis 4700	Flugfunk mobil (R)		
4700 bis 4750	Flugfunk mobil (OR)		
4750 bis 4850	Feste Dienste Flugfunk mobil (OR) Landfunk mobil Rundfunk	Feste Dienste Mobile Dienste mit Ausnahme von Flugfunk mobil (R) Rundfunk	Feste Dienste Rundfunk (Landfunk mobil)
4850 bis 4995	Feste Dienste Landfunk mobil Rundfunk		
4995 bis 5003	Normalfrequenz und Zeitsignal (5000 kHz)		
5003 bis 5005	Normalfrequenz und Zeitsignal (Raumforschung)		
5005 bis 5060	Feste Dienste Rundfunk		

Frequenz-Bereich in kHz	Zuteilung zu Funkdiensten		
	Region 1	Region 2	Region 3
5060 bis 5250	Feste Dienste (Mobile Dienste mit Ausnahme von Flugfunk mobil)		
5250 bis 5450	Feste Dienste (Mobile Dienste mit Ausnahme von Flugfunk mobil)		
5450 bis 5480	Feste Dienste Flugfunk mobil (OR) Landfunk mobil	Flugfunk mobil (R)	Feste Dienste Flugfunk mobil (OR) Landfunk mobil
5480 bis 5680	Flugfunk mobil (R)		
5680 bis 5730	Flugfunk mobil (OR)		
5730 bis 5950	Feste Dienste Landfunk mobil	Feste Dienste Mobile Dienste mit Ausnahme von Flugfunk mobil (R)	Feste Dienste Mobile Dienste mit Ausnahme von Flugfunk mobil (R)
5950 bis 6200	Rundfunk		
6200 bis 6525	Seefunk mobil		
6525 bis 6685	Flugfunk mobil (R)		
6685 bis 6765	Flugfunk mobil (OR)		
6765 bis 7000	Feste Dienste (Landfunk mobil)		
7000 bis 7100	Amateure Amateur Satelliten		
7100 bis 7300	Rundfunk	Amateure	Rundfunk
7300 bis 8100	Feste Dienste (Landfunk mobil)		
8100 bis 8195	Feste Dienste Seefunk mobil		
8195 bis 8815	Seefunk mobil		

Frequenz-Bereich in kHz	Zuteilung zu Funkdiensten		
	Region 1	Region 2	Region 3
8815 bis 8965	Flugfunk mobil (R)		
8965 bis 9040	Flugfunk mobil (OR)		
9040 bis 9500	Feste Dienste		
9500 bis 9900	Rundfunk		
9900 bis 9995	Feste Dienste		
9995 bis 10003	Normalfrequenz und Zeitsignal (10000 kHz)		
10003 bis 10005	Normalfrequenz und Zeitsignal (Raumforschung)		
10005 bis 10100	Flugfunk mobil (R)		
10100 bis 10150	Feste Dienste (Amateure)		
10150 bis 11175	Feste Dienste (Mobile Dienste mit Ausnahme von Flugfunk mobil (R))		
11175 bis 11275	Flugfunk mobil (OR)		
11275 bis 11400	Flugfunk mobil (R)		
11400 bis 11650	Feste Dienste		
11650 bis 12050	Rundfunk		
12050 bis 12230	Feste Dienste		
12230 bis 13200	Seefunk mobil		
13200 bis 13260	Flugfunk mobil (OR)		
13260 bis 13360	Flugfunk mobil (R)		
13360 bis 13410	Feste Dienste Radio Astronomie		
13410 bis 13600	Feste Dienste (Mobile Dienste mit Ausnahme von Flugfunk mobil (R))		

Frequenz-Bereich in kHz	Zuteilung zu Funkdiensten		
	Region 1	Region 2	Region 3
13600 bis 13800	Rundfunk		
13800 bis 14000	Feste Dienste (Mobile Dienste mit Ausnahme von Flugfunk mobil (R))		
14000 bis 14250	Amateure Amateur Satelliten		
14250 bis 14350	Amateure		
14350 bis 14990	Feste Dienste (Mobile Dienste mit Ausnahme von Flugfunk mobil (R))		
14990 bis 15005	Normalfrequenz und Zeitsignal (15000 kHz)		
15005 bis 15010	Normalfrequenz und Zeitsignal (Raumforschung)		
15010 bis 15100	Flugfunk mobil (OR)		
15100 bis 15600	Rundfunk		
15600 bis 16360	Feste Dienste		
16360 bis 17410	Seefunk mobil		
17410 bis 17550	Feste Dienste		
17550 bis 17900	Rundfunk		
17900 bis 17970	Flugfunk mobil (R)		
17970 bis 18030	Flugfunk mobil (OR)		
18030 bis 18052	Feste Dienste		
18052 bis 18068	Feste Dienste (Raumforschung)		
18068 bis 18168	Amateure Amateur Satelliten		
18168 bis 18780	Feste Dienste		
18780 bis 18900	Seefunk mobil		

Frequenz-Bereich in kHz	Zuteilung zu Funkdiensten		
	Region 1	Region 2	Region 3
18900 bis 19680	Feste Dienste		
19680 bis 19800	Seefunk mobil		
19800 bis 19990	Feste Dienste		
19990 bis 19995	Normalfrequenz und Zeitsignal (Raumforschung)		
19995 bis 20010	Normalfrequenz und Zeitsignal (20000 kHz)		
20010 bis 21000	Feste Dienste (Mobile Dienste)		
21000 bis 21450	Amateure Amateur Satelliten		
21450 bis 21850	Rundfunk		
21850 bis 21870	Feste Dienste		
21870 bis 21924	Flugfunk, feste Dienste		
21924 bis 22000	Flugfunk mobil (R)		
22000 bis 22855	Seefunk mobil		
22855 bis 23000	Feste Dienste		
23000 bis 23200	Feste Dienste (Mobile Dienste mit Ausnahme von Flugfunk mobil (R))		
23200 bis 23350	Flugfunk, feste Dienste Flugfunk mobil (OR)		
23350 bis 24000	Feste Dienste Mobile Dienste mit Ausnahme von Flugfunk mobil		
24000 bis 24890	Feste Dienste Landfunk mobil		
24890 bis 24990	Amateure Amateur Satelliten		
24990 bis 25005	Normalfrequenz und Zeitsignal (25000 kHz)		

Frequenz-Bereich in kHz	Zuteilung zu Funkdiensten		
	Region 1	Region 2	Region 3
25005 bis 25010	Normalfrequenz und Zeitsignal (Raumforschung)		
25010 bis 25070	Feste Dienste Mobile Dienste mit Ausnahme von Flugfunk mobil		
25070 bis 25210	Seefunk mobil		
25210 bis 25550	Feste Dienste Mobile Dienste mit Ausnahme von Flugfunk mobil		
25550 bis 25670	Radio Astronomie		
25670 bis 26100	Rundfunk		
26100 bis 26175	Seefunk mobil		
26175 bis 27500	Feste Dienste Mobile Dienste mit Ausnahme von Flugfunk mobil		
27500 bis 28000	Meteorologische Hilfen Feste Dienste Mobile Dienste		
28000 bis 29700	Amateure Amateur Satelliten		
29700 bis 30005	Feste Dienste Mobile Dienste		

Literatur

[1] Davies, K.: Ionospheric Radio Propagation. Monograph 80, US-Department of Commerce, National Bureau of Standards, Washington DC, 1965

[2] Süßmann, P.: Die weltweite Ausbreitung von Kurzwellen über die Ionosphäre. Nachr.-Tech. Z. 29 (1976) Heft 5 S. 394–399

[3] East, F. R.: The properties of the ionosphere which affect HF-transmission. Point to point communication, Februar 1965, S. 5–21

[4] Ionospheric Radio Propagation. US-Department of Commerce. National Bureau of Standards, Cicular 462, Washington 1949

[5] Bain, W. C.; Risbeth, H.: Developments in ionospheric physics since 1957. The Radio and Electronic Eng. 45 (1975) No. 1/2, S. 3–10

[6] Bain, W. F.; Buckley, R. S.: Direct D-layer reflections as a factor in oblique propagation on the lower high frequencies. Radio Sci. 4 (1969) No. 5, S. 419–430

[7] CCIR-Report 252-2, CCIR interim method for estimating sky-wave field-strength and transmission loss at frequencies between the approximate limits of 2 and 30 MHz. New Delhi 1970

[8] CCIR-Document VI/76-E, Prediction of sporadic E-layer. Federal Republic of Germany, June 1968

[9] Bastong, K.: Sonnenflecken und Funkverkehr. Funkschau 42 (1970) Heft 5 S. 137–140

[10] CCIR-Report 266-3, Ionospheric propagation characteristics pertinent to radio communication systems design. Genf 1974

[11] Pickering, L. W.: The calculation of ionospheric Doppler spread on HF-communication channels. IEEE Trans. on Commun. COM-23 (1975) No. 5 S. 526–537

[12] CCIR-Report 203, Multipath propagation on HF-radio circuits. Genf 1963

[13] Salaman, R. K.: A new ionospheric multipath reduction factor. IRE Trans. on Commun. Syst. CS-10 (1962) June

[14] Retting, H.; Vogt, K.: Schwunddauer und Schwundhäufigkeit bei Kurzwellenübertragungsstrecken. Nachr.-tech. Z 17 (1964) Heft 2, S. 57–62

[15] CCIR-Report 322, World distribution and characteristics of atmospheric radio noise. Genf 1963

[16] CCIR-Report 258-2, Man made radio noise. Genf 1974

[17] I.F.R.B. Technical standards series A

[18] Radio Regulations, Genf 1976

[19] Radio Regulations, Genf 1982

3 Technische Bedingungen für Kurzwellenverbindungen

Bei der Nachrichtenübertragung über größere Entfernungen müssen auf die angewendete Sendeart bezogene technische Mindestforderungen erfüllt werden, wenn Qualität und Sicherheit der Verbindung den von der UIT bzw. dem Anwender festgelegten Bedingungen entsprechen sollen. Dabei erfordern die in Kapitel 2 (Raumwellenausbreitung) und Kapitel 5 (Bodenwellenausbreitung) beschriebenen Eigenschaften der Übertragungsmedien besondere Beachtung.

Wird der Funkverkehr ausschließlich zwischen zwei Stationen durchgeführt, dann bezeichnet man dies als *Punkt-zu-Punkt-Verbindungen*. Die ausgesendete Nachricht kann dabei von der empfangenden Stelle bestätigt werden. Es gibt aber auch Nachrichten, die nicht einzelne Teilnehmer, sondern eine Gruppe von Teilnehmern betreffen. Diese Nachrichten werden im *Rundstrahlbetrieb*, also gleichzeitig in alle Richtungen und an alle Teilnehmer übertragen. Dazu gehören z. B. Wetter- und Pressemeldungen, Zeitzeichensendungen, Normalfrequenzen u. ä. . Für diese Sendungen geben die empfangenden Stationen keine Bestätigung. Zu dieser Art gehören auch *Rundfunksendungen*.

Neben den *Sendearten* ist auch die *Betriebsart* von Bedeutung; sie gibt über die Abwicklung des Funkverkehrs Auskunft. So ist es möglich, daß bei einer Verbindung entweder der Weg von Station A zu Station B oder umgekehrt von B nach A zur Verfügung steht. Es wird dort gesendet oder empfangen. Eine Verbindung kann aber auch so aufgebaut werden, daß beide Stationen gleichzeitig senden und empfangen können.

Den für den Betrieb von Kurzwellenverbindungen einzuhaltenden technischen Bedingungen liegen die geltenden Empfehlungen und Berichte des CCIR zu Grunde, die bei den einzelnen Kapiteln angegeben sind.

3.1 Sendearten

Die für die Übertragung von Nachrichten und Rundfunkprogrammen angewendeten Verfahren werden nach den internationalen Vereinbarungen [1] als Sendearten bezeichnet. Bei der Nachrichtenübertragung wird außerdem unterschieden zwischen *Telegrafie-* und *Telefoniesendungen*. Der sehr stark besetzte Frequenzbereich des für Kurzwellensendungen zugelassenen Frequenzbandes erfordert dessen rationelle Ausnutzung. Die Belegung einer Frequenz mit nur einem Telefonie- oder Telegrafiekanal ist deshalb zumindest in den für feste kommerzielle

Dienste zugeteilten Frequenzbereichen unwirtschaftlich. Es sind Verfahren entwickelt worden, die die Belegung einer Kurzwellenfrequenz mit mehreren Nachrichtenkanälen zulassen. Dies ist besonders mit Hilfe des Einseitenbandverfahrens möglich.

Anstelle der bisher angewendeten Bezeichnungen der Sendearten im Kurzwellenbereich [1] sind in der Vollversammlung des CCIR 1978 in Kyoto neue Bezeichnungen empfohlen worden. Diese ermöglichen mit Bezug auf die erforderliche Bandbreite einer Sendung, deren Modulations-, Übertragungs- und Informationsart eine genauere Klassifizierung als bisher. In allen Fällen, in denen eine vollständige Bezeichnung der angewendeten Sendeart erforderlich ist, wird die Bandbreite der Sendeartenbezeichnung vorangestellt. Die für den Kurzwellenbetrieb in Betracht kommenden Angaben werden aus [13] hier auszugsweise wiedergegeben.

Notwendige Bandbreite
Diese wird durch drei Zahlen und einen Buchstaben, der die Stelle des Dezimalkommas besetzt, angegeben. Es gelten bei einer Bandbreite zwischen

1 Hz und 999 Hz der Buchstabe H
1 kHz und 999 kHz der Buchstabe K.

Beispiel

Bandbreite	Benennung
25 Hz	25H0
600 Hz	600H
2,4 kHz	2K40
6 kHz	6K00
12 kHz	12K0

Die *Bezeichnung der Sendearten* setzt sich aus drei Kennzeichen zusammen:
Erstes Kennzeichen: Modulationsart
zweites Kennzeichen: Übertragungsart
drittes Kennzeichen: Typ der ausgesendeten Information.

Außerdem sind noch folgende Ergänzungen der Sendeartenbezeichnung möglich:
Viertes Kennzeichen: Nähere Angaben zu den ausgesendeten Signalen
fünftes Kennzeichen: Multiplexarten.

Diese Kennzeichen haben folgende Symbole:

Erstes Kennzeichen: Modulationsart

Unmodulierter HF-Träger	N
HF-Träger mit Amplitudenmodulation:	
Doppelseitenband	A
Einseitenband, voller Träger	H
Einseitenband, reduzierter oder variabler Träger	R
Einseitenband, unterdrückter Träger	J
Unabhängiges Seitenband (Seitenbänder)	B
HF-Träger, winkelmoduliert:	
Frequenzmodulation	F
Fälle, die nicht anderweitig erfaßt sind	X

Zweites Kennzeichen: Übertragungsart

Kein modulierendes Signal	0
Ein Nachrichtenkanal mit quantisierter oder digitaler Information ohne moduliertem Unterträger	1
Ein Nachrichtenkanal wie vorstehend mit moduliertem Unterträger	2
Ein Nachrichtenkanal mit analoger Information	3
Zwei oder mehrere Nachrichtenkanäle mit quantisierten oder digitalen Informationen	7
Zwei oder mehrere Nachrichtenkanäle mit analogen Informationen	8
Ein oder mehrere Nachrichtenkanäle mit quantisierten oder digitalen Informationen zusammen mit einem oder mehreren Kanälen mit analogen Informationen	9
Fälle nicht anderweitig erfaßt	X

Drittes Kennzeichen: Typ der ausgesendeten Information

Keine ausgesendete Information	N
Telegrafie, Hörempfang	A
Telegrafie, automatischer Empfang	B
Faksimile	C
Datenübertragung, Fernmessung, Fernsteuerung	D
Telefonie einschließlich Rundfunk	E
Fälle nicht anderweitig erfaßt	X

Viertes Kennzeichen: Nähere Angaben zu den ausgesendeten Signalen, falls erforderlich

Zwei-Zustände Kode mit Elementen unterschiedlicher Anzahl und Dauer	A
Zwei-Zustände Kode mit Elementen gleicher Anzahl und Dauer ohne Fehlerkorrektur	B

Wie vorstehend, mit Fehlerkorrektur	C
Vier-Zustände Kode bei dem jeder Zustand ein Signalelement mit einem oder mehreren Bits darstellt	D
Vielfach-Zustände Kode bei dem jeder Zustand ein Signalelement mit einem oder mehreren Bits darstellt	E
Vielfach-Zustände Kode bei dem jeder Zustand oder Kombination von Zuständen ein Zeichen darstellt	F
Rundfunk (monophon), hohe Tonqualität	G
Telefonie, kommerzielle Qualität	J
Telefonie, kommerzielle Qualität mit Frequenzinvertierung oder Bandaufteilung	K
Telefonie, kommerzielle Qualität mit einem gesonderten frequenzmoduliertem Signal zur Dynamikkontrolle	L
Kombinationen der vorstehenden Signalcharakteristiken	W
Fälle nicht anderweitig erfaßt	X

Fünftes Kennzeichen: Multiplexarten

Kein Multiplex	N
Frequenzmultiplex	F
Zeitmultiplex	T
Kombination von Frequenz- und Zeitmultiplex	W
Andere Arten von Multiplex	X

Anmerkung

Der Zustand eines Kodes ist z. B. gegeben durch Ein-Aus-Tastung (Einfachstrom), Plus-Minus-Tastung (Doppelstrom), f_1-f_2-Tastung (Frequenzumtastung).

Beispiele für die vollständige Bezeichnung einer Sendeart im Kurzwellenfunkverkehr:

1) Morsetelegrafie, Hörempfang, 25 Wörter/Minute	100H	A1A AN
2) Einseitenbandtelefonie, unterdrückter Träger mit Verschlüsselung	3K00	J3E KN
3) Telegrafie (Fernschreiben), 1 Kanal, 5er-Kode mit Fehlerkorrektur, 50 Baud	300H	F1B BN
4) Faksimile (z. B. Wetterkarten), frequenzmodulierter Unterträger, Einseitenbandbetrieb mit unterdrücktem Träger	3K70	J3C --

Bandbreite ⎯⎯⎯

Sendeart, Kennzeichen 1,2,3 ⎯⎯⎯⎯⎯⎯⎯⎯⎯⎯⎯⎯⎯⎯⎯⎯⎯⎯⎯

Zusatzinformation, Kennzeichen 4,5 ⎯⎯⎯⎯⎯⎯⎯⎯⎯⎯⎯⎯⎯⎯

3.1.1 Telegrafiesendearten

Unter Telegrafiesendearten werden Sendearten zusammengefaßt, bei denen mit Hilfe der Ein-Aus-Tastung oder durch Frequenzumtastung eines HF-Trägers oder eines Hilfsträgers telegrafische Nachrichten bzw. Daten sowie Faksimile (Bildübertragung schwarz-weiß) und Fotografien übertragen werden können. Der Nachrichteninhalt wird dabei durch Folgen getasteter Impulse mit gleicher oder auch unterschiedlicher Zeitdauer dargestellt. Wegen ihres breiten Frequenzspektrums ist die Übertragung von Rechteckimpulsen *(Harttastung)* ungünstig. Die notwendige Bandbreite ist sehr groß und die innerhalb des Frequenzspektrums auftretenden unterschiedlichen Laufzeiten bewirken Impulsverzerrungen bei der Übertragung.

Außerdem besteht die Gefahr, daß durch die große Bandbreite benachbarte Funkdienste gestört werden. CCIR empfiehlt deshalb für Telegrafiesendungen die *Weichtastung*; hierbei wird ein Impuls nicht als rechteckiger Spannungsverlauf, sondern mit einer abgerundeten Rechteckform (Glockenkurve) dargestellt. Die durch das Frequenzspektrum eines solchen Impulses belegte Bandbreite ist schmal und die Möglichkeiten für fehlerhaften Empfang der Telegrafiezeichen oder der Störung anderer Funkdienste werden erheblich eingeschränkt.

3.1.1.1 Sendeart A1A, A1B, Telegrafie ohne Modulation des HF-Trägers

Bei dieser Sendeart werden die Telegrafiezeichen durch das Ein-Aus-Tasten des HF-Trägers im Rhythmus der Telegrafiezeichen übertragen, die z. B. beim Morsealphabet aus kurzen (Punkt) und langen Impulsen (Strich) bestehen. Die Tastung ist durch Handbedienung einer Morsetaste oder durch einen „Maschinensender" möglich. Je nach Aufnahmegerät, Drucker oder Recorder kann die Tastgeschwindigkeit 20 bis 50 Baud betragen. Da der HF-Träger unmoduliert ist, wird im Funkempfänger mit Hilfe eines zweiten Oszillators dem empfangenen Signal eine Frequenz überlagert, sodaß nach der Demodulation die Telegrafienachricht als getastetes niederfrequentes Signal vorliegt.

Die Sendeart A1A hat besonders bei Hörempfang den Vorteil, daß auch bei stark gestörten Verbindungen die Aufnahme einer Nachricht möglich ist. Der mindestens erforderliche Signal-Geräusch-Abstand beträgt nur 6 dB.

Die Bandbreite in Hz richtet sich nach der Tastgeschwindigkeit und ist gegeben durch [1]:

$$B_{ü} = k \cdot B. \tag{3.1}$$

k Faktor, abhängig von der zulässigen Zeichenverzerrung
   Bei Sendeart A1A, A1B: $k = 5$ für schwundbehaftete Verbindungen
Beispiel
$B = 20$ Baud, $B_ü = 100$ Hz, Bezeichnung 100 H A1A

3.1.1.2 Sendeart A2A, A2B, Telegrafie mit niederfrequent moduliertem Träger

Der HF-Träger wird bei dieser Sendeart mit einem Ton – z. B. 1000 Hz – moduliert. Es wird entweder nur dieser Ton getastet – wobei der HF-Träger dauernd ausgestrahlt wird –, oder der modulierte HF-Träger wird getastet (keine Ausstrahlung in den Tastpausen). Diese Sendearten sind seit einiger Zeit nicht mehr zugelassen und durch die Sendeart H2X (B) ersetzt. Dabei wird im oberen Seitenband moduliert; der HF-Träger wird um 6 dB reduziert. Diese Ausstrahlungen können Funkempfänger aufnehmen, die noch nicht für Einseitenbandbetrieb ausgerüstet sind. Für den allgemeinen Kurzwellenverkehr ist auch die Sendeart H2X (B) nicht erlaubt; sie ist nach [1] zugelassen für den Not- und Rettungsdienst im Seefunk und für Funkbaken.

Die bei der Sendeart H2X (B) belegte Bandbreite ergibt sich aus der Tastgeschwindigkeit, der niederfrequenten Modulationsfrequenz und dem Faktor k (hier $k = 5$) wie bei der Sendeart A1A

$$B_n = k B + f_m. \tag{3.2}$$

Beispiel
$B = 20$ Baud, $f_m = 1000$ Hz; $B_n = 1100$ Hz.
Bezeichnung 1K10 H2X

3.1.1.3 Sendeart F1B, Telegrafie mit frequenzumgetastetem HF-Träger

Entsprechend der Zeichen- oder Trennlage eines Telegrafiesignales wird die Sendefrequenz (HF-Träger) um einen Betrag von $f_{HF} - \Delta f$ oder $f_{HF} + \Delta f$ umgetastet. Der HF-Träger selbst erscheint dann in der Nachricht nicht mehr. Bei dieser Art der Telegrafieübertragung handelt es sich um eine Frequenzmodulation mit Δf als Frequenzhub:

$$\Delta f = \frac{m \cdot B}{2} \tag{3.3}$$

m Modulationsindex
B Telegrafiergeschwindigkeit in Baud

Der Modulationsindex m ist eine Funktion aller bei der Modulation auftretenden Frequenzen und deren Amplituden und der Modulationsfrequenz, die hier durch die Tastgeschwindigkeit gegeben ist. Bei Rechteckimpulsen (Harttastung) wird m erheblich größer als 1. Bei Weichtastung (siehe 3.1.1) wird m kleiner als 1.

Die für die Sendeart F1B erforderliche Bandbreite in Hz ist nach [1], Appendix 5, gegeben durch:

$$B_n = 2{,}6 \cdot D + 0{,}55 \cdot B, \qquad (3.4a)$$

wenn der Modulationsindex m der Beziehung genügt

$$1{,}5 < m < 5{,}5 \qquad m = \frac{2 \cdot D}{B}.$$

D Frequenzhub Δf in Hz
B Telegrafiergeschwindigkeit in Baud

Beispiel

$B = 50$ Baud, $D = 100$ Hz;
$m = \dfrac{200}{50} = 4;$
$B_n = 2{,}6 \cdot 100 + 0{,}55 \cdot 50 = 287{,}5$ Hz
Bezeichnung 300 H F1B

Diese Bandbreitenbestimmung gilt für Telegrafiebetrieb mit Harttastung, d. h. großem Modulationsindex. Wendet man jedoch Weichtastung an – d. h. annähernd sinusförmige Impulse – dann wird auch die erforderliche Bandbreite mit Bezug auf die Telegrafiergeschwindigkeit klein (angepaßte Bandbreite [2]); sie ist gegeben durch:

$$B_n = \frac{2D}{m}. \qquad (3.4b)$$

Beispiel

$D = 20$ Hz, $B = 50$ Baud, $m = \dfrac{2 \cdot 20}{50} = 0{,}8;$

$B_n = \dfrac{2 \cdot 20}{0{,}8}$ Hz $= 50$ Hz.

Die Sendeart F1B wird für das Übertragen von Fernschreiben mit Telegrafiergeschwindigkeiten von 50 bis 200 Baud eingesetzt. Es wird nur ein Fernschreibkanal übertragen. Anwendungsfälle sind gegeben bei kommerziellen Diensten, bei Behörden wie Wetterämter, Polizei, Zoll u. ä., im Seefunk, bei diplomatischen Diensten, bei militärischen Funkverbindungen, bei Betriebsfunkanlagen (Baustellen) usw.

3.1.1.4 Sendeart F7B
zwei Fernschreibkanäle über einen frequenzumgetasteten HF-Träger

Eine ebenfalls frequenzmodulierte Sendeart stellt F7B dar. Hierbei können zwei Fernschreibkanäle mit einem HF-Träger übertragen werden. Dabei wird der Träger in die vier Lagen $f_{tr} \pm 200$ Hz und $f_{tr} \pm 600$ Hz umgetastet. Jeder dieser Lagen entspricht ein bestimmter Zeichen- oder Trennzustand beider Fernschreibkanäle.

f_{tr}	Kanal 1 (V1)	Kanal 2 (V2)
−600 Hz	Z	Z
−200 Hz	Z	A
+200 Hz	A	Z
+600 Hz	A	A

(Z Zeichenlage, A Trennlage)

Diese Frequenzhübe sind vom CCIR international festgelegt, sie sollen deshalb nicht willkürlich verändert werden.

Wenn beide Kanäle mit nicht angepaßten Bandbreiten betrieben werden, ergibt sich die erforderliche Bandbreite aus

$$B_n = 2{,}6\,D + 2{,}75\,B. \tag{3.5}$$

Beispiel
$B = 50$ Baud, $D = 600$ Hz;
$B_n = 2{,}6 \cdot 600 + 2{,}75 \cdot 50 = 1697{,}5$ Hz;
Benennung 1K70 F7B

3.1.1.5 Sendearten R7B, B7B, J7B, B7W, Fernschreiben mit Wechselstromtelegrafiesystemen im Seitenband

In einem 3 kHz-breiten Seitenband eines HF-Trägers kann man mit einem Wechselstromtelegrafiesystem für Kurzwelle (WTK) gleichzeitig mehrere Fernschreibkanäle übertragen. Wie bei F1B-Betrieb wird dabei die Mittenfrequenz eines Kanals in die Zeichen- bzw. die Trennlage umgetastet. Der halbe Abstand zwischen den beiden, das Fernschreibsignal darstellenden Frequenzen, bezeichnet den Frequenzhub des Kanals. Die hauptsächlich angewendeten WTK-Systeme haben eine Kanalbreite von 170 Hz bei einem Frequenzhub von 42,5 Hz, und 340 Hz bei einem Hub von 85 Hz. In einem 3 kHz-breiten Seitenband können damit max. 16 bzw. 8 Fernschreibkanäle übertragen werden.

Die Sendearten R7B (der HF-Träger ist um 16 dB bzw. 26 dB vermindert) und J7B – der HF-Träger ist um mindestens 40 dB reduziert – bezeichnen die Übertragung von Fernschreibkanälen im oberen Seitenband mit einem WTK-System. Bei der Sendeart B7B – der HF-Träger wird dabei ebenfalls um 16 dB oder 26 dB vermindert – werden beide Seitenbänder mit voneinander unabhängigen WTK-Systemen belegt. Führt man eine gemischte Belegung der Seitenbänder mit Sprache und WTK-Kanälen durch, dann wird diese Sendeart B7W genannt. Die Telegrafiergeschwindigkeiten betragen bei einer Kanalbreite von 170 Hz 50 bis 100 Baud und einer Breite von 340 Hz 200 Baud.

Die bei diesen Sendearten belegte Bandbreite ist bestimmt durch die Breite der Seitenbänder bzw. die Anzahl der Wechselstromtelegrafiekanäle, die gleichzeitig übertragen werden müssen; sie ist gegeben durch die höchste auftretende Modulationsfrequenz.

$$B_n = M. \tag{3.6}$$

M höchste Modulationsfrequenz in Hz
Für R7B und J7B wird B_n = 3 kHz; Benennung 3K00 R7B, 3K00 J7B.
Für B7B und B7W wird B_n = 6 kHz oder 12 kHz; Benennung 6K00 (12K0) B7B oder B7W.

Der Wechselstromtelegrafiebetrieb im Seitenband wird angewendet, wenn große Nachrichtenmengen übertragen werden müssen, also bei kommerziellen Diensten, bei Behörden, wie z. B. Polizei, bei militärischen Diensten, Betriebsnetzen von Ölgesellschaften, bei Kurzwellennetzen, die von einer Zentralstation eine Anzahl von Fernschreibkanälen aussenden, die auf eine entsprechende Anzahl von Außenstationen verteilt werden, u. ä.. Eine spezielle Anwendung der Sendeart B7W wird von Rundfunkgesellschaften durchgeführt, die Programme zwischen weit voneinander entfernten Studios mit eigenen Sendestationen übertragen müssen. Dabei wird z. B. im oberen 6 kHz breiten Seitenband ein Rundfunkprogramm und im unteren Seitenband Fernschreiben und Telefonie als Dienstkanäle übertragen.

3.1.1.6 Sendearten A3C und F1C, Faksimile und Telebilder

Wie aus der Bezeichnung dieser Sendearten zu erkennen ist, sind für deren Übertragung mit Hilfe der Kurzwelle amplitudenmodulierte und frequenzmodulierte Verfahren bekannt. Wegen der geringeren Anfälligkeit gegen äußere Störungen hat sich aber die Frequenzmodulation durchgesetzt. Zwei Arten der Bildübertragung sind zu betrachten:

Bilder, die ausschließlich Schwarz-Weiß-Informationen enthalten (Faksimile).
Es sind dies Wetterkarten, Texte, Zeichnungen und ähnliche Dokumente. Es werden nur zwei Werte, *schwarz* oder *weiß* gebraucht, die durch die Frequenzlagen des

umgetasteten HF-Trägers f_{tr} −400 Hz (schwarz) und f_{tr} +400 Hz (weiß) dargestellt werden [4]. Die Tastgeschwindigkeit beträgt bis zu 3600 Baud. Zwei Übertragungsverfahren sind möglich:

direkte Umtastung des HF-Trägers (Sendeart F1C) und
Umtastung eines Hilfsträgers mit einer Frequenz von 1,9 kHz im oberen Seitenband. Der Frequenzhub ist dabei ebenfalls 400 Hz (Sendeart A3C)

Bilder mit Grauwertübertragung (z. B. Telebilder)
Pressebilder, Fotos u. ä. lassen sich mit der Sendeart F1C dann übertragen, wenn der Frequenzhub entsprechend den im Bild enthaltenen Grautönen geändert wird. Der größte noch mögliche Frequenzhub ist − wie bei Faksimile − gegeben durch f_{tr} −400 Hz (schwarz) und f_{tr} +400 Hz (weiß). Als Übertragungsverfahren wird dabei die Frequenzmodulation eines in das obere Seitenband verlagerten Hilfsträgers von 1,9 kHz angewendet (**Sendeart R3C**).

Die für die Faksimile- und Bildübertragung erforderliche Bandbreite ist bei direkter Umtastung des HF-Trägers gegeben durch:

$$B_n = k \cdot N + 2 \cdot D. \tag{3.7}$$

k Faktor, abhängig von der zulässigen Zeichenverzerrung, hier $k = 1,5$
N höchste Anzahl der abgetasteten $\dfrac{\text{Bildelemente}}{\text{Sekunde}}$
D Frequenzhub, hier 400 Hz

Die Größe N ist bestimmt durch

$$N = d_{Tr} \cdot l \cdot r \cdot \pi \text{ mit} \tag{3.8}$$

d_{Tr} Durchmesser der Bildtrommel
l Linien je mm Bildbreite
r $\dfrac{\text{Trommelumdrehungen}}{\text{Sekunde}}$
$d_{Tr} \cdot l$ Modul der Bildsende- und -empfangsgeräte

Man kann auch schreiben:

$$N = m \cdot r \cdot \pi. \tag{3.9}$$

Beispiel

$d_{Tr} = 72$ mm, $l = 4 \dfrac{\text{Linien}}{\text{mm}}$, $r = 1 \text{ s}^{-1}$

$B_n = 1,5 \cdot 72 \cdot \pi \cdot 4 \cdot 1 + 2 \cdot 400 \text{ Hz} = 2157 \text{ Hz}$

Benennung 2K20 F1C

Wird das Bildsignal mit einem Hilfsträger von 1,9 kHz im Seitenband übertragen, so ergibt sich die erforderliche Bandbreite aus:

$$B_n = k \cdot N + M + D \text{ mit} \tag{3.10}$$

M Frequenz des Hilfsträgers, hier 1900 Hz

Beispiel

$k = 1{,}5, \quad d_{Tr} = 72 \text{ mm}, \quad l = 4 \; \dfrac{\text{Linien}}{\text{mm}}, \quad r = 1 \text{ s}^{-1}$

$B_n = 1{,}5 \cdot 72 \cdot \pi \cdot 4 \cdot 1 + 1900 + 400 \text{ Hz} = 3657 \text{ Hz}$

Benennung 3K65 F1C

3.1.2 Telefoniesendearten

Zum Übertragen gesprochener Nachrichten ist bei kommerziellen und nichtkommerziellen Kurzwellenverbindungen nach internationalen Vereinbarungen [1] nur das amplitudenmodulierte Einseitenbandverfahren zugelassen. Es hat gegenüber der früher üblichen Zweiseitenbandmodulation folgende entscheidende Vorteile:

Die vom Sender erzeugte Leistung steht praktisch vollständig für den Modulationsvorgang zur Verfügung. Bezogen auf die gleiche Reichweite wird nur etwa 1/4 der Senderleistung (−6 dB) erforderlich sein.

Die Bandbreite einer Sendung ist auf die Hälfte reduziert und damit die Störanfälligkeit gegen Interferenzen durch benachbarte Sender erheblich vermindert. Im Hinblick auf den sehr stark besetzten Frequenzbereich der Kurzwelle ist das Einseitenbandverfahren frequenzökonomisch.

Bei der Demodulation treten kaum Verzerrungen auf, wenn der HF-Träger durch Schwunderscheinungen beeinflußt wird.

Für die Ausstrahlung von Rundfunksendungen darf die Zweiseitenbandmodulation noch angewendet werden.

3.1.2.1 Sendeart A3E, amplitudenmodulierte Zweiseitenmodulation

Wie bereits mitgeteilt, wird die Sendeart A3E nur noch für Rundfunksendungen angewendet. Es werden beide Seitenbänder mit der Nachricht moduliert. Der HF-Träger wird voll ausgestrahlt, d. h. er ist gegenüber der höchsten Modulationsspitze um 6 dB reduziert. Die erforderliche Bandbreite einer solchen Sendung ist gegeben durch:

$$B_n = 2 \cdot M. \tag{3.11}$$

M höchste in der Sendung vorkommende Modulationsfrequenz

3.1.2.2 Sendeart R3E
Telefoniesendungen im oberen Seitenband mit reduziertem HF-Träger

Bei dieser Sendeart wird die gesprochene Nachricht im oberen Seitenband eines HF-Trägers übertragen, dessen Leistung um 16 dB (2,5%) bis zu 26 dB (0,25%) gegenüber der Leistung bei der höchsten Modulationsspitze vermindert wird [3]. Die Bandbreite ist hierbei

$$B_n = M. \tag{3.12}$$

Wird die nach CCIR-Empfehlung 328-3 angegebene Niederfrequenzbandbreite von 250 bis 3000 Hz je Sprachkanal eingesetzt, dann ist das belegte Band ebenfalls 3000 Hz breit.

Die Sendeart R3E wird für Sprechfunksendungen angewendet, bei denen nur ein Kanal übertragen werden muß. So setzt man sie hauptsächlich bei nichtkommerziellen Funkverbindungen ein, die Sende-/Empfangsgeräte oder Sender kleiner Leistung verwenden. Die überbrückbaren Entfernungen sind max. etwa 100 km für tragbare Funkgeräte mit einer Leistung von 10 bis 25 W und einige hundert bis zu mehr als 1000 km für Stationen mit Leistungen von 100 bis 1000 W. Mit Hilfe des ausgestrahlten HF-Trägers und einer entsprechenden Ausrüstung des Empfängers ist automatischer Frequenznachlauf möglich.

3.1.2.3 Sendeart H3E
Telefoniesendungen im oberen Seitenband mit vollem HF-Träger

Die Sendeart H3E stellt einen Übergang zwischen der früher für Sprechfunksendungen angewendeten Sendeart A3E und den jetzt nur noch zugelassenen Sendearten R3E und J3E dar; sie ermöglicht den Empfang von Einseitenbandsendungen mit Geräten, die hierfür noch nicht ausgerüstet sind. Die Genehmigung für diese Sendeart wie auch für H2X (B) (siehe 3.1.1.2) ist 1983 ausgelaufen. Bis zu diesem Zeitpunkt müssen alle Sprechfunksendungen auf die Sendearten R3E bzw. J3E umgestellt sein. Diese Anordnung betrifft besonders den Seefunk. Wie bei der Sendeart A3E wird auch bei H3E der HF-Träger um 6 dB reduziert. Die erforderliche Bandbreite ist die gleiche wie bei R3E (siehe Formel 3.12).

3.1.2.4 Sendeart J3E
Telefoniesendungen im oberen Seitenband mit unterdrücktem HF-Träger

Die Einführung von Frequenzerzeugern mit sehr hoher Konstanz (Größenordnung 10^{-7} bis 10^{-8} der eingestellten Frequenz) macht für die allgemein gebräuchlichen Sendearten einen automatischen Frequenznachlauf entbehrlich. Damit können auch Sendungen ausgestrahlt werden, bei denen der HF-Träger fast völlig unterdrückt wird. In [3] sind dafür Werte von ≥ 40 dB unter der höchsten Modulationsspitze angegeben, d. h., die noch vorhandene Trägerleistung ist $\leq 0{,}1$ ‰. Die Lokalisierung eines solchen Senders mit Hilfe von Peilgeräten ist dadurch sehr erschwert. Die für einen Sprachkanal erforderliche Bandbreite ist die gleiche wie bei R3E (siehe Formel 3.12).

Der Anwendungsbereich der Sendeart J3E ist der gleiche wie bei R3E. Wegen der erhöhten Sicherheit gegen Peilung wird sie auch bei militärischen Funkverbindungen bevorzugt eingesetzt.

3.1.2.5 Sendeart B8E
Mehrkanaltelefoniesendungen im oberen und unteren Seitenband

Die Sendeart B8E wird angewendet, wenn mehrere voneinander unabhängige Sprachkanäle mit einer Kurzwellenfrequenz übertragen werden sollen. Bei der vom CCIR [5] angegebenen zulässigen Gesamtbandbreite von 12 kHz für eine Nachrichtensendung ist es möglich, je zwei Telefoniekanäle mit einer Bandbreite von 250 bis 3000 Hz im unteren und im oberen Seitenband zu übertragen, also insgesamt vier Kanäle. Von den für diese Sendeart verwendeten Sendern und Empfängern werden besonders gute Werte für die linearen und die nichtlinearen Übersprechdämpfungen gefordert, damit eine gegenseitige Störung der Telefoniekanäle vermieden wird [3].

Nach dem vom CCIR vorgegebenen Schema werden die Kanäle so belegt, daß bei zwei Telefoniekanälen der eine im oberen Seitenband und der andere im unteren Seitenband trägernah untergebracht wird (Innenkanäle). Die Bandbreite beträgt dann 6 kHz. Überträgt man zusätzlich ein oder zwei weitere Kanäle, so werden diese mit Hilfe eines Bandaufteilers im oberen als auch im unteren Seitenband in den Bereich von 3250 bis 6000 Hz verlagert (Außenkanäle). Dabei erfolgt eine Invertierung des Sprachfrequenzbandes, d. h., die tiefen Frequenzen liegen bei 6000 Hz und die hohen bei 3250 Hz. Die insgesamt belegte Bandbreite ist dann 12 kHz.

Hauptanwender der Sendeart B8E waren früher – und sind zum Teil auch heute noch – die Postverwaltungen mit ihren internationalen Nachrichtenverbindungen über große Entfernungen. Mit zwei und vier Kanälen belegt wird B8E aber auch bei vielen Kurzwellenverbindungen eingesetzt, die das gleichzeitige Übertragen mehrerer 3-kHz-Kanäle erfordern; dies sind z. B. Programmübertragungsstrecken der Rundfunkgesellschaften (siehe auch 3.1.1.5), industrielle Betriebsnetze (Ölgesellschaften) aber auch militärische Funkverbindungen zwischen Kommandostellen.

Sendeart	A1A, A1B	H2X, H2B	R3C	R7B, J7B
Nachrichtenquelle	Morsegeber	Morsegeber	Bildgeber Faksimilegeber	a) WTK 170, 16 b) WTK 340, 8
Bandbelegung	Signal / kein Signal	a) Signal / oder / b) kein Signal / f_{HF} −6 dB	f_{HF} / sw ws / f_{HF} −16 dB bis −26 dB / f_{Tr} = 1,9 kHz	1 Kanal / OSB / f_{HF} −16 bis −26 / f_{HF} −16 bis −2 / −40 dB (A7
Tastgeschwindigkeit B in Baud	8 bis 120	8 bis 24	bis 3000	50 bis 200
Frequenzhub D in Hz	–	–	1,9 kHz ± 400	a) ±42 b) ±85
Bandbreite B_n in Hz (Gleichungen 3.1 bis 3.12)	50 bis 600	1500	3000	3000 oberes Seitenb
zulässiger Frequenzfehler, f_{Osz} in Hz [1] (Gleichungen 3.15, 3.16)	±22	±22	±17	a) ±1,3 (f_D ±2 b) ±1,3 (f_D ±6
Signal/Geräuschabstand NF, dB/Bandbreite B_n HF, dB/Hz (Tabelle 3.4)	−4 bis +10 38	−4 bis +11 38 bis 56	50 59	– 67 bis 87

3.1.2.6 Zusammenfassung

Die für die weiter oben beschriebenen Sendearten wichtigsten Daten sind in den Tabellen 3.1a und 3.1b gemeinsam mit einer schematischen Darstellung der Bandbelegung zusammengefaßt dargestellt. Dabei werden auch Werte angegeben,

	F1B	F1C	F7B
TK 170, 16 Kan. TK 340, 8 Kan. Iz je System	1 Fernschreiber oder Lochstreifen- sender	Bildgeber Faksimilegeber	2 Fernschreiber oder Lochstreifen- sender
1 1 16 1 1 8 SB OSB −16 bis −26 dB	Z f_{HF} A ⊢ D ⊢ D ⊣	SW f_{HF} WS ⊢400⊢400⊣	Z Z A A Z A Z A ⊢600⊢600⊣ ⊢200⊣ ⊢200⊣ f_{HF}
bis 200	50 bis 200	bis 3600	50 bis 100
±42,5 ±85	±42,5 bis ±200	±400	±200 und ±600
bei Syst. 6000 er Syst. 12000 und unt. Sbd.	140 bis 1100 (nicht angepaßt)	3000	1700 bis 1850 (nicht angepaßt)
±1,3 (f_D ±2 Hz) ±1,3 (f_D ±6 Hz)	a) ±1,3 (f_D ±2 Hz) b) ±1,3 (f_D ±6 Hz)	±17	±7
	−	50	−
bis 87	53 bis 74	59	53 bis 74

Anmerkungen
1) ohne automatische Frequenznachstellung, Werte für f_{Osz} sind Höchstwerte

Tabelle 3.1a
Telegrafiesendearten
Zusammenfassung
technischer Daten

die erst in den nachfolgenden Abschnitten dieses Kapitels behandelt werden. Der Bandbelegung für die Sendearten B8E, J7B und B7W ist das CCIR-Schema zu Grunde gelegt, das eine Bandbreite je Sprachkanal von 250 bis 3000 Hz vorsieht.

Sendeart	A3E (Rundfunk)	R3E	H3E
Nachrichtenquelle	Rundfunkstudio	Funksprechstelle	Funksprechstelle
Bandbelegung [2])	f_{HF} −6 dB 4000 100 4000 10000 10000	f_{HF} −16 bis −26 dB 250 3000	f_{HF} −6 dB 250
Tastgeschwindigkeit B in Baud	−	−	−
Frequenzhub D in Hz	−	−	−
Bandbreite B_n in Hz (Gleichungen 3.1 bis 3.12)	8000 bis 20000	3000	3000 oberes Seitenband
zulässiger Frequenzfehler f_{Osz} in Hz [1]) (Gleichungen 3.1 bis 3.12)	±0,5	±0,5	±0,5
Signal-Geräusch-Abstand NF, dB/Bandbreite B_n	≧ 26 dB	6 bis 33	6 bis 33
HF, dB/Hz (Tabelle 3.4)	≧ 69 dB	48 bis 72	51 bis 75

Bei der Belegung mit vier Kanälen werden durch die Verlagerung der äußeren Kanäle in das Band 3250 bis 6000 Hz die Kanalfrequenzen invertiert, d. h., die unteren Frequenzen liegen dann am oberen Ende und die hohen am unteren Ende des Bandes.

	B8E	B7W [2])
ksprechstelle	Funkfernamt Telefonie (kommerziell)	Funkfernamt Telefonie Telegrafie WTK 170 oder WTK 340
f_{HF} −40 dB (250–3000)	Kan. B_i / Kan. A_i 3000 250 250 3000 f_{HF} ; B_a B_i A_i A_a 6000 250 250 6000 f_{HF} −16 bis −26 dB	Kan. B_i 16 −−−1 / Kan. A_i 8 −−−1 f_{HF} 250 3000 ; B_a B_i A_i A_a 16 1 / 8 1 6000 250 6000 f_{HF} −16 bis −26 dB
–	–	50 bis 200
–	–	±42,5 (WTK 170) ±85 (WTK 340)
0 res Seitenband	±3000 ±6000 ob. und unt. Seitenbd.	±3000 ±6000 ob. und unt. Seitenband
,5	±0,5	±0,5 (f_D ±2 Hz)
ɔis 33 ɔis 72	6 bis 33 50 bis 74	6 bis 33 für Sprachkanäle 68 bis 88 für Telegrafiekanäle

Anmerkungen
1) ohne automatische Frequenznachstellung
2) Anordnung der Sprach- und Telegrafiekanäle bei B7W als Beispiel

Tabelle 3.1b
Telefonie- und kombinierte Sendearten
Zusammenfassung technischer Daten

3.2 Betriebsarten

Während die Sendearten die Möglichkeiten der Modulation eines HF-Trägers beschreiben, werden durch die Betriebsarten Übertragungsverfahren angegeben, die entsprechend ihrem Anwendungsfall bei Funkverbindungen eingesetzt werden können.

3.2.1 Simplexverkehr

Die Nachrichten zwischen zwei Funkstellen A und B werden abwechselnd in Richtung von A nach B oder von B nach A übertragen, nicht aber in beiden Richtungen gleichzeitig. Beide Stationen benutzen die gleiche Hochfrequenz. Jede Funkstelle hat nur eine Antenne, die während des Funkverkehrs entsprechend jeweils von Senden auf Empfang und umgekehrt umgeschaltet wird. Dies kann manuell oder automatisch durch eine „Sprachsteuerung" bzw. – bei Telegrafiebetrieb – durch den Fernschreiber ausgeführt werden.

Angewendet wird der Simplexverkehr vorwiegend bei kleinen Funkstationen, die nur einen Sprach- oder Telegrafiekanal (Handmorse oder Fernschreiben) übertragen müssen. Dies trifft besonders zu für bewegliche Funkstellen (Funkwagen, Schiffe, Flugzeuge) aber auch für feste Stationen mit einer geringen Senderleistung (max. 1 kW) wie Funklinien der diplomatischen Dienste und Amateurstationen, außerdem für alle Funkverbindungen, die mit Sende-/Empfangsgeräten arbeiten und für tragbare Funkgeräte.

3.2.2 Duplexverkehr

Bei Funkverbindungen, die auf einen gleichzeitigen Verkehr in beiden Richtungen angewiesen sind, ist der Simplexverkehr naturgemäß nicht anwendbar. Dies trifft besonders zu bei Sprechfunkverbindungen, die in betriebliche oder öffentliche Telefonzentralen durchgeschaltet werden müssen. Das Umschalten der Senderichtung kann dann nicht mehr von den Endteilnehmern durchgeführt werden. Alle Mehrkanalverbindungen können ebenfalls nicht im Simplexverkehr betrieben werden, weil beim Umschalten der Senderichtung für einen Kanal auch alle übrigen Kanäle betroffen werden, obwohl deren Sendung noch nicht beendet ist. Außerdem ist Simplexverkehr nicht anwendbar für Telegrafieverbindungen, bei denen das ARQ-Fehlerkorrektursystem[1] benutzt wird. Für alle solchen Verbindungen wird der Duplexverkehr angewendet. Hierbei sind zwischen zwei Funkstellen zwei voneinander unabhängige Wege mit eigenen Betriebsfrequenzen vorhanden, die ständig betriebsbereit sind.

---

[1] siehe [2]

Der Geräteaufwand ist entsprechend größer als bei Simplexbetrieb. So werden für die Modulation und Demodulation sowohl für Telefonie- als auch für Telegrafieübertragung hochwertige Einrichtungen – falls erforderlich für das gleichzeitige Übertragen mehrerer Kanäle – benötigt. Jede der beteiligten Stationen muß mit einer Sende- und einer Empfangsanlage ausgerüstet sein; diese sollen so aufgestellt sein, daß eine gegenseitige Beeinflussung nicht möglich ist (Entkopplung). Dies kann oft nur durch das geländemäßige Trennen der Sende- und der Empfangsstellen erreicht werden. Der Mehrkanalbetrieb erfordert außerdem Sender und Empfänger mit erheblich besseren technischen Werten, als sie für Simplexbetrieb ausreichend sind. Dies gilt besonders hinsichtlich Linearität und Frequenzkonstanz.

3.2.3 Halbduplexverkehr

Häufig arbeiten Fahrzeugstationen mit festen Stationen zusammen, die aus räumlich getrennten Sende-/Empfangsstellen bestehen und wegen ihrer Geräteausrüstung Duplexbetrieb durchführen könnten. Die Fahrzeugstation ist aber aufgrund ihrer begrenzten Geräteausrüstung – sie hat nur eine Antenne – nur für Simplexbetrieb geeignet. Dann werden zwei Betriebsfrequenzen eingesetzt; der Funkverkehr ist aber alternierend, weil beide Senderichtungen nicht gleichzeitig betrieben werden können. Bild 3.1 zeigt vereinfachte Blockschaltbilder für Simplex- und Duplexbetrieb.

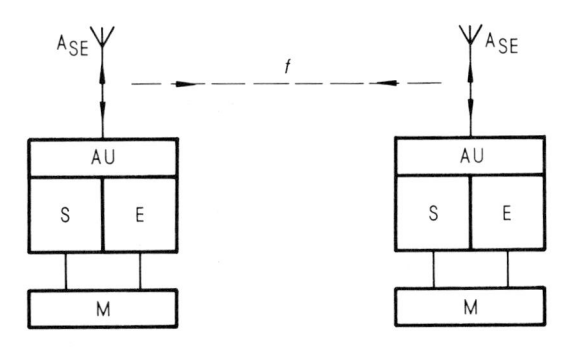

A_{SE}	Sende-/Empfangsantenne	M	Endgeräte für Telegrafie und Telefonie
A_S	Sendeantenne		wie z. B. Morsetaste, Fernschreiber, Mikrofon,
A_E	Empfangsantenne		Kopfhörer, Lautsprecher
S	Sender	Au	Antennenumschalter und -anpassung
E	Empfänger	$f, f_{1,2}$	Betriebsfrequenz

a) Simplexbetrieb mit Sende-/Empfangsgeräten; z. B. Fahrzeugstationen

Bild 3.1   Betriebsarten bei Kurzwellenverbindungen

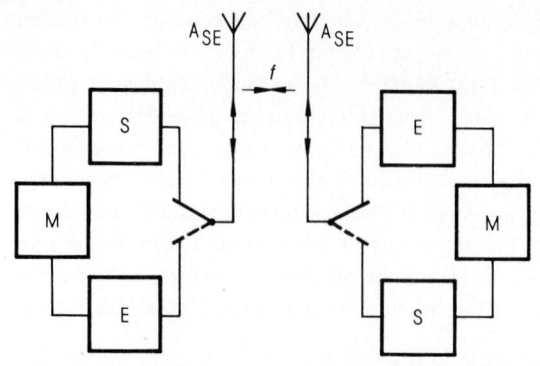

b) Simplexbetrieb mit Sender und Empfänger; z. B. diplomatische Dienste

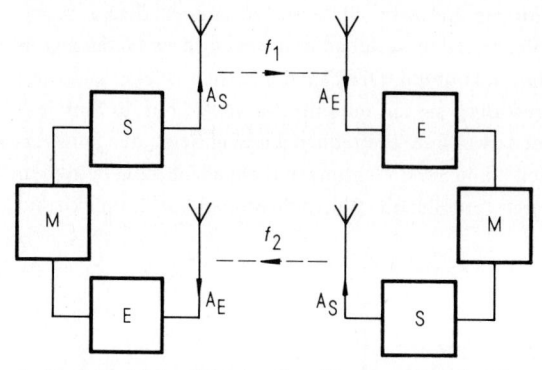

c) Duplexbetrieb mit Sender, Empfänger und Endeinrichtungen;
z. B. kommerzielle Funkdienste

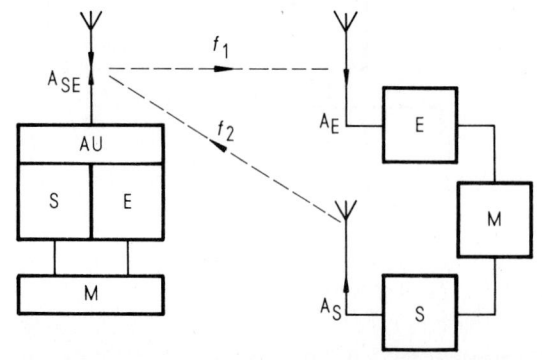

d) Halbduplexbetrieb mit Sende-/Empfangsgerät und Sender und Empfänger;
z. B. Funkfahrzeug – feste Funkstelle

Bild 3.1   Betriebsarten bei Kurzwellenverbindungen

3.3 Frequenzstabilität der Funkgeräte

Die erforderliche Frequenzstabilität der Oszillatoren der Kurzwellensender und -empfänger wird durch die für die zu übertragende Sendeart noch zulässige Frequenzabweichung und die auf dem Funkweg besonders zu den Übergangszeiten wirksam werdende Änderung der ausgestrahlten Betriebsfrequenz durch den Dopplereffekt (siehe Abschnitt 2.7) bestimmt. Die im Empfänger vor der Demodulation dann vorhandene Abweichung dieser Frequenz von ihrem Sollwert ergibt sich im ungünstigsten Fall – der durch die Addition und die Subtraktion aller bei der Übertragung auftretenden Frequenzfehler charakterisiert ist – aus

$$\Delta f_{HF} = \Delta f_S + \Delta f_D + \Delta f_E \tag{3.13a}$$

und

$$-\Delta f_{HF} = -\Delta f_S - \Delta f_D - \Delta f_E . \tag{3.13b}$$

$\pm \Delta f_{HF}$ die Ablage der ausgestrahlten Frequenz von ihrem Sollwert in Hz vor der Demodulation im Empfänger
$\pm \Delta f_S$ Frequenzstabilität des Senderoszillators in Hz
$\pm \Delta f_E$ Frequenzstabilität des Empfängeroszillators in Hz
$\pm \Delta f_D$ Änderung der ausgestrahlten Frequenz durch den Dopplereffekt in Hz

Wird in (3.13a) und (3.13b) für Δf_{HF} die für eine bestimmte Sendeart noch zulässige Frequenzabweichung Δf_{Sa} eingesetzt, so ergibt sich die dafür erforderliche Frequenzstabilität in Hz aus

$$\Delta f_S + \Delta f_E = \Delta f_{Sa} - \Delta f_D \text{ und} \tag{3.14a}$$

$$-\Delta f_S - \Delta f_E = -\Delta f_{Sa} + \Delta f_D . \tag{3.14b}$$

Wenn die in den Sendern und Empfängern verwendeten Oszillatoren von gleicher Qualität sind, wird

$$\Delta f_{Osz} = \frac{\Delta f_{Sa} - \Delta f_D}{2} \text{ und} \tag{3.15a}$$

$$-\Delta f_{Osz} = \frac{-\Delta f_{Sa} + \Delta f_D}{2} . \tag{3.15b}$$

Bezogen auf die Sendearten können als noch zulässige Frequenzabweichungen folgende Werte angegeben werden:

Sendeart	Abweichung in Hz
Morsetelegrafie, handgetastet	50
Rundfunk	3
Sprechfunk	3
Mehrkanaltelefonie	3
Frequenzumgetastete Telegrafie	max. 10% des Frequenzhubs
Faksimile, Bildfunk	20

Setzt man in (3.15) für f_{Sa} den Ausdruck $0{,}1 \cdot f_H$, wenn frequenzumgetastete Telegrafie übertragen werden soll – wobei f_H den eingestellten Hub bezeichnet –, dann wird die noch zulässige Frequenzabweichung (in Hz) der Geräteoszillatoren

$$\Delta f_{Osz} = \frac{0{,}1 \cdot f_H - \Delta f_D}{2} \quad \text{und} \qquad (3.16a)$$

$$-\Delta f_{Osz} = \frac{-0{,}1 \cdot f_H + \Delta f_D}{2}. \qquad (3.16b)$$

Bild 3.2 zeigt für vier Werte von f_D die noch zulässigen Instabilitäten der Geräteoszillatoren als Funktion von Δf_{Sa} bzw. $0{,}1 \cdot f_H$. Für $\pm \Delta f_{Sa}$ bzw. $\pm 0{,}1 \cdot f_H = \mp \Delta f_D$ wird $\pm \Delta f_{Osz} = 0$, d. h., werden die für die Sendearten noch zulässigen Frequenzabweichungen kleiner als Δf_D, dann ist dieser Wert allein maßgebend für die Ablage der ausgestrahlten Frequenz (gestrichelte Kurventeile). Bei Δf_{Sa} bzw. $0{,}1 \cdot f_H = 0$ wird diese Ablage gleich $\pm \Delta f_D$. Daraus folgt, daß die Übertragungssicherheit auch durch Oszillatoren mit sehr hoher Konstanz nicht verbessert werden kann, weil die durch den Dopplereffekt entstehende Änderung der Betriebsfrequenz größer wird als die für $\Delta f_{Osz} = 0$ zutreffenden Werte von Δf_{Sa} und $0{,}1 \cdot f_H$. Soll z. B. ein Telegramm mit der Sendeart F1B mit einem sehr kleinen Frequenzhub – angenommen $f_H = 10$ Hz – übertragen werden, dann wären bereits bei einer Dopplerverschiebung von 2 Hz die Schwankungen der empfangenen Frequenz größer als die Oszillatorgenauigkeit. Dieser Betrieb wäre zumindest in den Übergangszeiten unsicher. In Bild 3.2 ist zur Übersicht der Schwankungsbereich eines Oszillators mit der Instabilität von $1 \cdot 10^{-7}$ eingetragen. Die Genauigkeit solcher Oszillatoren ist ausreichend, wenn die auf die Sendeart bezogenen zulässigen Frequenzabweichungen in Abhängigkeit vom Dopplereffekt Δf_D nicht wesentlich kleiner als 6 bis 12 Hz sind. Werden für Δf_{Sa} bzw. $0{,}1 \cdot f_H$ nicht so gute Werte gefordert, so ist die Konstanz von $1 \cdot 10^{-7}$ immer besser als Δf_{Osz} nach Bild 3.2. Die Anwendung einer automatischen

Frequenzkorrektur wäre aber besonders bei hohen Betriebsfrequenzen bei allen Werten von Δf_{Sa} bzw. $0{,}1 \cdot f_H$ zweckmäßig, die kleiner als 12 Hz sind. Der Nachlaufbereich braucht aber nicht größer als 10 Hz zu sein. Bei einer Oszillatorgenauigkeit von $1 \cdot 10^{-8}$ ist ein Frequenznachlauf nicht mehr erforderlich. Ist die Instabilität eines Oszillators aber schlechter als $\pm 1 \cdot 10^{-7}$, dann wird auf die automatische Frequenzkorrektur nicht verzichtet werden können.

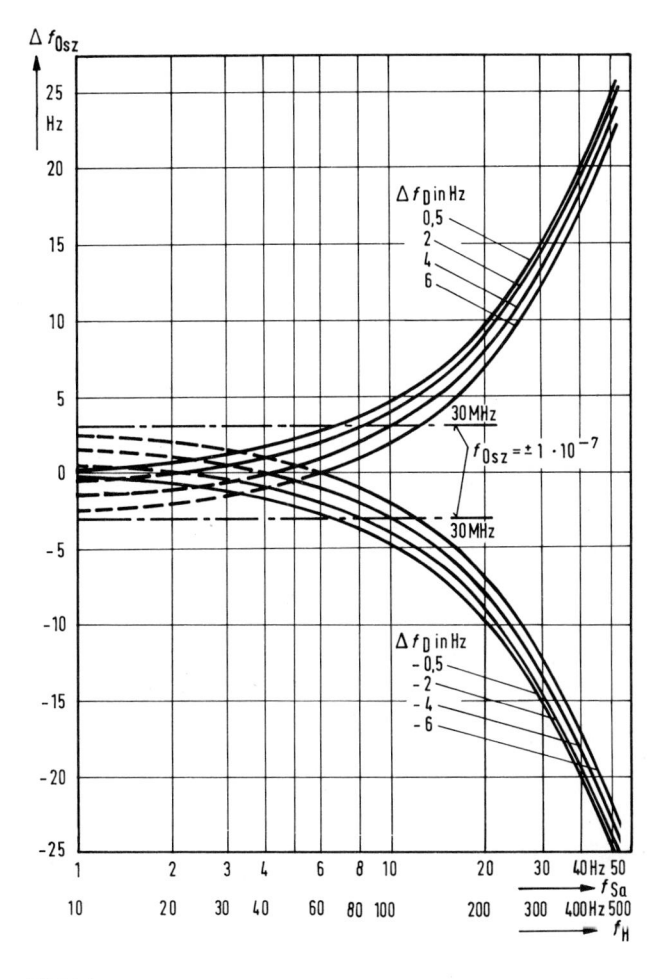

Bild 3.2
Erforderliche Frequenzstabilität Δf_{Osz} der Oszillatoren als Funktion des für die Sendearten bzw. den Frequenzhub noch zulässigen Frequenzfehlers. Parameter der Kurven ist die durch den Dopplereffekt Δf_D mögliche Änderung der Betriebsfrequenz

3.4 Senderleistung

Die von einem Kurzwellensender abgegebene Leistung stellt eine maßgebende Größe dar für die Berechnung der an einem fernen Empfangsort erzielbaren Feldstärke und die davon abhängigen Werte für die Güte der Übertragung, aber auch für die Beurteilung von störenden Interferenzen durch frequenzmäßig benachbarte Sender und für die Bestimmung von Mindestabständen zwischen Sende- und Empfangsfrequenzen. Die der Antenne zugeführte Leistung ergibt sich aus der angewendeten Sendeart. Während z. B. bei Telegrafiesendungen – wie Morsetelegrafie und frequenzumgetasteten Fernschreibsendungen – die abgegebene Leistung einen konstanten Wert hat und praktisch der Sendernennleistung entspricht (Oberstrichleistung), ist sie bei Sprechfunksendungen abhängig von dem jeweiligen Modulationsgrad bzw. der Dynamik der Sprache, d. h. von der augenblicklich vorhandenen Amplitude der Modulation.

Mit Bezug auf die Sendearten und dem darauf basierenden „Modulationszustand" eines Funksenders werden in CCIR – Empfehlung 326 – 1 [3] drei Leistungsarten beschrieben.

3.4.1 HF-Trägerleistung

Die HF-Trägerleistung bezeichnet die durchschnittliche Leistung, die ein Sender an die an seinen Ausgang angepaßte Antenne während einer nicht modulierten Hochfrequenzschwingung abgibt. Die Größe dieser Leistung muß für jede Sendeart gesondert betrachtet werden. So wird z. B. bei Morsetelegrafie in den Tastpausen kein HF-Träger ausgesendet, während bei frequenzumgetasteten Sendungen *ständig* die Frequenz $f_{HF} + f_{Hub}$ ausgestrahlt wird, wenn *keine* Nachricht übertragen wird. Bei Sprach- und Rundfunksendungen hat die Trägerleistung – je nachdem, ob Doppelseitenband oder Einseitenbandmodulation angewendet wird – unterschiedliche Werte, die im nicht modulierten wie auch im modulierten Zustand übertragen werden. Folgende Begriffe und Werte sind dafür festgelegt worden:

3.4.1.1 Voller HF-Träger

Die Leistung des ausgestrahlten HF-Trägers ist um 6 dB geringer als bei 100%-Modulation auftretende höchste durchschnittliche Spitzenleistung (siehe 3.4.3) des Senders. Dieser Fall liegt vor bei amplitudenmodulierten Doppelseitenbandsendungen – jetzt nur noch Rundfunksendungen – und bei Einseitenbandsendungen mit vollem Träger, die mit normalen Doppelseitenbandempfängern aufgenommen werden können.

3.4.1.2 Verminderter (reduzierter) HF-Träger

Der HF-Träger wird mit einer Leistung ausgestrahlt, die gegenüber der durchschnittlichen Spitzenleistung des Senders um 16 bis 26 dB vermindert ist. Anwendungsfall sind alle Seitenband-Sendearten, bei denen der noch vorhandene Restträger zur automatischen Frequenzkorrektur und zur trägerabhängigen Fadingregulierung benutzt wird.

3.4.1.3 Unterdrückter HF-Träger

Die Leistung des HF-Trägers liegt mindestens 40 dB unter der durchschnittlichen Spitzenleistung des Senders (Sendearten J3E, J7B). Kriterien für die Regelung können dabei vom HF-Träger nicht mehr abgeleitet werden; es müssen Sender und Empfänger mit hoher Frequenzkonstanz vorhanden sein.

3.4.2 Mittlere Senderleistung

Mit dem Begriff mittlere Senderleistung wird die Leistung bezeichnet, die ein Sender an eine angepaßte Antenne unter normalen Betriebsbedingungen abgibt. Dabei muß eine Zeitdauer betrachtet werden, die im Vergleich zur niedrigsten Modulationsfrequenz als lang angesehen werden kann ($t \geq 0,1$ s).

3.4.3 Durchschnittliche HF-Spitzenleistung *(PEP)*

Die durchschnittliche Spitzenleistung kennzeichnet die durchschnittliche Leistung, die an eine angepaßte Antenne während einer Schwingung der Hochfrequenz bei der höchsten Modulationsamplitude abgegeben wird. Diese Leistung wird auch als „peak envelope power = *PEP*" bezeichnet. Wird vorausgesetzt, daß sie dem Effektivwert der hier betrachteten Hochfrequenzschwingung entspricht, dann hat die Leistung in der Modulationsspitze den Wert $1,41 \cdot PEP$.

3.4.4 Beziehungen zwischen der durchschnittlichen Spitzenleistung, der mittleren Leistung und der Trägerleistung

Zwischen den unter 3.4.1 bis 3.4.3 beschriebenen Leistungen bestehen bestimmte von der Sendeart abhängige Beziehungen, die nicht nur bei der Entwicklung von Sendern, sondern auch bei der Berechnung von Kurzwellenstrecken zu Grunde gelegt werden können. Dafür ist besonders die mittlere Leistung maßgebend, weil sie die über eine längere Zeit zu erwartende Leistungsabgabe eines Senders darstellt und nicht nur die augenblickliche Leistung, die bei Modulationsspitzen abgegeben wird.

Die Tabellen 3.2 und 3.3 enthalten dazu für die Telegrafie- und Telefoniesendearten Leistungswerte, die auszugsweise aus [3] entnommen sind. Dabei sind folgende Annahmen zu Grunde gelegt:

Bei einem gleichmäßig gelesenen Text ist die mittlere Leistung um 10 dB geringer als die eines Sinustons (Referenzton), dessen Leistung gegeben ist bei den Sendearten

A3E und H3E durch die Leistung, die bei einem Modulationsgrad von 100% erzeugt wird,

R3E und J3E durch die Leistung, die den Sender bis zu seiner vollen durchschnittlichen Spitzenleistung aussteuert,

R3E, B8E, J3E, wenn diese mit mehr als einem Kanal belegt sind, durch den Pegel eines Sinustons, der den Sender mit einem Viertel (−6 dB) der für die durchschnittliche Spitzenleistung erforderlichen Leistung aussteuert. Bei der Sendeart B8E ist angenommen, daß voneinander unabhängige Modulationssignale einem jeden Kanal zugeführt werden,

R7B, B7B und B7W; zwischen diesen Sendearten wird kein Unterschied gemacht, weil die Leistungsverteilung nicht von der belegten Bandbreite, sondern ausschließlich durch die Anzahl der Telegrafiekanäle bestimmt ist. Bei der gleichzeitigen Übertragung mehrerer Telegrafiekanäle mit Hilfe von Wechselstromtelegrafiesystemen wird jeweils eine bestimmte Anzahl dieser Kanäle in einem 3 kHz-breiten Kanal gruppenweise zusammengefaßt. Besonders bei der aus Telefonie- und Telegrafiekanälen kombinierten Sendeart B7W trifft dies zu. Es ist deshalb zweckmäßig, eine solche Gruppe von Telegrafiekanälen einem Sprachkanal gleichzusetzen. Um dabei Interferenzen zwischen den Kanälen zu vermeiden, wird bei Vorhandensein eines Sprachkanals im Übertragungsband die Herabsetzung des Pegels der Wechselstromtelegrafiegruppe um 3 dB, und – wenn mehr als ein Kanal mit Sprache belegt ist – um 6 dB empfohlen (siehe 3.4.5).

Tabelle 3.2   Telegrafiesendearten, Leistungsrelationen

Sendeart	Modulation	Trägerleistung / PEP	Mittlere Leistung / PEP
A1A, A1B	Morsealphabet	1	0,500 (−3,0 dB)
H2X, H2B	Sinuston, $m = 100\%$	0,250 (−6,0 dB)	0,500 (−3,0 dB)

Tabelle 3.2 (Fortsetzung)

Sendeart	Modulation	Trägerleistung / PEP	Mittlere Leistung / PEP
R3C	Mit dem Bildsignal modulierter Unterträger 1,9 kHz im oberen Seitenband, $f_H = \pm 400$ Hz	0,025 (−16,0 dB)	0,733 (−1,3 dB)
J3C	Wie R3C	< 0,0001 (< −40 dB)	1
R7B und B7B	Frequenzmoduliertes Wechselstromtelegrafiesystem		
	zwei Kanäle	0,025 (−16,0 dB)	0,379 (−4,2 dB)
		0,0025 (−26,0 dB)	0,454 (−3,4 dB)
	drei Kanäle	0,025 (−16,0 dB)	0,261 (−5,8 dB)
		0,0025 (−26,0 dB)	0,302 (−5,2 dB)
	vier Kanäle und mehr	0,025 (−16,0 dB)	0,202 (−6,9 dB)
		0,0025 (−26,0 dB)	0,228 (−6,4 dB)
J7B	Wie B7B		
	zwei Kanäle	< 0,0001 (< −40 dB)	0,500 (−3,0 dB)
	drei Kanäle	< 0,0001 (< −40 dB)	0,333 (−4,8 dB)
	vier Kanäle und mehr	< 0,0001 (< −40 dB)	0,250 (−6,0 dB)
F1B F7B F1C	Bei diesen Sendearten ändert sich durch die Modulation die Verteilung der Leistung im Frequenzspektrum. Der Leistungsbetrag bleibt unverändert.	1 1 1	1 1 1

Tabelle 3.3 Telefoniesendearten, Leistungsrelationen

Sendeart	Modulation	Trägerleistung / *PEP*	Mittlere Leistung / *PEP*
A3E	Sinuston, m = 100%	0,250 (−6,0 dB)	0,375 (−4,3 dB)
	Gleichmäßig gelesener Text	0,250 (−6,0 dB)	0,262 (−5,8 dB)
R3E	Zwei Sinustöne, deren addierte Amplituden PEP ergeben	0,025 (−16,0 dB)	0,379 (−4,2 dB)
		0,0025 (−26,0 dB)	0,454 (−3,4 dB)
	Gleichmäßig gelesener Text	0,025 (−16,0 dB)	0,096 (−10,2 dB)
		0,0025 (−26,0 dB)	0,093 (−10,3 dB)
H3E	Sinuston, m = 100%	0,250 (−6,0 dB)	0,500 (−3,0 dB)
	Gleichmäßig gelesener Text	0,250 (−6,0 dB)	0,275 (−5,6 dB)
J3E	Zwei Sinustöne, deren addierte Amplituden PEP ergeben	<0,0001 (< −40 dB)	0,500 (−3,0 dB)
	Gleichmäßig gelesener Text	<0,0001 (< −40 dB)	0,100 (−10 dB)
B8E	Sinuston in jedem Seitenband mit gleichem Pegel. Addierte Amplituden ergeben PEP	0,025 (−16 dB)	0,379 (−4,2 dB)
		0,025 (−26 dB)	0,454 (−3,4 dB)
		<0,0001 (< −40 dB)	0,500 (−3,0 dB)
	Gleichmäßig gelesener Text, ein Kanal pro Seitenband	0,025 (−16,0 dB)	0,061 (−12,1 dB)
		0,0025 (−26,0 dB)	0,048 (−13,2 dB)
		<0,0001 (< −40 dB)	0,050 (−13,0 dB)

Tabelle 3.3 (Fortsetzung)

Sendeart	Modulation	Trägerleistung PEP	Mittlere Leistung PEP
	Gleichmäßig gelesener Text, zwei Kanäle pro Seitenband	0,025 (−16,0 dB)	0,096 (−10,2 dB)
		0,0025 (−26,0 dB)	0,093 (−10,4 dB)
		<0,0001 (< −40 dB)	0,100 (−10,0 dB)
B7W	Gleichmäßig gelesener Text in einem Kanal und eine Gruppe von vier oder mehr Wechselstromtelegrafiekanälen	0,025 (−16,0 dB)	0,132 (−8,8 dB)
		0,0025 (−26,0 dB)	0,138 (−8,6 dB)
		<0,0001 (< −40 dB)	0,151 (−8,2 dB)
	Gleichmäßig gelesener Text in zwei Kanälen und eine Gruppe von vier oder mehr Wechselstromtelegrafiekanälen	0,025 (−16,0 dB)	0,105 (−9,8 dB)
		0,0025 (−26,0 dB)	0,105 (−9,8 dB)
		<0,0001 (< −40 dB)	0,113 (−9,5 dB)

3.4.5 Leistungsverteilung bei Mehrkanalbetrieb

Werden von einem Kurzwellensender mehrere Nachrichtenkanäle gleichzeitig ausgestrahlt, so steht jedem dieser Kanäle ein bestimmter Anteil der Senderleistung zur Verfügung, der von dem Kanalpegel, der Bandbreite und der Modulation abhängt.

3.4.5.1 Mehrkanal-Telegrafiebetrieb

Ein besonders treffendes Beispiel für den Mehrkanal-Telegrafiebetrieb stellen die Sendearten R7B, B7B und B7W dar, bei denen mit Hilfe von Wechselstromtelegrafiesystemen bis zu 16 Fernschreibkanäle in einem 3 kHz-breiten Band übertragen werden können. Das bedeutet bei einer Bandbreite von 6 kHz je Seitenband maximal 64 Kanäle. Diese Anzahl hat jedoch ihre Grenze in dem jedem Kanal noch zur Verfügung stehenden Anteil an der Senderleistung.

Wird ein Wechselstromtelegrafiesystem als Nachrichtenquelle angenommen, so gelten für die Betrachtung der für jeden Kanal verfügbaren Senderleistung folgende Voraussetzungen:
a) Die Ausgangspegel aller Kanäle sind gleich groß.
b) Die Mittenfrequenzen der Kanäle stehen in keinem ganzzahligen Verhältnis zueinander, d. h., eventuell auftretende Oberwellen eines Kanals können nicht die Amplituden der Mittenfrequenzen eines höher liegenden Kanals bilden oder deren die Startpolarität (Z-Lage) und Stoppolarität (A-Lage) kennzeichnenden Frequenzen beeinflussen und
c) die Frequenzhübe aller Kanäle sind gleich groß oder stehen in einem solchen Verhältnis zueinander, daß ihre A- und Z-Lagen keine Frequenzen bilden können, die die Voraussetzung b) nicht erfüllen würden.

Auf der Basis dieser Voraussetzungen bilden sich in Abhängigkeit von der Anzahl der Kanäle nur statistisch erfaßbare Additionen von Tonfrequenzamplituden, deren Größe für die Verteilung der Senderleistung auf die Anzahl der Telegrafiekanäle ein bestimmender Faktor ist.

Für die Bestimmung des auf einen Wechselstromtelegrafiekanal entfallenden Anteils an der Senderleistung können die in CCIR-Empfehlung 326-1 enthaltenen Angaben zu Grunde gelegt werden. Bis zu vier Kanälen wird die Leistung je Kanal aus der Addition der Ausgangsspannungen der Kanäle ermittelt:

$$P_{Kan} = \frac{PEP_{Gr}}{n^2} \; ;$$

$$U_{Kan} = \frac{1}{n} \sqrt{PEP_{Gr}} \; . \qquad (3.17)$$

P_{Kan} mittlere Leistung eines Wechselstromtelegrafiekanals
U_{Kan} Ausgangsspannung eines Wechselstromtelegrafiekanals
PEP_{Gr} durchschnittliche, einer Gruppe von Kanälen zugeteilte Spitzenleistung
n Anzahl der Kanäle (1, 2, 3 oder 4)

Für die Sendearten R7B und B7B kann vorausgesetzt werden, daß die gesamte Senderleistung den Wechselstromtelegrafiekanälen zur Verfügung steht. Gleichung (3.17) lautet dann

$$P_{Kan} = \frac{PEP_{Send}}{n^2} \; ; \quad U_{Kan} = \frac{1}{n} \sqrt{PEP_{Send}} \; , \qquad (3.17a)$$

wobei PEP_{Send} die vom Sender erzeugte maximal mögliche durchschnittliche Spitzenleistung ist.

Werden mehr als vier Wechselstromtelegrafiekanäle übertragen, so kann angenommen werden, daß für die Phasen der Kanalträgerfrequenzen eine zufällige Verteilung vorliegt. Die mittlere Leistung der Kanäle kann deshalb so erhöht werden, daß die durchschnittliche Spitzenleistung des Senders nur für einen kleinen, noch zulässigen Zeitanteil überschritten wird. Die auf einen Kanal entfallende Leistung ist dann gegeben durch

$$P_{Kan} = \frac{PEP_{Gr}}{4n} \; ;$$

$$U_{Kan} = \frac{1}{2} \sqrt{\frac{PEP_{Gr}}{n}} \text{ und} \qquad (3.18)$$

auf die Senderleistung bezogen

$$P_{Kan} = \frac{PEP_{Send}}{4n} \; ;$$

$$U_{Kan} = \frac{1}{2} \sqrt{\frac{PEP_{Send}}{n}} \; . \qquad (3.18a)$$

Die Wahrscheinlichkeit, daß die durchschnittliche Spitzenleistung des Senders überschritten wird, beträgt bei dieser Berechnung nur etwa 1 bis 2%. Bild 3.3 zeigt hierzu die relativen Leistungsanteile und zulässigen Ausgangsspannungen je Kanal bis zu einer Belegung von 24 Kanälen. Dabei ist eine konstante durchschnittliche Spitzenleistung des Senders mit dem Wert 1 angenommen, d. h., daß die Ausgangsspannungen der Telegrafiekanäle entsprechend deren Anzahl eingestellt sind. Der Leistungsanteil je Kanal (Kurve 1) und die dementsprechende Ausgangsspannung (Kurve 2) sind mit den Formeln (3.17a) und (3.18a) bestimmt. Mit Hilfe der von G. Kraus und H. Klupsch [6] gemachten Angaben ist die Kurve 3 ermittelt. Sie zeigt für die auf der Abszisse aufgetragenen Kanalanzahlen die durch die Phasen der Kanalträgerfrequenzen erzeugte zufällige Summenspannung an, die zu 1% der Zeit überschritten wird. Es ist zu erkennen, daß diese Kurve bis zu einer Belegung mit drei Kanälen dem Verlauf nach Gleichung 3.17a und ab vier Kanälen dem nach Gleichung 3.18a folgt. Wie in [3] angegeben, entsprechen die nach (3.17) und (3.18) berechneten Leistungsanteile damit einer Zeitwahrscheinlichkeit, die ebenfalls nur zu 1% überschritten wird. Würde für jede beliebige Anzahl von Kanälen, $n > 4$, die Spannungsaddition mit Gl. 3.17a angewendet und die Ausgangsspannungen der Kanäle entsprechend eingestellt werden (Kurve 2a), dann würde die höchste durchschnittliche Spitzenleistung des Senders nicht erreicht werden. Bei einer Belegung mit 24 Kanälen würden z. B. nur 16% der möglichen Leistung je Kanal vorhanden sein. Damit verbunden wäre ein Verlust an Reichweite des Senders bzw. an Übertragungsqualität, wie verminderter Signal-/Geräuschabstand und damit eine erhöhte Fehlerhäufigkeit.

Relativer Leistungs- bzw. Spannungsanteil je Kanal

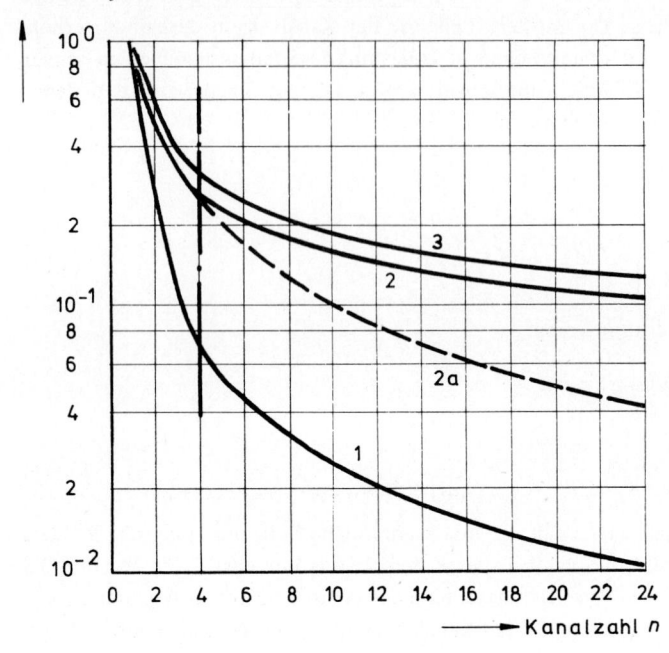

Kurve 1	Relative Leistung je Kanal nach CCIR [3] $P_{kan} = \dfrac{PEP_{Gr}}{4n}$
Kurve 2	Relative Ausgangsspannung je Kanal nach [3] $U_{kan} = \dfrac{1}{2} \cdot \sqrt{\dfrac{PEP_{Gr}}{n}}$
Kurve 3	Theoretischer Verlauf der Summenspannung von n Kanälen, die zu 1% der Zeit überschritten wird, nach [6]
Kurve 2a	Zum Vergleich, Ausgangsspannung je Kanal $U_{kan} = \dfrac{1}{n} \cdot \sqrt{PEP_{Gr}}$

Bild 3.3
Verteilung der HF-Leistung und HF-Ausgangsspannung eines Senders bei Wechselstromtelegrafiebetrieb mit n Kanälen, durchschnittliche Spitzenleistung konstant.

3.4.5.2 Mehrkanal-Telefoniebetrieb

Mit der Sendeart B8E können gleichzeitig 2 bis 4 voneinander unabhängige Sprachkanäle mit einer Bandbreite von je 250 bis 3000 Hz übertragen werden. Um die Güte der Sprache besonders hinsichtlich des Geräuschabstands sicherzustellen, wird für jeden Kanal in der Sende- und der Empfangsrichtung ein besonderes Verfahren (LINCOMPEX[1]) angewendet, das im wesentlichen aus folgenden Einheiten besteht (Sendeart B8E LF):

einer *Kompressionsschaltung* in der Senderichtung, mit der der Sprachpegel ständig bis zu einem Wert angehoben wird, dem die Vollaussteuerung des benutzten Senders entspricht. Die mit der Sprache belegte Bandbreite wird dabei auf den Bereich 250 bis 2750 Hz begrenzt;

einer *Piloteinheit,* in der eine Frequenz im Bereich von 2750 bis 3000 Hz erzeugt wird, die die Dynamikinformation der Sprache durch Frequenzmodulation überträgt;

empfangsseitig wird mit Hilfe einer *Expanderschaltung* die senderseitige Kompression wieder aufgehoben und durch die Demodulation der frequenzmodulierten Pilotfrequenz die Dynamikinformation zurückgewonnen und der Sprache im richtigen Zeitpunkt hinzugefügt. Der ursprüngliche Charakter der Sprache ist damit am Empfangsort wiederhergestellt.

Das o. a. Verfahren wird für hochwertige Sprachübertragungen im Kurzwellenverkehr – besonders bei Mehrkanalbetrieb – eingesetzt. Den Seitenbandeingängen eines Senders werden damit zwei bis vier völlig gleichmäßig modulierte Sprachkanäle zugeführt. Für die Gesamtleistung, die der Sender aufbringen muß, kann deshalb die Addition der gleichgroßen Ausgangsspannungen der Kanäle zugrundegelegt werden. Wird die volle durchschnittliche Spitzenleistung des Senders erreicht, so stehen bei der Belegung mit zwei Kanälen je Kanal ¼ der Senderleistung und bei vier Sprachkanälen je Kanal ¹/₁₆ der Senderleistung zur Verfügung.

Bei der Sendeart B7W – mit der die vier 3 kHz breiten Seitenbandkanäle mit Sprache und mit Wechselstromtelegrafie belegt sein können – wird die gleiche Leistungsverteilung angenommen. Der oder die mit Telegrafie belegten Kanäle werden wie ein voll ausgesteuerter Sprachkanal behandelt.

3.5 Sonstige technische Bedingungen

Bei der Aussendung von Nachrichten mit Hilfe der Kurzwelle sind neben der durch die Sendearten bestimmten zulässigen Frequenzstabilität der Sende- und Empfangseinrichtungen und dem je Nachrichtenkanal zur Verfügung stehenden

---

[1] linked compressor expander

Anteil an der ausgestrahlten Leistung auch noch andere technische Bedingungen maßgebend. Diese beziehen sich auf die Begrenzung des Einflusses von Störungen, die von außen auf den Empfang einwirken können, siehe auch Abschnitte 2.8 (Raumwelle) und 5.4 (Bodenwelle). Dazu gehören sowohl die atmosphärischen als auch die durch elektrische Maschinen und Anlagen erzeugten Geräusche. Während die zulässige Stärke der Störungen industrieller Art durch Vorschriften der Behörden oder der damit beauftragten technischen Verbände eng begrenzt ist, können Störungen atmosphärischen Ursprungs praktisch nicht beeinflußt werden. Zur Erzielung einer möglichst einwandfreien Übertragungsqualität soll deshalb die für die angewendete Sendeart unbedingt notwendige Bandbreite nicht überschritten werden. Empfangsstörungen sind aber auch möglich, wenn ein auf einer benachbarten Frequenz liegender Sender noch außerhalb der notwendigen Bandbreite Frequenzen oder Frequenzspektren aussendet, die keinen Beitrag mehr zur Güte und zur Sicherheit der Nachrichtenübertragung leisten – aber andere Verbindungen durch die Bildung von Interferenzen erheblich stören können. In den Empfehlungen des CCIR sind für solche Interferenzstörungen noch zulässige Höchstwerte angegeben. Dabei wird besonders bei kommerziellen Verbindungen, die in öffentliche Telefon- und Telegrafienetze durchgeschaltet werden, angestrebt, die Qualitätswerte zu erreichen, die hinsichtlich der Sprachverständlichkeit und der Fehlerhäufigkeit dem üblichen internationalen Standard entsprechen.

Die Ursachen der o. a. Störungen sind gegeben durch

a) Ausstrahlung von Oberwellen der Betriebsfrequenz,
b) parasitär erzeugte Frequenzen,
c) Intermodulationsprodukte und
d) die durch Modulation hervorgerufenen Frequenzen oder Frequenzspektren, die außerhalb des notwendigen Übertragungsbandes liegen.

Die nicht erwünschten Ausstrahlungen nach a), b) und c) werden in der internationalen Fachsprache „spurious emissions" genannt; sie liegen außerhalb des für die angewendete Sendeart notwendigen Bandes und können, ohne daß die Übertragungssicherheit nachteilig beeinflußt wird, unterdrückt werden. Es gelten folgende Definitionen und maximal zulässige technische Werte:

3.5.1 Oberwellen der Betriebsfrequenz

Unter Oberwellen versteht man alle ganzzahligen Vielfachen der Betriebsfrequenz; sie liegen immer außerhalb des für die Übertragung zulässigen Bandes und können andere Funkdienste erheblich stören, und zwar besonders dann, wenn die Sendung über eine breitbandige Antenne abgestrahlt wird, deren Frequenzbereich die Oberwellen einschließt.

3.5.2 Parasitär erzeugte Frequenzen

Parasitär erzeugte Frequenzen haben praktisch keinen Bezug zu der jeweiligen Betriebsfrequenz oder deren Modulation; sie entstehen durch Eigenerregung von Senderkreisen, meist durch unerwünschte Kopplungen. Eine vollständige Unterdrückung dieser Frequenzen ist in jedem Fall durch entsprechende Schaltungs- und Aufbaumaßnahmen durchführbar.

3.5.3 Intermodulationsprodukte

Bauelemente mit einer nichtlinearen Charakteristik – z. B. Halbleiterbauelemente – können durch Intermodulation der Betriebsfrequenz mit anderen Frequenzen Kombinationen bilden, die außerhalb oder auch innerhalb des notwendigen Übertragungsbandes liegen. Dazu gehören auch Frequenzen oder deren Oberwellen, die bei der Erzeugung der Betriebsfrequenz oder der Modulationsfrequenzen entstehen (Nebenwellen). Es können aber auch andere Sender durch Einstreuung an der Bildung solcher Intermodulationsprodukte beteiligt sein.

Die Frequenz einer Intermodulationsschwingung am Ausgang eines Senders ist gegeben durch:

$$F_{im} = p\,(F_o \pm f_1) \pm q\,(F_o \pm f_2) \ldots \qquad (3.19)$$

F_{im} entstehende Intermodulationsfrequenz
F_o Betriebsfrequenz des Senders
f_1 und f_2 Frequenzen, durch die die Intermodulation hervorgerufen wird
p und q ganzzahlige Faktoren

Für Intermodulationsfrequenzen, die außerhalb des notwendigen Übertragungsbandes liegen und damit zu den „spurious emissions" gehören, besteht die Beziehung

$$p \pm q \geq 2. \qquad (3.19.1)$$

Intermodulationsprodukte der dritten Ordnung – d. h. $p + q = 3$ – sind oft am stärksten und die der fünften Ordnung, also $p + q = 5$ können ebenfalls noch beachtenswerte Amplituden haben.

Nach CCIR-Empfehlung 329-2 [9] werden für die „spurious emissions" innerhalb des Kurzwellenbereiches bis 30 MHz insgesamt folgende Höchstwerte angegeben:

Die mittlere, an die Antenne abgegebene Leistung soll mindestens 40 dB unter der Nennleistung des Senders liegen, ohne den Wert von 50 mW zu überschreiten;

für Sender mit einer Leistung von mindestens 50 kW, deren Frequenzbereich eine Oktave und mehr umfaßt, soll ein Wert bis zu 60 dB erreicht werden;

für tragbare Sender mit einer Leistung von max. 5 W ist der Höchstwert 30 dB unter der Nennleistung.

Fahrbare Kurzwellenstationen sollen einen Wert von mindestens −40 dB erreichen, ohne 200 mW zu überschreiten.

Intermodulationsprodukte können aber auch innerhalb des Übertragungsbandes liegen; sie bewirken keine störenden Frequenzen außerhalb des Bandes, wohl aber ein nichtlineares Übersprechen z. B. zwischen den 3 kHz breiten Sprachkanälen bei den Sendearten mit unabhängigen Seitenbändern. Für diese Intermodulationsprodukte gilt die Beziehung

$$p - q = 1. \qquad (3.19.2)$$

Zum Messen dieser Produkte geeignete Frequenzen für f_1 und f_2 sind in [3] angegeben. Nachstehende Höchstwerte sollen nicht überschritten werden:

bei Sprechfunksendungen im Einseitenbandbetrieb ohne Verschlüsselungseinrichtung (Sendearten R3E, J3E, H3E) −25 dB;

bei Sprechfunksendungen im Einseitenbandbetrieb mit Verschlüsselungseinrichtung (Sendearten R3E KN, J3E KN, H3E KN) −35 dB;

bei Mehrkanaltelefoniesendungen (Sendeart B8E) −35 dB;

bei Mehrkanaltelegrafiesendungen (Sendearten R7B, B7B) und bei Einseitenbandbetrieb mit Wechselstromtelegrafie- und Telefoniekanälen (Sendeart B7W) −35 dB.

3.5.4 Außerbandstrahlung

Alle Frequenzen, die bei Betrieb eines Kurzwellensenders außerhalb der für die Modulation erforderlichen Bandbreite B_n auftreten − jedoch ohne die unter 3.5.1 bis 3.5.3 genannten Ausstrahlungen − werden unter dem Begriff Außerbandstrahlung zusammengefaßt. Hierzu gehören Frequenzen, die unter normalen Bedingungen bei der Modulation entstehen, für die Verständlichkeit oder die Zeichenform einer übertragenen Nachricht aber nicht erforderlich sind. Die zulässige Außerbandstrahlung ist deshalb abhängig von der angewendeten Sendeart. Bei der sehr dichten Belegung des Kurzwellenbereichs ist eine Begrenzung der Außerbandstrahlung sehr wichtig, weil die Möglichkeit, andere Funkdienste zu stören, dadurch vermieden werden kann. Außerdem geben die für die Außerbandstrahlung noch zulässigen Werte auch ein Maß für den Abstand von Sende- und Empfangsfrequenzen, bzw. die Frequenzwahl mit Rücksicht auf benachbarte Kurzwellenverbindungen. Hinsichtlich der Sendearten sind in der CCIR-Empfehlung 328-3 [7] Höchstwerte für die Außerbandstrahlung angegeben, die in den Bildern 3.4a, b und c dargestellt sind.

Bild 3.4a zeigt die maximal zulässige Außerbandstrahlung in dB unter der mittleren Leistung eines Senders (siehe Abschnitt 3.4.2) für die Sendearten A1A, A1B und A2A bzw. H2X, H2B. Bis zu einer Bandbreite, die der 2,5fachen Tastgeschwindigkeit entspricht, soll bei der Sendeart A1A, A1B die Außerbandstrahlung unter dem Wert –27 dB liegen; sie soll danach mit einer Neigung von 30 dB je Oktave bis auf 57 dB abfallen und von der fünffachen Tastgeschwindigkeit an diesen Wert nicht mehr unterschreiten. Bei den Sendearten A2A, A2B und H2X, H2B wird die belegte Bandbreite durch die Summe aus der Modulationsfrequenz und der Tastgeschwindigkeit B bestimmt.

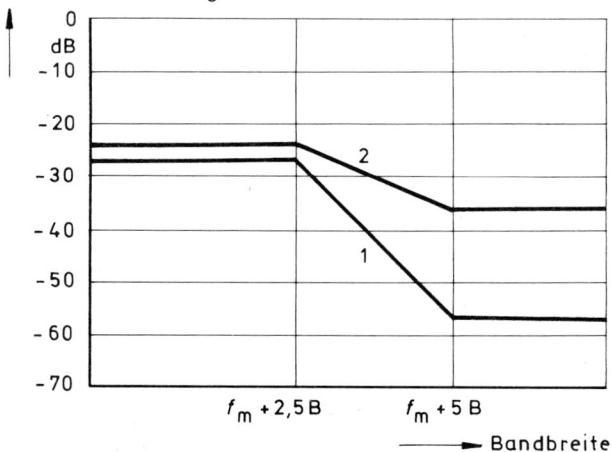

Außerbandstrahlung

B Tastgeschwindigkeit in Baud
f_m Modulationsfrequenz in Hz

Kurve 1, Sendeart A1A (Morsetelegrafie), f_m = 0 Hz
Kurve 2, Sendeart A2A, A2B, H2X, H2B (modulierte Morsetelegrafie) f_m = 800 bis 1000 Hz

Bild 3.4a
Maximal zulässige Außerbandstrahlung in dB unter der mittleren Leistung für amplitudenmodulierte Telegrafiesendearten .

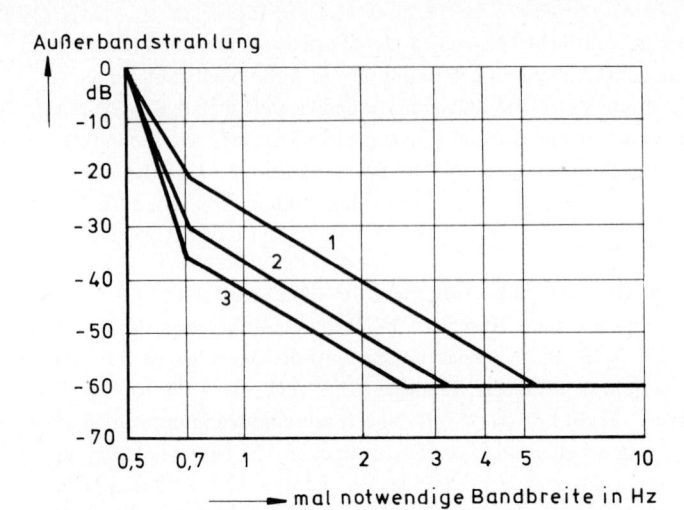

Kurve 1, Sendeart R3E, H3E, J3E, ein Sprachkanal, $B_n = 3$ kHz
Kurve 2, Sendeart B8E, B7B, B7W, vier Kanäle je 3 kHz breit, $B_n = 12$ kHz
Kurve 3, Sendeart A3E Rundfunk, $B_n = 8000$ bis 20000 Hz

Bild 3.4b
Maximal zulässige Außerbandstrahlung in dB unter der mittleren Leistung für amplitudenmodulierte Sprach- und Rundfunksendungen

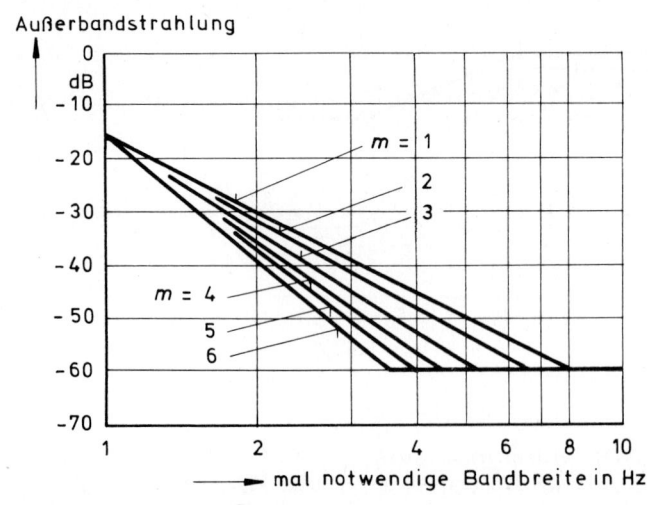

m Modulationsindex $2\dfrac{D}{B}$ Baud

Bild 3.4c
Maximal zulässige Außerbandstrahlung in dB unter der mittleren Leistung für frequenzmodulierte Telegrafiesendungen (Sendeart F1B, F7B)

Bis zu der Bandbreite $f_m + 2{,}5 \cdot B$ soll dabei die Außerbandstrahlung einen Wert von -24 dB nicht unterschreiten. Danach fällt die Kurve mit einer Neigung von $12 \frac{dB}{Oktave}$ auf -36 dB ab bis zu der Bandbreite $f_m + 5 \cdot B$ und soll bei noch größeren Bandbreiten diesen Wert nicht mehr unterschreiten.

In Bild 3.4b ist die höchste noch zulässige Außerbandstrahlung für amplitudenmodulierte Sprach- und Rundfunksendungen dargestellt. Kurve 1 gilt für die Sendearten R3E, H3E und J3E mit einer Bandbreite je Kanal von 3 kHz. Die Kurve beginnt bei einer Bandbreite von $0{,}5 \cdot B_n$ und fällt bis $0{,}7 \cdot B_n$[1]) auf den Wert -20 dB ab. Danach soll sich die Außerbandstrahlung mit einer Neigung von $12 \frac{dB}{Oktave}$ bis auf -60 dB vermindern und bei noch größeren Bandbreiten als $5 \cdot B_n$ diesen Wert nicht mehr unterschreiten. Den Verlauf der Außerbandstrahlung bei den Sendearten B8E, B7B und B7W mit einer Belegung von vier Kanälen und der damit gegebenen notwendigen Bandbreite von 12 kHz zeigt Kurve 2; sie beginnt wieder bei einer Bandbreite von $0{,}5 \cdot B_n$ und soll bei $0{,}7 \cdot B_n$ den Wert -30 dB erreichen. Anschließend fällt sie mit einer Neigung von $12 \frac{dB}{Oktave}$ bis auf -60 dB ab. Dieser Wert soll bei noch größeren Bandbreiten nicht mehr unterschritten werden. Bei Rundfunksendungen mit der Sendeart A3E (Kurve 3) wird bei $0{,}7 \cdot B_n$ der Wert -35 dB erreicht. Von diesem Punkt bis zu -60 dB beträgt die Neigung dieser Kurve ebenfalls $12 \frac{dB}{Oktave}$. Für Rundfunksendungen liegt die notwendige Bandbreite im Bereich von 8000 bis 20000 Hz.

Die für frequenzmodulierte Telegrafiesendungen (Sendearten F1B, F7B) noch zulässige Außerbandstrahlung in Abhängigkeit von der belegten Bandbreite und dem Modulationsindex $2 \frac{D}{B}$ (D Frequenzhub in Hz, B Telegrafiergeschwindigkeit in Baud) zeigt Bild 3.4c. Beginnend mit der Bandbreite B_n nach Gleichung (3.3) folgt die Außerbandstrahlung der Beziehungen (aus [7]):

Modulationsindex	Startpunkt bei $1 \cdot B_n$	Neigung, $\frac{dB}{Oktave}$
$1{,}5 < m < 6$	-15 dB	$13 + 1{,}8 \cdot m$
$6\ \ \ < m < 8$	-18 dB	$19 + 0{,}8 \cdot m$;
$8\ \ \ < m < 20$	-20 dB	$19 + 0{,}8 \cdot m$

Nach Erreichen des Wertes -60 dB bleibt die Außerbandstrahlung konstant; dieser Wert darf dann nicht mehr unterschritten werden. Die noch zulässigen Werte bis zu einem Modulationsindex von $m = 6$ sind in Bild 3.4c dargestellt; sie ent-

---

1) B_n notwendige Bandbreite

sprechen den üblichen Übertragungsverfahren für Fernschreiben, bei denen möglichst geringe notwendige Bandbreiten – also entsprechend kleine Frequenzhübe – angewendet werden. Die Kurven gelten für nicht angepaßten Telegrafiebetrieb mit einem Modulationsindex $2\frac{D}{B} \geq 1{,}5$. Bei angepaßtem Betrieb ist der Modulationsindex $m = 0{,}8$, die Außerbandstrahlung wird dann etwa der Kurve für $m = 1$ entsprechen.

3.5.5 Erforderlicher Signal-/Geräuschabstand

Für das Beurteilen der Übertragungsqualität telefonischer und telegrafischer Nachrichtensendungen ist der am Empfangsort zu einem hohen Prozentsatz der Zeit erreichbare Signal-/Geräuschabstand maßgebend. Die Mindestwerte für eine Kurzwellenverbindung werden durch die an die angewendete Sendeart zu stellenden Qualitätsforderungen bestimmt: Bei den Telegrafiesendearten – insbesondere denen für die Übertragung von Fernschreiben bzw. Daten – ist die *Zeichenfehlerhäufigkeit* eine wichtige Größe. Telefoniesendungen werden nach ihrer *Satz-* oder *Silbenverständlichkeit* beurteilt, außerdem danach, ob eine Verbindung nur wenigen geübten Betriebsbeamten oder auch öffentlichen Teilnehmern zugänglich ist. Dieser letzte Fall ist nicht nur bei postalischen Verbindungen zutreffend, sondern auch bei solchen Verbindungen, die ausschließlich von Betrieben, besonderen Organisationen und Verwaltungen benützt werden, wenn Funktelefongespräche in deren örtliche Betriebsnetze durchgeschaltet werden sollen. Eine Empfangsgüte mit der Klasse „noch brauchbar" kann für einen geübten Betriebsbeamten durchaus noch akzeptabel sein, für einen Teilnehmer eines öffentlichen oder betrieblichen Netzes wäre sie aber i. a. nicht ausreichend. Die betrieblichen Forderungen, die eine Kurzwellenverbindung auf Grund der geplanten Einsatzmöglichkeit erfüllen muß, bedeuten einen ausschlaggebenden Faktor für die Auslegung der Senderleistung und der Sende- und Empfangsantennen.

In CCIR-Empfehlung 339-5 [9] sind für die einzelnen Sendearten Werte für den Signal-Geräuschabstand am Ausgang eines Kurzwellenempfängers bezogen auf die nach der Demodulation vorhandenen Bandbreite in dB, und für den HF-Signal-Geräuschabstand in $\frac{dB}{Hz}$ angegeben. Dabei sind stabile und schwundbehaftete Übertragungsbedingungen berücksichtigt. Tabelle 3.4 gibt eine Kurzfassung der in [9] enthaltenen Tabelle wieder. Sendearten wie A2A und A3E – die für die Nachrichtenübertragung nicht mehr angewendet werden dürfen – sind in Tabelle 3.4 nicht mehr enthalten.

Die Werte, die für den HF-Signal-Geräuschabstand ohne Diversity (Spalte 7 der Tabelle 3.4) angegeben sind, stellen Mittelwerte der schwundbehafteten Signalleistung dar und enthalten keine Reserven für die Schwankungen der Signalfeldstärke am Empfangsort. Zur Berücksichtigung dieser Schwankungen soll ein Wert von 14 dB zu den Werten in Spalte 5 addiert werden. Dieser Wert ergibt sich aus einem Schwankungsfaktor der Signalfeldstärke von 10 dB für 90% der Tage gegenüber dem stabilen Geräuschwert. Die Schwankungen der Feldstärke des atmosphärischen Rauschens kann ebenfalls mit 10 dB für 90% der Tage angenommen werden. Wenn keine Korrelation zwischen den Schwankungen des Signals und denen des atmosphärischen Rauschens besteht, ergibt sich der Schwankungsfaktor zu

$$\sqrt{10^2 + 10^2} \text{ dB} = 14 \text{ dB}.$$

Dieser Wert stellt eine allgemein einsetzbare Schwundreserve dar, die eine Erhöhung der Verfügbarkeit einer Kurzwellenverbindung zu 90% der Tage berücksichtigt, bezogen auf die nach Kapitel 4 berechneten Werte des Geräuschabstandes.

3.6 Diversity-Verfahren

Die Qualität von Kurzwellenverbindungen wird durch Schwunderscheinungen und die damit verbundenen Feldstärkeschwankungen am Empfangsort erheblich beeinträchtigt (siehe Abschnitt 2.5). Es hat sich gezeigt, daß

a) diese Schwunderscheinungen in ihrer Stärke und zeitlichen Folge an relativ dicht benachbarten Orten, deren gegenseitiger Abstand nur wenige Wellenlängen der Betriebsfrequenz beträgt, nicht übereinstimmen.

b) die Polarisation der empfangenen Welle nicht gleichbleibend ist. Sie rotiert ständig und bewirkt dadurch einen Schwund, der durch einen sinusförmigen Verlauf gekennzeichnet ist.

c) Schwunderscheinungen, die eine gegebene Empfangsfrequenz und eine zweite Frequenz in nur wenigen hundert Hertz Abstand erfahren, sich in Stärke und zeitlicher Folge unterscheiden.

Während bei Sprechfunkverbindungen auch unter solchen Empfangsbedingungen noch eine – wenn auch qualitativ schlechte – Verständlichkeit erreichbar ist, werden bei Telegrafie- und Datenübertragungen durch Auslöschung oder Verfälschung von Zeichenschritten Fehler verursacht, die ohne besondere Hilfsmittel nicht korrigiert werden können. Es ist deshalb notwendig, bei solchen Verbin-

Tabelle 3.4 Erforderliche Signal/Geräuschverhältnisse (Kurzfassung aus CCIR-Empfehlung 339-5) [9]

Sendeart	Bandbreite in Hz vor Demodulation	Bandbreite in Hz nach Demodulation	Empfangsgüte	NF-Geräuschabstand in dB nach Demodulation bzw. dB je Kanal[1]	HF-Signal/Geräuschverhältnis dB/Hz Bandbreite[3])[5]) Stabile Bedingungen	HF-Signal/Geräuschverhältnis dB/Hz Bandbreite[3])[5]) Schwundbehaftete Bedingungen Ohne Diversity	HF-Signal/Geräuschverhältnis dB/Hz Bandbreite[3])[5]) Schwundbehaftete Bedingungen Mit Diversity
– 1 –	– 2 –	– 3 –	– 4 –	– 5 –	– 6 –	– 7 –	– 8 –
A1A Telegrafie 8 Baud	3000	1500	Hörempfang	–4	31	38	
A1B Telegrafie 50 Baud Drucker	250	250	kommerziell	16	40		58
F1B Telegrafie 50 Baud Drucker 2D = 200 bis 400 Hz	1500	100	$P_c = 0{,}01$[2] $P_c = 0{,}001$ $P_c = 0{,}0001$		45 51 56	53 63 74	45 52 59
F1B Telegrafie MFSK 33-Ton ITA2 10 Zeichen/s	400	400	$P_c = 0{,}01$ $P_c = 0{,}001$ $P_c = 0{,}0001$		23 24 26	37 45 52	29 34 39
F1B Telegrafie MFSK 12-Ton ITA5 10 Zeichen/s	300	300	$P_c = 0{,}01$ $P_c = 0{,}001$ $P_c = 0{,}0001$		26 27 29	42 49 56	32 36 42
F1B Telegrafie MFSK 6-Ton ITA2 10 Zeichen/s	180	180	$P_c = 0{,}01$ $P_c = 0{,}001$ $P_c = 0{,}0001$		25 26 28	41 48 55	31 35 41
R3C Bildtelegrafie 60 U/m	3000	3000			50	59	
F3C Bildtelegrafie 60 U/m	1100	3000	noch kommerziell[4]) gut kommerziell	15 20	50 55	58 65	

H3E Telefonie	3000		noch brauchbar	6	53	54	51
			noch kommerziell	15	62	67	63
			gut kommerziell	33	70	78	73
R3E Telefonie	3000		noch brauchbar	6	48	49	46
			noch kommerziell	15	57	62	58
			gut kommerziell	33	65	73	68
J3E Telefonie	3000		noch brauchbar	6	47	48	45
			noch kommerziell	15	56	61	57
			gut kommerziell	33	64	72	67
B8E Telefonie 2 Kanäle	6000	3000 je Kanal	noch brauchbar	6	49	50	47
			noch kommerziell	15	58	63	59
			gut kommerziell	33	66	74	69
B8E Telefonie 4 Kanäle	12000	3000 je Kanal	noch brauchbar	6	50	51	48
			noch kommerziell	15	59	64	60
			gut kommerziell	33	67	75	70
J7B Mehrkanal-NF-Telegrafie 16 Kanäle 75 Baud	3000	110 je Kanal	$P_c = 0{,}01$		59	67	59
			$P_c = 0{,}001$		65	77	66
			$P_c = 0{,}0001$		69	87	72
B7W 16 Kanäle je 75 Baud 1 Telefoniekanal	6000	110 je Kanal 3000	$P_c = 0{,}01$		60	68	60
			$P_c = 0{,}001$		66	78	67
			$P_c = 0{,}0001$		70	88	73

Anmerkungen

1) Bei Sendearten B3E, J7B und B7W.
2) P_c Zeichenfehlerrate
3) Werte gelten für konventionelle Endeinrichtungen. Mit LINCOMPEX-Systemen wird ein NF-Geräuschabstand von 7 dB in einem 3 kHz breiten Kanal als gerade noch kommerzielle Qualität angesehen
4) Noch brauchbar bedeutet 90% Satzverständlichkeit
   Noch kommerziell bedeutet 80% Schutz gegen schnelle oder Kurzzeitfadings
   Gut kommerziell bedeutet 90% Schutz gegen schnelle oder Kurzzeitfadings
5) Durchschnittliche Signalspitzenleistung zu durchschnittliche Geräuschleistung bei 1 Hz Bandbreite

dungen den Einfluß der schnellen und selektiven Fadings auf den Empfang der Nachrichten so weit als möglich zu verhindern. Eine seit langer Zeit erfolgreich angewendete Möglichkeit stellt der Diversity-Betrieb dar, bei dem eine Nachricht gleichzeitig mit mehreren unabhängigen Empfangssystemen, oder mehrmals nacheinander mit nur einem Empfangssystem aufgenommen wird. Für den Kurzwellenbetrieb kann man also zwei Diversity-Arten unterscheiden, die selbst wiederum mehrere voneinander abweichende Verfahren enthalten.

3.6.1 Diversity-Empfang

Das Prinzip des Diversity-Empfangs ist, daß ein Kurzwellensignal mit mindestens zwei voneinander unabhängigen Empfangssystemen aufgenommen und in einer Auswerteschaltung das Signal mit dem besseren Signal-Geräuschabstand ausgewählt wird. Voraussetzung dafür ist, daß zwischen den gleichzeitig empfangenen Signalen keine den Diversity-Effekt vermindernde Korrelation der Amplitude und der Phase besteht. Im Kurzwellenbetrieb – und hier besonders bei den festen und diesen ähnlichen Verbindungen – werden folgende Diversity-Verfahren angewendet:

3.6.1.1 Raumdiversity

Bei Raumdiversity werden mindestens zwei Antennen – vorzugsweise des gleichen Typs – in der Empfangsstelle verwendet, wobei jede Antenne mit einem eigenen Empfänger verbunden ist. Nach der Demodulation sind die Empfänger an eine Auswerteschaltung angeschlossen, die das Signal mit dem besten Signal-Geräusch-Abstand auswählt. Der Abstand, in dem die Antennen voneinander getrennt aufgestellt werden, soll so groß sein, daß der Korrelationskoeffizient ausreichend klein gegen 1 ist. Bild 3.5 zeigt dazu ein aus der Arbeit von D. G. Brennan [10] entnommenes Diagramm, das die statistische Verteilung des empfangenen Signalpegels bei Korrelationskoeffizienten $\varrho < 1$ gegenüber einem Signal darstellt, das dem Rayleigh-Fading bei $\varrho = 1$ – also ohne Diversity – unterliegt. Bereits bei $\varrho = 0{,}8$ ist eine erhebliche Verbesserung vorhanden, bei 90% der Zeit > 3 dB und bei 99% der Zeit > 7 dB. Bei $\varrho = 0{,}6$ werden diese Werte um etwa 1 dB besser. Die Kurve mit $\varrho = 0$ entspricht dem Antennendiversity-Verfahren, bei dem nur die Antenne mit dem Empfänger verbunden ist, die das Signal mit dem größten Pegel aufnimmt. Bei diesem Verfahren werden ebenfalls mehrere Antennen (bis zu drei) benutzt, die Umschaltung auf die günstigste Antenne erfolgt automatisch durch den Empfänger gesteuert. Da hierbei immer nur eine Antenne wirksam ist, besteht die Korrelationsbedingung nicht.

Bei Raumdiversity-Betrieb ist der gegenseitige Abstand der Antennen maßgebend für den erreichbaren Korrelationskoeffizienten. In CCIR-Empfehlung 327-2 [11] wird dazu folgende Beziehung angegeben:

$$\varrho = e^{-\frac{d_\lambda^2}{2 d_o^2}}. \quad (3.21)$$

ϱ Korrelationskoeffizient
d_λ Abstand der Antennen in Wellenlängen der Betriebsfrequenz
d_O Abstand der Antennen, wenn der Korrelationskoeffizient den Wert 0,61 hat.

Werden die Antennen hintereinander in Richtung der ankommenden Welle aufgestellt, dann ist $\varrho = 0,61$ bei $d_O = 10\lambda$.

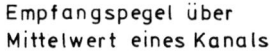

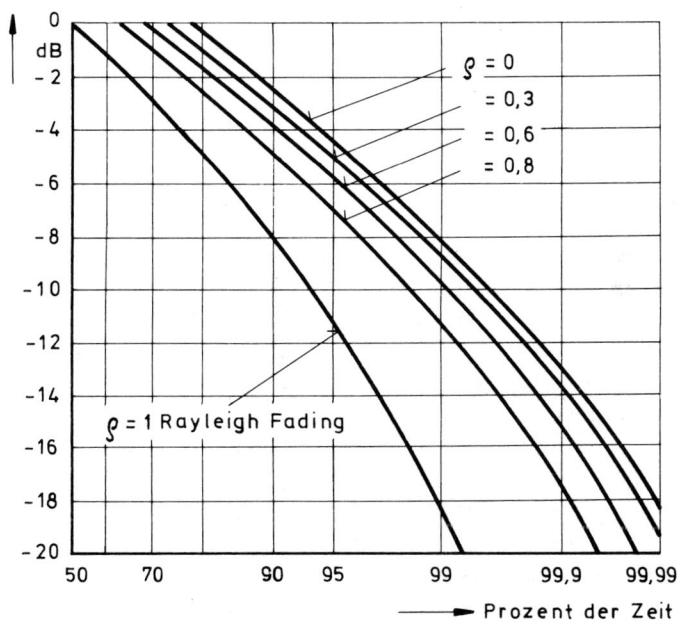

Bild 3.5 Verbesserung des Empfangspegels gegenüber dem Rayleigh-Fading [10]

Soll ein bestimmter Korrelationskoeffizient erreicht werden, dann ergibt sich der dazu gehörende Antennenabstand aus (3.21) zu:

$$d_\lambda = \sqrt{\frac{-\log \varrho \cdot 2 d_0^2}{\log e}} \quad . \tag{3.22}$$

Mit $d_0 = 10\,\lambda$ und $\log e = 0{,}4343$ wird

$$d_\lambda = 21{,}45\,\lambda \sqrt{-\log \varrho} \quad . \tag{3.22a}$$

Bild 3.6 zeigt dazu den Korrelationskoeffizienten als Funktion des Antennenabstands, gemessen in Wellenlängen.

Beispiel
Für eine Kurzwellenempfangsanlage soll der Abstand der Antennen für Raumdiversity-Betrieb bestimmt werden, wenn der Frequenzbereich (Tag-Nacht-Frequenz) 5 bis 15 MHz ist.

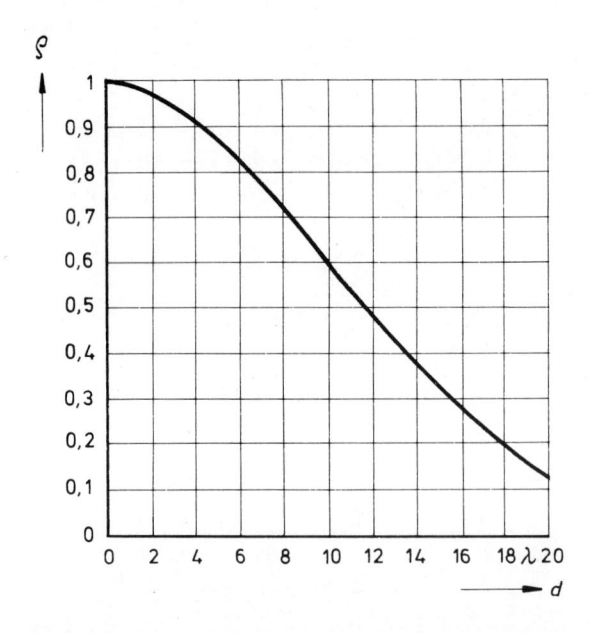

Bild 3.6 Korrelationskoeffizient ϱ als Funktion des Antennenabstandes d

Lösung

Nach Bild 3.5 wird für die niedrigste Frequenz 5 MHz (λ = 60 m) noch ein Korrelationskoeffizient von 0,8 notwendig sein. Aus Bild 3.6 ergibt sich dafür ein Antennenabstand von 6,7 λ = 402 m. Für die höchste Frequenz 15 MHz wird dann der Antennenabstand 20,1 λ und der Korrelationskoeffizient 0,13. Gegenüber dem Betrieb ohne Diversity können damit folgende Verbesserungen des Empfangspegels erreicht werden:

bei 5 MHz: zu 90% der Zeit $>$ 3 dB
                     zu 99% der Zeit $>$ 7 dB

bei 15 MHz: zu 90% der Zeit $>$ 6 dB
                     zu 99% der Zeit $>$ 9,5 dB.

Auf Grund von Messungen empfehlen britische Autoren [12] einen Antennenabstand in Richtung der ankommenden Welle von mehr als 360 m und 260 m rechtwinklig zu dieser Richtung, wenn die Phasenkorrelation vernachlässigbar sein soll. Die Antennen sind bei dieser Anordnung also seitlich gegeneinander versetzt.

3.6.1.2 Polarisationsdiversity

Wie aus 3.6.1.1 zu entnehmen ist, ist für den Raumdiversity-Empfang ein großes Antennengelände nötig, wenn die erforderlichen Abstände der Empfangsantennen eingehalten werden sollen. Da sich an einem Empfangsort aber auch die Polarisation der ankommenden Welle ständig ändert, ist es möglich, unterschiedlich polarisierte Antennen für den Empfang einzusetzen und mit Hilfe einer Auswahlschaltung diejenige mit dem stärksten Signal auszuwählen. Der Platzbedarf einer solchen Antennenanordnung ist bedeutend geringer gegenüber Raumdiversity. Werden z. B. Richtantennen des logarithmisch periodischen Typs mit vertikaler und horizontaler Polarisation verwendet, so ist der Platzbedarf nicht wesentlich größer, als er für eine dieser Antennen erforderlich wäre. Anordnungen mit einfacheren Antennen, wie Dipole und Vertikalstrahler benötigen noch weit weniger Platz und sind für Dachmontage geeignet.

Messungen haben ergeben, daß mit dicht benachbarten Dipolen, rechtwinklig zueinander angeordnet, Korrelationskoeffizienten von 0,09 bis 0,5 erreicht werden [11].

3.6.1.3 Frequenzdiversity

Wird ein Kurzwellensignal gleichzeitig mit zwei Frequenzen übertragen, die einen Abstand von nur wenigen hundert Hertz haben, so zeigt sich, daß diese beiden Frequenzen nicht gleichzeitig von einem Fading beeinflußt werden. Sie sind weitgehend unkorreliert. Diese Erscheinung stellt die Grundlage der Frequenzdiversity dar. Das Hauptanwendungsgebiet ist die Übertragung von Wechselstromtelegrafie mit den Sendearten R7B, B7B und B7W Dabei wird z. B. mit einem 8-Kanalsystem die gleiche Nachricht auf den Kanälen 1 und 5, bzw. 2 und 6, 3 und 7 sowie 4 und 8 gesendet. Der Frequenzabstand beträgt dann zwischen diesen Kanälen 1360 Hz bzw. 680 Hz, wenn ein Kanal 340 Hz bzw. 170 Hz breit ist.

Ein Frequenzdiversity-Betrieb, bei dem zwei Frequenzen aus den für die Kurzwellendienste zugewiesenen Bereichen (siehe Tabelle 2.8) benutzt werden, wird wegen der starken Belegung dieser Bereiche nicht empfohlen.

3.6.2 Zeitdiversity-Verfahren

Bei kurzzeitigen Fadings – die auch unter normalen Betriebsbedingungen bei Kurzwellenübertragungen häufig eintreten – ist es möglich, durch mehrmaliges Wiederholen eines Telegrafie- oder Datensignals auch einen fadingfreien Zeitraum zu erfassen und damit eine fehlerfreie Übertragung zu erreichen. Dieses in bestimmten Zeitabständen wiederholte Aussenden des gleichen Signals kennzeichnet das Zeitdiversity-Verfahren. Ein dafür angewendetes Verfahren ist in [2] beschrieben.

Literatur

[1] Radio Regulations, Genf 1976

[2] Wiesner, L.: Fernschreib- und Datenübertragung über Kurzwelle. Siemens AG Berlin und München 1975

[3] CCIR-Recommendation 326-1, Power of transmitters. Oslo 1966

[4] CCIR-Recommendation 343-1, Facsimile transmission of meteorological charts over radio circuits. Oslo 1966

[5] CCIR-Recommendation 348-2, Arrangements of channels in multichannel single sideband and independent sideband transmitters for long range circuits operating at frequencies below 30 MHz. Genf 1974

[6] Kraus, G.; Klupsch, H.: Die statistische Verteilung von Amplitudenwert und Amplitude einer Summe von gleichgroßen Wechselspannungen mit inkommensurablen Frequenzen. Arch. d. elektr. Übertr. AEÜ 17 (1963) Heft 1 S. 6–12

[7] CCIR-Recommendation 328-3, Spectra and bandwidth of emissions. Genf 1974

[8] CCIR-Recommendation 329-2, Spurious radiation (of a radio emission). New Delhi 1970

[9] CCIR-Recommendation 339-5. Bandwidth, signal to noise ratio and fading allowances in complete systems. Kyoto 1978

[10] Brennan, G.: Linear diversity combining techniques. Proc. of the IRE (1959) June S. 1075–1102

[11] CCIR-Report 327-2, Diversity reception. Genf 1974

[12] Watt-Carter, D. E.; Young, S. G.: Survey of aerials and aerial distribution techniques in the HF-fixed service. Proc. of the Instit. of electr. Eng. (IEE) 110 (1963) No. 9 S. 1528–1542

[13] CCIR-Recommendation 507, Classification and designation of emissions, Kyoto 1978

4 Berechnen von Kurzwellenstrecken bei Raumwellenausbreitung

Die Aufgabe, eine Kurzwellenverbindung über eine Entfernung zu betreiben, die ausschließlich mit der Raumwelle überbrückt werden kann, erfordert das Einbeziehen der für diese Verbindung vorliegenden Ausbreitungsbedingungen über eine längere Zeit in das Konzept der Geräteausrüstung. Darüberhinaus sind die vom Anwender erhobenen Forderungen eine maßgebende Einflußgröße. Wie bereits in Kapitel 2 dargelegt, sind die Streckenbedingungen wegen der sich in der Ionosphäre andauernd ändernden Dämpfungsverhältnisse nicht konstant; außerdem sind die geografische Lage einer Strecke und die gewünschten bzw. erreichbaren Betriebszeiten innerhalb eines Tagesablaufs für die zu installierende Senderleistung und den Gewinn der Sende- und Empfangsantennen wesentlich. Als besonders beachtenswert seien an dieser Stelle Kurzwellenverbindungen erwähnt, die sehr große Entfernungen überbrücken und bei denen die beteiligten Sende- und Empfangsstationen unterschiedliche Tages- oder auch Jahreszeiten haben, z. B. Verbindungen von Europa nach Australien, Europa nach Südamerika oder Europa nach Südafrika. Mit besonderen Übertragungsbedingungen ist aber auch zu rechnen, wenn Strecken über die Polargebiete verlaufen und so den häufig auftretenden Störungen durch Nordlichter unterworfen sind.

Es kann nicht das Ziel sein, bei der Berechnung einer Kurzwellenverbindung *alle* auftretenden Variationen der Ausbreitung zu beachten. Es kommt vielmehr darauf an, die günstigsten und die ungünstigsten Übertragungsbedingungen zu erfassen und diese der Bemessung der Geräteausrüstung zu Grunde zu legen. Es hat sich gezeigt, daß die Streckenberechnung für nachstehende Zeiten ausreichend ist – wobei jeweils ein Tagesablauf von 24 Stunden betrachtet werden muß:

Sonnenfleckenmaximum, Monat Januar
Sonnenfleckenmaximum, Monat Juli;

Sonnenfleckenminimum, Monat Januar
Sonnenfleckenminimum, Monat Juli.

Das Berechnen einer Kurzwellenstrecke umfaßt die Teilaufgaben:
a) Berechnen der Großkreisentfernung zwischen den beiden Endstellen einer Verbindung.

b) Berechnen der Großkreisrichtung, d. h. der Aufbaurichtung der Sende- und Empfangsantennen.

Anmerkung
Diese beiden Berechnungen sind besonders bei großen Entfernungen durchzuführen; bei kleinen Entfernungen genügt das Abmessen der Streckenlänge und der Richtung auf einer guten Landkarte.

c) Ermitteln der günstigsten Abstrahlwinkel (Erhebungswinkel) der Sende- und Empfangsantennen, die die geringste Anzahl von Sprüngen über die Ionosphäre ergeben. Dabei muß der Ausbreitungsmodus über die E- oder die F2-Schicht berücksichtigt werden, der sich aus der Berechnung der anwendbaren Frequenzbereiche ergibt (siehe d).

d) Ermitteln der anwendbaren Frequenzbereiche; dabei muß bei Einsprungverbindungen die Länge der Funkstrecke und bei Mehrsprungverbindungen die aus c) ermittelte Entfernung, die mit einem Sprung überbrückt werden kann, zu Grunde gelegt werden.

e) Berechnen der am fernen Empfangsort erzielbaren Feldstärken oder der Streckendämpfungen; dabei werden die ermittelten Abstrahlwinkel und anwendbaren Frequenzbereiche in die Berechnung eingesetzt. Es ist vorteilhaft, diese Berechnung für die Senderleistung von 1 kW und den Sendeantennengewinn von 0 dB durchzuführen (normierter Wert).

f) Ermitteln der Senderleistung und der Antennengewinne, die für den Betrieb und einen der Sendeart entsprechenden Signal-Geräusch-Abstand erforderlich sind.

g) Bestimmen der Verfügbarkeit der Strecke. Diese Aufgabe ist besonders dann vordergründig, wenn z. B. wegen begrenzter Aufbaumöglichkeiten weder die Senderleistung noch der Antennengewinn installiert werden können, die nach der Berechnung der Strecke für einen dauernden, die gestellten Bedingungen erfüllenden Betrieb notwendig wären.

Besonders bei Verbindungen, die nur einen Sprung über die Ionosphäre benötigen, oder bei solchen, die in der Nord-Südrichtung verlaufen und deshalb keine unterschiedlichen Tageszeiten haben, kann bereits das Abschätzen der kleinsten und größten erreichbaren Feldstärken durch Berechnung der 12^{00}- und 24^{00}-Werte erreicht werden.

Zur eingehenden Erläuterung der Streckenberechnung sind einige kennzeichnende Beispiele in diesem Kapitel enthalten. Die dabei erwähnten Antennen werden in Kapitel 6 beschrieben.

4.1 Großkreisentfernung und -richtung

Es kann vorausgesetzt werden, daß die von der Sendeantenne abgestrahlte Welle sich vorwiegend entlang dem Großkreis – welcher die an der Verbindung beteiligten Stationen miteinander verbindet – ausbreitet. Besonders bei Punkt zu Punkt-Verbindungen über größere Entfernungen ist es deshalb erforderlich, die Länge der Funkstrecke und die Strahlungsrichtung so genau wie möglich zu bestimmen. Bei scharf bündelnden Antennen mit hohem Gewinn kann eine Abweichung von dieser Richtung um nur wenige Grad bereits eine erhebliche Verringerung der Feldstärke am fernen Empfangsort bewirken.

Die Entfernung zwischen den beiden Endstellen einer Kurzwellenverbindung bestimmt sich aus der Gleichung

$$\cos D = \sin A \cdot \sin B + \cos A \cdot \cos B \cdot \cos \Delta L. \tag{4.1}$$

D Winkel des Großkreisbogens zwischen den Stationen A und B, gemessen in °
A Breitengrad der Station A
B Breitengrad der Station B
ΔL Längendifferenz zwischen Station A und Station B

Für Stationen auf der nördlichen Halbkugel werden die Breitengrade mit positivem, auf der südlichen Halbkugel mit negativem Vorzeichen eingesetzt.

Die Senderichtung von Station A nach Station B ist gegeben durch

$$\sin C_{A-B} = \frac{\cos B \cdot \sin \Delta L}{\sin D}, \tag{4.2a}$$

und für die Richtung von B nach A durch

$$\sin C_{B-A} = \frac{\cos A \cdot \sin \Delta L}{\sin D}. \tag{4.2b}$$

Die Entfernung in Kilometer erhält man aus der Bogenlänge eines Grades auf dem Großkreis, multipliziert mit dem für die Verbindung errechneten Winkel D aus (4.1):

$$D_{km} = \frac{40\,000}{360°} \cdot D = 111 \text{ km} \cdot D. \tag{4.3}$$

Die folgenden Beispiele wurden mit (4.1) bis (4.3) berechnet. Sie werden auch im weiteren Verlauf dieses Kapitels als Beispiel für das Bestimmen der anwendbaren Betriebsfrequenzen, der normierten Feldstärken bzw. Empfangsleistungen und der daraus resultierenden Senderleistungen und Antennengewinne verwendet.

Beispiel 1

geografische Koordinaten	Station A	Station B
Breite	50,2° N	51,4° N
Länge	8,7° O	6,8° O
Längendifferenz ΔL	1,9°	
Entfernung D	188,3 km	
Richtung C_{A-B}	315,65°	–
Richtung C_{B-A}	–	134,2°

Das Abmessen dieser Strecke auf einer guten Landkarte ergibt die Strecke von 187,6 km, also eine gegenüber dem Rechenergebnis vernachlässigbare Differenz. Da für so kurze Strecken auch keine scharf bündelnden Antennen angewendet werden können, erübrigt sich das exakte Berechnen der Streckenlänge und der Großkreisrichtung.

Beispiel 2

geografische Koordinaten	Station A	Station B
Breite	50,2° N	38,7° N
Länge	8,7° O	10,9° W
Längendifferenz ΔL	19,6°	
Entfernung D	1999,6 km	
Richtung C_{A-B}	237,8°	–
Richtung C_{B-A}	–	45,1°

Beispiel 3

geografische Koordinaten	Station A	Station B
Breite	41,6° N	21,5° N
Länge	74,0° W	39,2° O
Längendifferenz ΔL	113,2°	
Entfernung D	10195 km	
Richtung C_{A-B}	58,8°	–
Richtung C_{B-A}	–	316,6°

Die Richtung C der Strahlung ist in diesen Beispielen entsprechend der internationalen Kompaßskala, die von 0° bis 360° eingeteilt ist, angegeben. Dabei ist 0° und 360° die Nordrichtung, 90° Osten, 180° Süden und 270° Westen.

4.2 Ermitteln der günstigsten Abstrahlwinkel

Soll die Streckendämpfung einer Kurzwellenverbindung möglichst gering bzw. die am fernen Empfangsort verfügbare Feldstärke möglichst groß sein, dann muß die Funkstrecke mit der geringsten Anzahl von Sprüngen über die Ionosphäre überbrückt werden können. Die maßgebenden, zur Streckendämpfung beitragenden Komponenten – das sind die Durchdringungen der D-Schicht (siehe Abschnitt 2.2.1) und die Reflexionen am Boden – werden dann auf ein Minimum reduziert.

Der Abstrahlwinkel – auch Erhebungswinkel genannt – wird gegen den ebenen Erdboden gemessen, er ist eine Funktion der Antennenhöhe über dem Boden gemessen in Wellenlängen der Betriebsfrequenz. Die damit zu überbrückende Entfernung ist jedoch noch abhängig von der Höhe der reflektierenden ionosphärischen Schicht über der Erde. Während die Höhe der E-Schicht mit 110 km als praktisch konstant angenommen werden kann, ändert sich die Höhe der F2-Schicht mit der

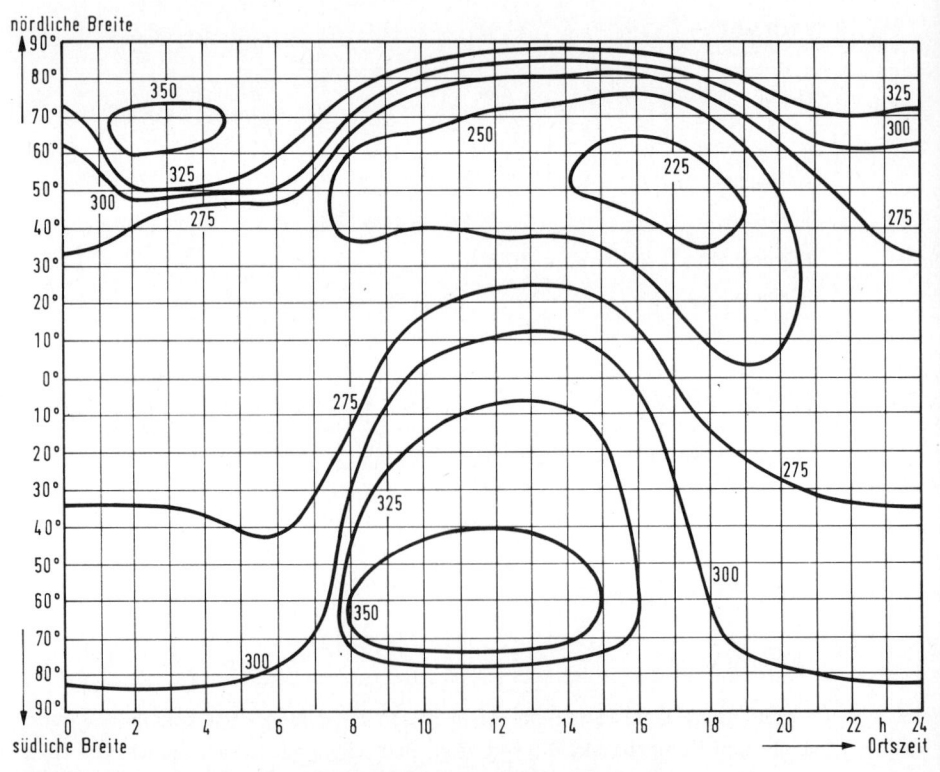

Bild 4.1 Näherungswerte der virtuellen Schichthöhe h'F2 (in km), Januar

Tages- und Jahreszeit. Die Bilder 4.1 und 4.2 zeigen dazu Diagramme der „virtuellen" Höhen h' F2 in km für die Monate Januar und Juli jeweils über 24 Stunden, die den weiteren Rechnungsgängen zu Grunde gelegt werden können [1].

Auf der Basis des vereinfachten Modells (siehe Abschnitt 2.6) sind in Bild 4.3 die Strahlungswege für die Beispiele 1 bis 3, bezogen auf die virtuellen Schichthöhen h' E = 110 km und h'_m F2 = 320 km dargestellt. Damit ergeben sich für die Strecken nach den Beispielen 1 bis 3 folgende günstige Abstrahlwinkel:

Beispiel 1
Diese kurze Verbindung wird mit einem Sprung über die E- oder die F2-Schicht überbrückt, je nachdem, welche dieser Schichten bei den angewendeten Betriebsfrequenzen aktiv ist. Die Erhebungswinkel sind:
für eine Reflexion an der E-Schicht: 49° und
für eine Reflexion an der F2-Schicht: 72°

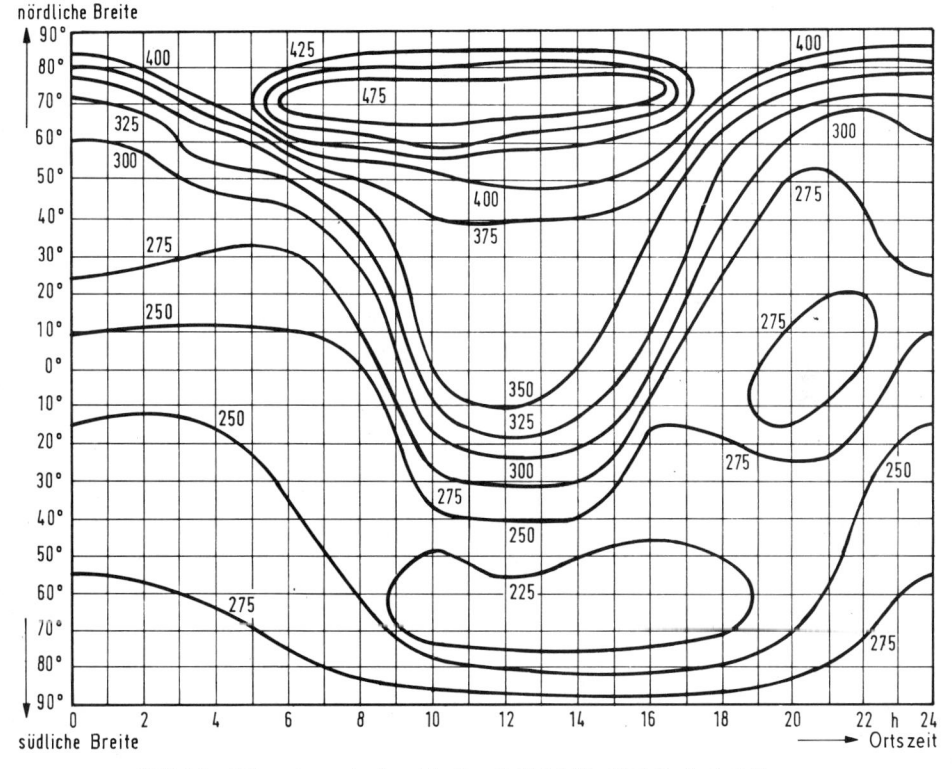

Bild 4.2 Näherungswerte der virtuellen Schichthöhe h'F2 (in km), Juli

Müssen solche kurzen Funkstrecken mit der Raumwelle überbrückt werden, dann sind Sende- und Empfangsantennen am günstigsten, deren Strahlungsmaximum bei Erhebungswinkeln von etwa 50° bis 80° liegen wird.

Beispiel 2
Der günstigste Strahlungsweg ergibt sich in diesem Fall bei einer Reflexion an der F2-Schicht, bzw. zwei Reflexionen an der E-Schicht. Dabei ist eine zusätzliche Reflexion am Boden im Wegmittelpunkt nach etwa 1000 km vorhanden. Die dabei erforderlichen Erhebungswinkel sind:

für zwei Reflexionen an der E-Schicht: 10,5° und
für eine Reflexion an der F2-Schicht: 13°.

Um diese kleinen Winkel zu erreichen, ist eine sehr flach strahlende Richtantenne einzusetzen, deren vertikales Strahlungsdiagramm bei etwa 11° sein Maximum hat. Würde man hier eine Antenne verwenden, deren vertikales Strahlungsdiagramm nur zwei Sprünge über die F2-Schicht bzw. vier Sprünge über die E-Schicht zuläßt, dann hätten die Erhebungswinkel die Werte:

für vier Sprünge über die E-Schicht: 26° und
für zwei Sprünge über die F2-Schicht: 30°.

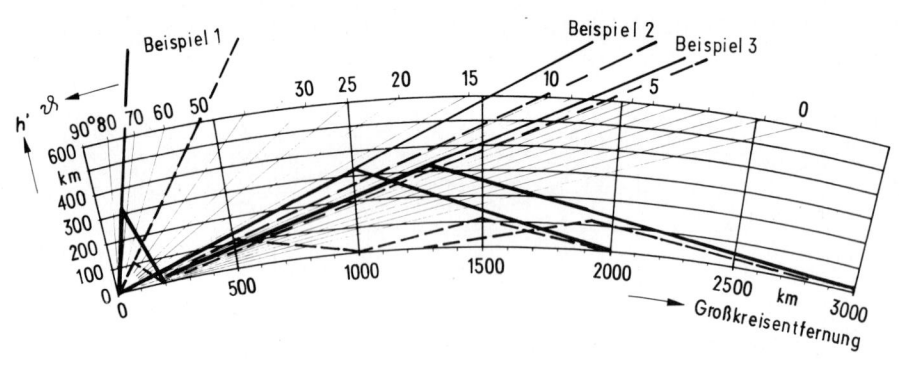

– – – Reflexion an der E-Schicht ϑ Erhebungswinkel der Strahlung
——— Reflexion an der F2-Schicht

Bild 4.3
Strahlungswege über die E-Schicht mit $h'E = 110$ km und die F2-Schicht mit $h'_m = 320$ km für die Beispiele 1 bis 3

Damit verdoppelt sich die Anzahl der Durchgänge durch die D-Schicht. Da außerdem bei der F2-Ausbreitung noch eine, und bei der E-Ausbreitung noch zwei Bodenreflexionen hinzukommen, wird die gesamte Streckendämpfung erheblich größer.

Beispiel 3
Im Hinblick auf die mit einem Sprung über die F2-Schicht bei tangentialer Abstrahlung überbrückbare Entfernung von 4000 km erfordert die 10195 km lange Strecke mindestens drei Sprünge. Der Erhebungswinkel beträgt dabei 2° bei h'_m F2 = 320 km. Bei Kurzwellenantennen sind solche flachen Winkel nur mit sehr großen Höhen der Antennen über dem Boden erreichbar. Bestimmte handelsübliche Ausführungen von Richtantennen haben für Weitverkehrsverbindungen einen kleinsten nutzbaren Abstrahlwinkel von 7°. Wird dieser hier zu Grunde gelegt, dann ist die Strecke mit vier Sprüngen über die F2-Schicht zu überbrücken. Die Entfernung für einen Sprung ist dann 2549 km bei einem Erhebungswinkel von 8°. Für die Entfernung, die mit einem Sprung über die F2-Schicht überbrückt werden kann, sind zwei Sprünge über die E-Schicht bei einem Erhebungswinkel von 7,5° erforderlich, wenn diese Schicht entlang der Strecke oder bei bestimmten Streckenabschnitten für die Betriebsfrequenz aktiv wird.

Bezogen auf eine mittlere Höhe der F2-Schicht h'_m F2 = 320 km und einer Höhe der E-Schicht von 110 km über dem Boden, die für eine ausreichende Betrachtung von Kurzwellenstrecken genügend sind, zeigt Bild 4.4 die Erhebungswinkel als Funktion der Streckenlänge bei ein bis zehn Reflexionen an der F2-Schicht und ein bis drei Sprüngen über die E-Schicht.

Für Weitverkehrsverbindungen werden – wie die Beispiele 2 und 3 zeigen – sehr kleine Erhebungswinkel angewendet. Die erforderliche flache Abstrahlung kann man auch erreichen, wenn die Sendeantenne auf einem in der Strahlungsrichtung abfallenden Gelände aufgestellt wird. Der Erhebungswinkel verringert sich dann um den Neigungswinkel des Geländes. In Bild 4.5 sind die Erhebungswinkel einer Antenne bei horizontalem und bei abfallendem Gelände dargestellt. Es sollte jedoch in solchen Fällen überprüft werden, ob die Geländeneigung einen Erhebungswinkel ergibt, der für die sichere Erfassung der fernen Empfangsstation ausreichend ist [2].

Um die für eine Kurzwellenverbindung erforderlichen Erhebungswinkel der Strahlung wirklich zu erreichen, muß das Antennengelände bestimmte Bedingungen erfüllen. So soll es nach den Angaben in [2] in der Strahlungsrichtung bis zum

Reflexionspunkt P am Boden möglichst eben sein. Die Höhe h von Unebenheiten soll nicht größer sein als

$$h = \frac{h_A}{4}.\qquad(4.4)$$

h_A Höhe der Antenne über dem Boden in m

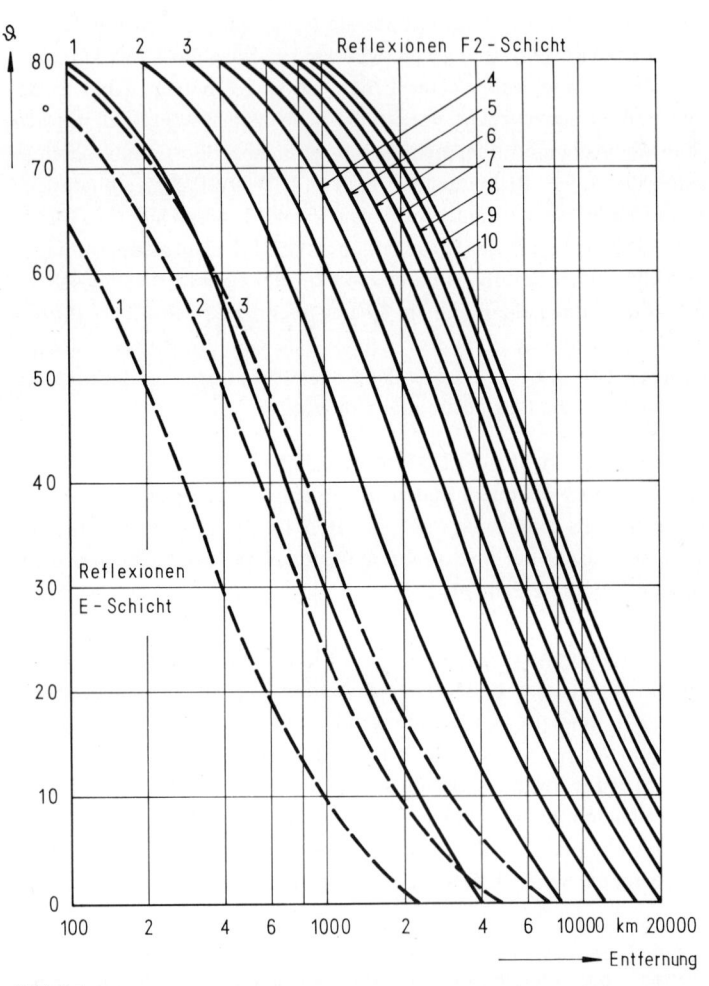

Bild 4.4
Erhebungswinkel ϑ als Funktion der Entfernung und der Anzahl der Reflexionen.
h'_m F2 = 320 km, h'E = 110 km

Der Abstand d_p des Reflexionspunktes P am Boden hängt ab von der Wellenlänge der benutzten Frequenz und dem Erhebungswinkel ϑ

$$d_P = \frac{\lambda}{4 \sin \vartheta \tan \vartheta} \cdot \qquad (4.5)$$

Für die Frequenzen 5, 10, 15, 20, 25 und 30 MHz sind die mit (4.5) gerechneten Abstände in Bild 4.6 dargestellt.

Diese Forderungen gelten vorzugsweise für feste Kurzwellenstationen, die mit stark bündelnden Antennen Verbindungen über große Entfernungen herstellen. Kurzwellenstationen, die innerhalb von Stadtgebieten arbeiten – wie z. B. für Pressebüros, Polizei, diplomatische Dienste u. ä. –, haben häufig nur unzureichende Aufstellungsmöglichkeiten für die Antennen. Es werden deshalb dort einfache vertikale Stabantennen oder Dipolantennen verwendet, die mit ihren breiten vertikalen Strahlungsdiagrammen (siehe Kapitel 6) und bei Wahl von günstigen Betriebsfrequenzen brauchbare Betriebsbedingungen ermöglichen.

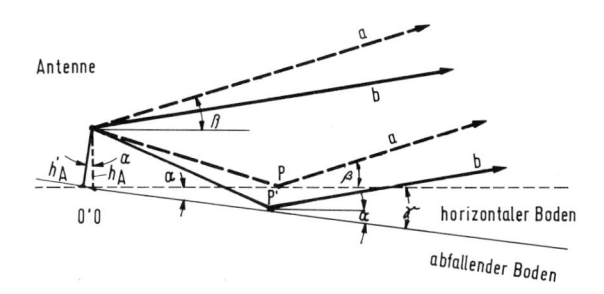

a   Abstrahlung bei horizontalem Boden _ _ _ _ _ _ _
b   Abstrahlung bei abfallendem Boden _____
α Winkel des abfallenden Bodens gegen die Horizontale
β Erhebungswinkel der Antennenstrahlung bei horizontalem Boden
γ Erhebungswinkel der Antennenstrahlung gegen den abfallenden Boden

$(\gamma = \arctan \frac{h_A \cdot \cos \alpha}{OP}$ wenn $O'P \approx OP)$

γ-α Erhebungswinkel der Antennenstrahlung bei abfallendem Boden gegen die Horizontale

Bild 4.5
Erhebungswinkel der Antennenstrahlung bei horizontalem und bei abfallendem Boden

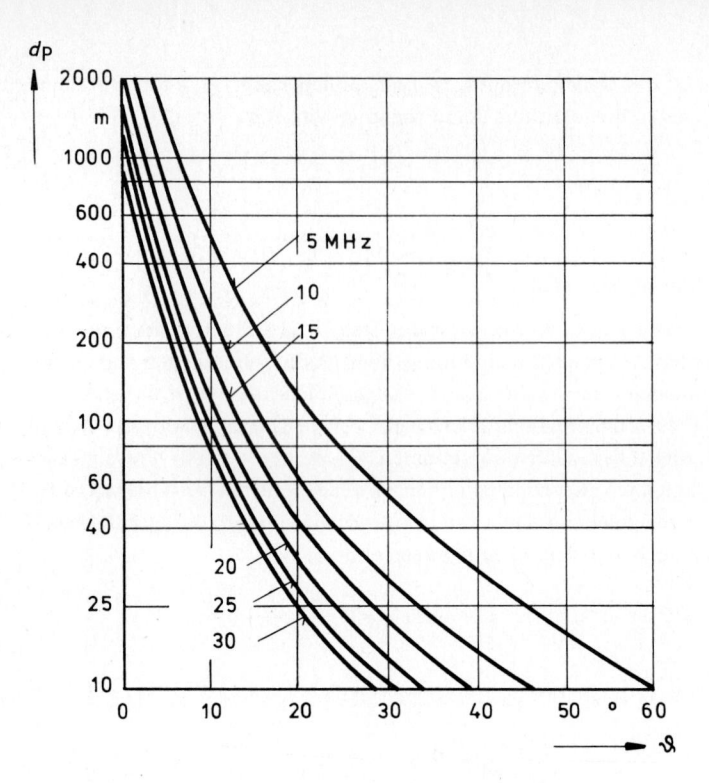

Bild 4.6
Abstand d_p des Reflexionspunktes P von der Antenne als Funktion des Erhebungswinkels und der Frequenz bei ebenem Gelände [2]

4.3 Ermitteln der anwendbaren Frequenzbereiche

Kurzwellenverbindungen benötigen zum Aufrechterhalten des Betriebs über eine längere Zeit mehrere Frequenzen – bei Duplexbetrieb mehrere Frequenzpaare – die entsprechend den Ausbreitungsbedingungen angewendet werden. Frequenzen, die während der Tagesstunden eine gute Übertragung ermöglichen, sind meist in den Nachtstunden nicht brauchbar. Häufig bieten Frequenzen, die in den Sommermonaten günstige Bedingungen haben, während der Wintermonate keinen ausreichend sicheren Betrieb, und schließlich variieren die Ausbreitungsbedingungen mit der Anzahl der Sonnenflecken. Um alle für die Übertragung der Kurzwelle wichtigen Varianten zu erfassen, werden die „*Grenzfrequenzkurven*" bei Ausbreitung über die E- und die F2-Schicht für die Monate Januar und Juli und für die Zeiten des Sonnenfleckenmaximums und -minimums ermittelt. Diese Kurven stellen dann den Tagesgang über 24 Stunden für die Frequenzen dar, die von der E- und der F2-Schicht noch reflektiert werden. Man erhält damit vier Satz Grenzfrequenzkurven für eine Verbindung; hiermit können in den meisten Fällen die höchsten und die tiefsten anwendbaren Betriebsfrequenzbereiche festgelegt werden. Die Erhöhung der Grenzfrequenzen, die durch das gelegentliche Vorhandensein der sporadischen E-Schicht (E_s-Schicht) auftritt, wird hier nicht betrachtet, weil sie kaum Einfluß auf die Geräteausrüstung hat und z. Z. eine exakte Vorhersage ihres Auftretens noch nicht möglich ist.

Die Grenzfrequenzen hatten bisher die Bezeichnung „Standard *MUF*" (<u>m</u>aximum <u>u</u>seful <u>f</u>requency). Wegen der Notwendigkeit, für mehrere *MUF*-Typen differenzierte Bezeichnungen einzuführen, werden sie jetzt *EJF* (<u>e</u>stimated <u>j</u>unction <u>f</u>requency) genannt (siehe auch [3]). Besonders in Zeiten, in denen die ausgewählte Betriebsfrequenz der *EJF* entspricht, kann wegen der ständig schwankenden Ausbreitungsbedingungen, die Sicherheit der Übertragung beeinträchtigt werden. Um dies so weit wie möglich zu vermeiden, wird nicht die *EJF*, sondern die *FOT* (<u>f</u>réquence <u>o</u>ptimale de <u>t</u>ravail) als oberste Grenze der anwendbaren Betriebsfrequenz angenommen. Dabei besteht die Beziehung

$$FOT = 0{,}85\ EJF. \tag{4.6}$$

Beim Ermitteln der Grenzfrequenzkurve für eine bestimmte Kurzwellenverbindung wird ausgegangen von

a) den Frequenzen *EJF*(0) für die E- und die F2-Schicht. Dies sind die Frequenzen, die zu einem bestimmten Zeitpunkt bei senkrechtem Einfall in die ionosphärische Schicht noch reflektiert werden. Der Einfallswinkel Φ ist dann 0° und der Erhebungswinkel der Strahlung ist $\vartheta = 90°$. Die Frequenz *EJF* (0) ... stellt einen Mittelwert dar, um den die kritische Frequenz f_o entsprechend den jeweils vorliegenden Ausbreitungsbedingungen schwankt;

b) den Frequenzen *EJF* (2000) für die E-Schicht und *EJF* (4000) für die F2-Schicht
   Mit diesen Frequenzen können bei tangentialer Abstrahlung ($\vartheta = 0°$) und den Schichthöhen h' E = 110 km und h'_m F2 = 320 km die Entfernungen 2000 km bzw. 4000 km überbrückt werden (siehe Bild 4.4).

Die für eine auch geografisch festgelegte Streckenlänge d zu einem bestimmten Zeitpunkt gültige *EJF* (d) E und *EJF* (d) F2 ergibt sich dann durch Interpolation aus den Werten a) und b).

In CCIR-Report 340 [3] ist eine Serie von Karten enthalten, mit denen unter Anwendung eines später beschriebenen Verfahrens die *EJF* (2000) E, die *EJF* (0) F2 und die *EJF* (4000) F2 über 24 Stunden für eine beliebige Funkstrecke bestimmt werden können. Die Karten für die *EJF* (...) F2 sind für die Sonnenfleckenzahlen $\bar{R}_{12} = 0$ und $\bar{R}_{12} = 100$ angegeben. Dabei handelt es sich um Standardwerte für das Sonnenfleckenminimum und -maximum. Für andere Sonnenfleckenzahlen wird

$$EJF(0) \, F2 = EJF(0) \, F2_0 + 0{,}01 \, [EJF(0) \, F2_{100} - EJF(0) \, F2_0] \, \bar{R}_{12} \text{ und} \quad (4.7a)$$

$$EJF(4000) \, F2 = EJF(4000) \, F2 + 0{,}01 \, [EJF(4000) \, F2_{100} - EJF(4000) \, F2_0] \, \bar{R}_{12} \quad (4.7b)$$

Die Indices 0 und 100 bezeichnen die Frequenzwerte, die aus der Kartenserie für die Sonnenfleckenzahlen $\bar{R}_{12} = 0$ und $\bar{R}_{12} = 100$ abgelesen werden können. Die für eine Funkstrecke mit der Länge d (in km) bei einer anderen Sonnenfleckenzahl sich ergebende *EJF* (d) F2 wird dann aus der Interpolation dieser beiden Werte ermittelt. Dabei ist lineare Abhängigkeit von $\bar{R}_{12}$ vorausgesetzt. Bei Sonnenfleckenzahlen größer als 150 trifft dieses nicht mehr zu. Der bei der Berechnung der *EJF* (...) F2 nach (4.7a) und (4.7b) für $\bar{R}_{12} > 150$ vorhandene Fehler kann durch die Annahme vermindert werden, daß Werte von $\bar{R}_{12} > 150$ sich effektiv wie bei $\bar{R}_{12} = 150$ verhalten. Für das Bestimmen der anwendbaren Betriebsfrequenzbereiche und der damit berechneten Streckendämpfung bzw. der Feldstärke am fernen Empfangsort ist auch das Verhalten der E-Schicht von Bedeutung. So kann während der Tagesstunden – und hier besonders um die Mittagszeit – der Fall eintreten, daß die *EJF* (d) E höher ist als die *EJF* (d) F2, oder daß die ausgewählte Betriebsfrequenz für einige Stunden unter der *EJF* (d) E liegt. Die E-Schicht ist dann für die Übertragung maßgebend; sie bestimmt die Anzahl der Sprünge und den Erhebungswinkel der Strahlung. Da wegen der geringen Höhe der E-Schicht über dem Boden die Anzahl der Sprünge bereits bei Streckenlängen von mehr als etwa 1000 km größer sein wird als bei der Ausbreitung über die F2-Schicht, muß wegen des häufigeren Durchdringens der D-Schicht mit höheren Streckendämpfungen bzw. geringeren Feldstärken gerechnet werden, wenn die E-Schicht aktiv ist. Mit Hilfe der Beispiele 1 bis 3, für die die Grenzfrequenzkurven bei E- und F2-Schicht-Ausbreitung berechnet werden, wird auch auf die Aktivitäten näher eingegangen.

Um bei der Planung von Kurzwellenverbindungen die notwendige Bestimmung der anwendbaren Betriebsfrequenzbereiche durchführen zu können, sind hier aus den Kartenserien des CCIR-Reports 340 [3] die Karten für die Monate Januar und Juli (Bilder 4.8, 4.11.1 – 4.11.12 und 4.12.1 – 4.12.12) sowie die Interpolationsnomogramme für das Ermitteln der EJF (2000) E (Bild 4.9), der $EJF(d)$ E (Bild 4.10) und der $EJF(d)$ F2 (Bild 4.13) wiedergegeben. Zum Ermitteln der geografischen Streckendaten dienen die ebenfalls aus [3] entnommenen, in Bild 4.7 wiedergegebenen Karten. Es sei darauf hingewiesen, daß die Bilder 4.8a und 4.8b – Tagesgang des Zenitwinkels der Sonne als Zeitmaßstab die Ortszeit – und die Bilderserien 4.11.... und 4.12.... die Universalzeit – die nach dem O-Meridian orientiert ist – benutzen. Diese Tatsache ist zu berücksichtigen, wenn besonders bei längeren Funkstrecken die Aktivitäten der E- und der F2-Schichten betrachtet werden müssen.

Die in Abschnitt 4.3.1 beschriebene Methode ermöglicht das streng auf die zu betrachtende Strecke und deren geografische Lage bezogene Ermitteln der Betriebsfrequenzbereiche. Für umfangreiche Planungen von Kurzwellenstrecken stehen beim CCIR Lochkarten zur Verfügung; hiermit übernehmen EDV-Systeme die Frequenzbestimmungen. So berechnete EJF-Kurven sind auch vom I.F.R.B. in den „Technical Standards Series M" für die gesamte Erdoberfläche zusammengestellt worden. Die Gebiete, für die ein Kurvensatz gilt, haben die Größe von 15 Längengraden und 5 Breitengraden. Für jedes dieser Gebiete existieren Kurvenscharen über 24 Stunden für die Entfernungen 200 bis 4000 km, für die Monate März, Juni, September und Dezember sowie für die Zeiten des Sonnenfleckenmaximums und -minimums. Die Kurvenscharen reichen für überschlägige Planungen aus.

4.3.1 Beschreibung des Rechnungsgangs

Für das Bestimmen der anwendbaren Betriebsfrequenzbereiche gilt der nachstehend beschriebene Rechnungsgang. Dabei wird unterschieden zwischen Verbindungen, die mit einem Sprung, und solchen, die mit mehreren Sprüngen über die Ionosphäre durchgeführt werden können.

Schritt 1
Auf der Weltkarte Bild 4.7a werden die beiden Endstellen der Verbindung eingetragen.

Schritt 2
Die Größe der Weltkarte entspricht der der Bilder 4.7b, 4.8 und den Serien 4.11 und 4.12, sowie den beiden Karten Bild 4.1 und 4.2, mit denen die virtuelle Höhe der F2-Schicht h'_m F2 über 24 Stunden ermittelt werden kann. Auf ein Transparentpapier werden die Größe der Weltkarte mit dem Äquator und 0-Meridian, sowie die beiden Endpunkte A und B der Funkstrecke übertragen.

Schritt 3
Das Transparentpapier wird mit Überdeckung des Äquators auf die Großkreiskarte Bild 4.7b gelegt und dort entlang dem Äquator solange verschoben, bis die beiden Endpunkte auf einem Großkreis (ausgezogene Linien), oder zwischen zwei Großkreislinien liegen. Der Großkreis wird auf das Transparentpapier übertragen.

Schritt 4
Mit Hilfe der strichpunktierten Linien auf der Großkreiskarte (Abstand 1000 km) und der punktierten Linien (500 km Linien) werden auf der mit Schritt 3 gefundenen Großkreislinie folgende Punkte eingetragen:

a) bei Streckenlängen, die mit einem Sprung überbrückt werden können, die Streckenmitte;

b) bei Streckenlängen, für die mehrere Sprünge erforderlich sind, wird vor jeder Endstelle der Abstand der halben Länge eines Sprunges über die E-bzw. die F2-Schicht eingetragen. Diese Entfernungen werden aus dem Streckenaufriß Bild 4.3 entnommen und für die F2-Schichtpunkte mit a und b, und für die E-Schicht mit a' und b' bezeichnet.

Schritt 5
Ermitteln der *EJF*(*d*) E

a) Das nach Schritt 3 und 4 beschriftete Transparentpapier wird zur Feststellung des Zenitwinkels ψ der Sonne auf Bild 4.8a oder 4.8b mit Übereinstimmung der Äquatorlinie gelegt. Durch Verschieben des Transparentpapiers um jeweils 2 Stunden – dieses Zeitintervall ist ausreichend – kann an dem Merkpunkt der Streckenmitte (Schritt 4a), bzw. an den Merkpunkten a' und b' (Schritt 4b) der Zenitwinkel der Sonne abgelesen werden. Winkelgrößen von mehr als 100° sind dabei ohne Interesse, die Sonne ist dann bereits hinter dem Horizont verschwunden und die Ionisation der E-Schicht ist beendet. Die gefundenen Zenitwinkel werden für Einsprungverbindungen in Spalte 2 der Tabelle 4.1 (Formblatt A), und bei Mehrsprungverbindungen für jede Endstelle in die Spalten 2 und 11 der Tabelle 4.2 (Formblatt B) eingetragen.

b) Mit der Sonnenfleckenzahl $\bar{R}_{12}$ und dem Zenitwinkel ψ wird aus dem Nomogramm Bild 4.9 die Frequenz *EJF*(2000) E entnommen. Eintragung in Spalte 3 der Tabelle 4.1 bzw. die Spalten 3 und 12 der Tabelle 4.2.

c) Aus dem Nomogramm Bild 4.10 wird mit der *EJF*(2000) E und der Großkreisentfernung zwischen den Endstellen die dafür geltende *EJF*(*d*) E entnommen. Eintragung in Spalte 4 der Tabelle 4.1 bei Einsprungverbindungen und in den Spalten 4 und 13 der Tabelle 4.2 bei Mehrsprungverbindungen.

Es sei nochmals darauf hingewiesen, daß die Zenitwinkel für die Ortszeit an der Reflexionsstelle an der E-Schicht gelten. Besonders bei längeren Strecken muß gegebenenfalls auf die Universalzeit umgerechnet werden, um eine Übereinstimmung mit Schritt 6 zu erzielen.

Schritt 6
Ermitteln der *EJF*(*d*) F2
Mit Hilfe der Bilderserien 4.11.1 bis 4.11.12 und 4.12.1 bis 4.12.12 wird die *EJF*(0) F2 und die *EJF*(4000) F2 für die Sonnenfleckenzahlen $\bar{R}_{12} = 0$ und $\bar{R}_{12} = 100$ in 2-Stunden-Intervallen ermittelt. Die Zeitangaben gelten hier für die Universalzeit.

a) Das bereits für die Ermittlung der *EJF*(*d*) E benutzte Transparentpapier wird mit Überdeckung des Äquators und des 0-Meridians auf die Bilder 4.11.1 a, b, c, d bis 4.11.12 a, b, c, d, bzw. in gleicher Weise auf die Bilder der Serie 4.12.1 ...

4.12.12 a, b, c, d nacheinander aufgelegt und an der Streckenmitte bzw. an den Merkpunkten a und b die Werte $EJF(0)$ F2 und $EJF(4000)$ F2 bei Sonnenfleckenminimum ($\bar{R}_{12} = 0$) und bei Sonnenfleckenmaximum ($\bar{R}_{12} = 100$) abgelesen. Liegen die Merkpunkte nicht auf einer der Linien gleicher Frequenz, dann muß der Frequenzwert aus dem Abstand zu den benachbarten Linien geschätzt werden. Die gefundenen Werte werden in Tabelle 4.1 Spalte 5 und 6, bei Mehrsprungverbindungen in Tabelle 4.2 in die Spalten 5 und 14 und 6 und 15 eingetragen.

b) Mit Hilfe des Nomogrammes Bild 4.13 wird die $EJF(d)$ F2 der Funkstrecke, bzw. für einen Sprung bei Mehrsprungverbindungen gefunden. Dazu werden die mit Schritt 6a ermittelten $EJF(0)$ F2-Werte (linke Seite des Nomogramms) mit der $EJF(4000)$ F2 (rechte Seite des Nomogramms) verbunden. Für die Länge der Funkstrecke, bzw. die Länge eines Sprunges bei Mehrsprungverbindungen wird dann am Schnittpunkt der Verbindungslinie mit der zutreffenden senkrechten Entfernungslinie die $EJF(d)$ F2 abgelesen. Eintragung in Tabelle 4.1 Spalte 7, bzw. in die Spalten 7 und 16 der Tabelle 4.2. Die entsprechende FOT kann ebenfalls aus dem Nomogramm entnommen, oder nach (4.6) berechnet werden. Eintragung in Tabelle 4.1 Spalte 8, bzw. die Spalten 8 und 17 der Tabelle 4.2.

Schritt 7
Die endgültige EJF für die Funkstrecke wird aus dem Vergleich der mit den Schritten 5 und 6 gefundenen $EJF(d)$ E und $EJF(d)$ F2 ermittelt. Dabei gilt:

a) Ist die $EJF(d)$ E größer als die $EJF(d)$ F2, dann liegt eine starke Aktivität der E-Schicht vor. Es gilt deren Grenzfrequenz, weil die Strahlung nicht zur F2-Schicht durchdringen kann.

b) Ist die $EJF(d)$ F2 größer als die $EJF(d)$ E, dann wird die E-Schicht durchdrungen und die F2-Schicht reflektiert die Strahlung.

c) Bei Mehrsprungverbindungen gelten die Frequenzen der Endstelle, die unter denen der anderen Endstelle liegen. Die höheren Frequenzen könnten sonst wegen der an der fernen Endstelle vorliegenden ungünstigeren Ausbreitungsbedingungen dort nicht ankommen, weil sie bereits oberhalb der für diese Stelle geltenden EJF liegen.

Bei Einsprungverbindungen wird durch Vergleich der Werte in den Spalten 4 und 7 der Tabelle 4.1 der höchste Wert für die $EJF(d)$ ausgewählt (Eintragung in Spalte 9 der Tabelle). Ebenso wird durch Vergleich der Werte in den Spalten 4 und 8 die FOT der Funkstrecke bestimmt (Eintragung in Spalte 10 der Tabelle).

Bei Mehrsprungverbindungen wird der Vergleich zur Ermittlung der $EJF(d_H)$ und der $FOT(d_H)$ – also für die Streckenlänge eines Sprunges – aus den Werten der Spalten 4 und 7 sowie 4 und 8 für die eine Endstelle und aus den Spalten 13 und 16 sowie 13 und 17 für die andere Endstelle durchgeführt (Eintragung der gefundenen Werte in die Spalten 9 und 10, bzw. 18 und 19 der Tabelle 4.2). Nach Punkt c) werden nun die Werte der Spalten 9 und 18 sowie 10 und 19 miteinander verglichen und der jeweils niedrigste Wert für die $EJF(d)$ und die $FOT(d)$ in die Spalten 20 und 21 eingetragen. Dies sind dann die für die betrachtete Funkstrecke gültigen Werte.

Schritt 8
Die mit den Schritten 5, 6 und 7 für einen Tagesablauf von 24 Stunden gefundenen Werte werden als Kurven dargestellt. Ordinate ist die Zeitachse und Abszisse die Frequenzachse.

Schritt 9
Für den geplanten Funkdienst werden aus Tabelle 2.8 dafür zugelassene Frequenzbereiche für die Tages- und Nachtzeit, und – falls erforderlich – auch für die Übergangszeit zwischen Tag und Nacht ausgewählt. Diese Frequenzbereiche sollen unterhalb der EJF- und FOT-Kurven liegen und diese an keiner Stelle überschreiten. Sie sollen jedoch möglichst hohe Frequenzen und solche für einen mehrstündigen Betrieb enthalten. Für das Berechnen der Streckendämpfung bzw. der am fernen Empfangsort zu erwartenden Feldstärke werden die ausgewählten Frequenzbereiche zugrunde gelegt.

▲ a) Weltkarte ▼ b) Großkreiskarte

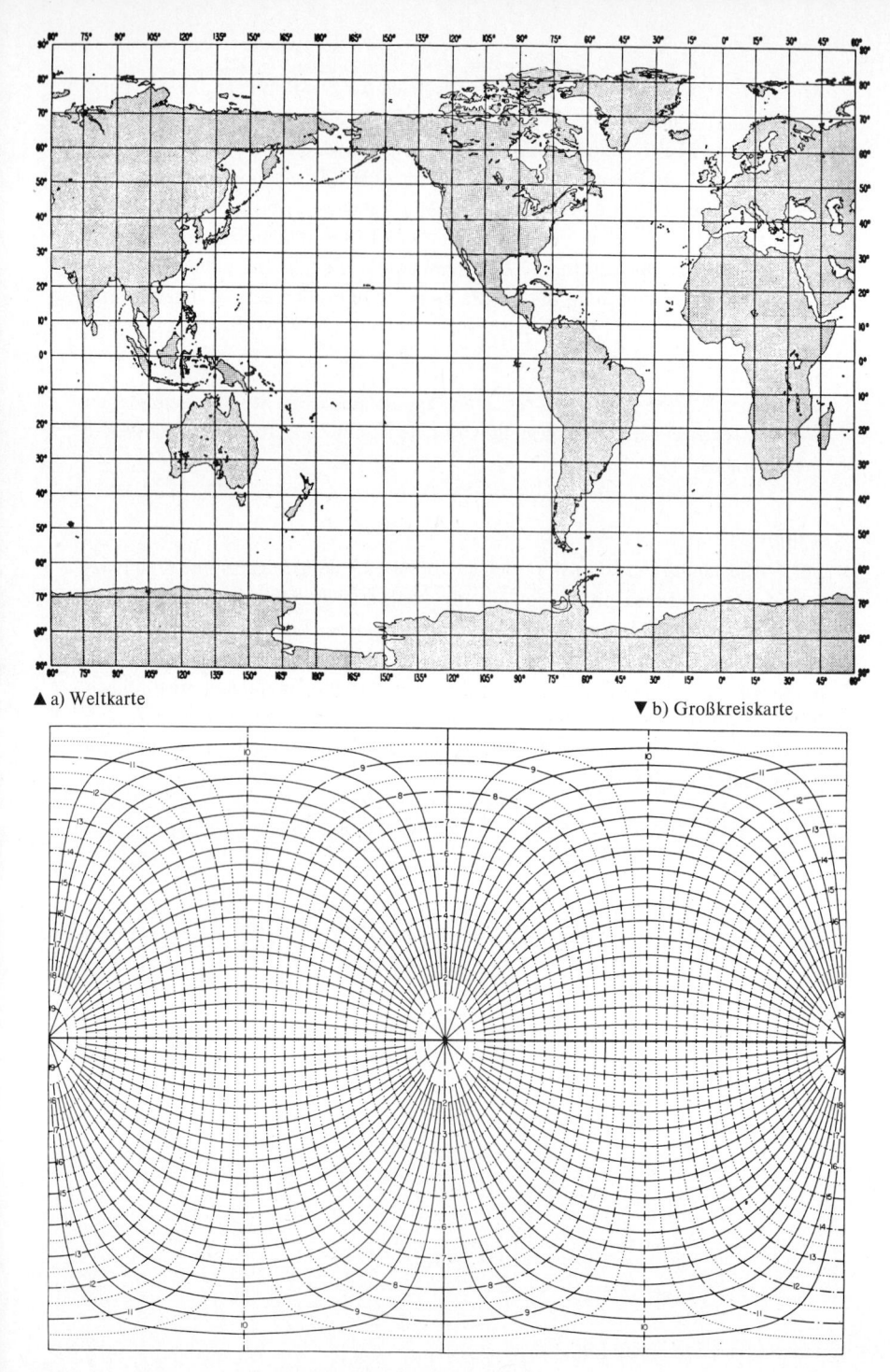

Bild 4.7 Karten zum Ermitteln geografischer Streckendaten

▲ a) Januar

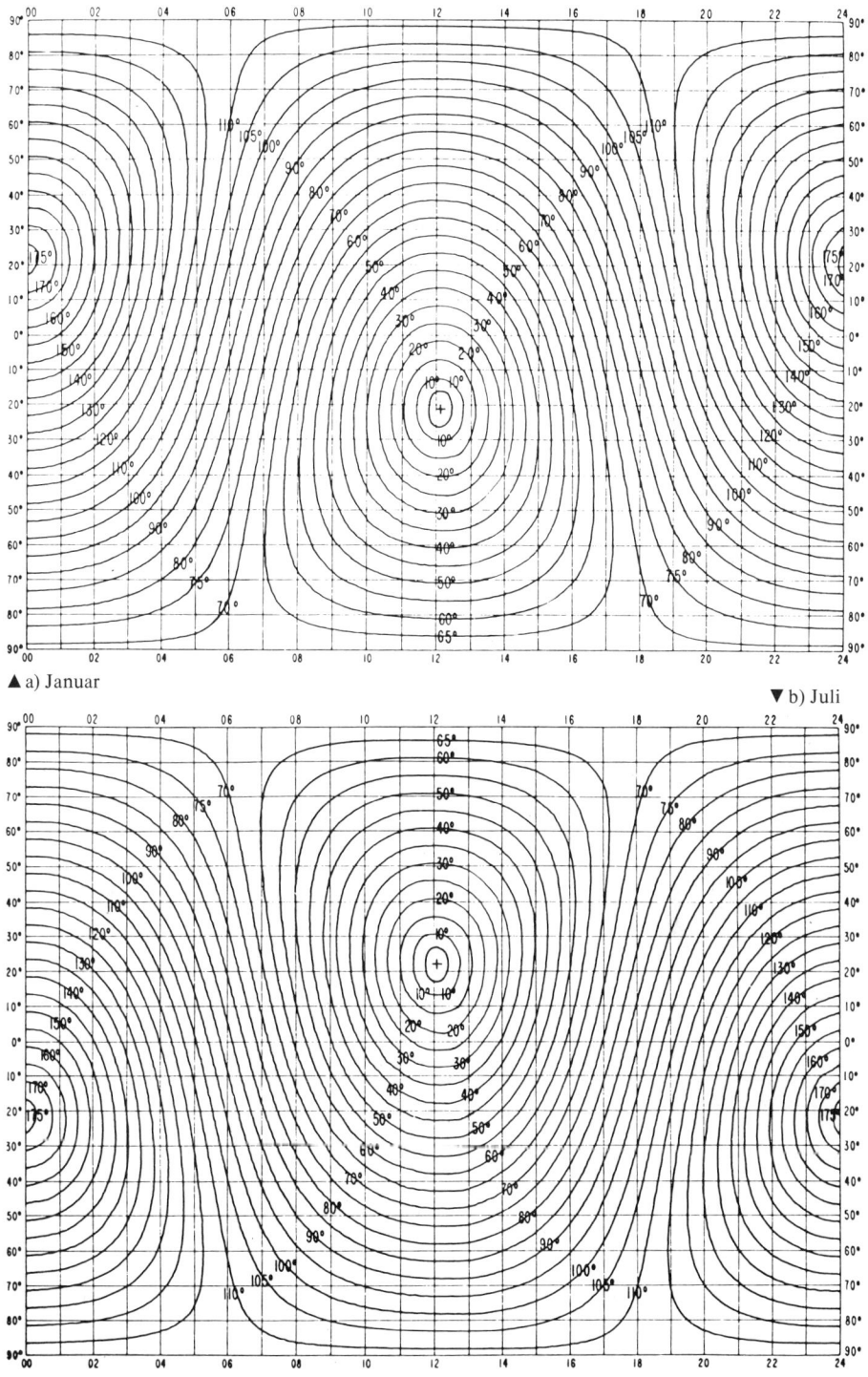

▼ b) Juli

Bild 4.8   Tagesgang des Zenitwinkels der Sonne

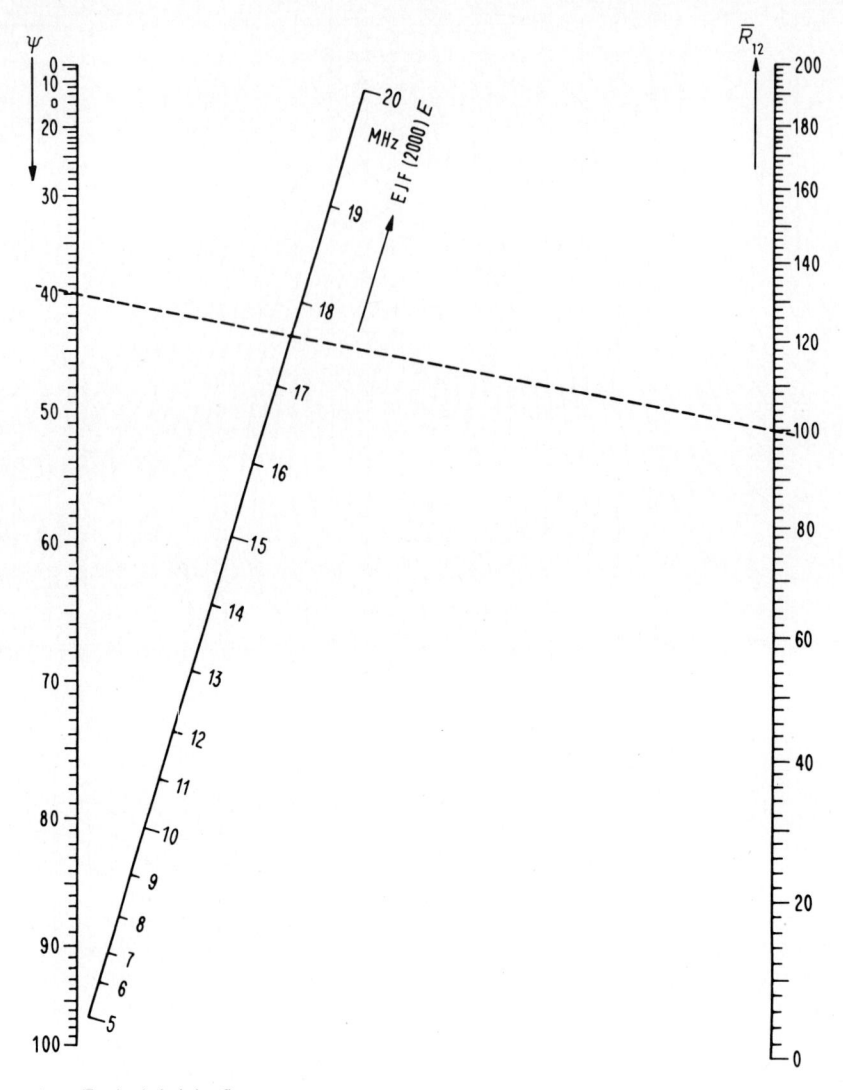

ψ Zenitwinkel der Sonne
$\overline{R}_{12}$ Sonnenfleckenzahl, abgeglichener Zwölfmonatswert

Beispiel: Zenitwinkel der Sonne $\psi = 40°$, Sonnenfleckenzahl 100 ergibt $EJF(2000)\ E = 17{,}6$ MHz.

Bild 4.9
Nomogramm zum Ermitteln der EJF (2000) E aus dem Zenitwinkel der Sonne und der Sonnenfleckenzahl

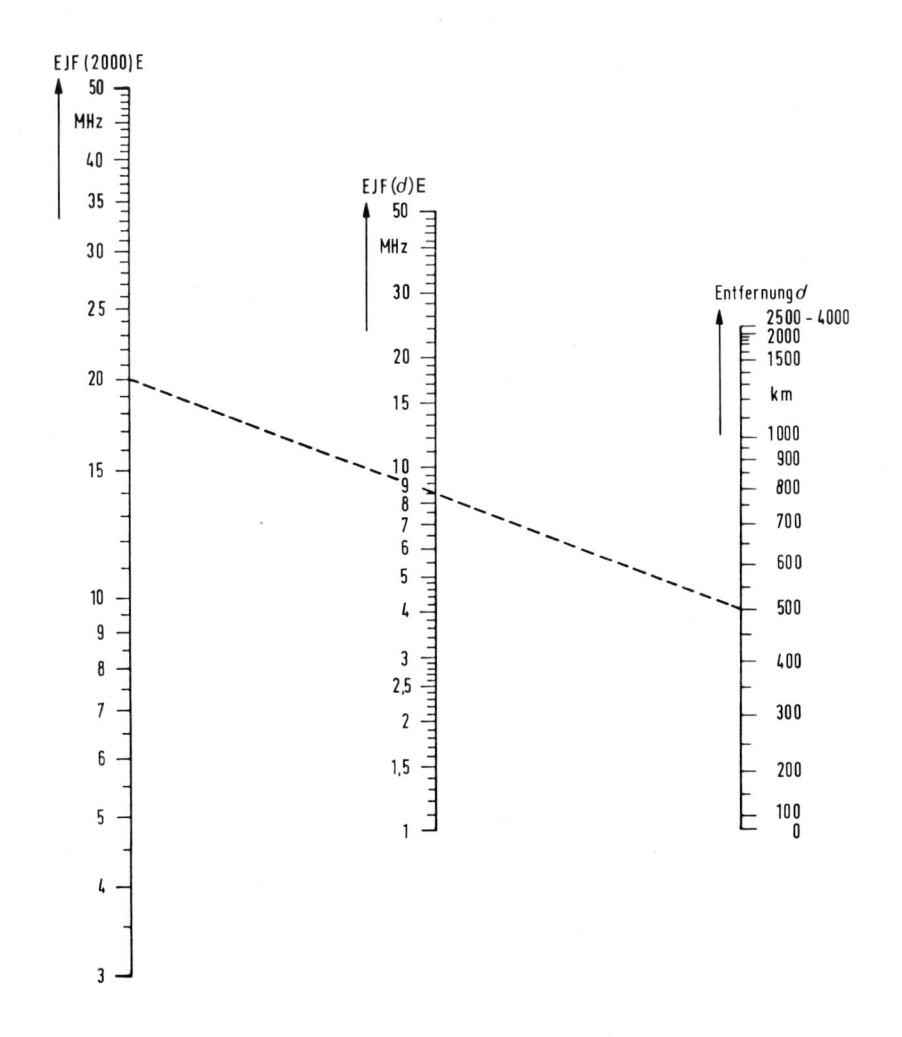

Beispiel: Funkweglänge 500 km, *EJF* (2000) E = 20 MHz ergibt *EJF* (500) = 8,4 MHz

Bild 4.10
Nomogramm zum Ermitteln der *EJF* (d) E aus der *EJF* (2000) E und der Streckenlänge d

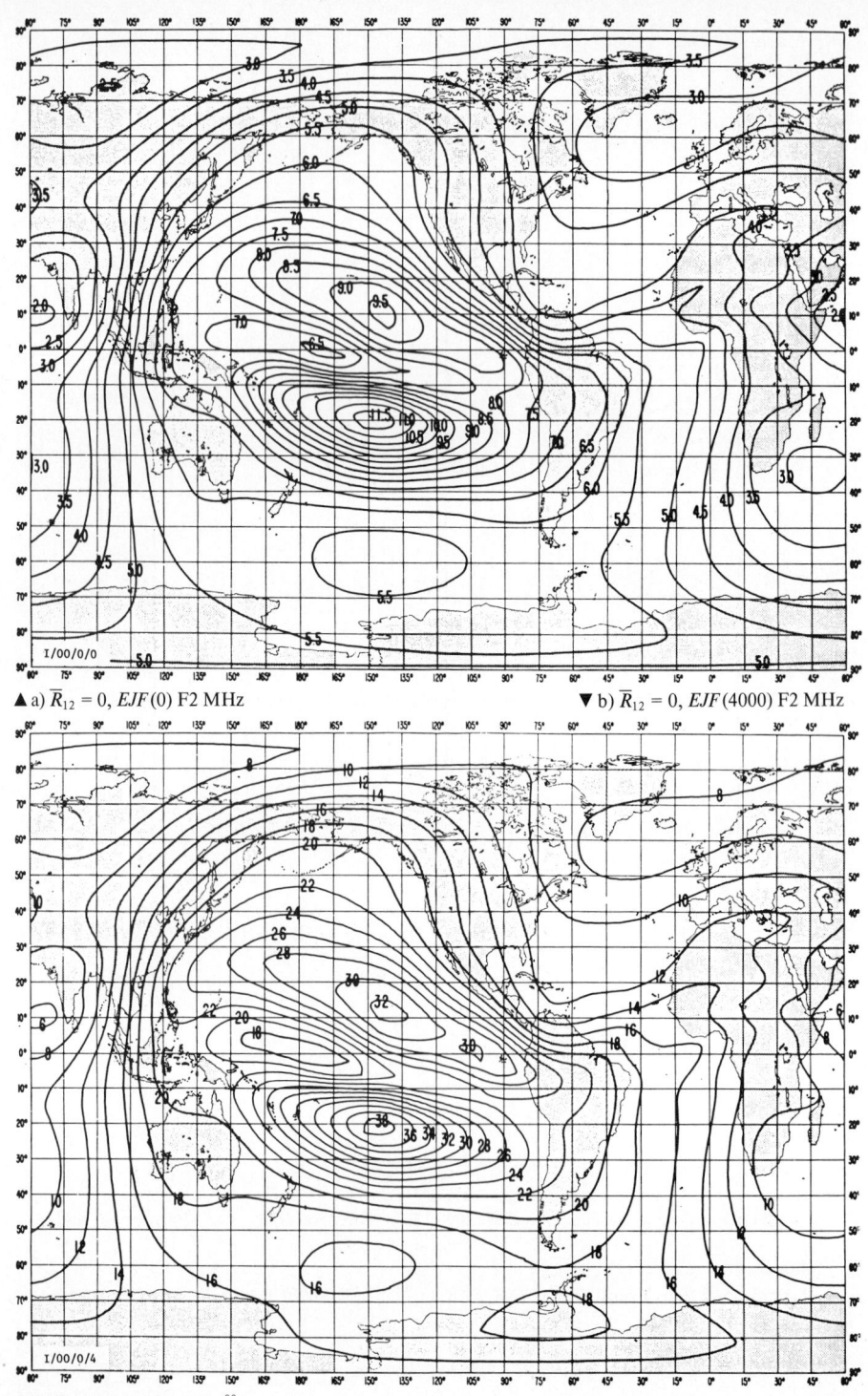

▲ a) $\overline{R}_{12} = 0$, $EJF(0)$ F2 MHz ▼ b) $\overline{R}_{12} = 0$, $EJF(4000)$ F2 MHz

Bild 4.11.1 a,b   Januar 0^{00}

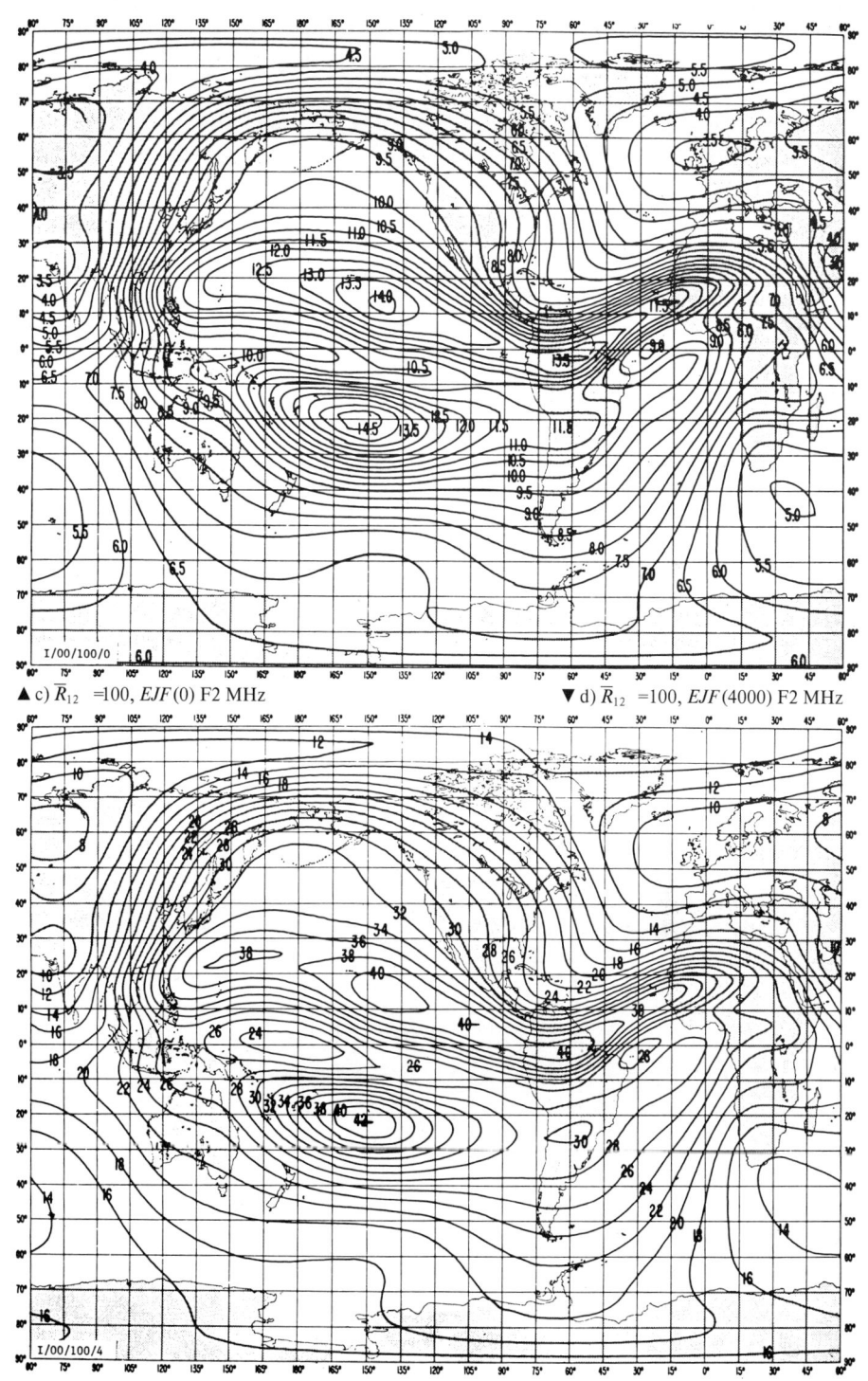

▲ c) $\overline{R}_{12} = 100$, $EJF(0)$ F2 MHz ▼ d) $\overline{R}_{12} = 100$, $EJF(4000)$ F2 MHz

Bild 4.11.1 c,d Januar 0^{00}

▲ a) $\bar{R}_{12} = 0$, $EJF(0)$ F2 MHz   ▼ b) $\bar{R}_{12} = 0$, $EJF(4000)$ F2 MHz

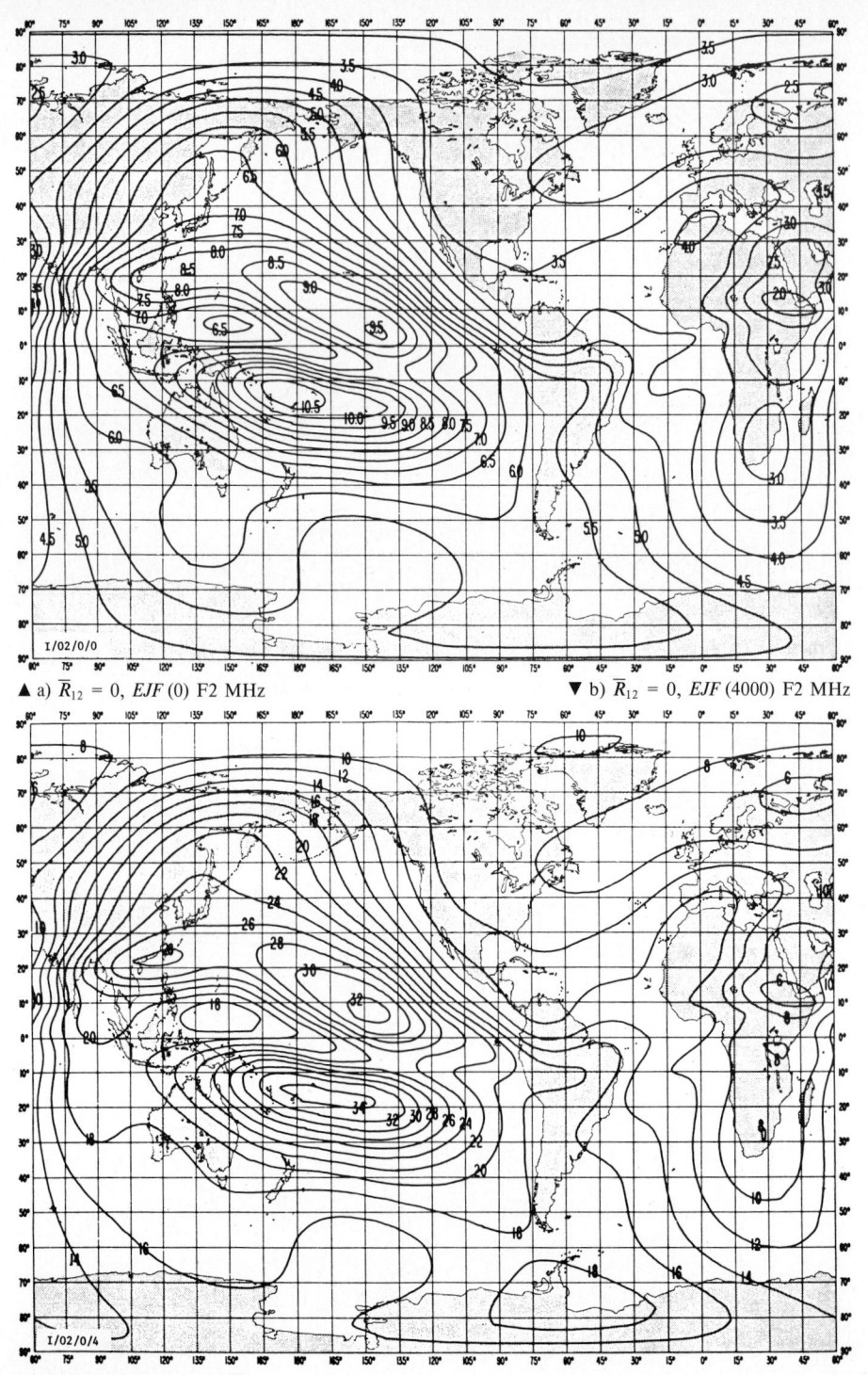

Bild 4.11.2 a,b   Januar 02^{00}

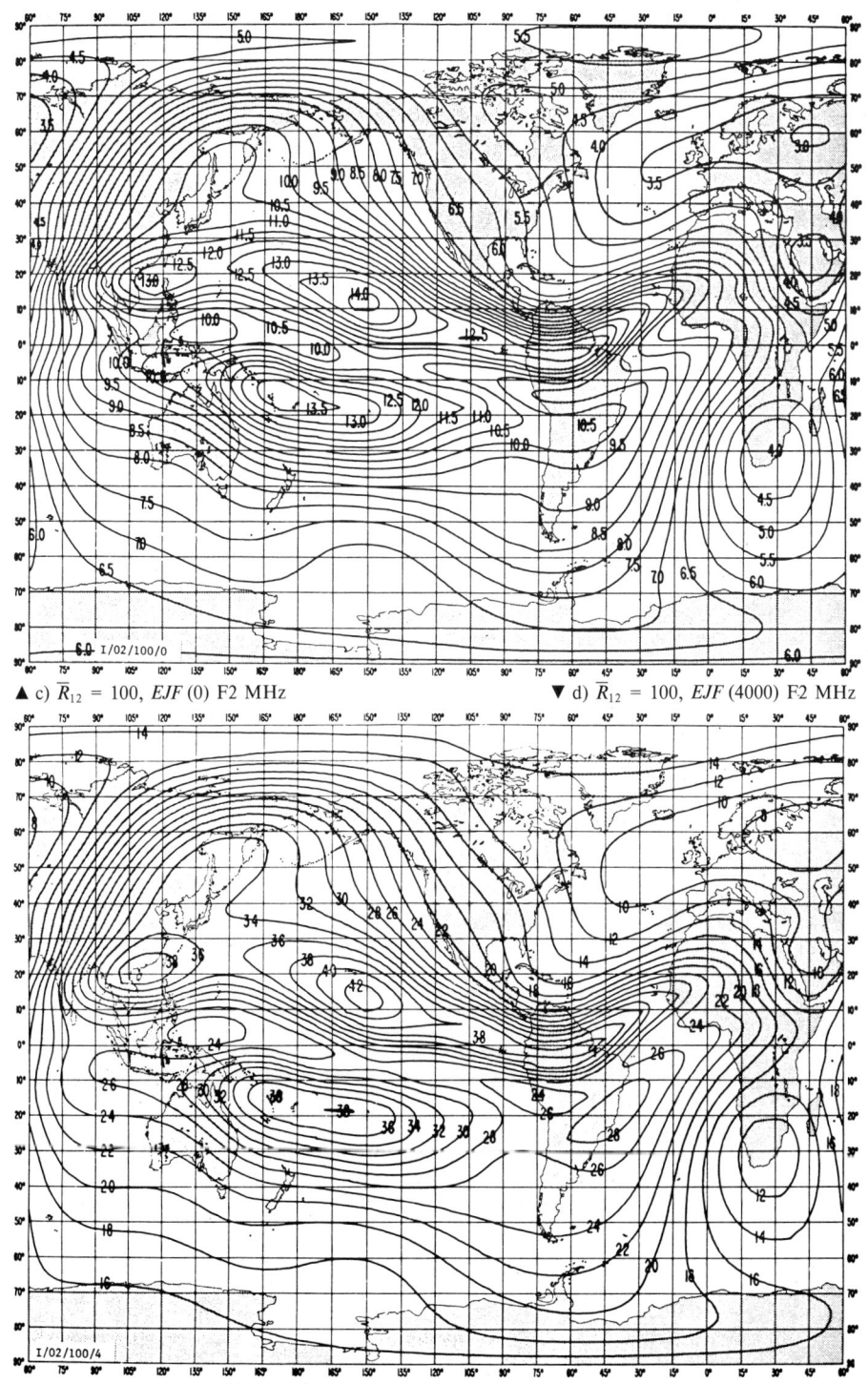

▲ c) $\overline{R}_{12} = 100$, $EJF(0)$ F2 MHz ▼ d) $\overline{R}_{12} = 100$, $EJF(4000)$ F2 MHz

Bild 4.11.2 c,d   Januar 02^{00}

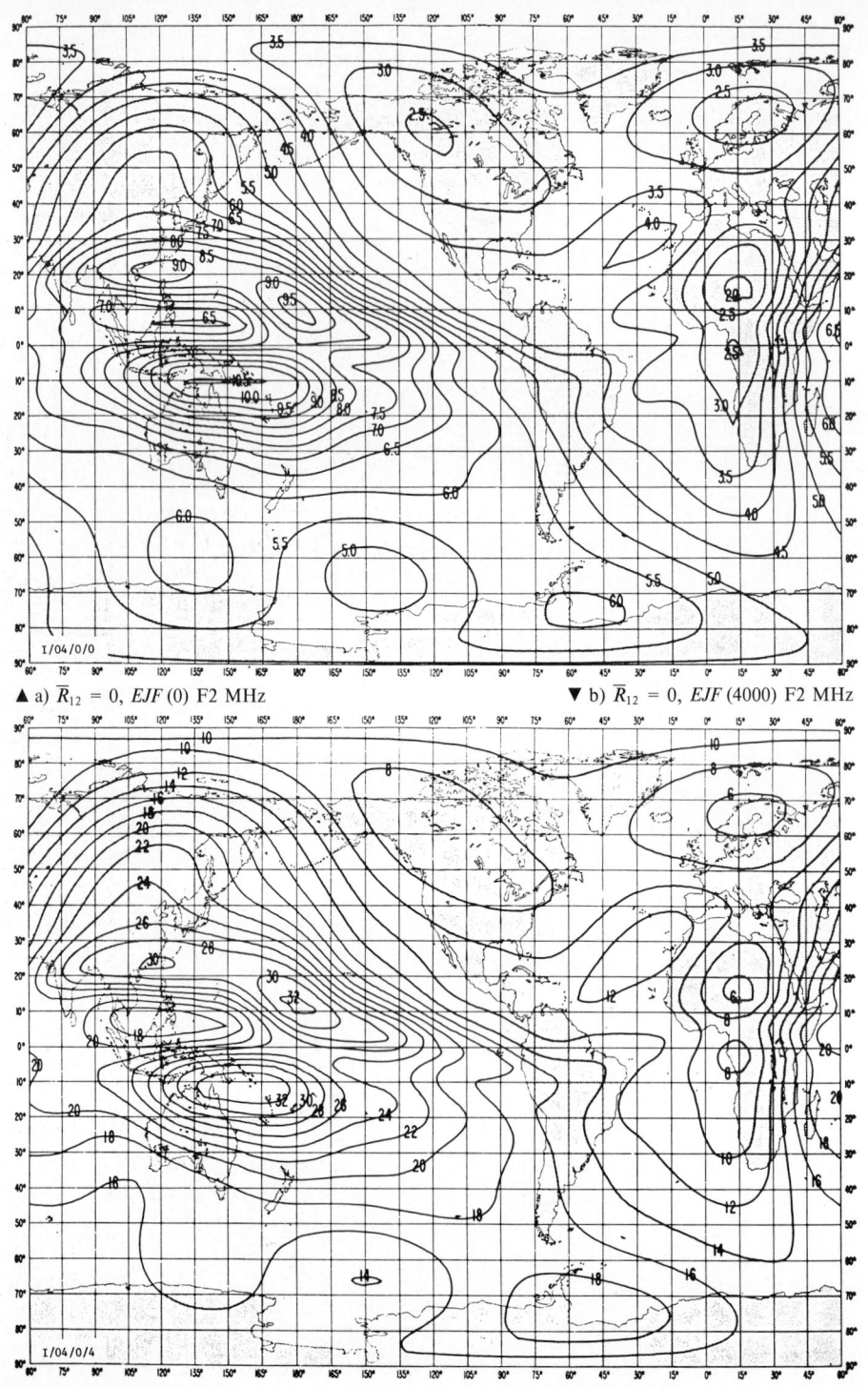

▲ a) $\overline{R}_{12} = 0$, *EJF* (0) F2 MHz ▼ b) $\overline{R}_{12} = 0$, *EJF* (4000) F2 MHz

Bild 4.11.3 a,b   Januar 04^{00}

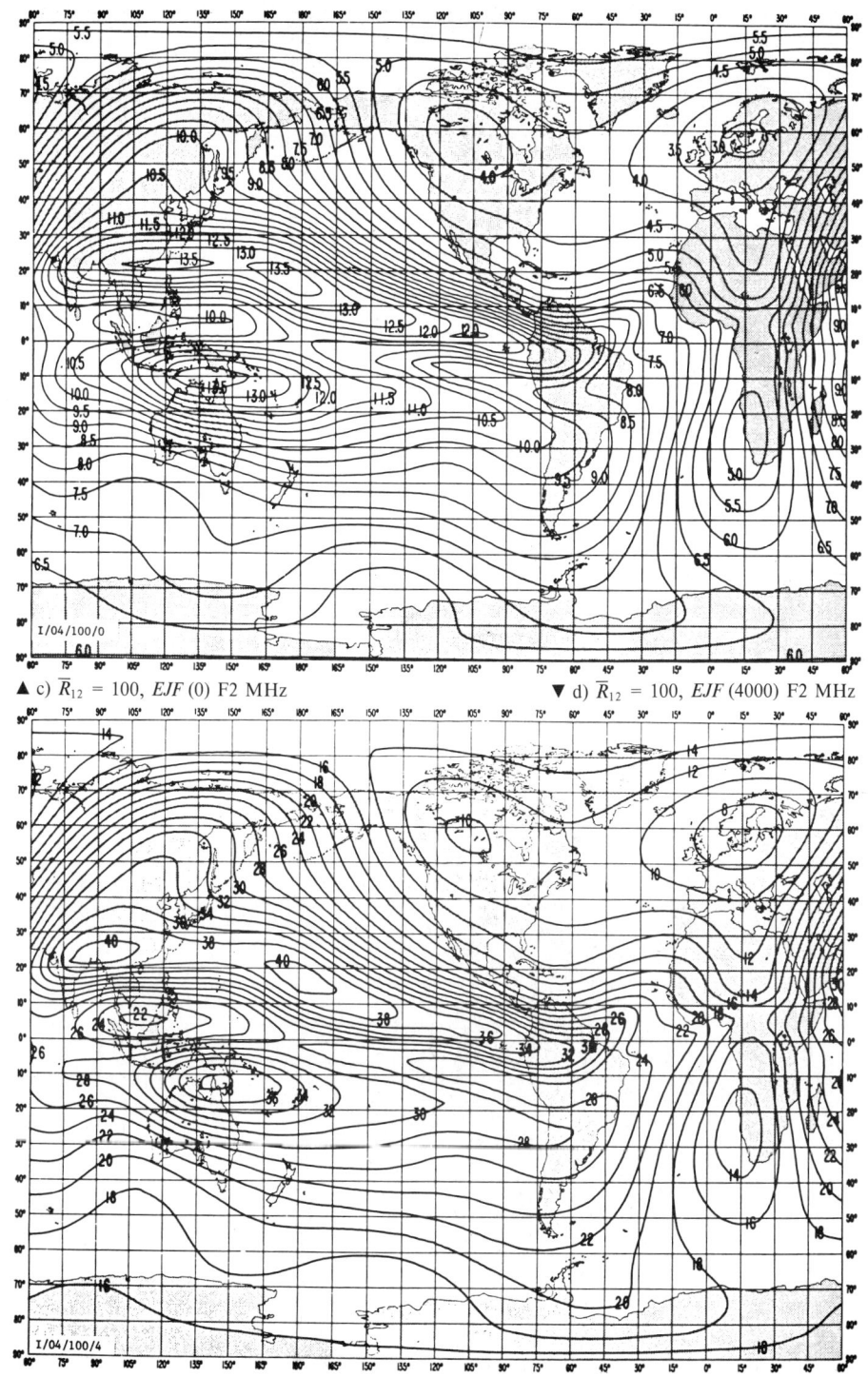

▲ c) $\overline{R}_{12} = 100$, *EJF* (0) F2 MHz ▼ d) $\overline{R}_{12} = 100$, *EJF* (4000) F2 MHz

Bild 4.11.3 c,d   Januar 04^{00}

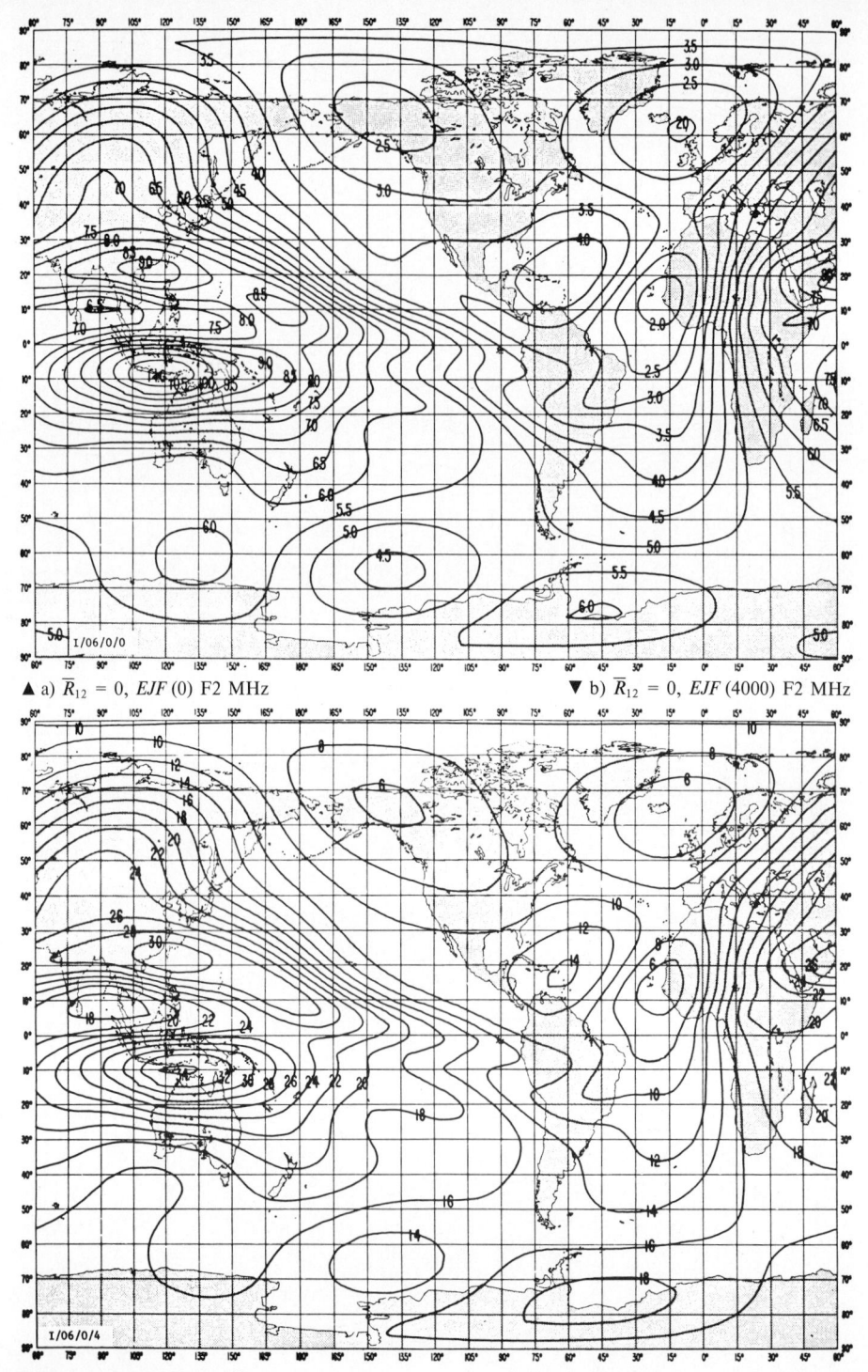

▲ a) $\overline{R}_{12} = 0$, *EJF* (0) F2 MHz   ▼ b) $\overline{R}_{12} = 0$, *EJF* (4000) F2 MHz

Bild 4.11.4 a,b   Januar 06^{00}

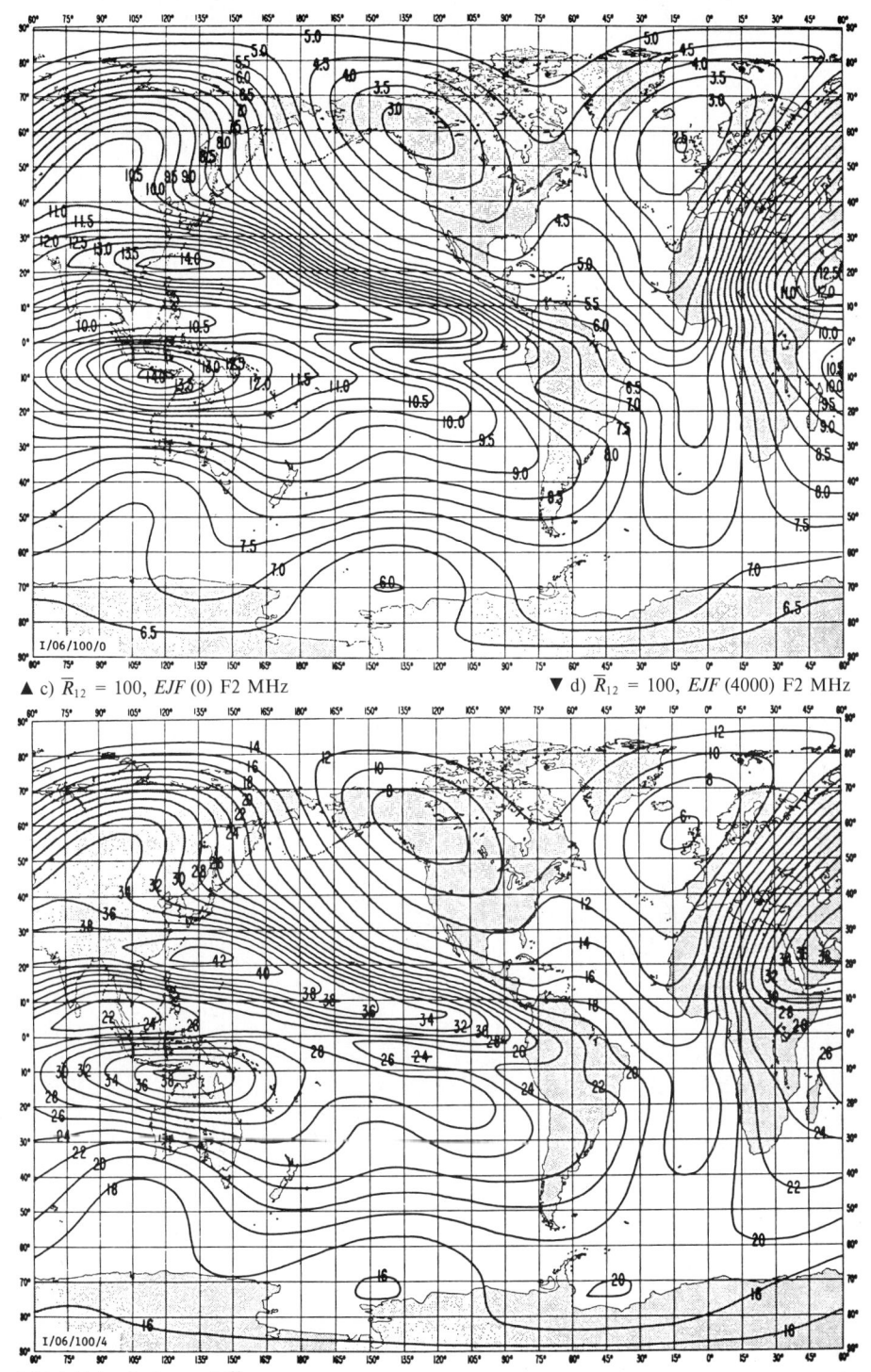

▲ c) $\overline{R}_{12} = 100$, *EJF* (0) F2 MHz   ▼ d) $\overline{R}_{12} = 100$, *EJF* (4000) F2 MHz

Bild 4.11.4 c,d   Januar 06^{00}

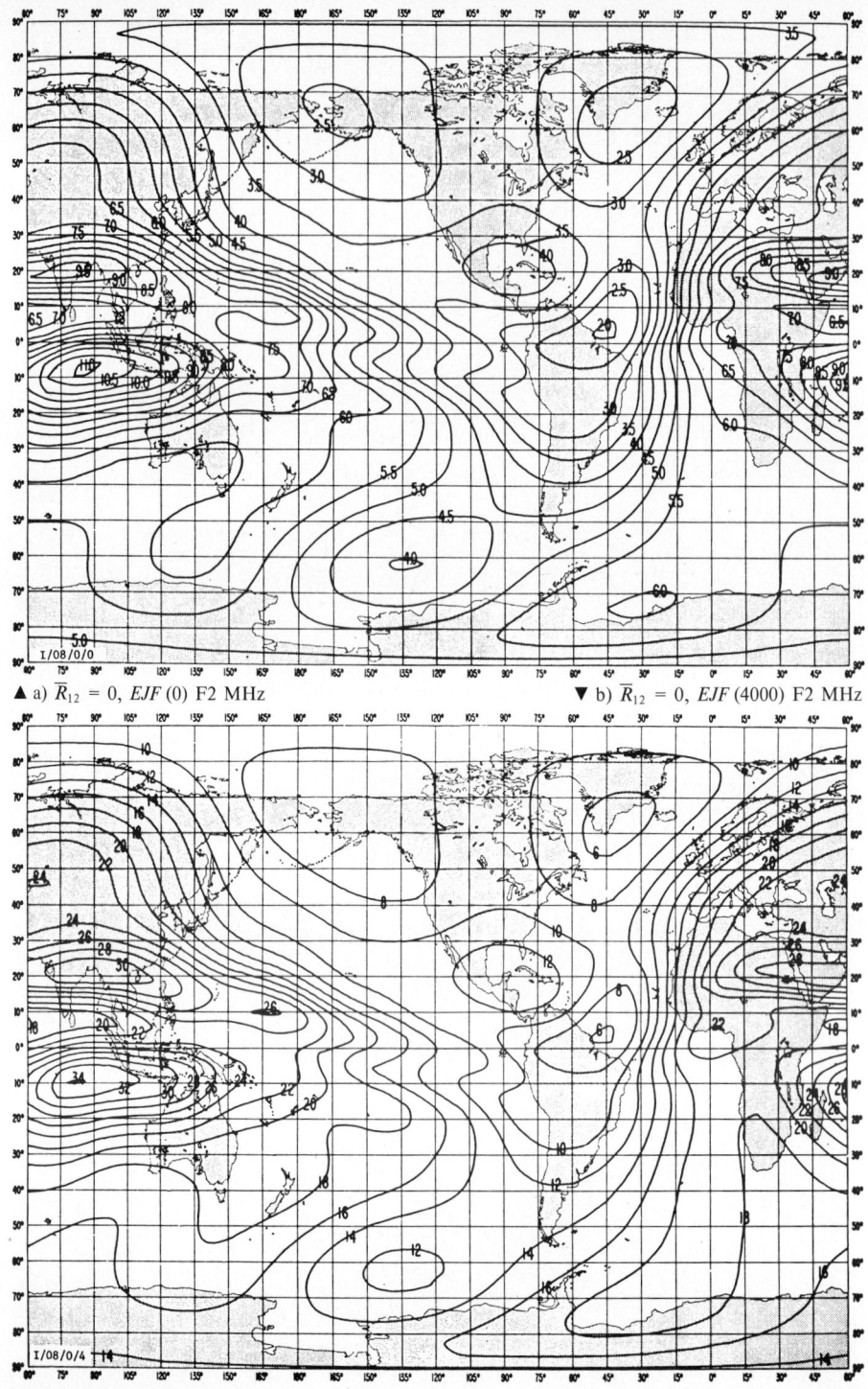

▲ a) $\overline{R}_{12} = 0$, *EJF* (0) F2 MHz   ▼ b) $\overline{R}_{12} = 0$, *EJF* (4000) F2 MHz

Bild 4.11.5 a,b   Januar 08^{00}

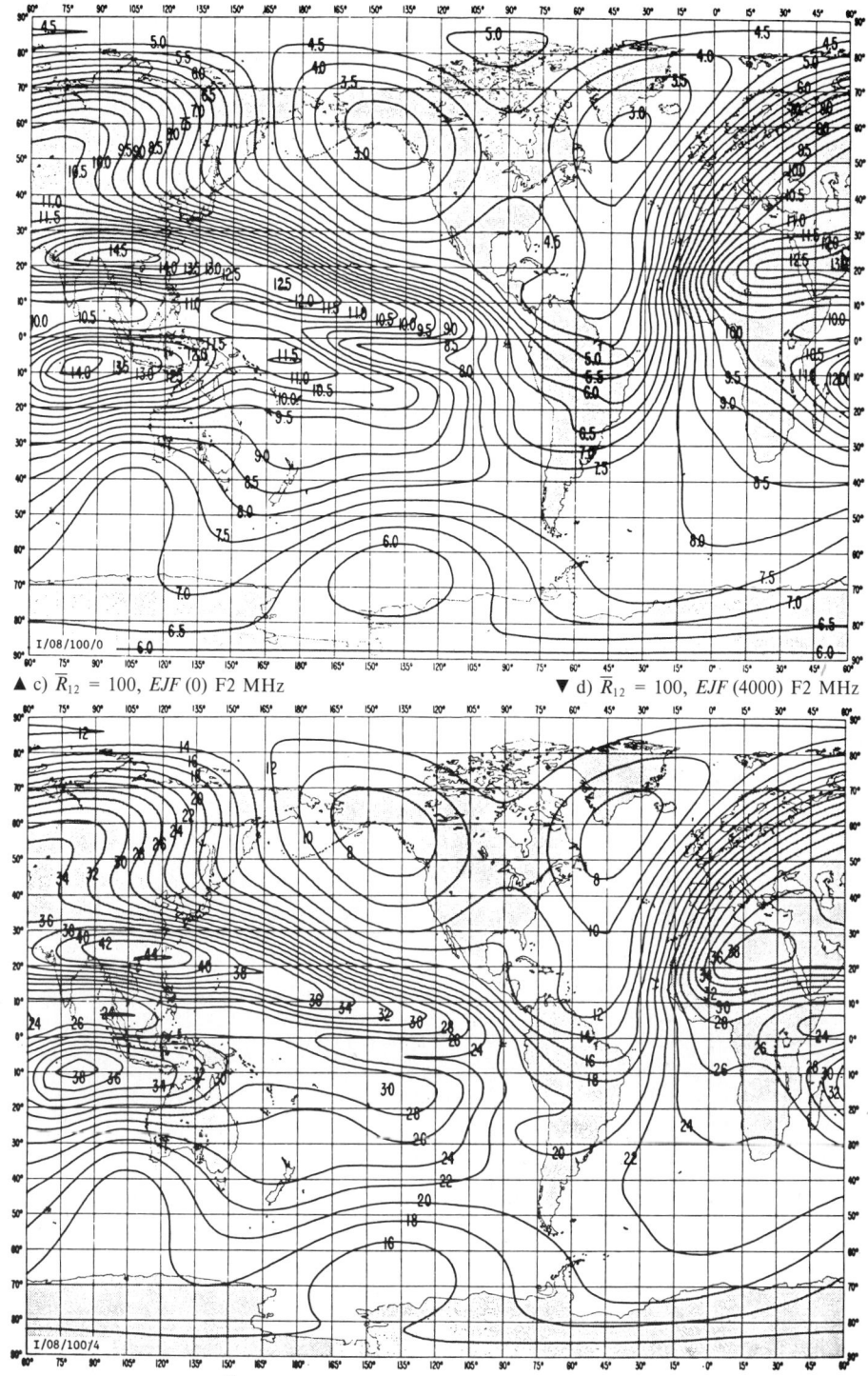

▲ c) $\overline{R}_{12} = 100$, $EJF(0)$ F2 MHz ▼ d) $\overline{R}_{12} = 100$, $EJF(4000)$ F2 MHz

Bild 4.11.5 c,d   Januar 08^{00}

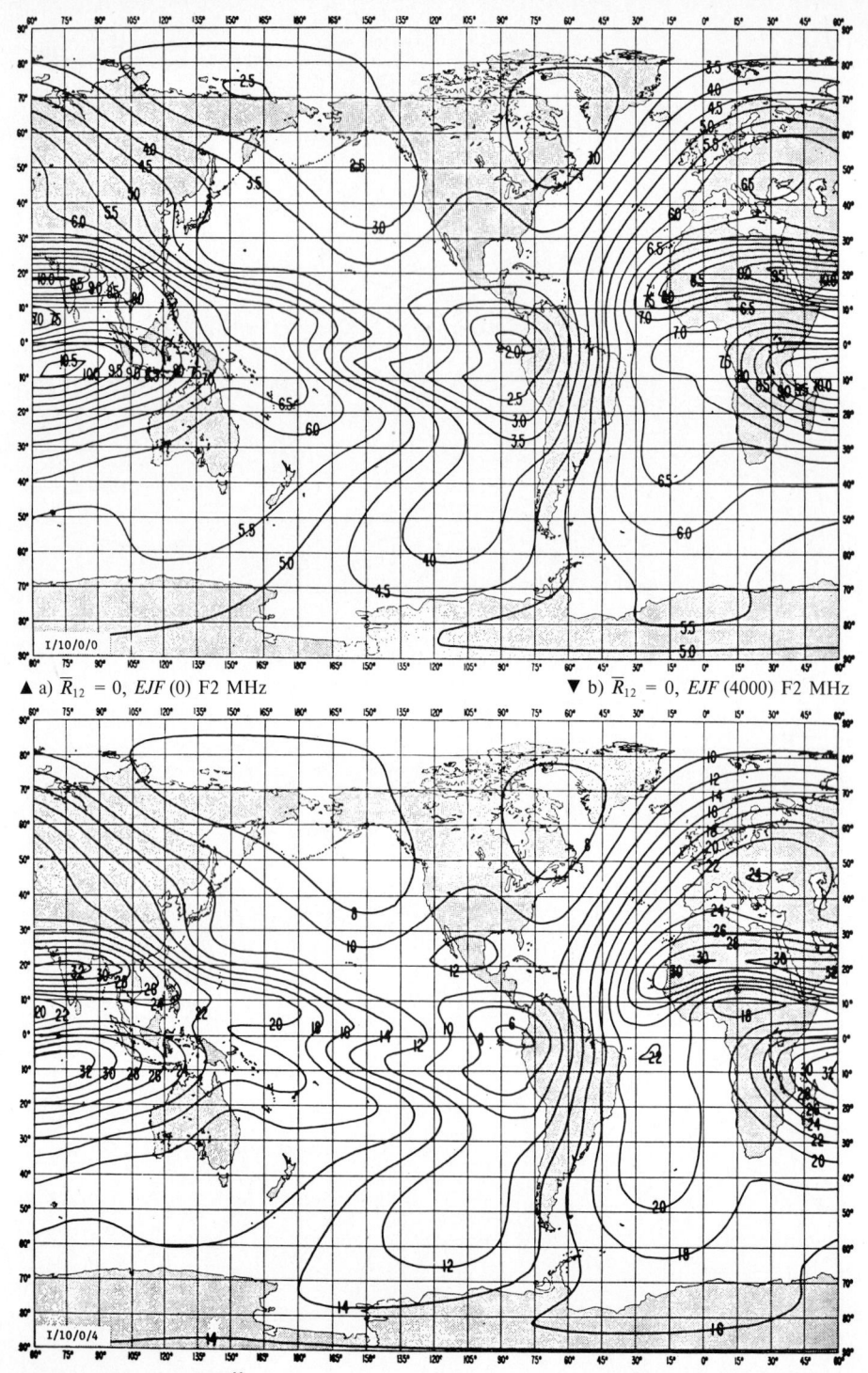

▲ a) $\overline{R}_{12} = 0$, $EJF(0)$ F2 MHz   ▼ b) $\overline{R}_{12} = 0$, $EJF(4000)$ F2 MHz

Bild 4. 11.6 a,b Januar 10^{00}

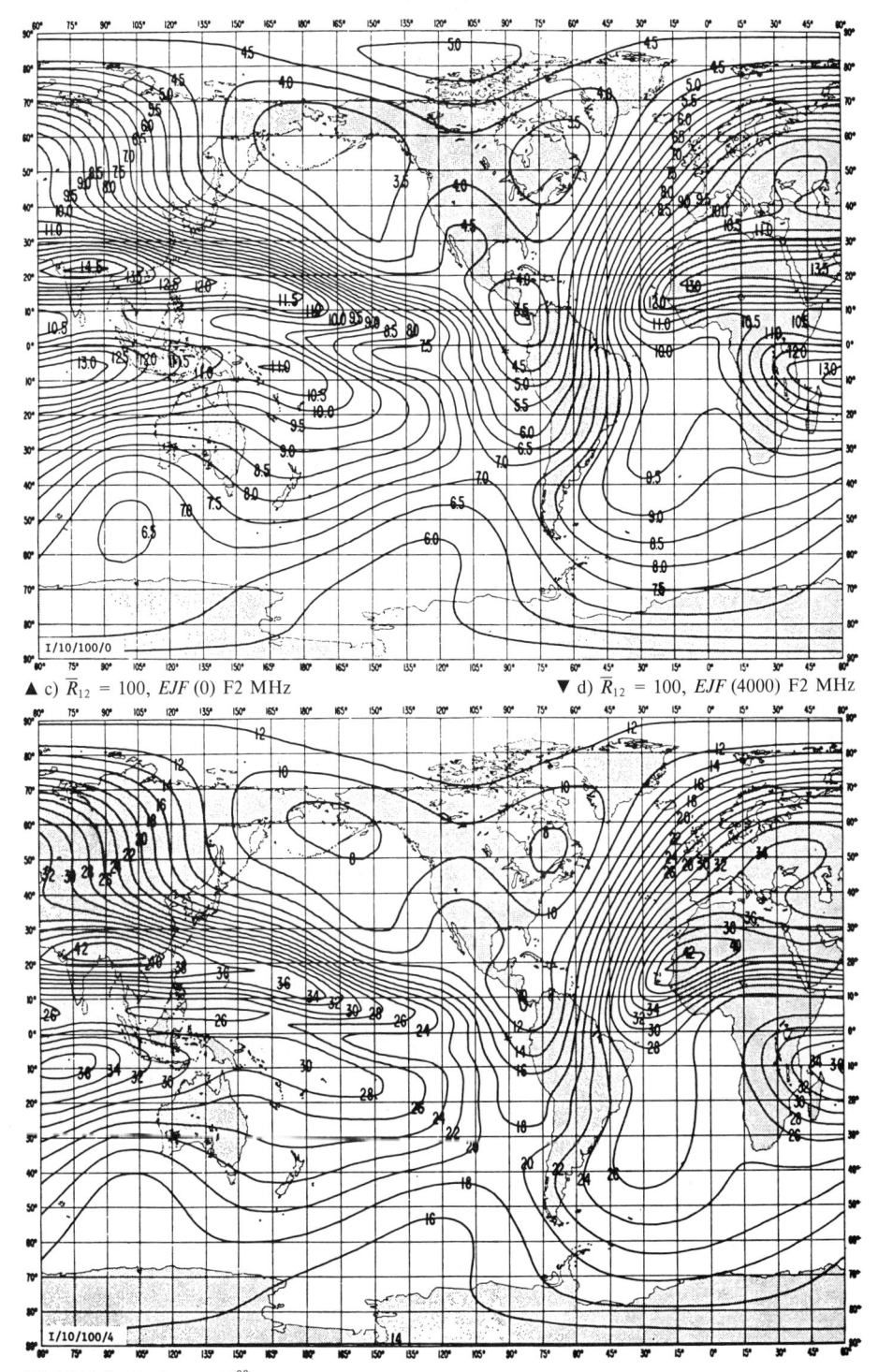

▲ c) $\overline{R}_{12} = 100$, *EJF* (0) F2 MHz ▼ d) $\overline{R}_{12} = 100$, *EJF* (4000) F2 MHz

Bild 4.11.6 c,d   Januar 10^{00}

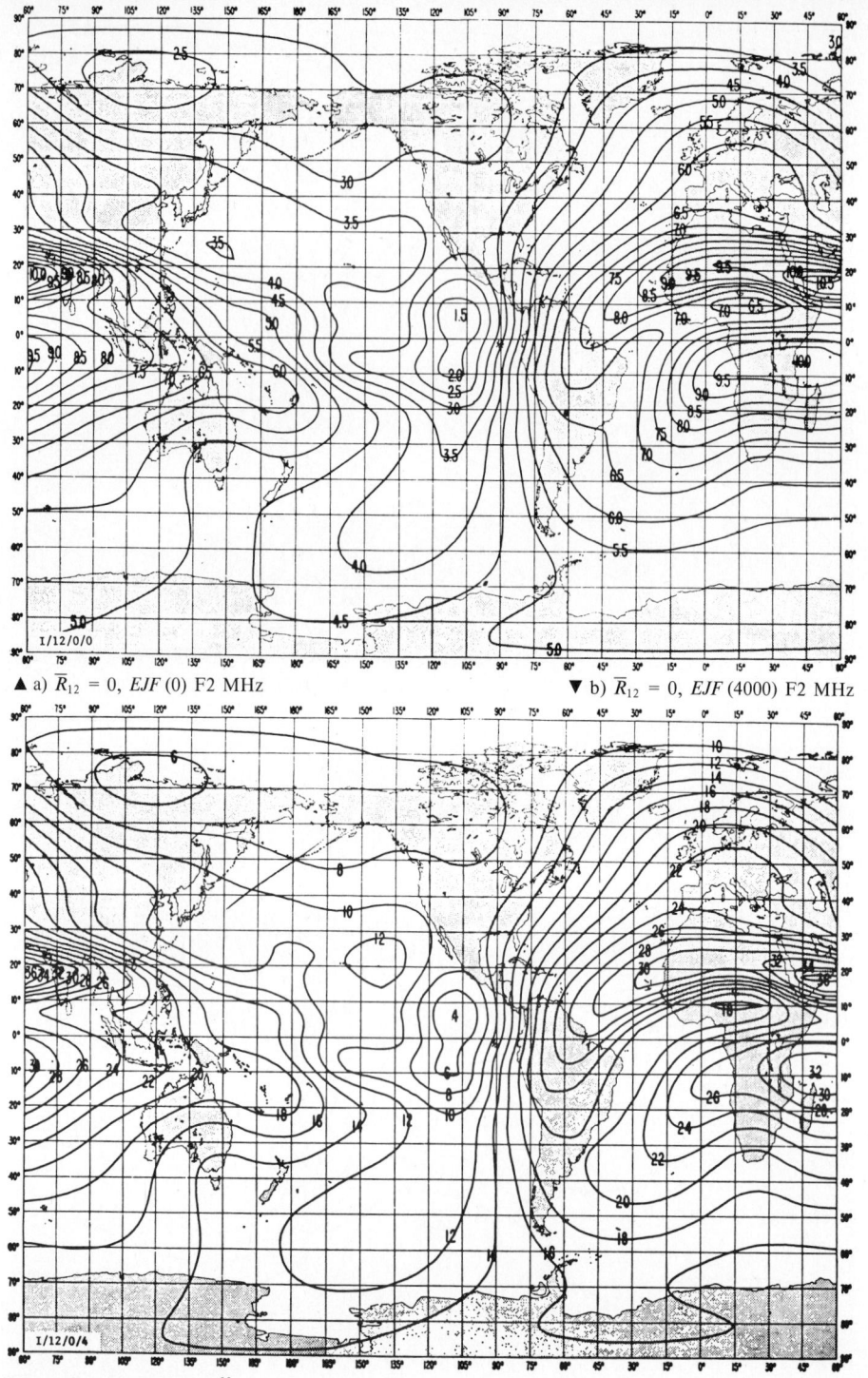

▲ a) $\overline{R}_{12} = 0$, $EJF(0)$ F2 MHz ▼ b) $\overline{R}_{12} = 0$, $EJF(4000)$ F2 MHz

Bild 4.11.7 a,b Januar 12^{00}

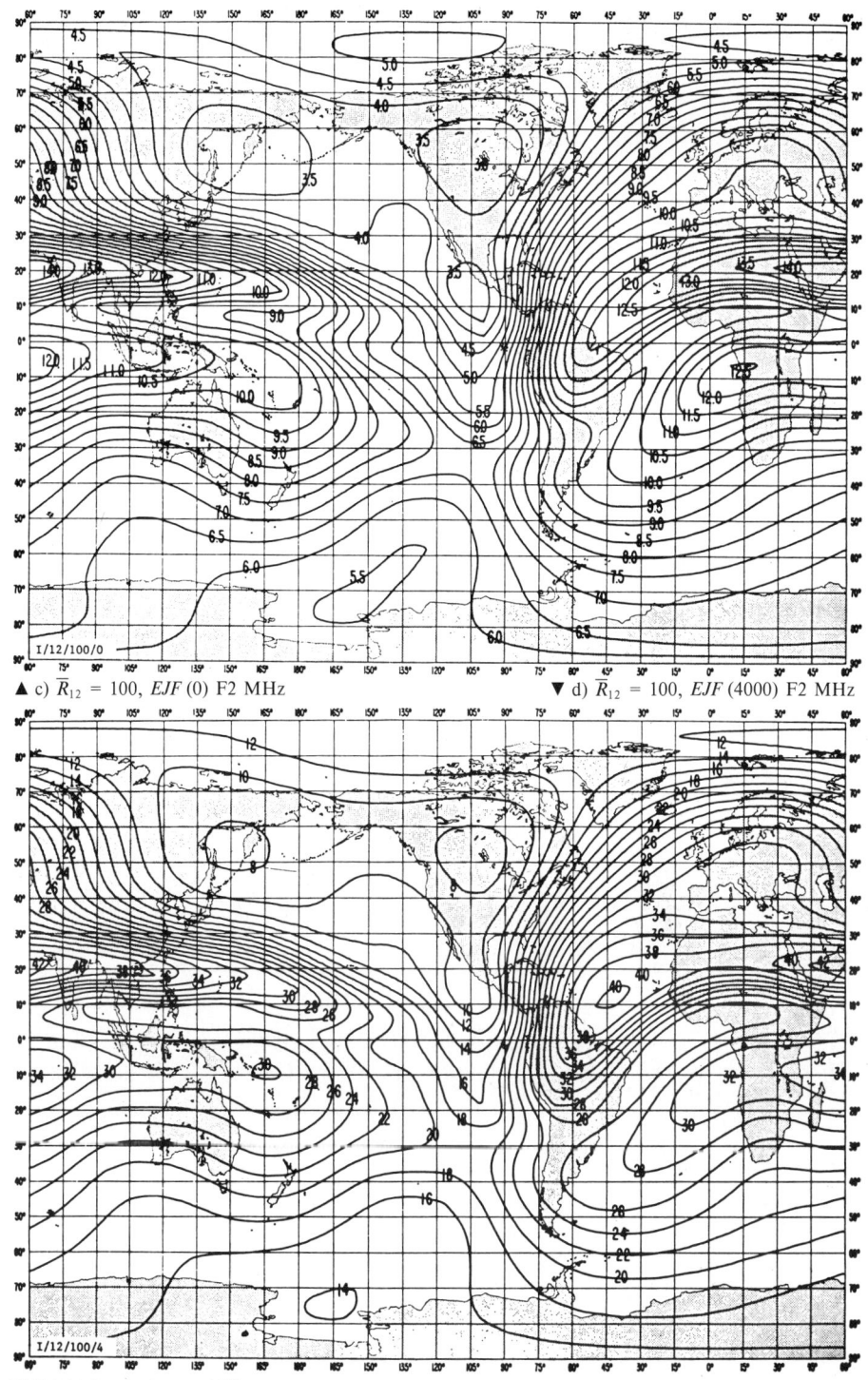

▲ c) $\overline{R}_{12} = 100$, *EJF* (0) F2 MHz   ▼ d) $\overline{R}_{12} = 100$, *EJF* (4000) F2 MHz

Bild 4.11.7 c,d   Januar 12^{00}

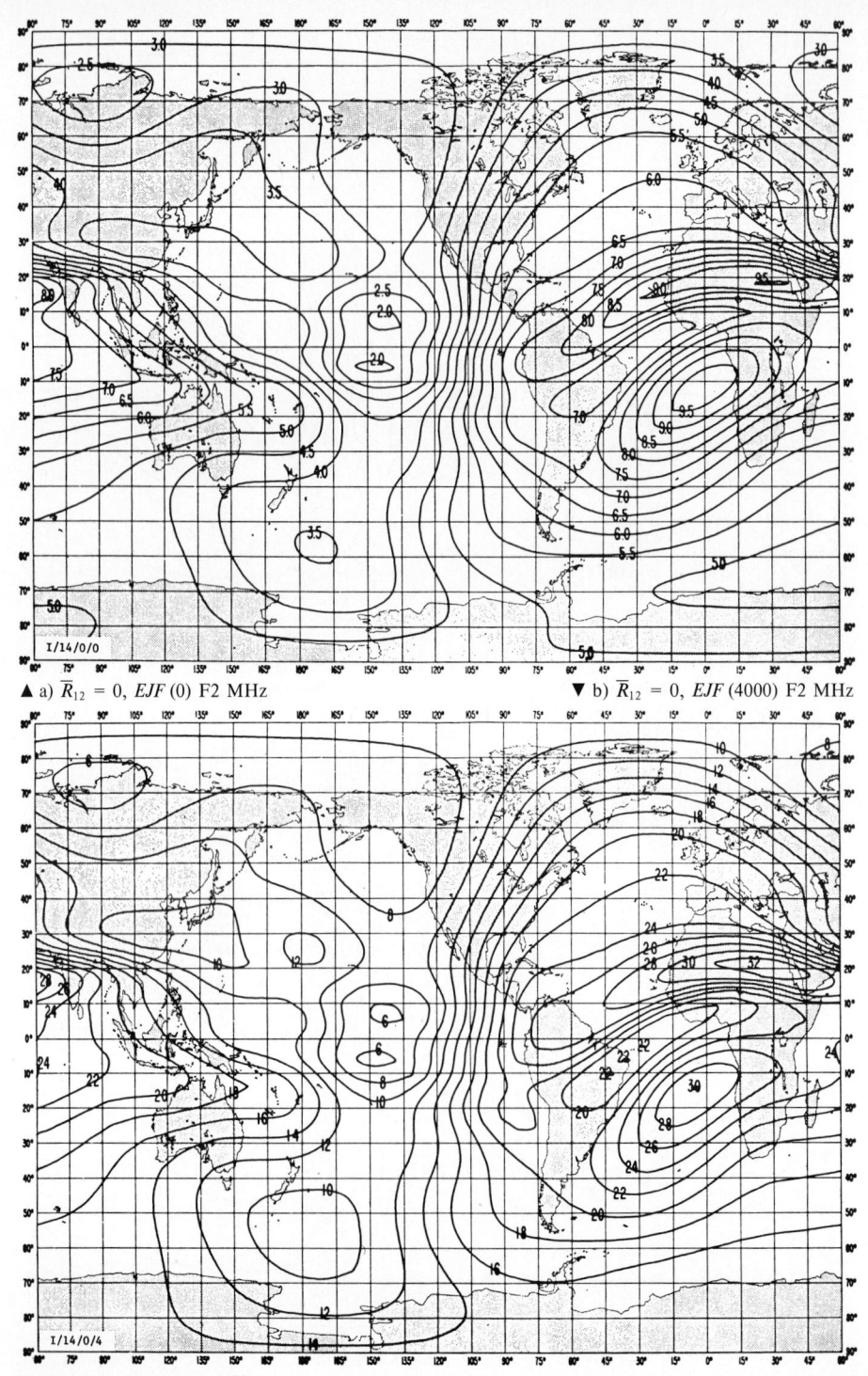

▲ a) $\overline{R}_{12} = 0$, $EJF(0)$ F2 MHz ▼ b) $\overline{R}_{12} = 0$, $EJF(4000)$ F2 MHz

Bild 4.11.8 a,b Januar 14^{00}

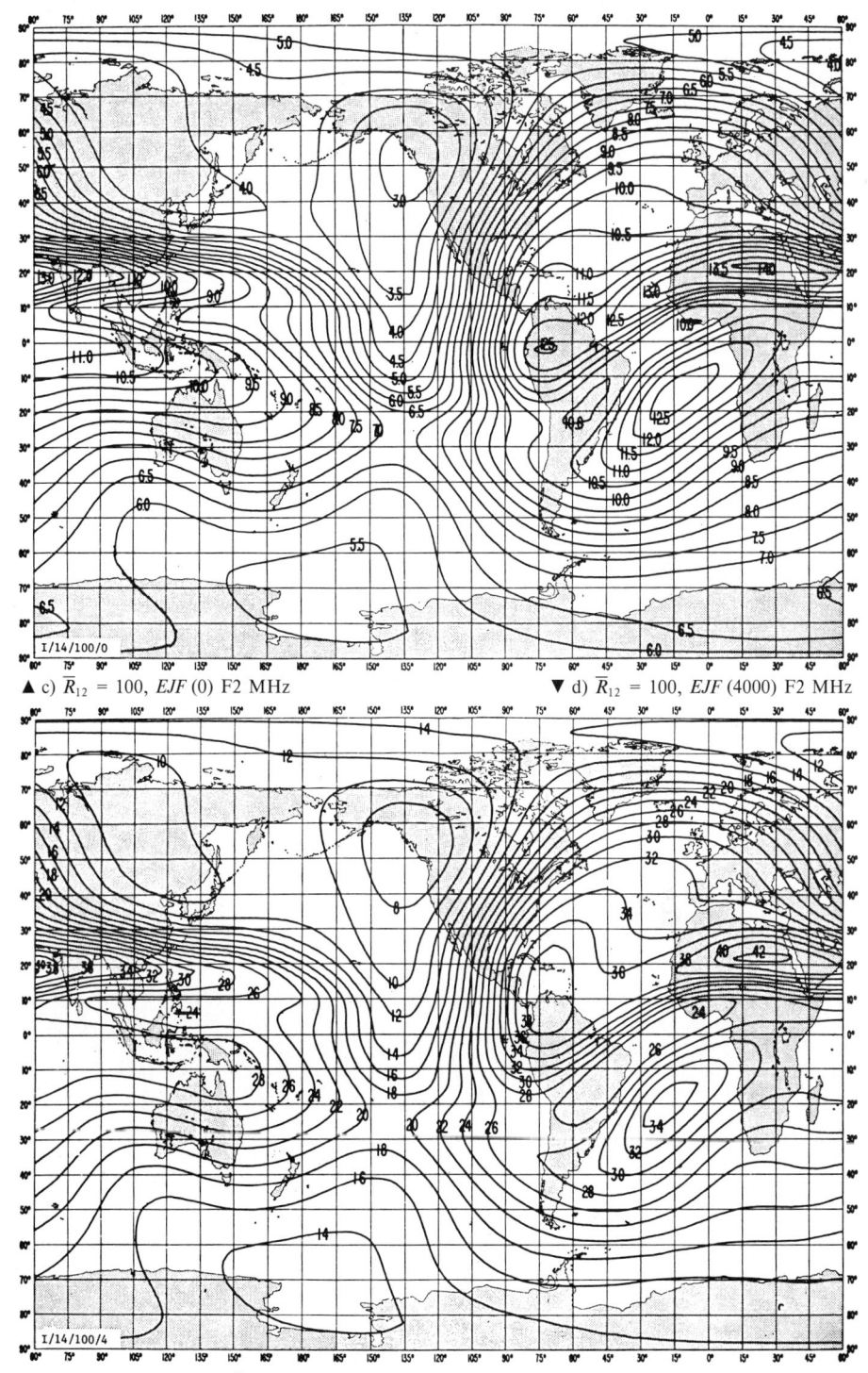

▲ c) $\overline{R}_{12} = 100$, EJF (0) F2 MHz ▼ d) $\overline{R}_{12} = 100$, EJF (4000) F2 MHz

Bild 4.11.8 c,d   Januar 14^{00}

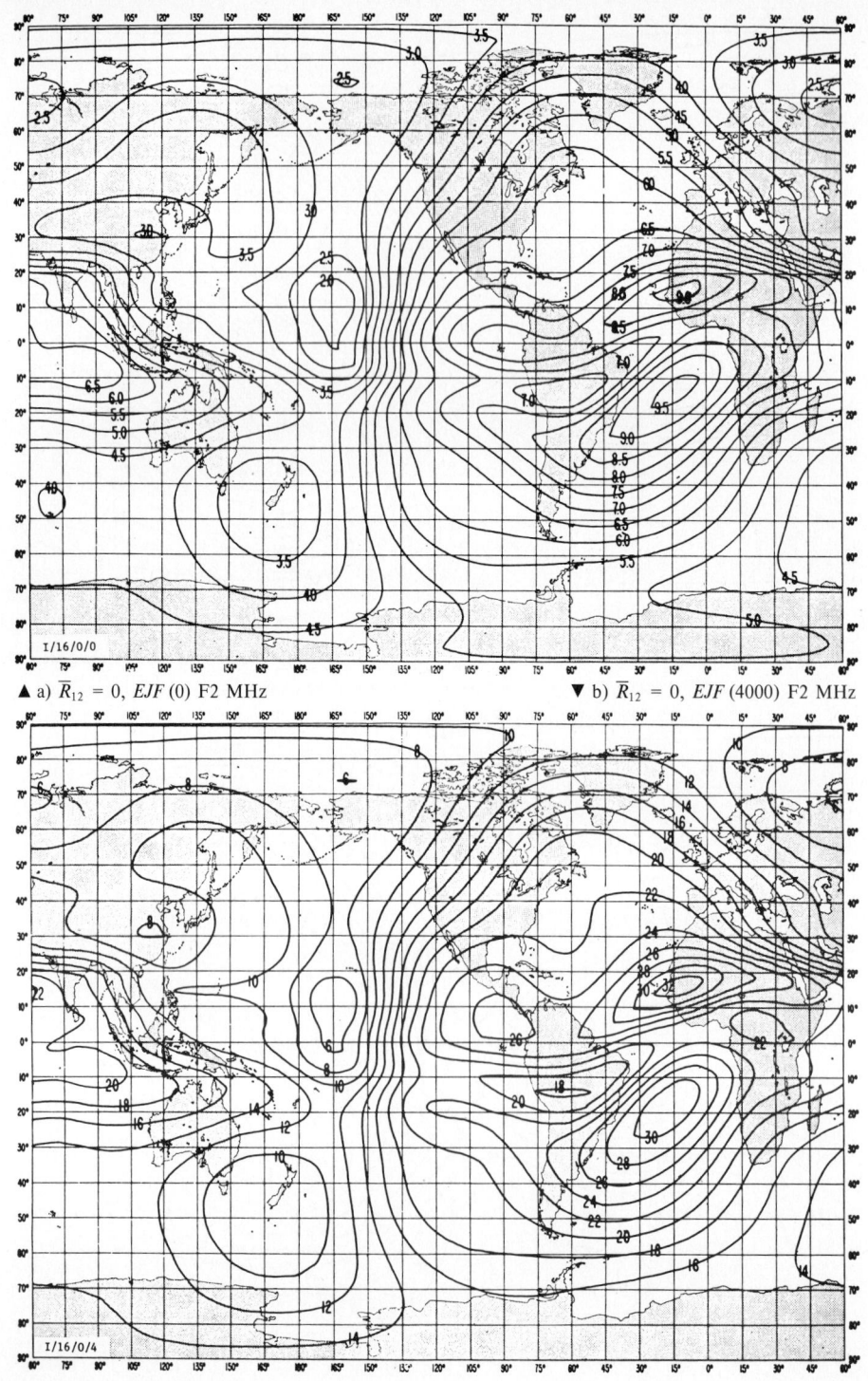

▲ a) $\overline{R}_{12} = 0$, *EJF* (0) F2 MHz ▼ b) $\overline{R}_{12} = 0$, *EJF* (4000) F2 MHz

Bild 4.11.9 a,b   Januar 16^{00}

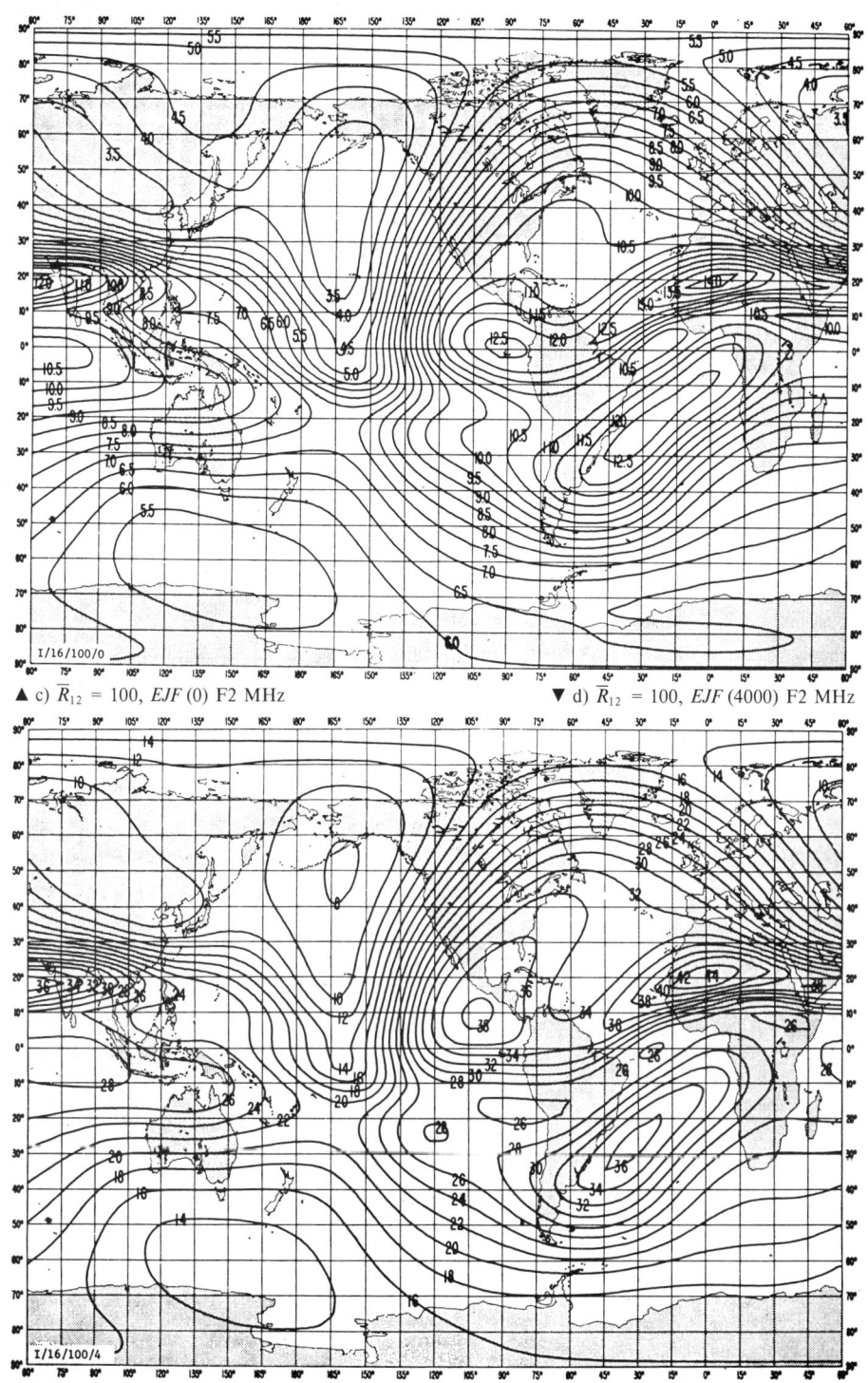

▲ c) $\overline{R}_{12} = 100$, *EJF* (0) F2 MHz   ▼ d) $\overline{R}_{12} = 100$, *EJF* (4000) F2 MHz

Bild 4.11.9 c,d   Januar 16^{00}

▲ a) $\overline{R}_{12} = 0$, $EJF(0)$ F2 MHz ▼ b) $\overline{R}_{12} = 0$, $EJF(4000)$ F2 MHz

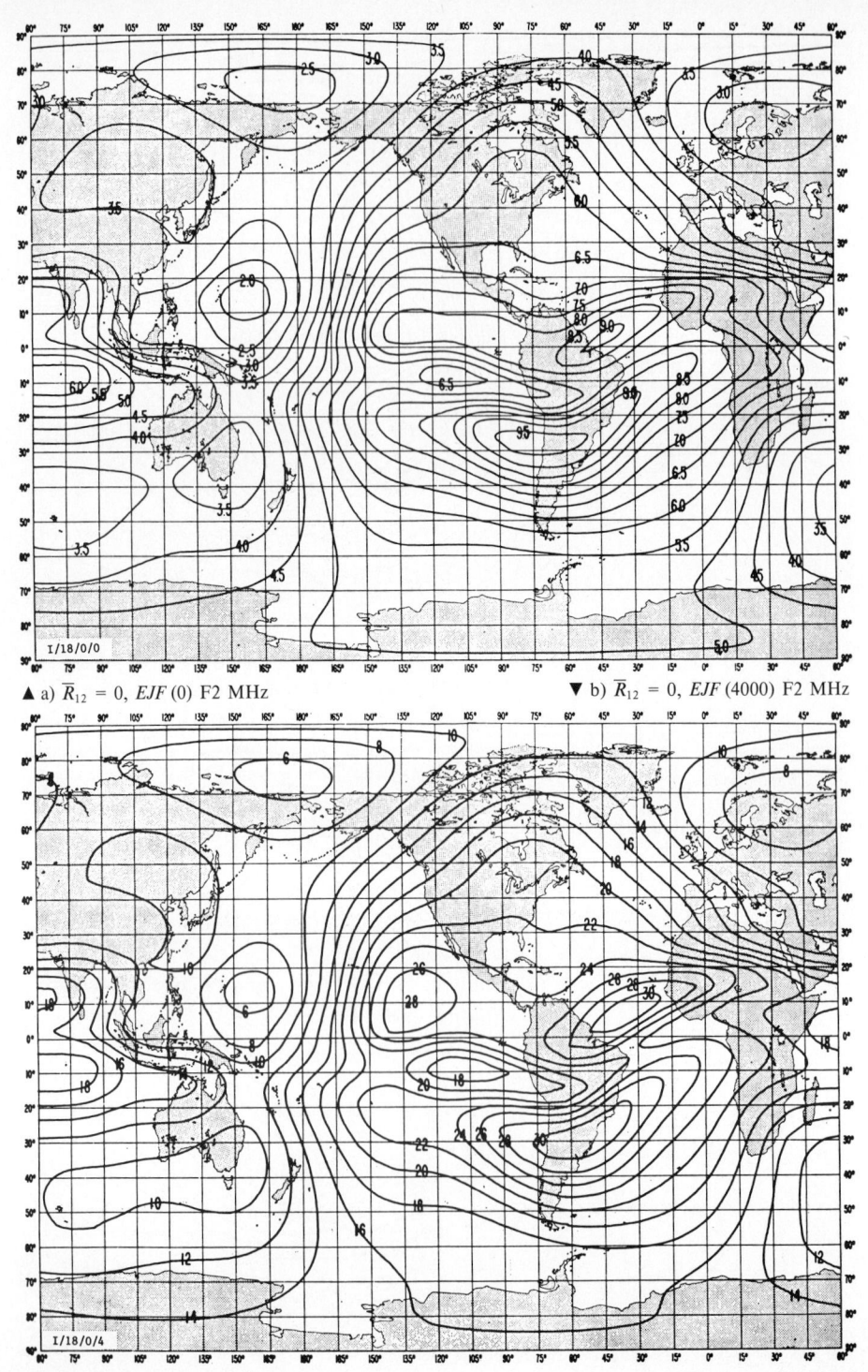

Bild 4.11.10 a,b   Januar 18^{00}

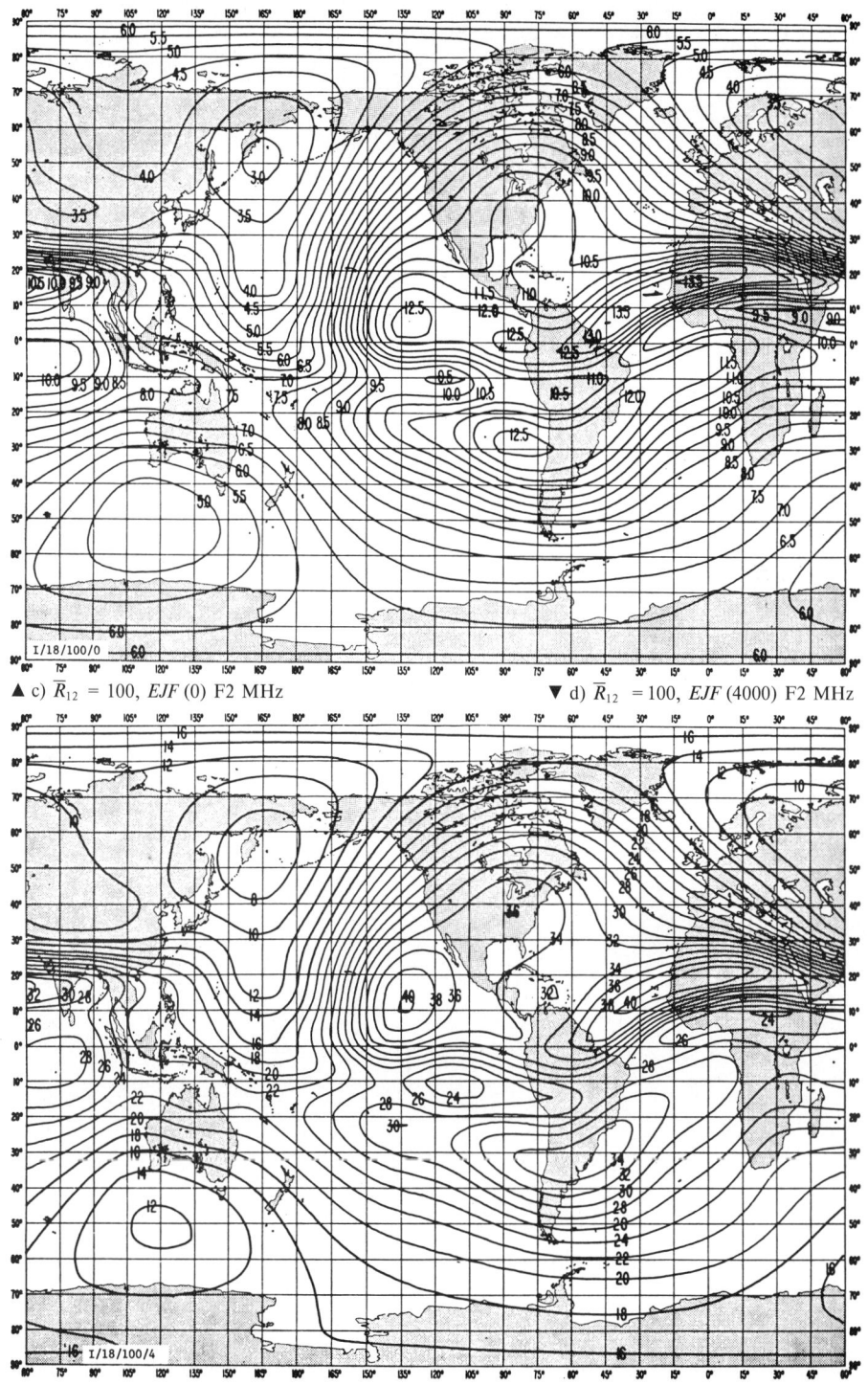

▲ c) $\overline{R}_{12} = 100$, *EJF* (0) F2 MHz   ▼ d) $\overline{R}_{12} = 100$, *EJF* (4000) F2 MHz

Bild 4.11.10 c,d Januar 18^{00}

▲ a) $\overline{R}_{12} = 0$, *EJF* (0) F2 MHz   ▼ b) $\overline{R}_{12} = 0$, *EJF* (4000) F2 MHz

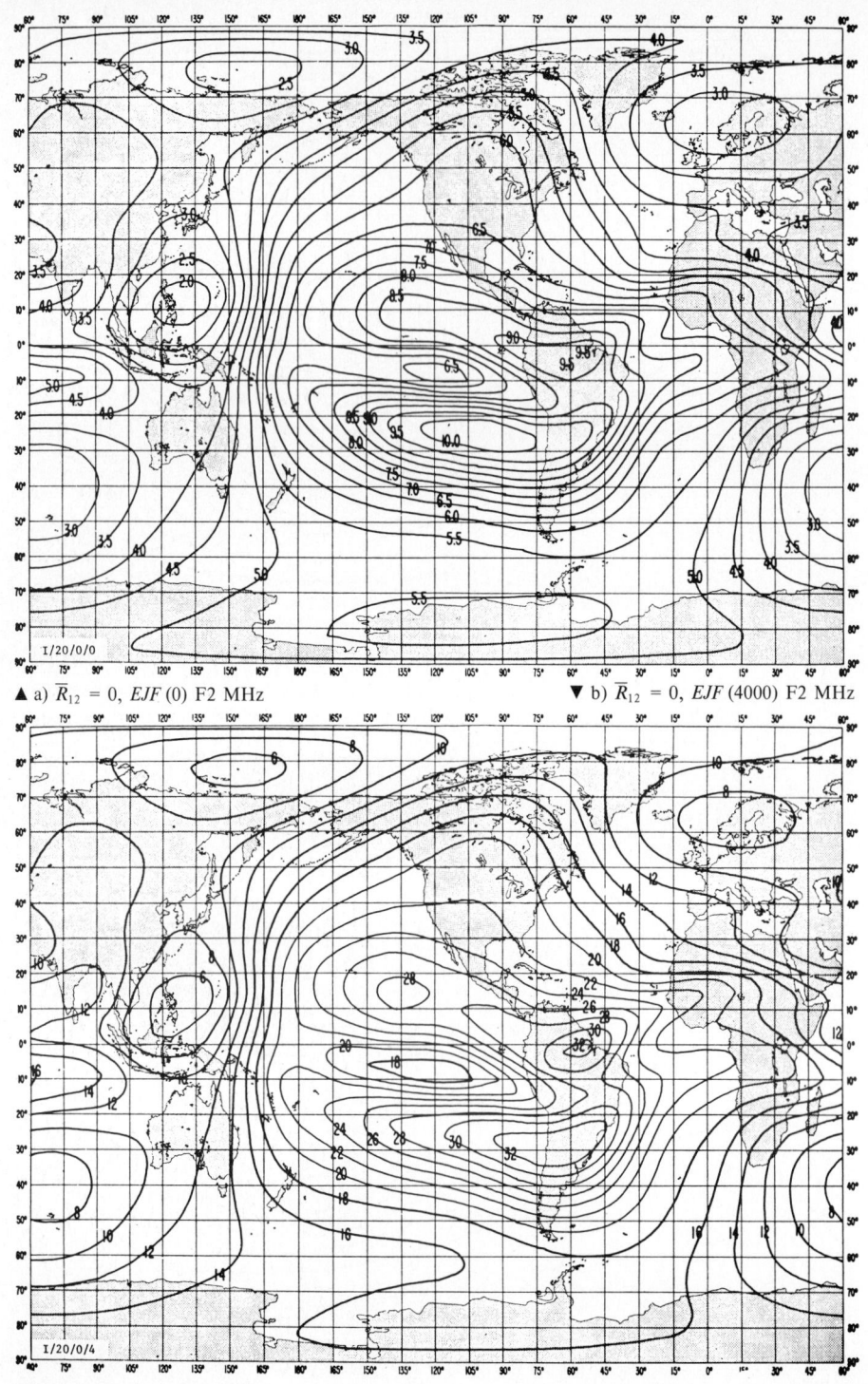

Bild 4.11.11 a,b   Januar 20^{00}

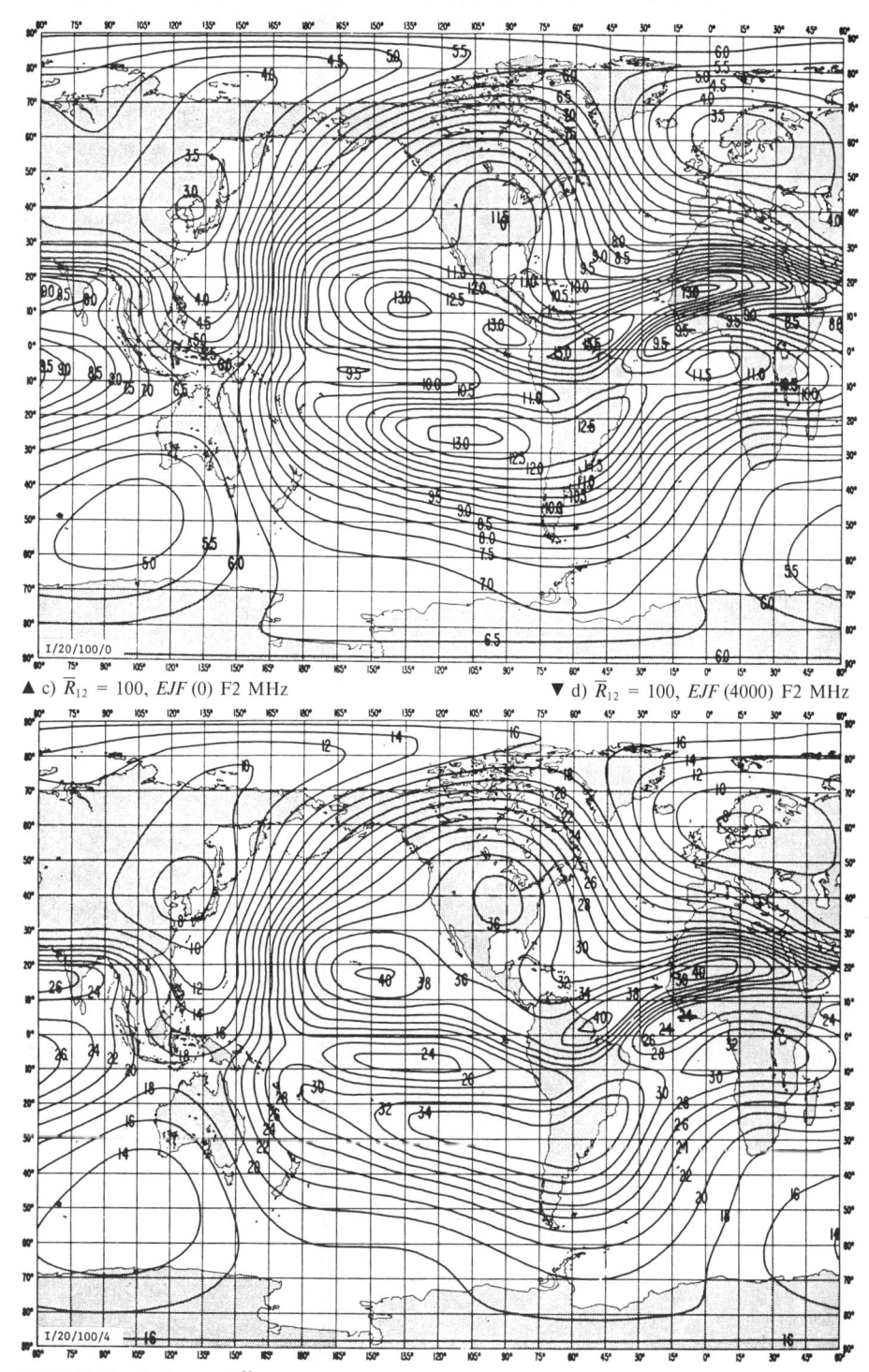

▲ c) $\overline{R}_{12} = 100$, *EJF* (0) F2 MHz ▼ d) $\overline{R}_{12} = 100$, *EJF* (4000) F2 MHz

Bild 4.11.11 c,d   Januar 20^{00}

▲ a) $\overline{R}_{12} = 0$, *EJF* (0) F2 MHz   ▼ b) $\overline{R}_{12} = 0$, *EJF* (4000) F2 MHz

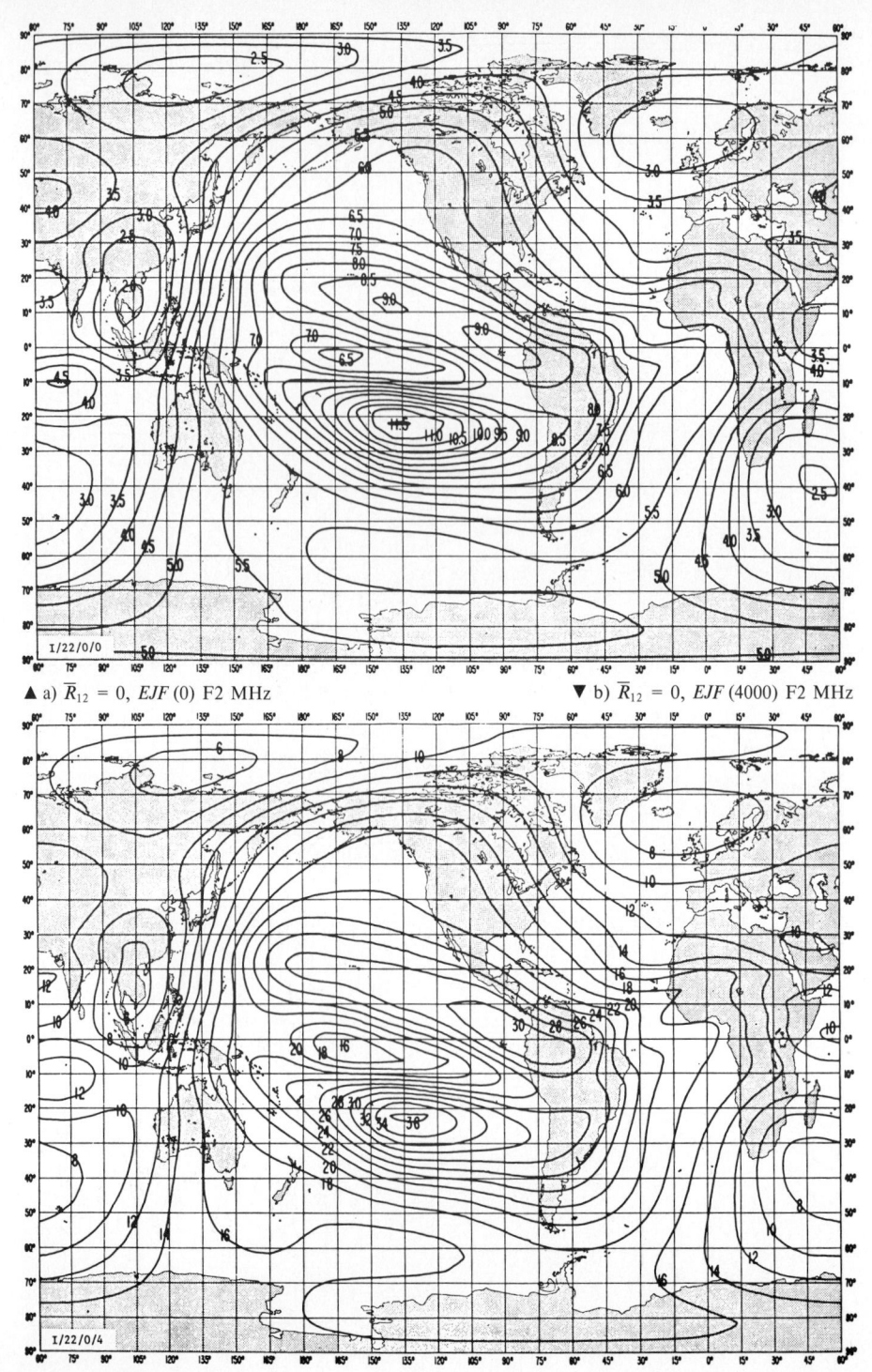

Bild 4.11.12 a,b   Januar 22^{00}

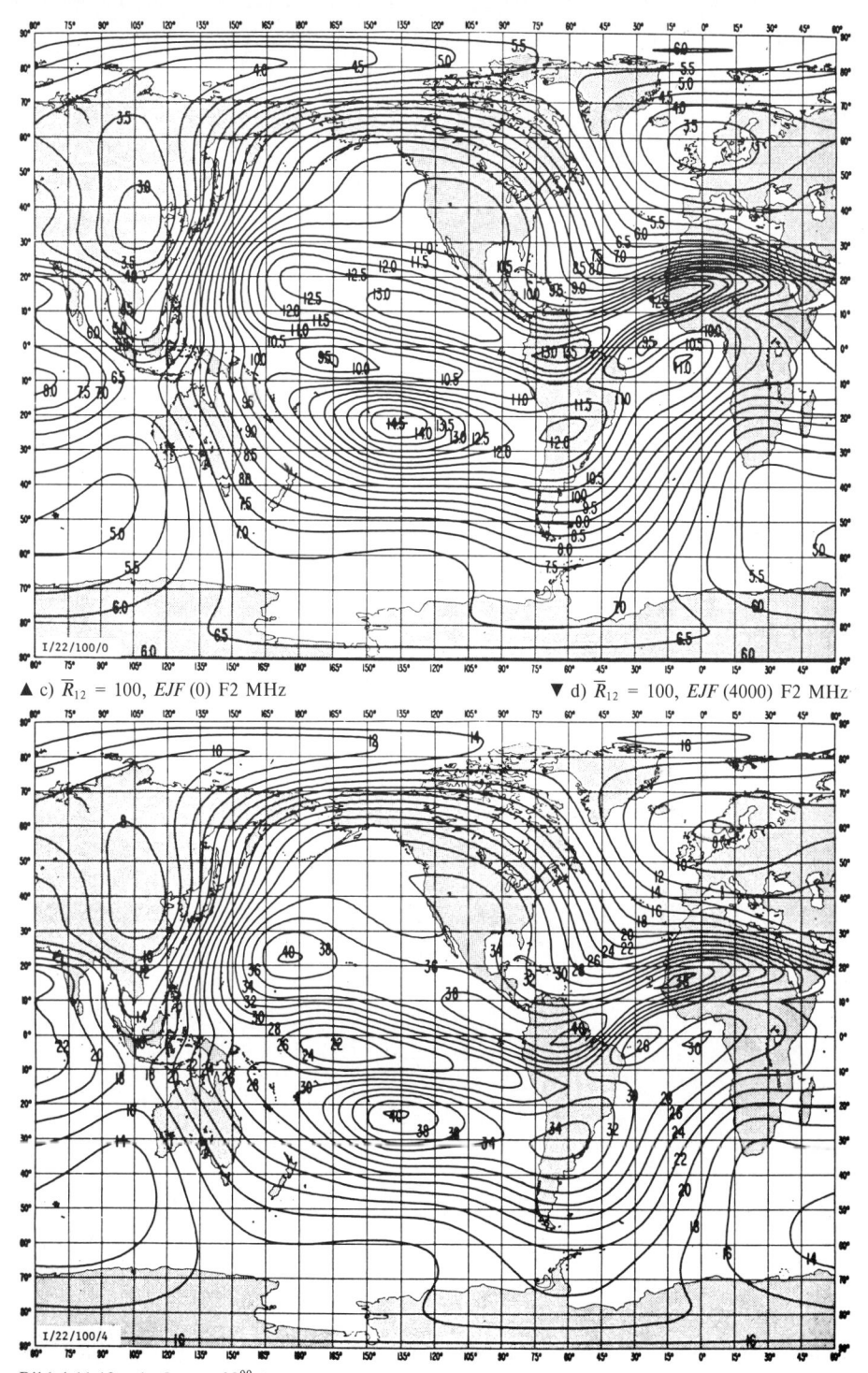

▲ c) $\overline{R}_{12} = 100$, EJF (0) F2 MHz   ▼ d) $\overline{R}_{12} = 100$, EJF (4000) F2 MHz

Bild 4.11.12 c,d   Januar 22^{00}

▲ a) $\overline{R}_{12} = 0$, *EJF* (0) F2 MHz ▼ b) $\overline{R}_{12} = 0$, *EJF* (4000) F2 MHz

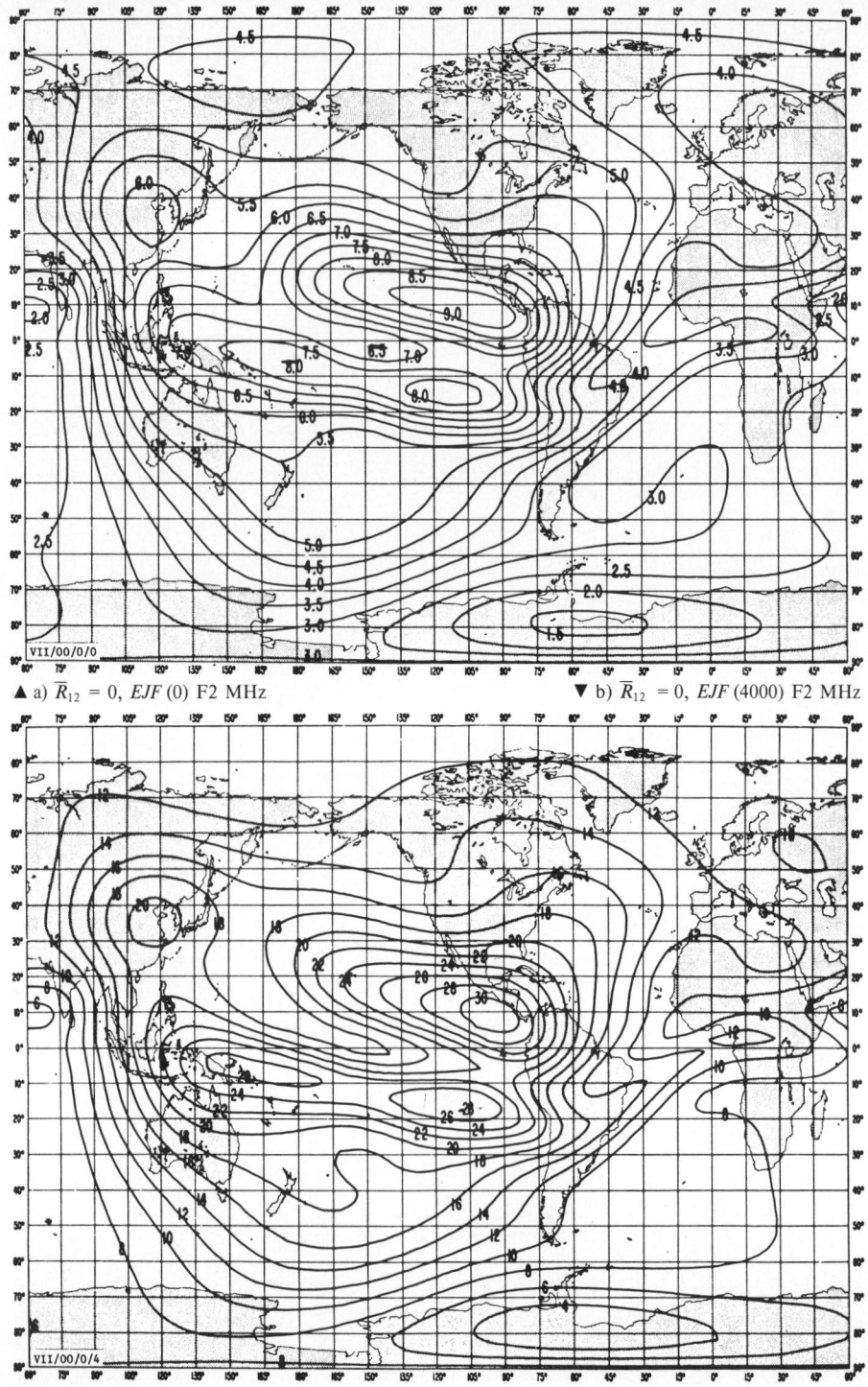

Bild 4.12.1 a,b   Juli 0^{00}

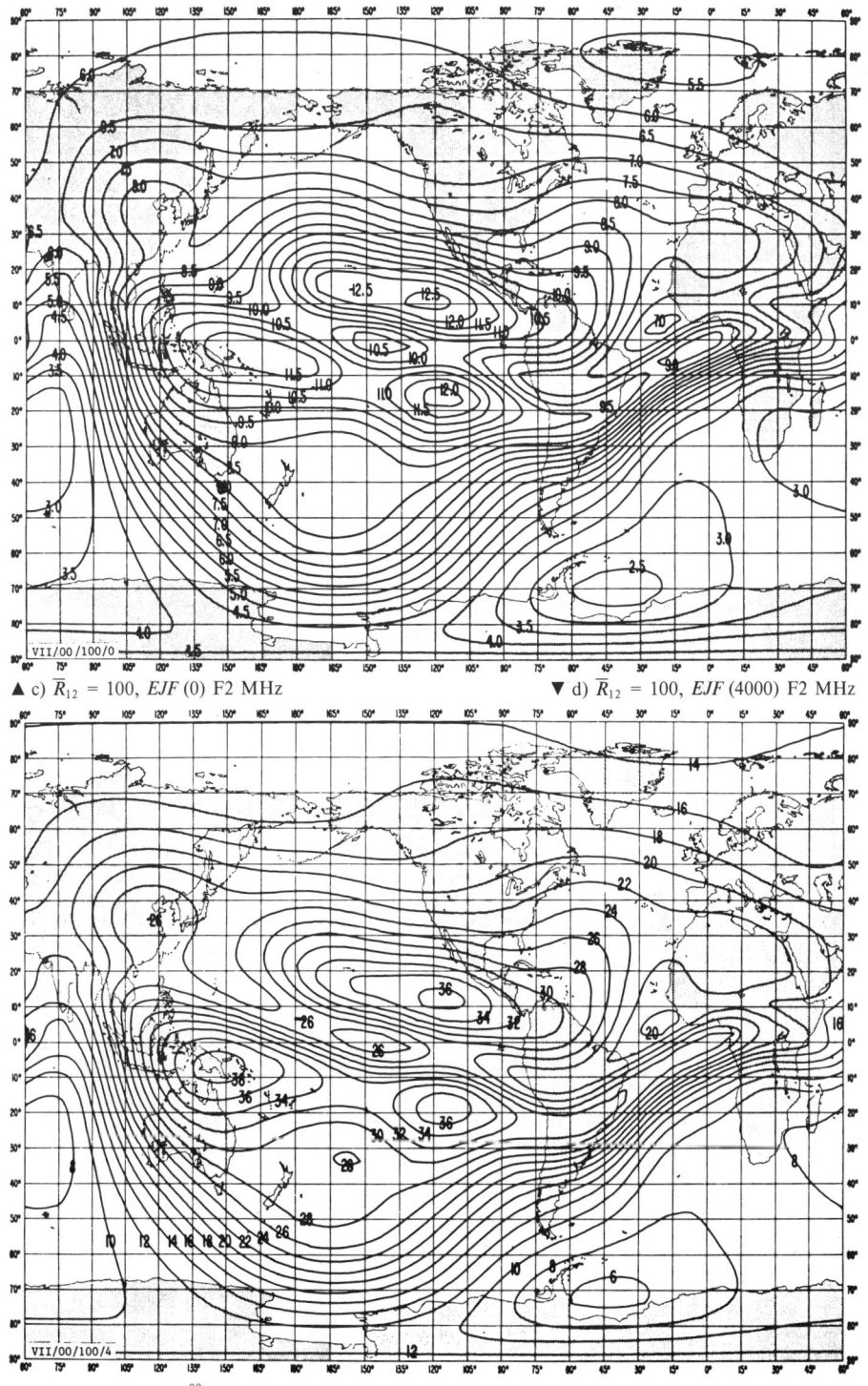

▲ c) $\overline{R}_{12} = 100$, $EJF(0)$ F2 MHz ▼ d) $\overline{R}_{12} = 100$, $EJF(4000)$ F2 MHz

Bild 4.12.1 c,d   Juli 0^{00}

▲ a) $\overline{R}_{12} = 0$, *EJF* (0) F2 MHz   ▼ b) $\overline{R}_{12} = 0$, *EJF* (4000) F2 MHz

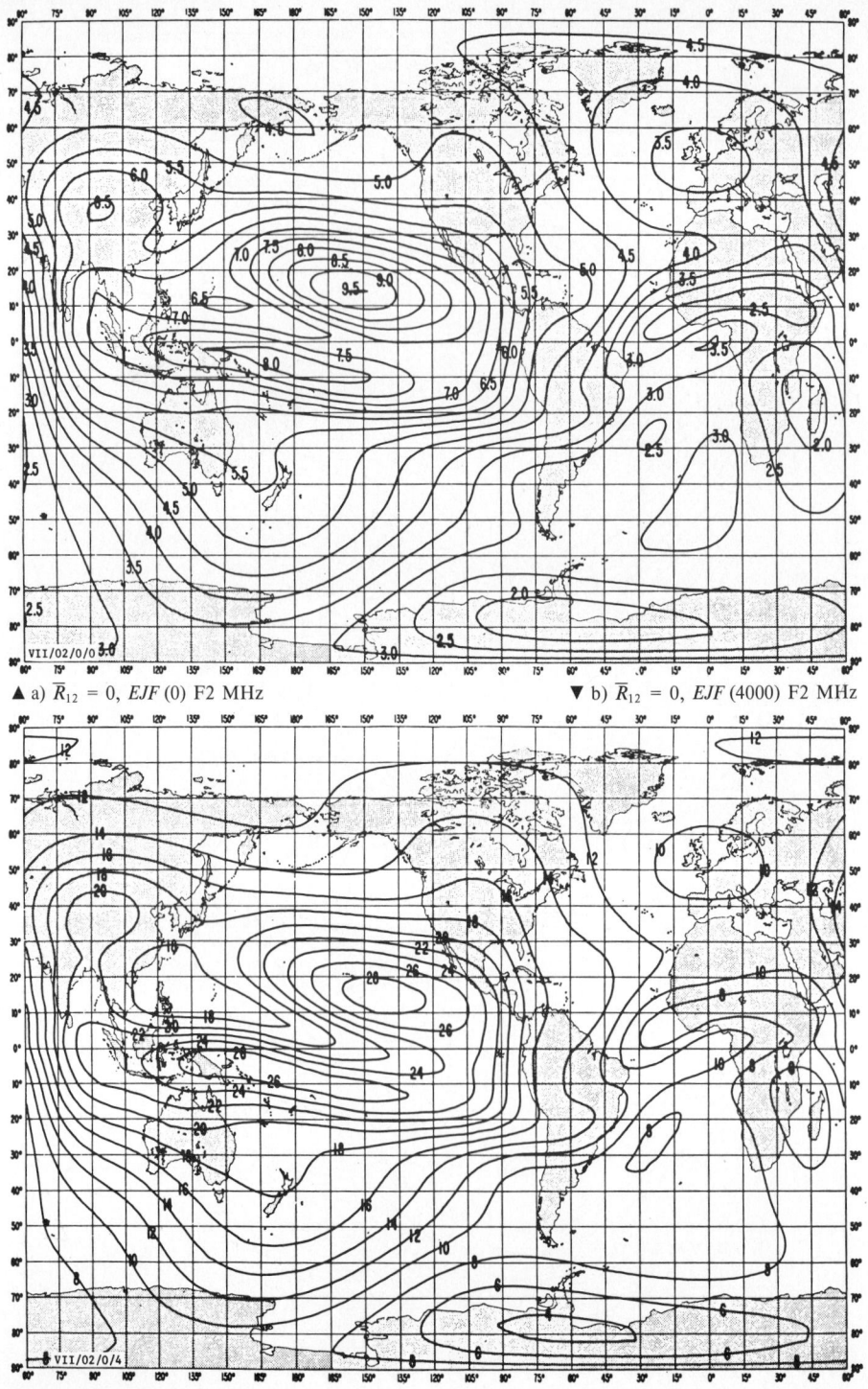

Bild 4.12.2 a,b   Juli 02^{00}

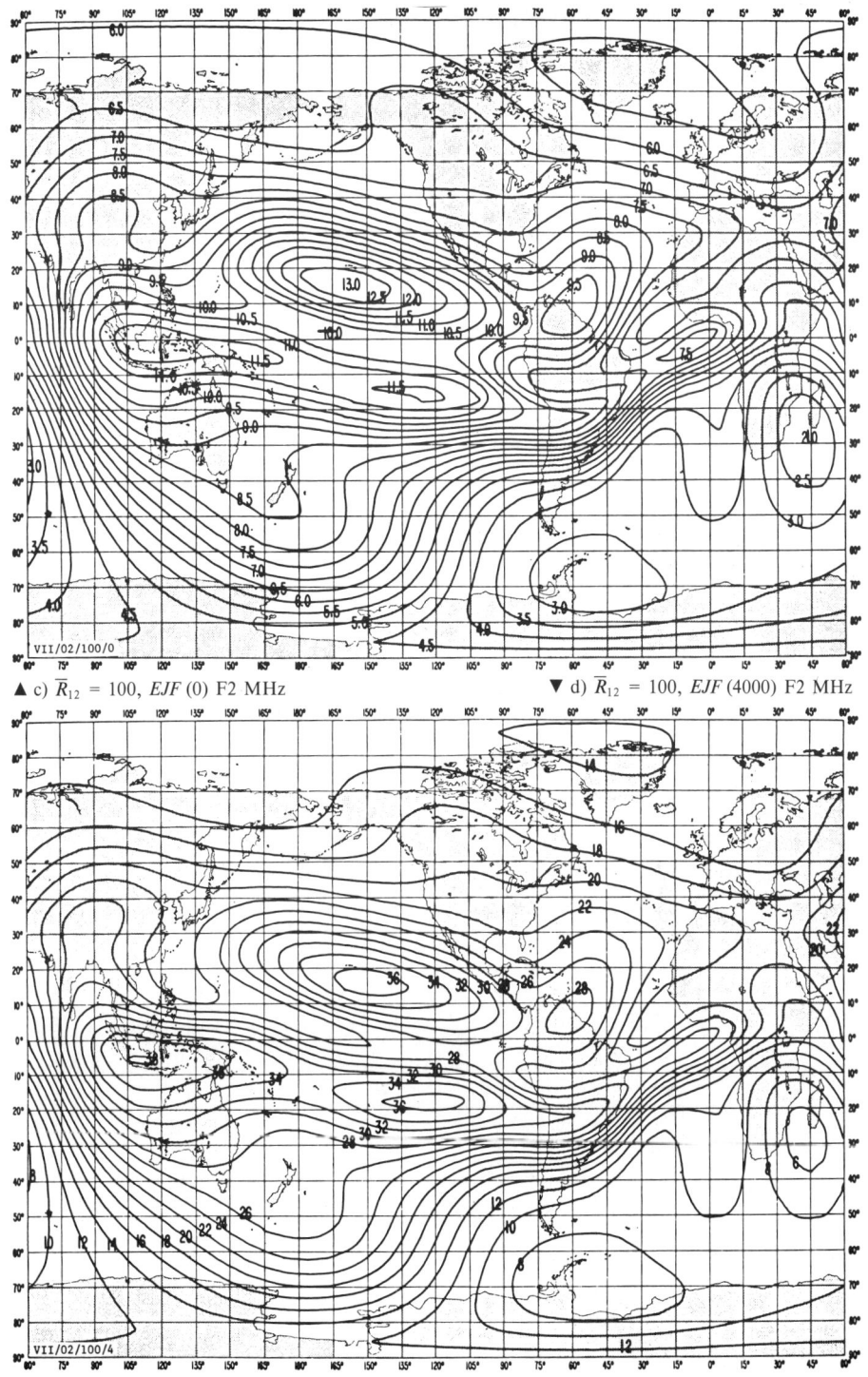

▲ c) $\overline{R}_{12} = 100$, EJF (0) F2 MHz   ▼ d) $\overline{R}_{12} = 100$, EJF (4000) F2 MHz

Bild 4.12.2 c,d   Juli 02^{00}

▲ a) $\overline{R}_{12} = 0$, $EJF(0)$ F2 MHz   ▼ b) $\overline{R}_{12} = 0$, $EJF(4000)$ F2 MHz

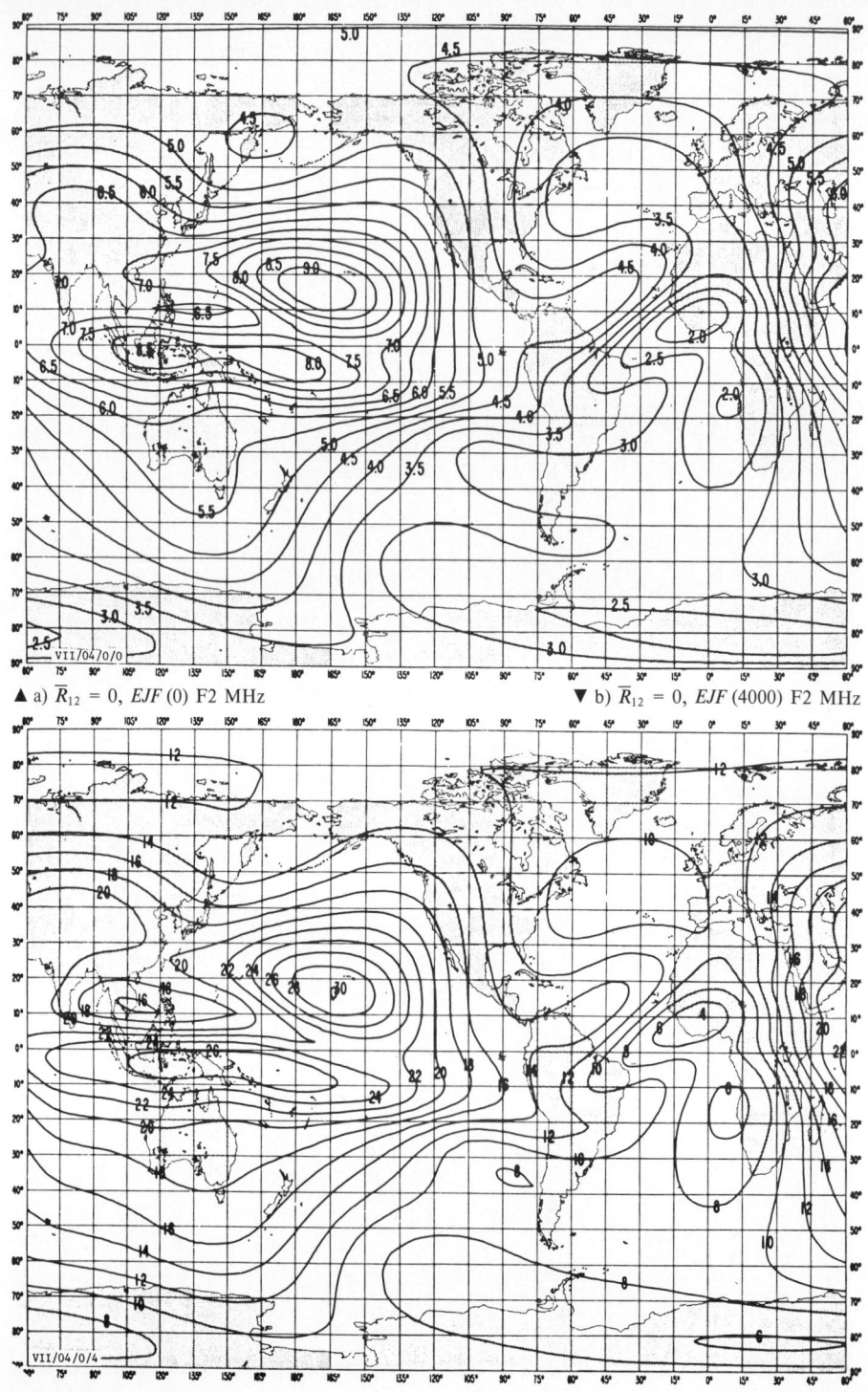

Bild 4.12.3 a,b   Juli 04^{00}

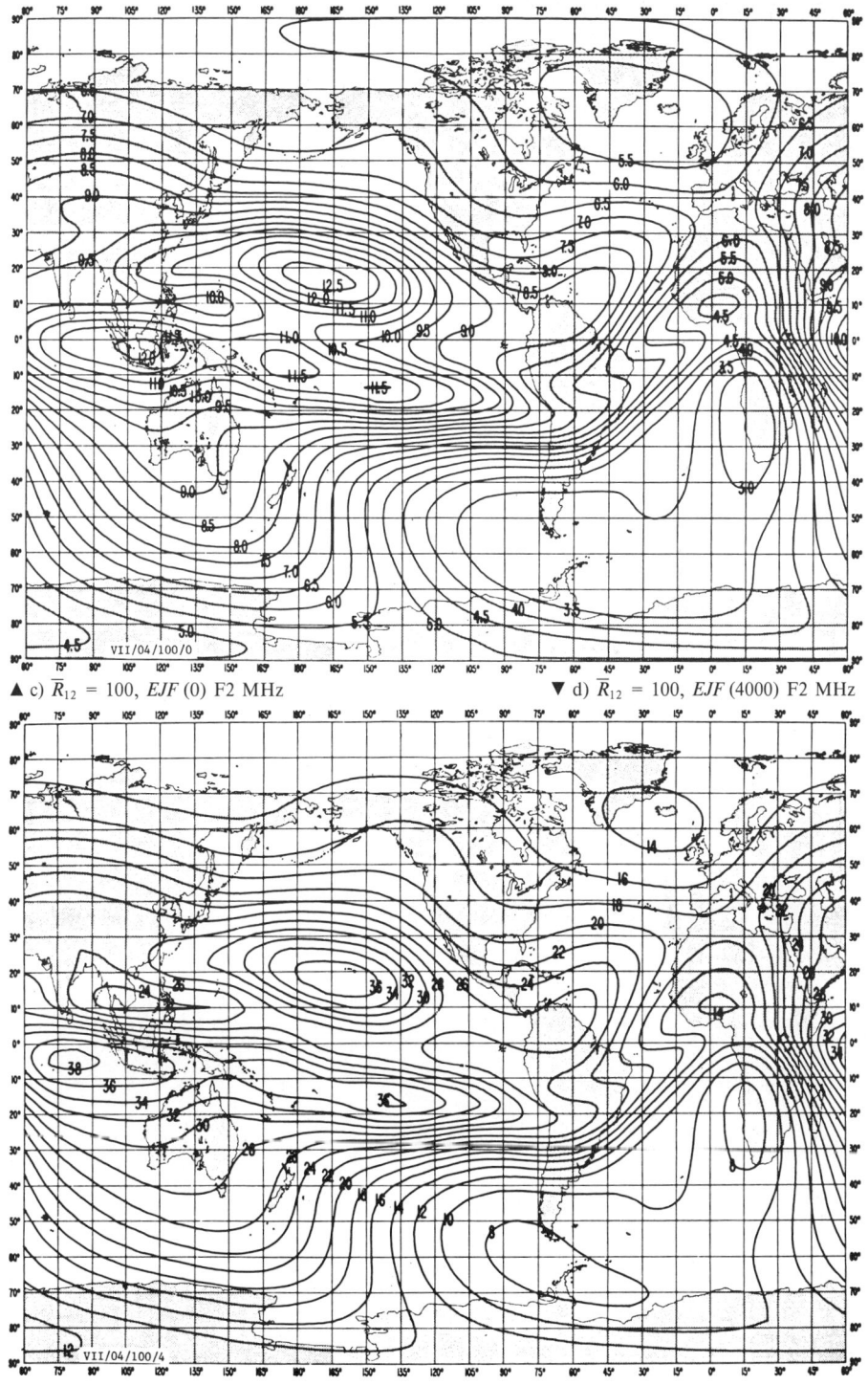

▲ c) $\overline{R}_{12} = 100$, *EJF* (0) F2 MHz   ▼ d) $\overline{R}_{12} = 100$, *EJF* (4000) F2 MHz

Bild 4.12.3 c,d   Juli 04^{00}

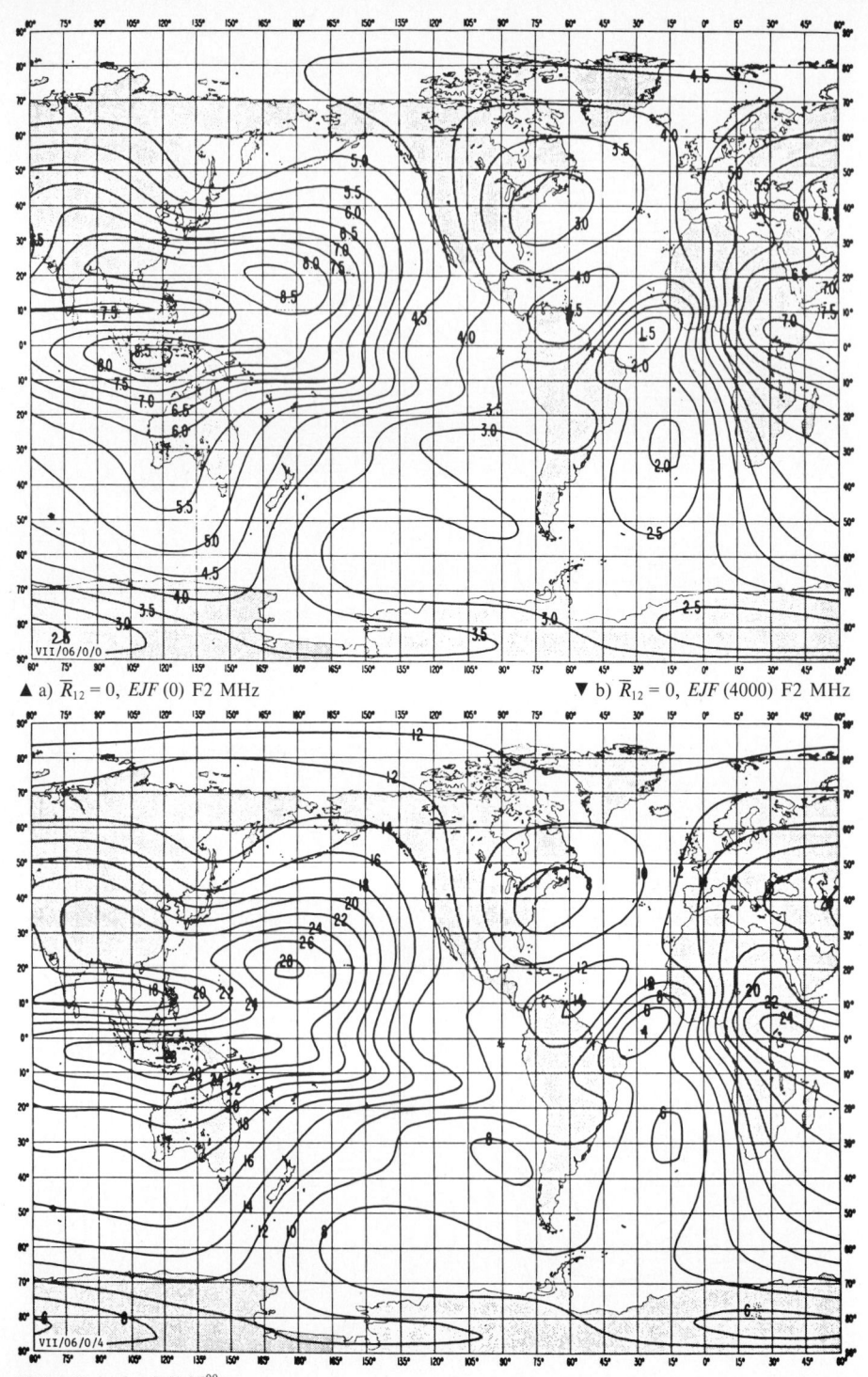

▲ a) $\overline{R}_{12} = 0$, *EJF* (0) F2 MHz ▼ b) $\overline{R}_{12} = 0$, *EJF* (4000) F2 MHz

Blid 4.12.4 a,b   Juli 06^{00}

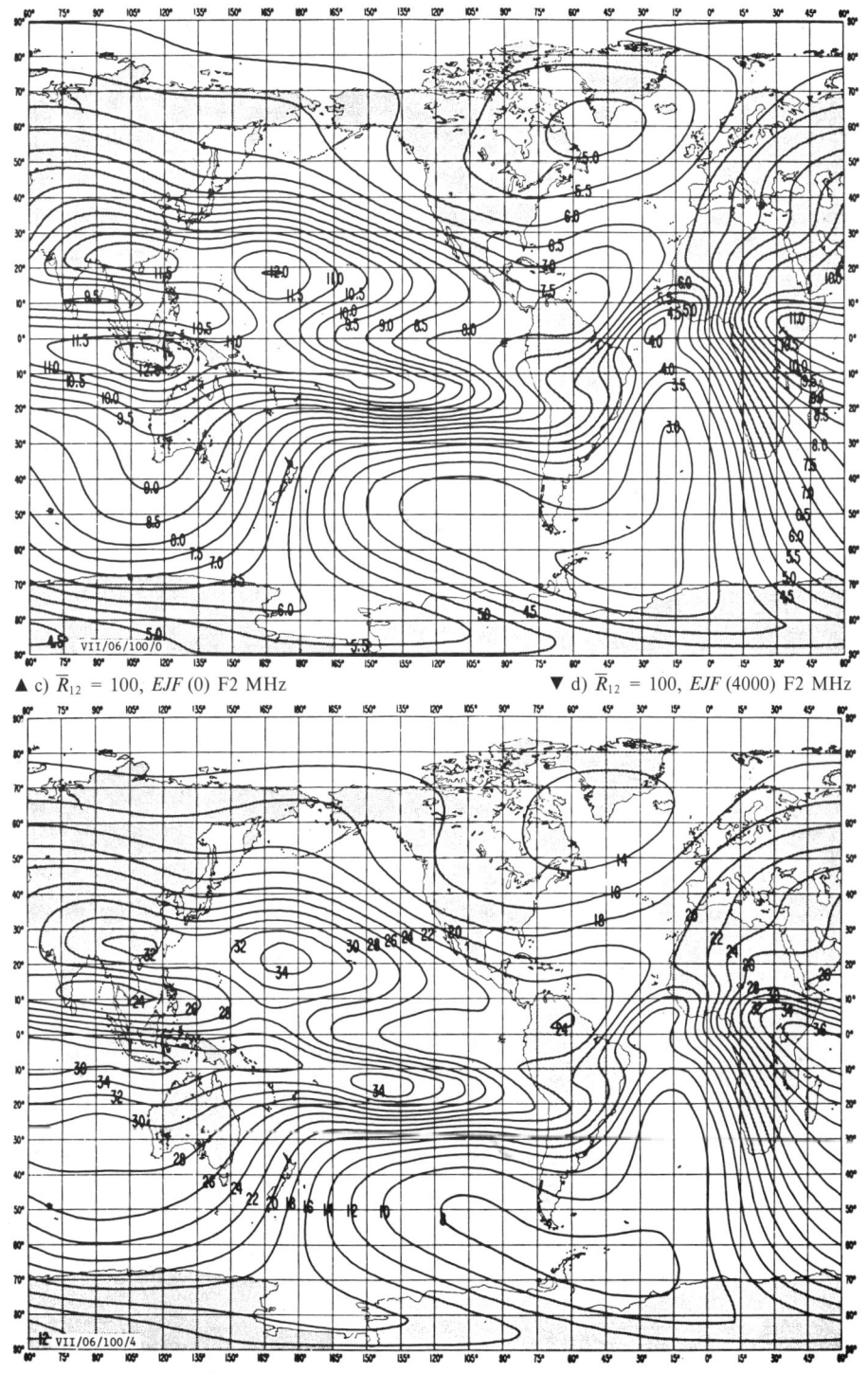

▲ c) $\overline{R}_{12} = 100$, EJF (0) F2 MHz   ▼ d) $\overline{R}_{12} = 100$, EJF (4000) F2 MHz

Bild 4.12.4 c,d   Juli 06^{00}

▲ a) $\overline{R}_{12} = 0$, *EJF* (0) F2 MHz ▼ b) $\overline{R}_{12} = 0$, *EJF* (4000) F2 MHz

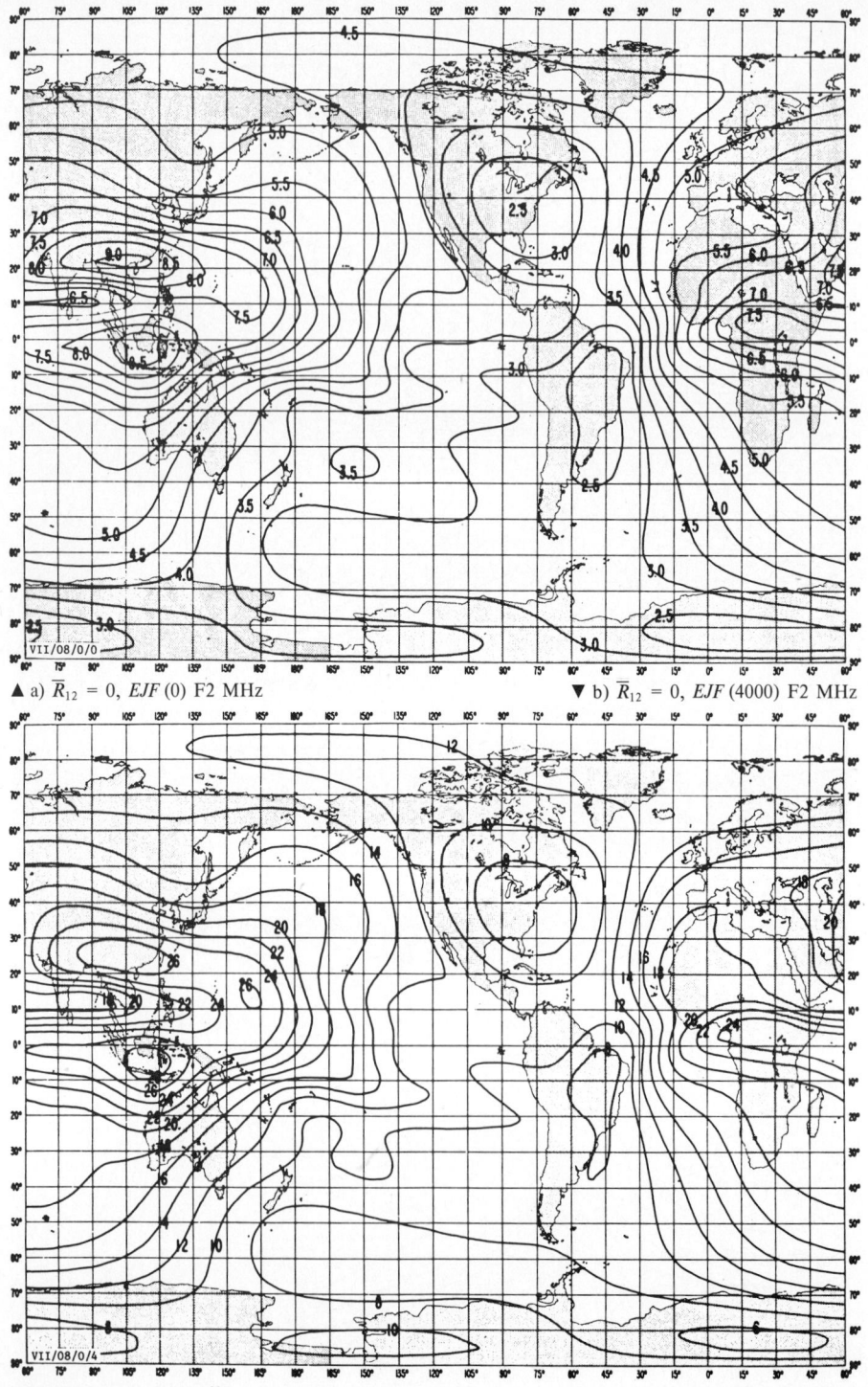

Bild 4.12.5. a,b Juli 08^{00}

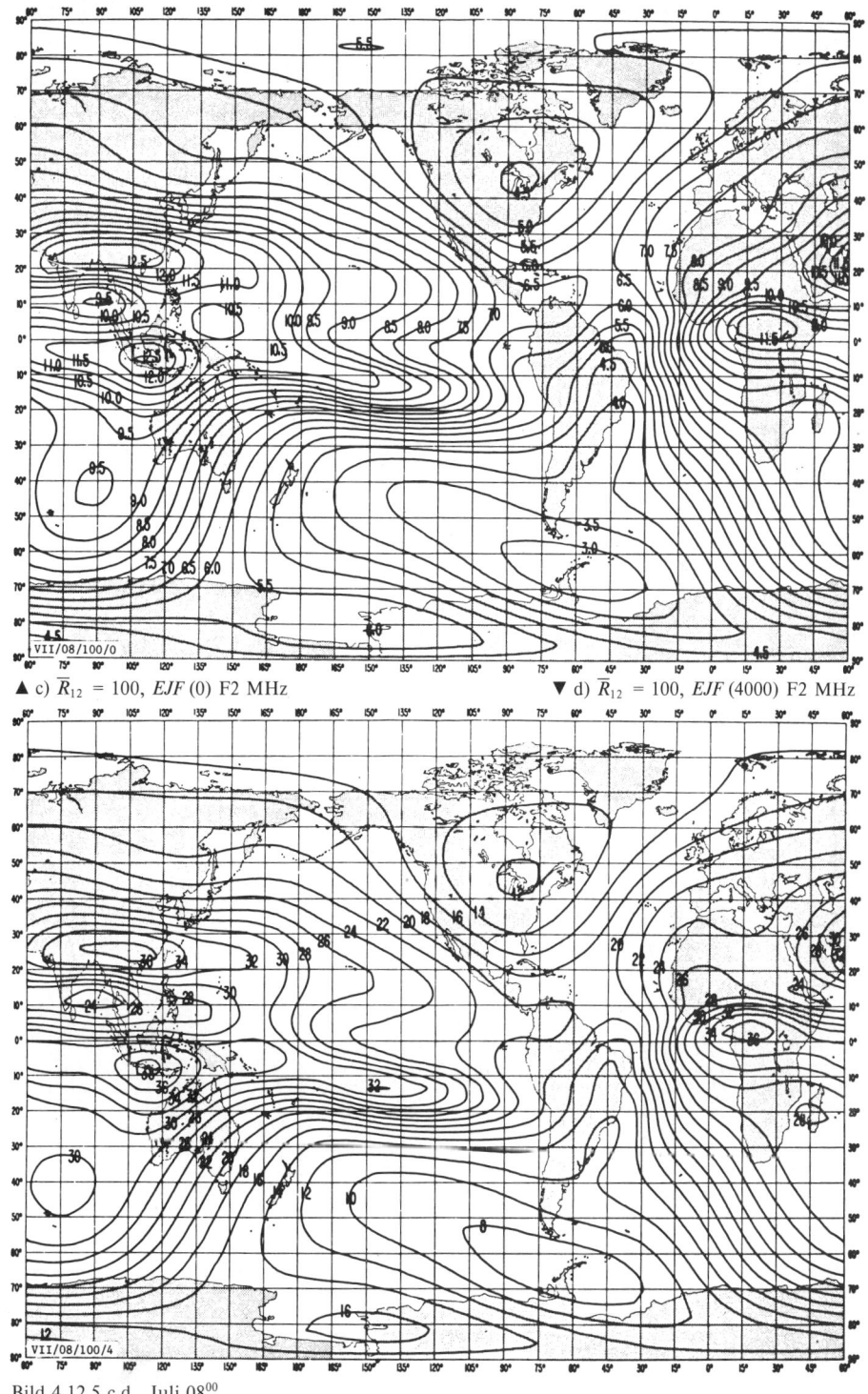

▲ c) $\overline{R}_{12} = 100$, *EJF* (0) F2 MHz ▼ d) $\overline{R}_{12} = 100$, *EJF* (4000) F2 MHz

Bild 4.12.5 c,d   Juli 08^{00}

▲ a) $\overline{R}_{12} = 0$, *EJF* (0) F2 MHz   ▼ b) $\overline{R}_{12} = 0$, *EJF* (4000) F2 MHz

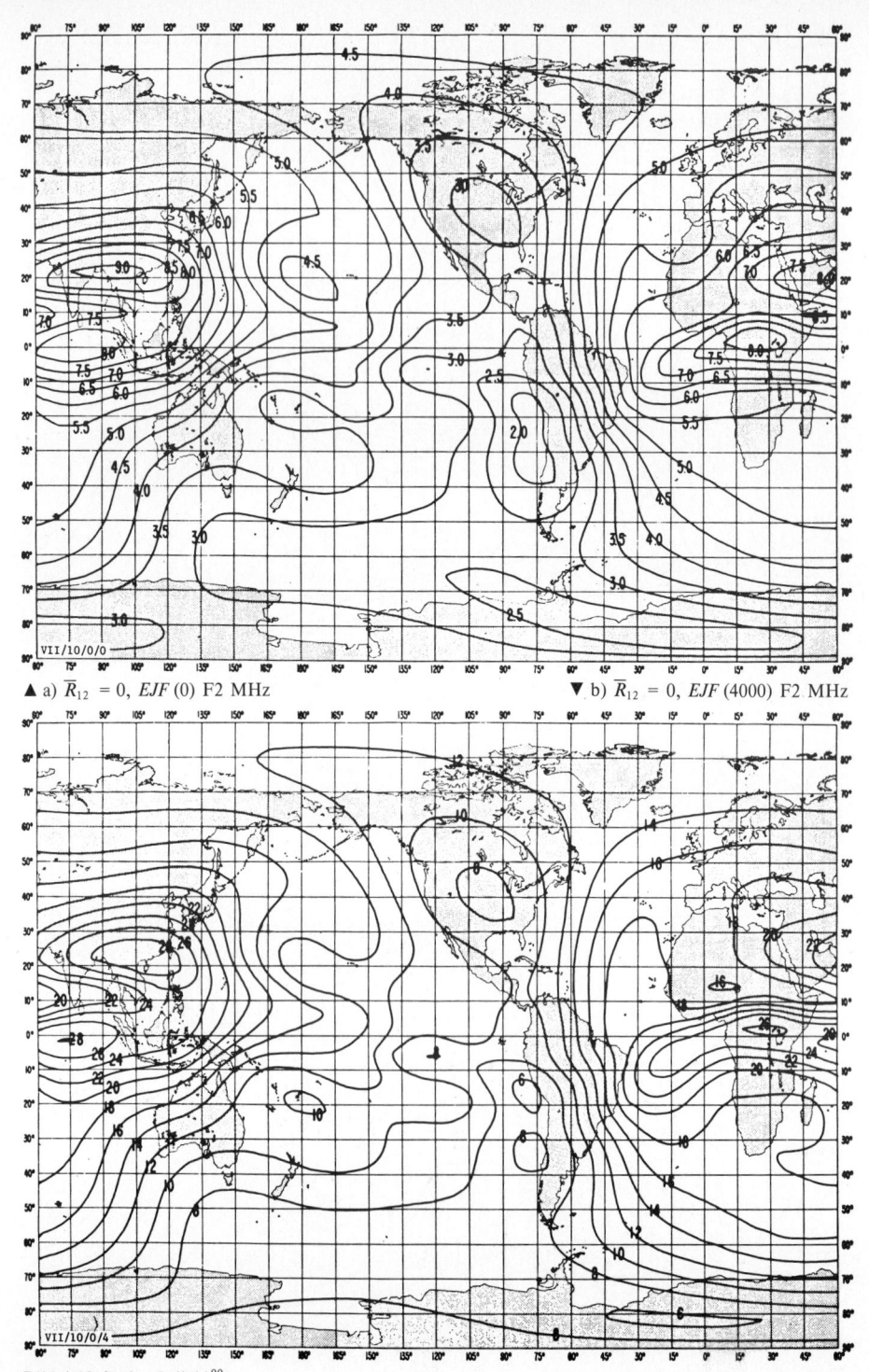

Bild 4.12.6 a,b   Juli 10^{00}

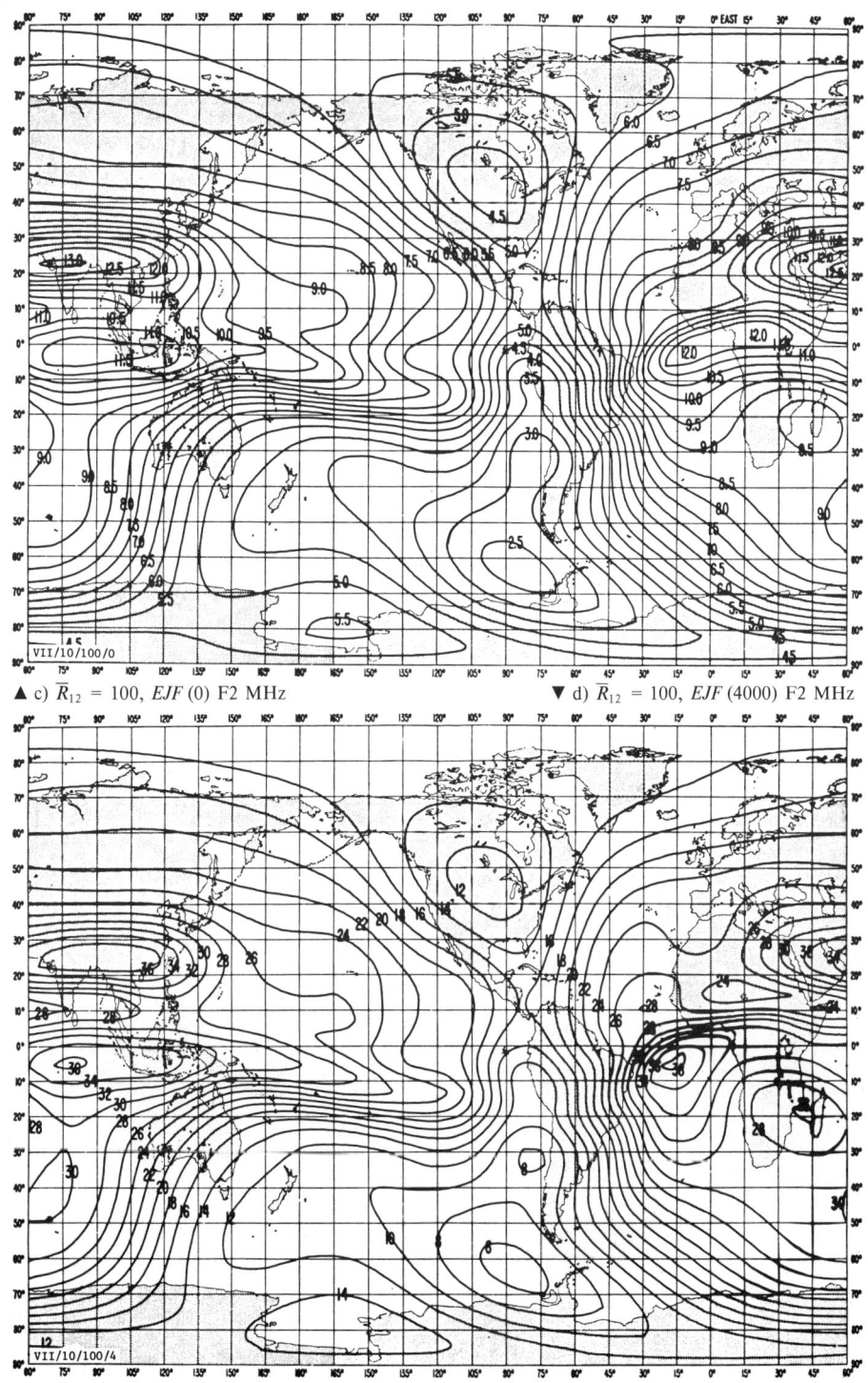

▲ c) $\overline{R}_{12} = 100$, *EJF* (0) F2 MHz   ▼ d) $\overline{R}_{12} = 100$, *EJF* (4000) F2 MHz

Bild 4.12.6 c,d   Juli 10^{00}

▲ a) $\overline{R}_{12} = 0$, *EJF* (0) F2 MHz ▼ b) $\overline{R}_{12} = 0$, *EJF* (4000) F2 MHz

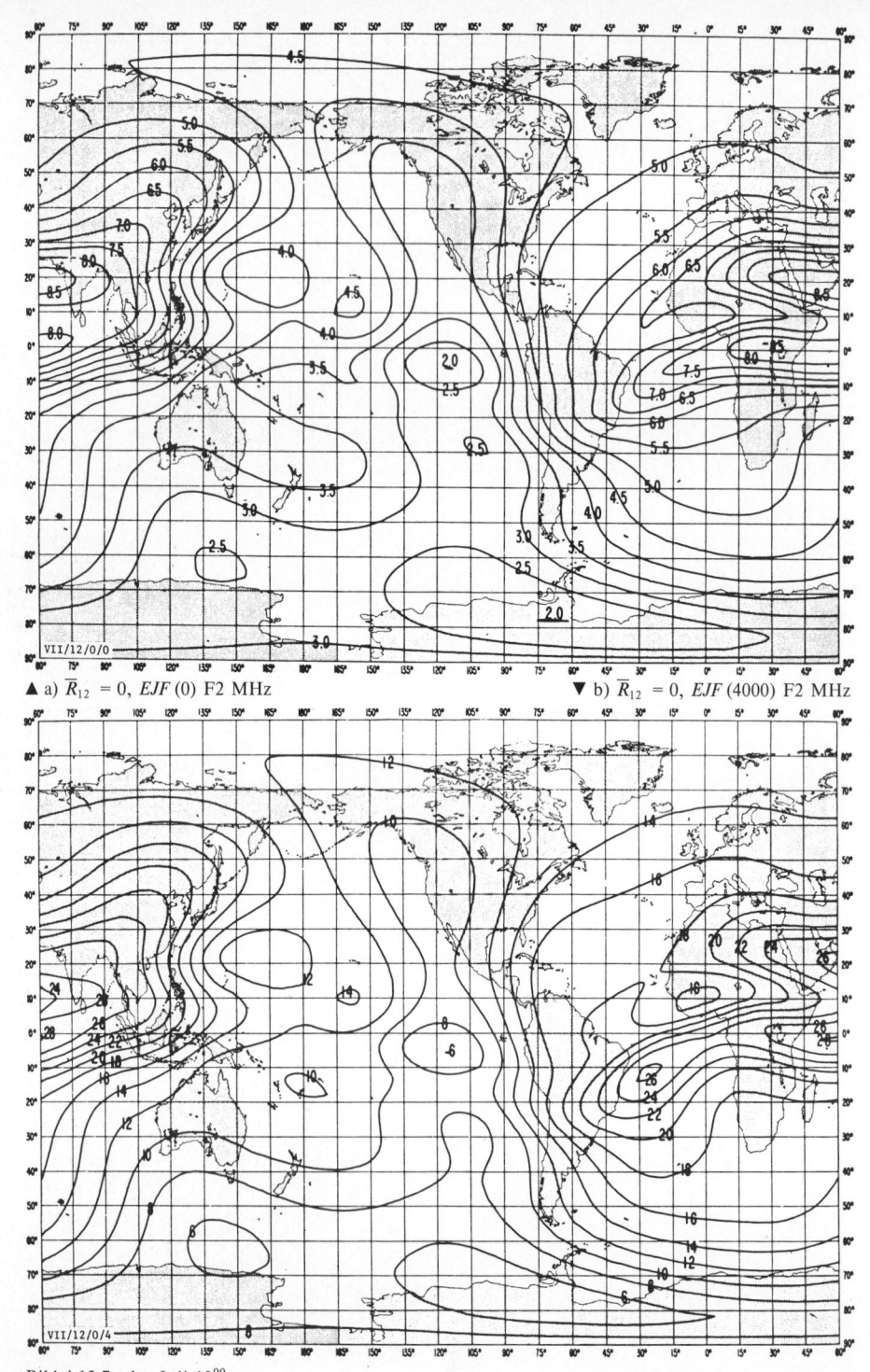

Bild 4.12.7 a,b Juli 12^{00}

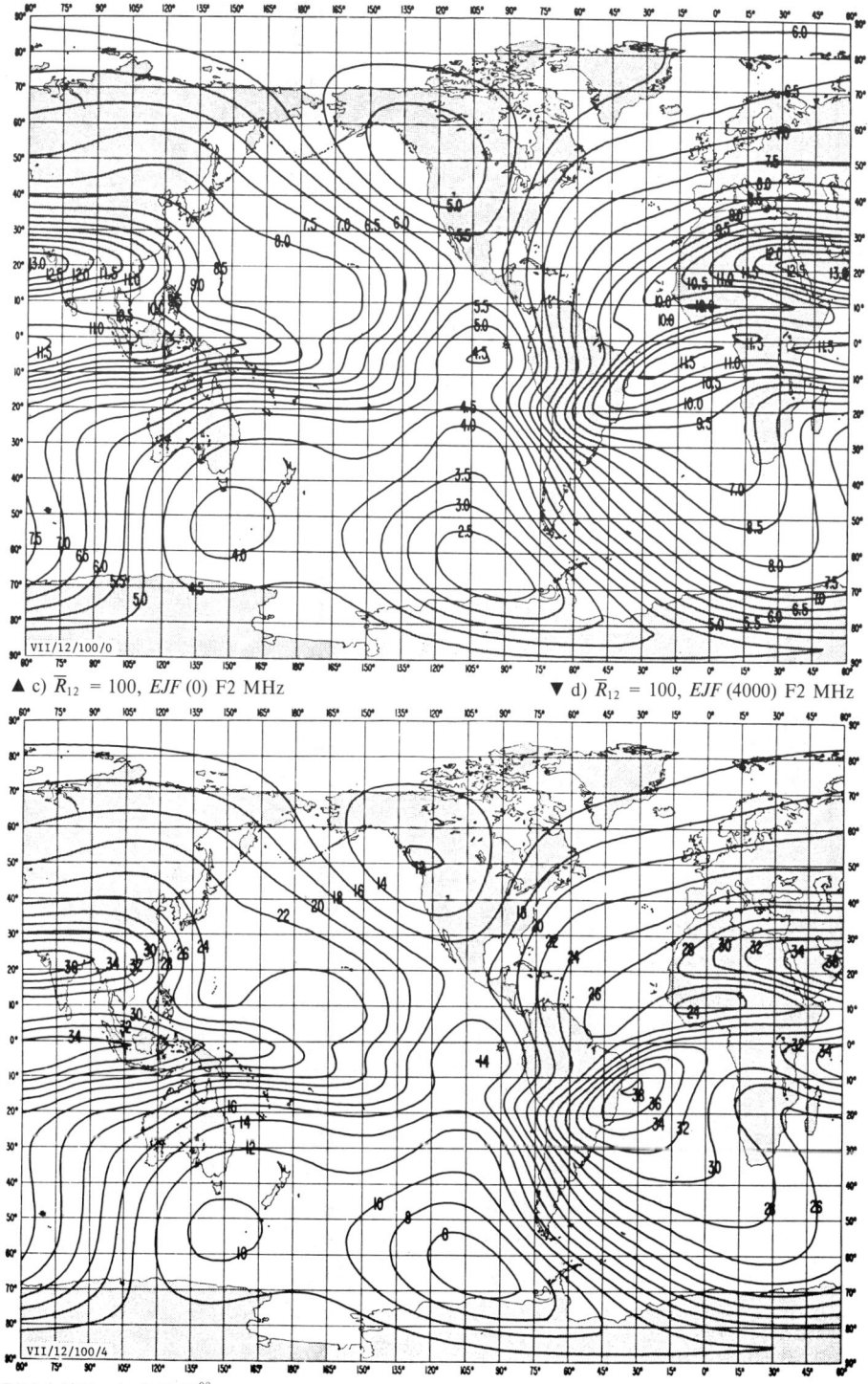

▲ c) $\overline{R}_{12} = 100$, *EJF* (0) F2 MHz   ▼ d) $\overline{R}_{12} = 100$, *EJF* (4000) F2 MHz

Bild 4.12.7 c,d   Juli 12^{00}

▲ a) $\overline{R}_{12} = 0$, *EJF* (0) F2 MHz   ▼ b) $\overline{R}_{12} = 0$, *EJF* (4000) F2 MHz

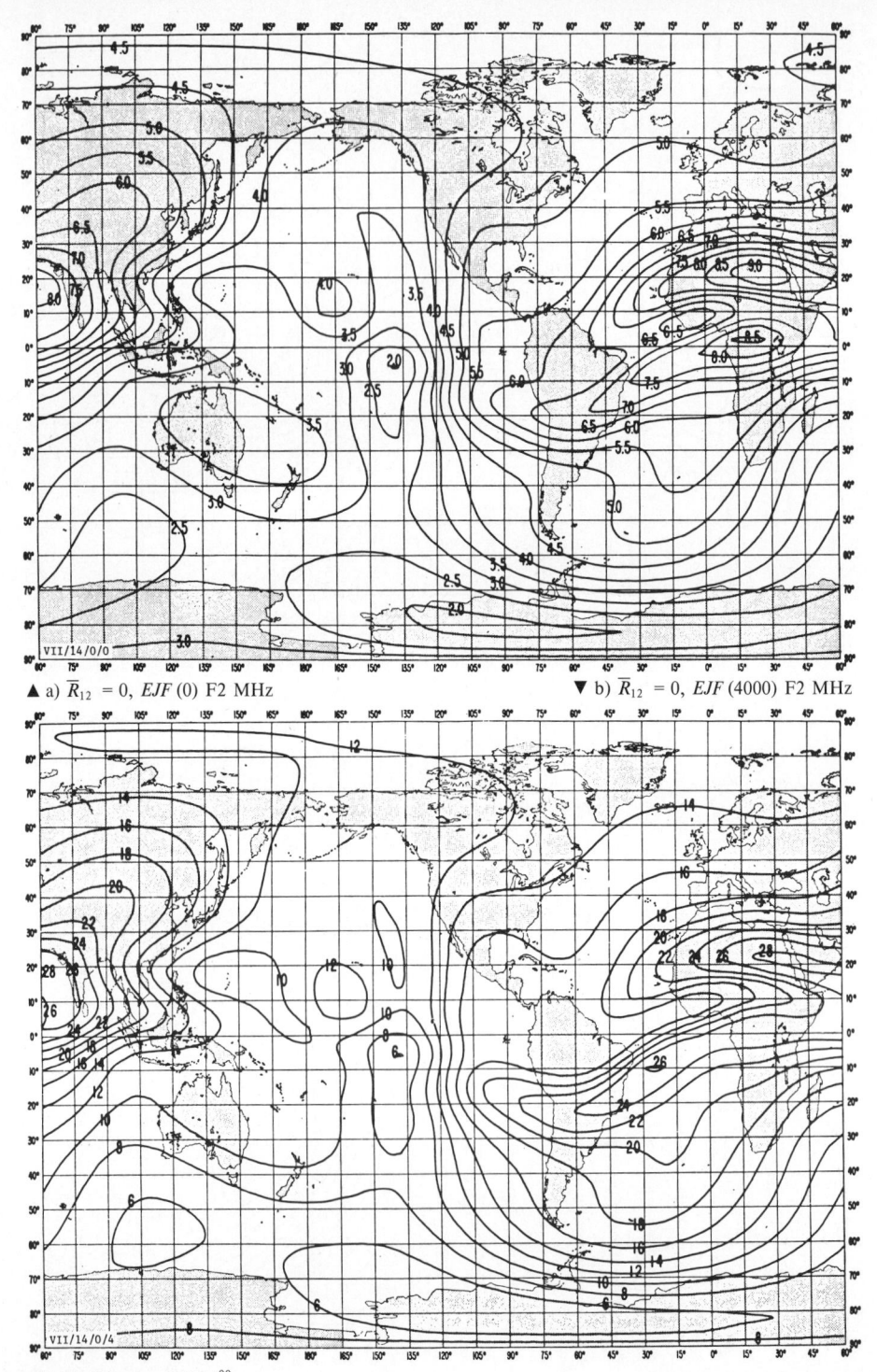

Bild 4.12.8 a,b   Juli 14^{00}

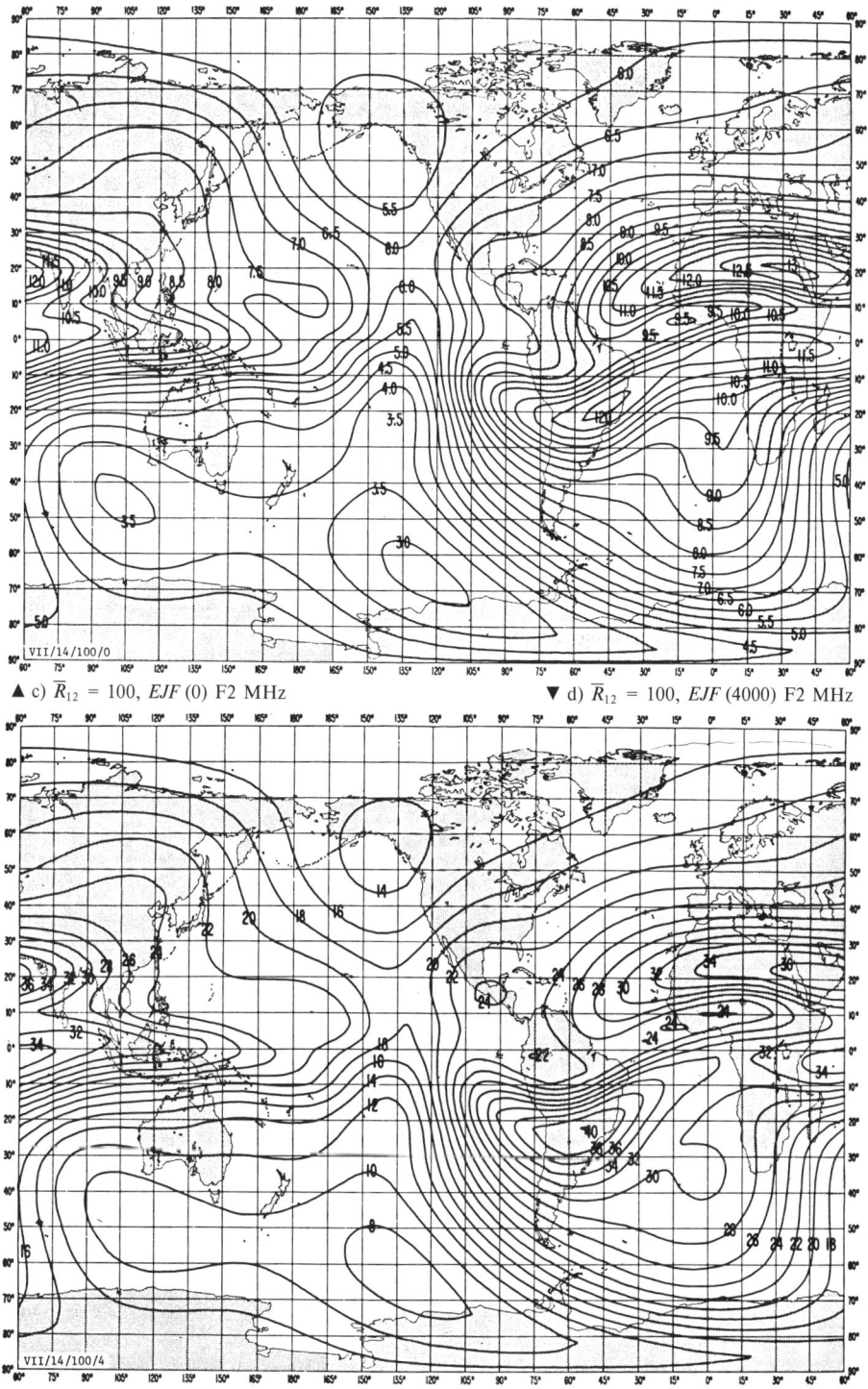

▲ c) $\overline{R}_{12} = 100$, *EJF* (0) F2 MHz ▼ d) $\overline{R}_{12} = 100$, *EJF* (4000) F2 MHz

Bild 4.12.8 c,d   Juli 14^{00}

▲ a) $\overline{R}_{12} = 0$, *EJF* (0) F2 MHz   ▼ b) $\overline{R}_{12} = 0$, *EJF* (4000) F2 MHz

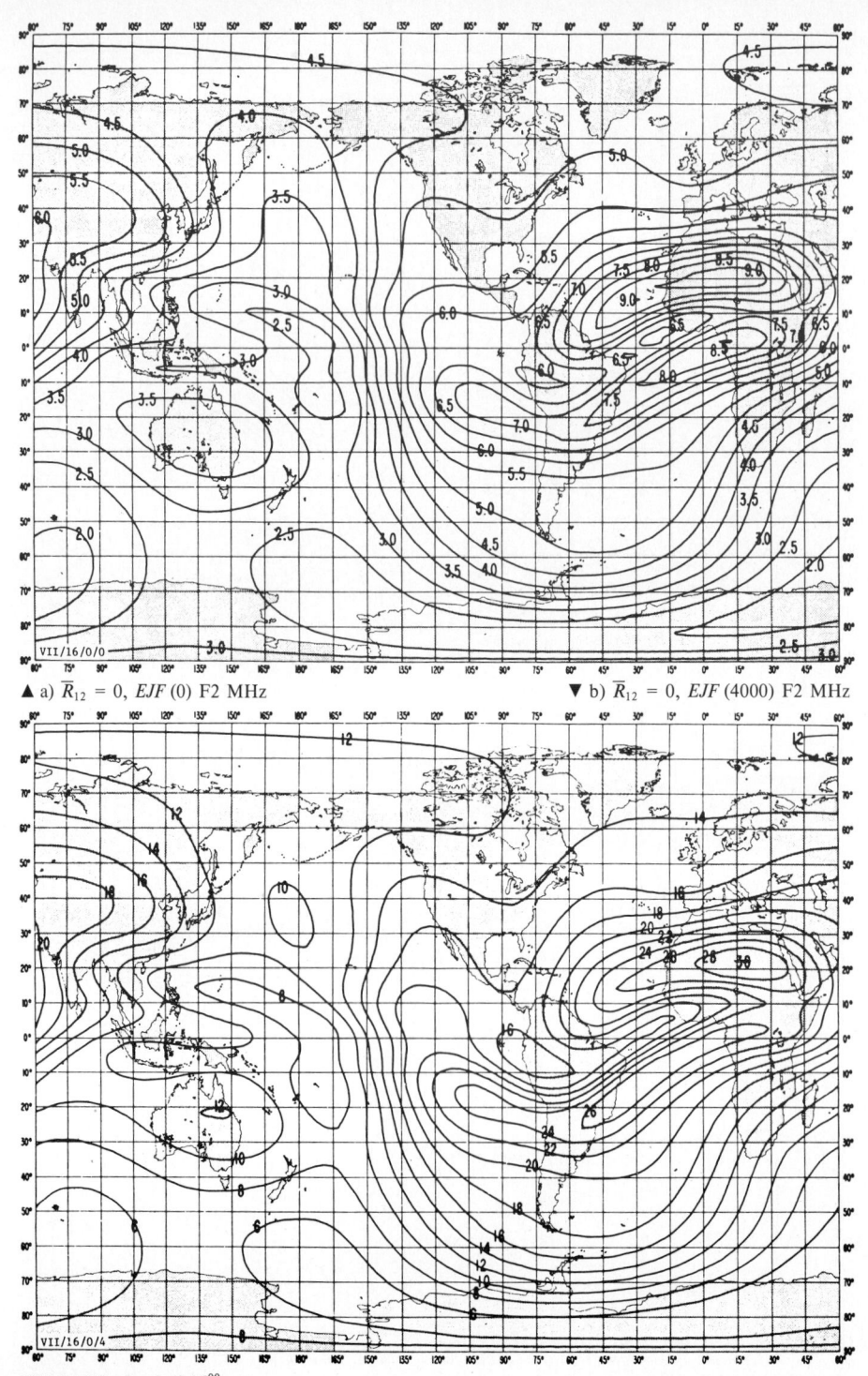

Bild 4.12.9 a,b   Juli 16^{00}

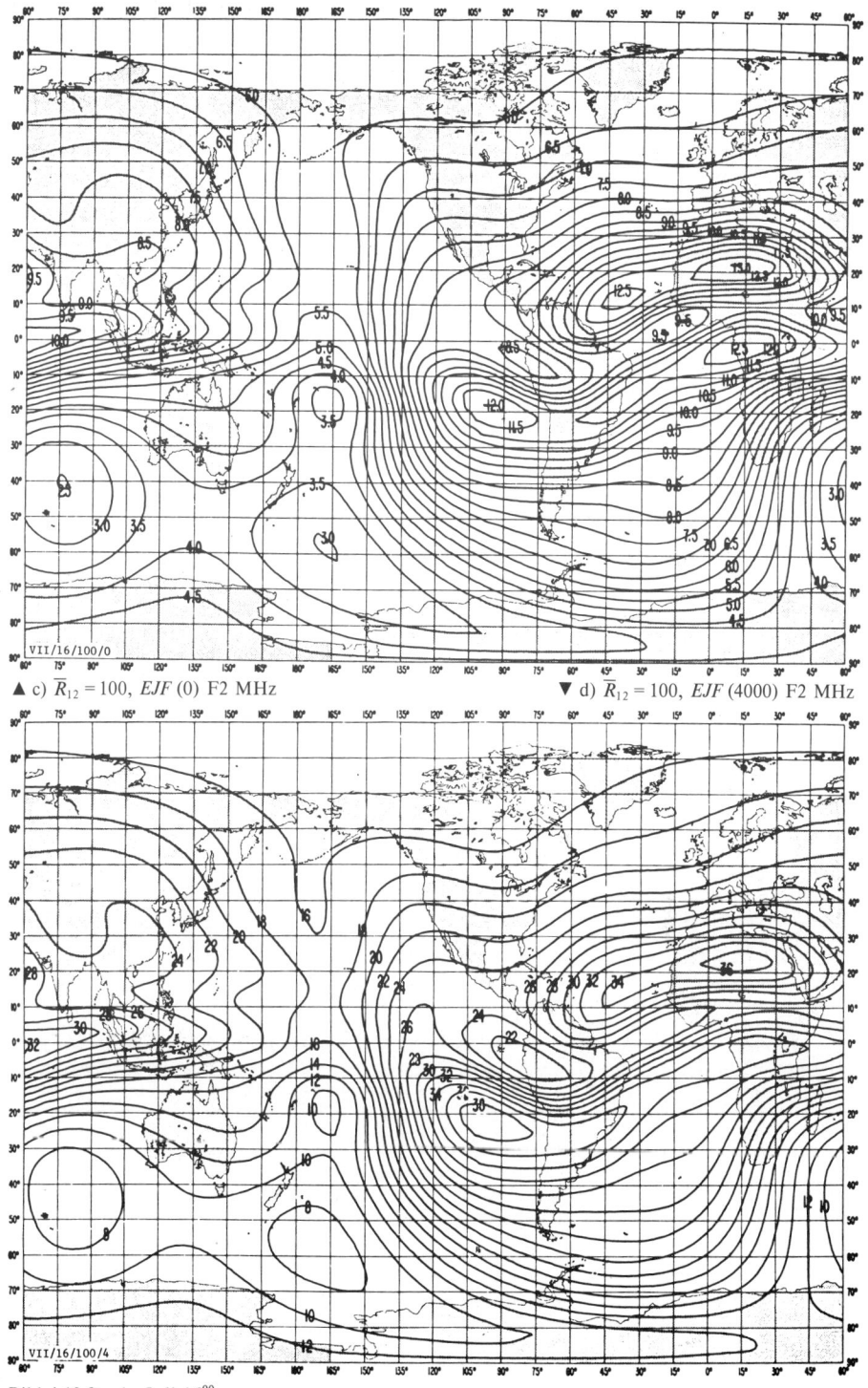

▲ c) $\overline{R}_{12} = 100$, EJF (0) F2 MHz   ▼ d) $\overline{R}_{12} = 100$, EJF (4000) F2 MHz

Bild 4.12.9 c,d   Juli 16^{00}

▲ a) $\overline{R}_{12} = 0$, *EJF* (0) F2 MHz   ▼ b) $\overline{R}_{12} = 0$, *EJF* (4000) F2 MHz

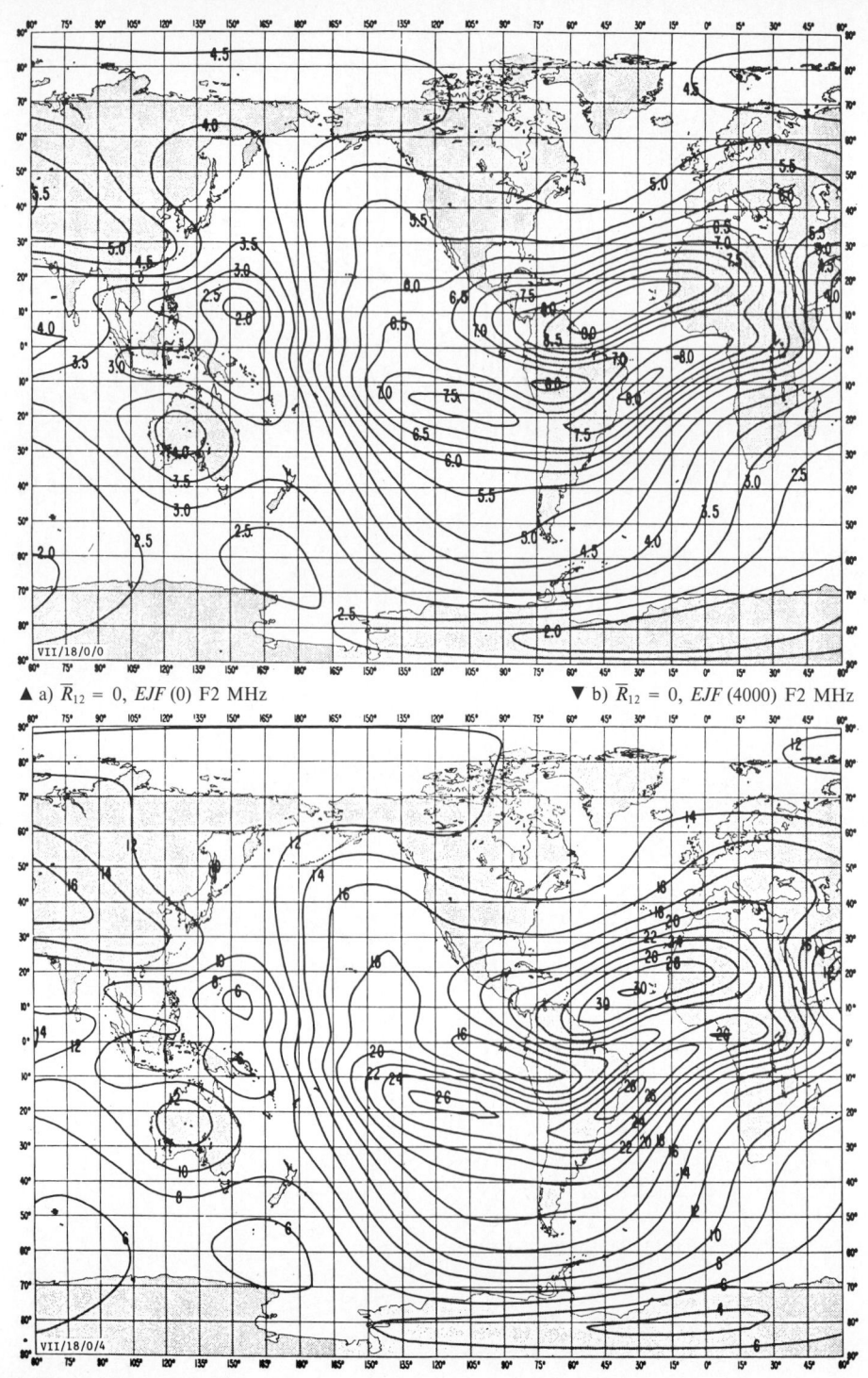

Bild 4.12.10 a,b   Juli 18^{00}

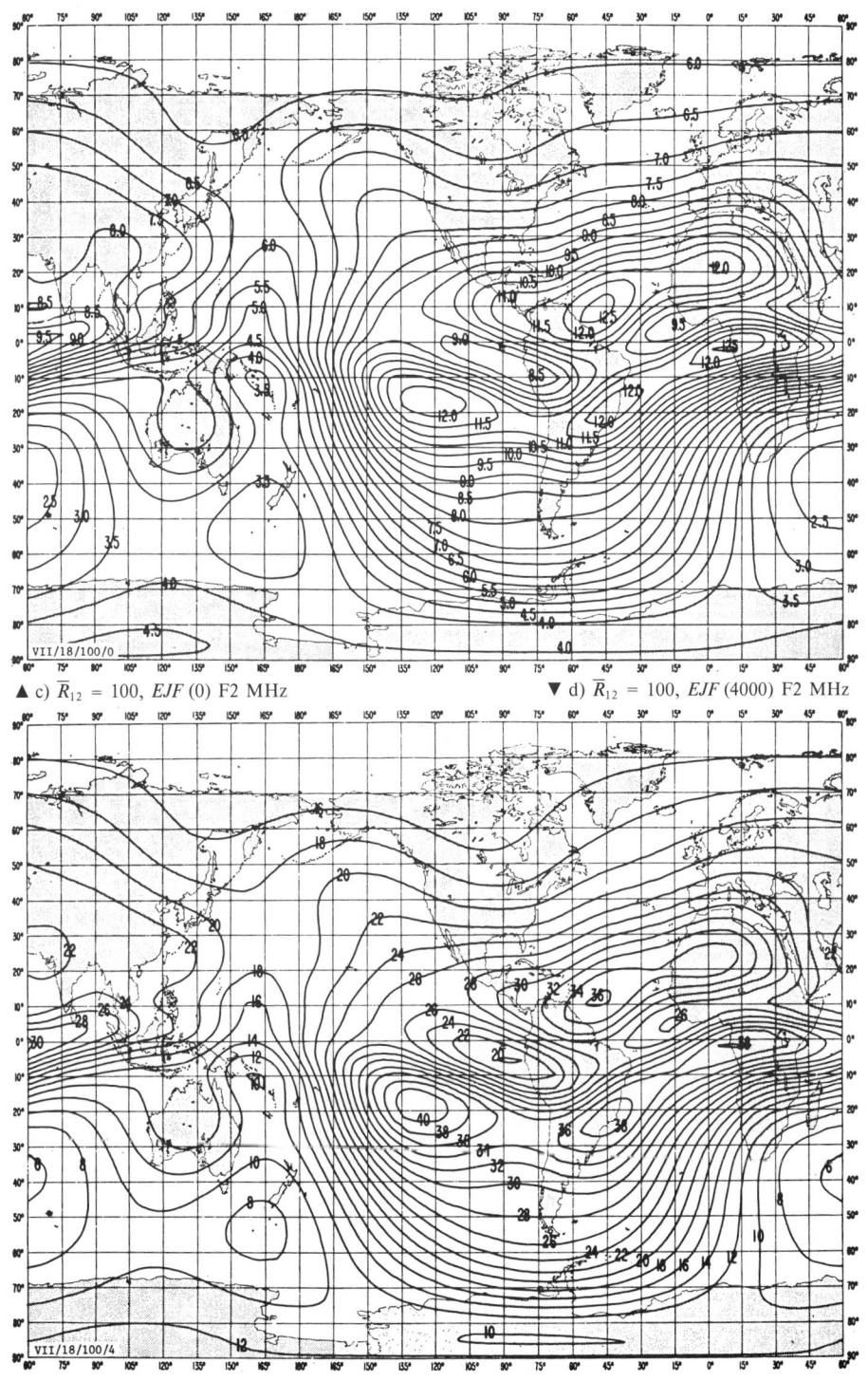

▲ c) $\overline{R}_{12} = 100$, *EJF* (0) F2 MHz ▼ d) $\overline{R}_{12} = 100$, *EJF* (4000) F2 MHz

Bild 4.12.10 c,d   Juli 18^{00}

▲ a) $\overline{R}_{12} = 0$, *EJF* (0) F2 MHz ▼ b) $\overline{R}_{12} = 0$, *EJF* (4000) F2 MHz

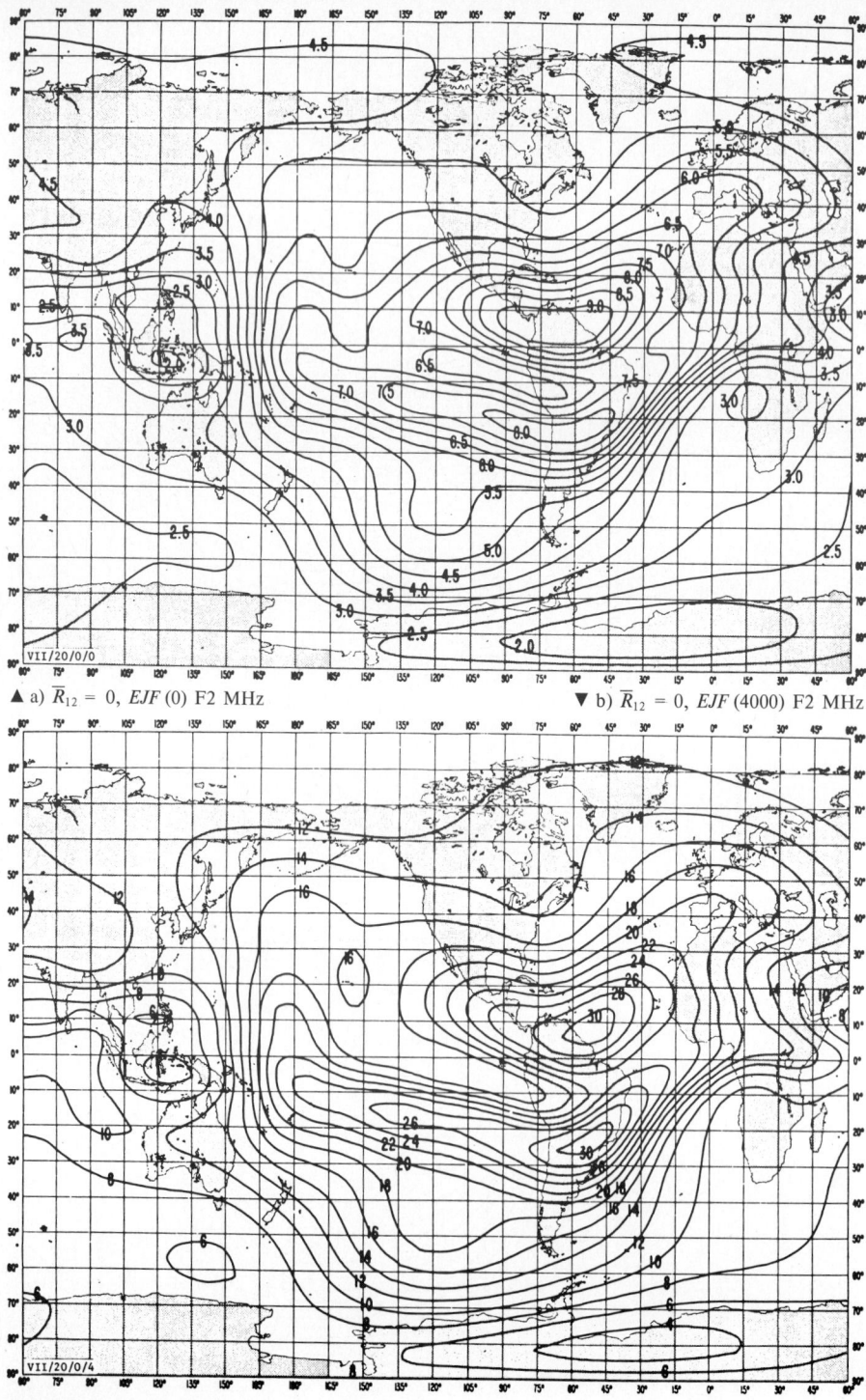

Bild 4.12.11 a,b   Juli 20^{00}

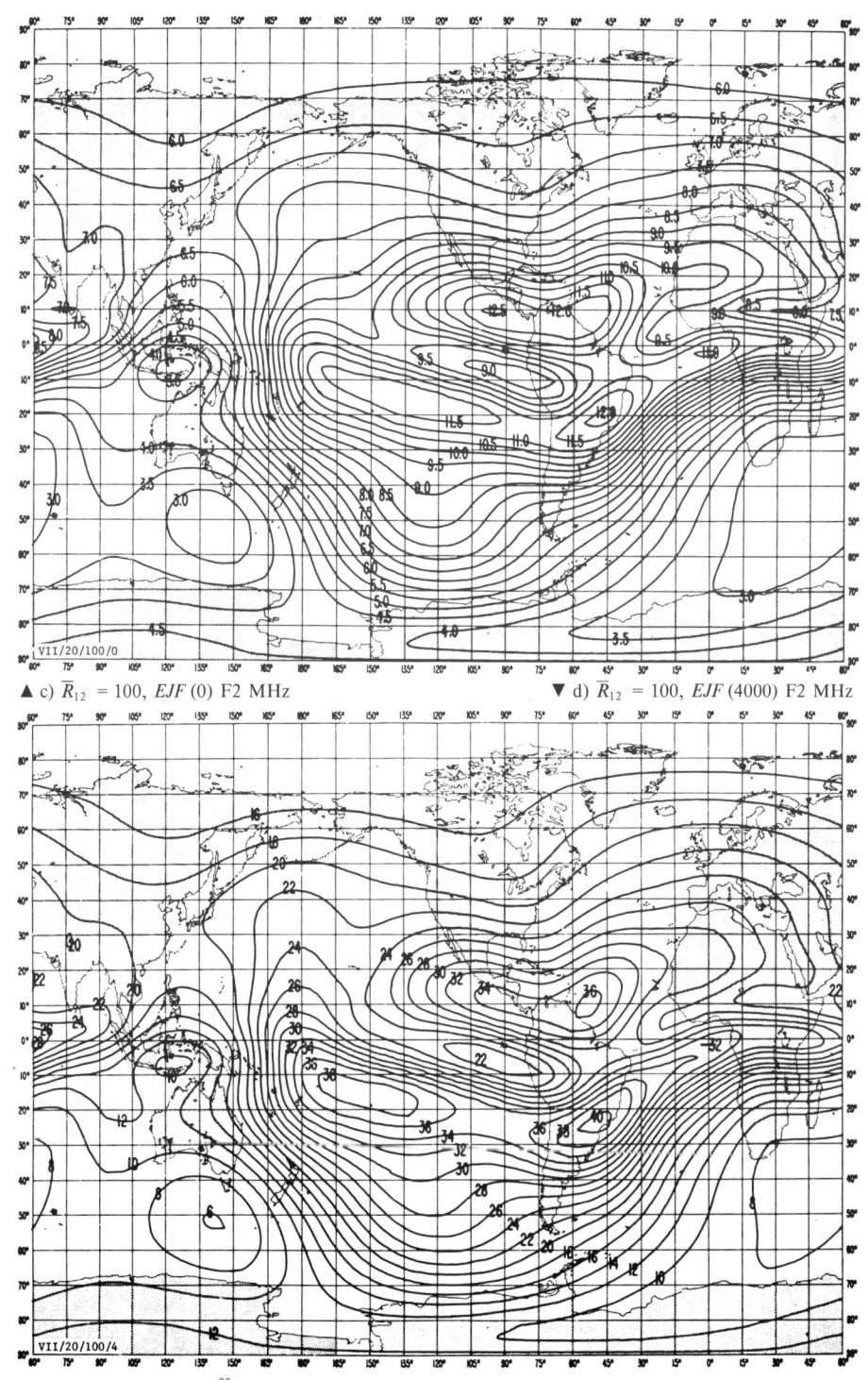

▲ c) $\overline{R}_{12} = 100$, *EJF* (0) F2 MHz ▼ d) $\overline{R}_{12} = 100$, *EJF* (4000) F2 MHz

Bild 4.12.11 c,d   Juli 20^{00}

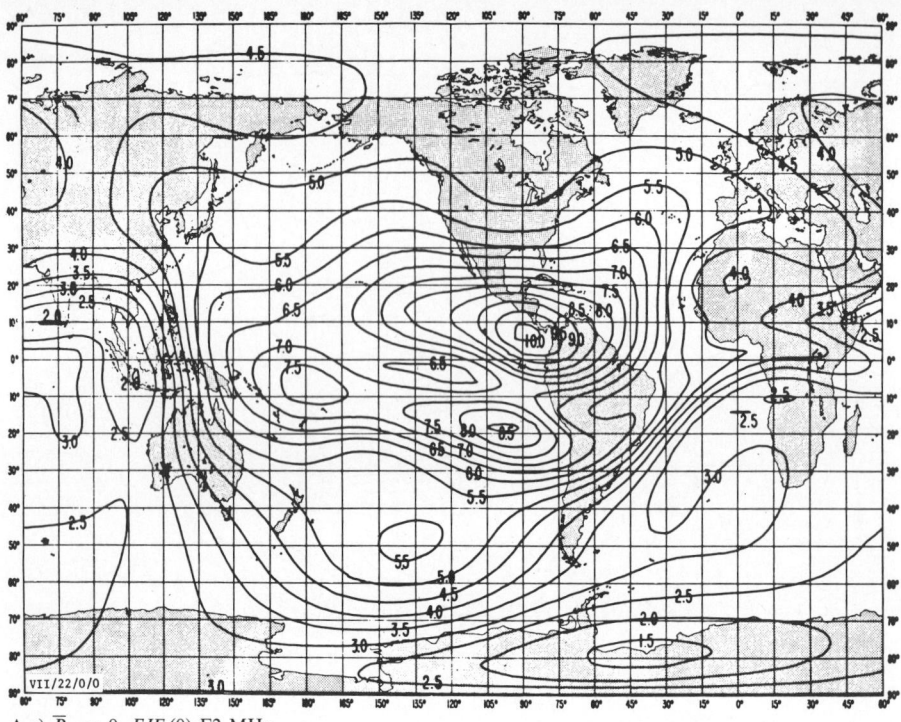

▲ a) $\overline{R}_{12} = 0$, *EJF* (0) F2 MHz

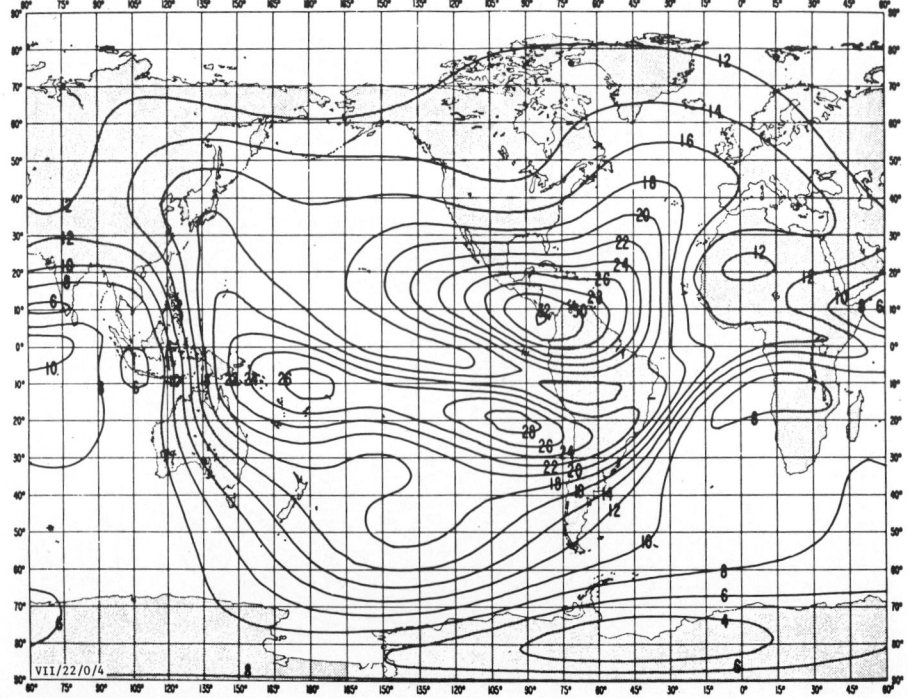

Bild 4.12.12 a,b   Juli 22^{00}

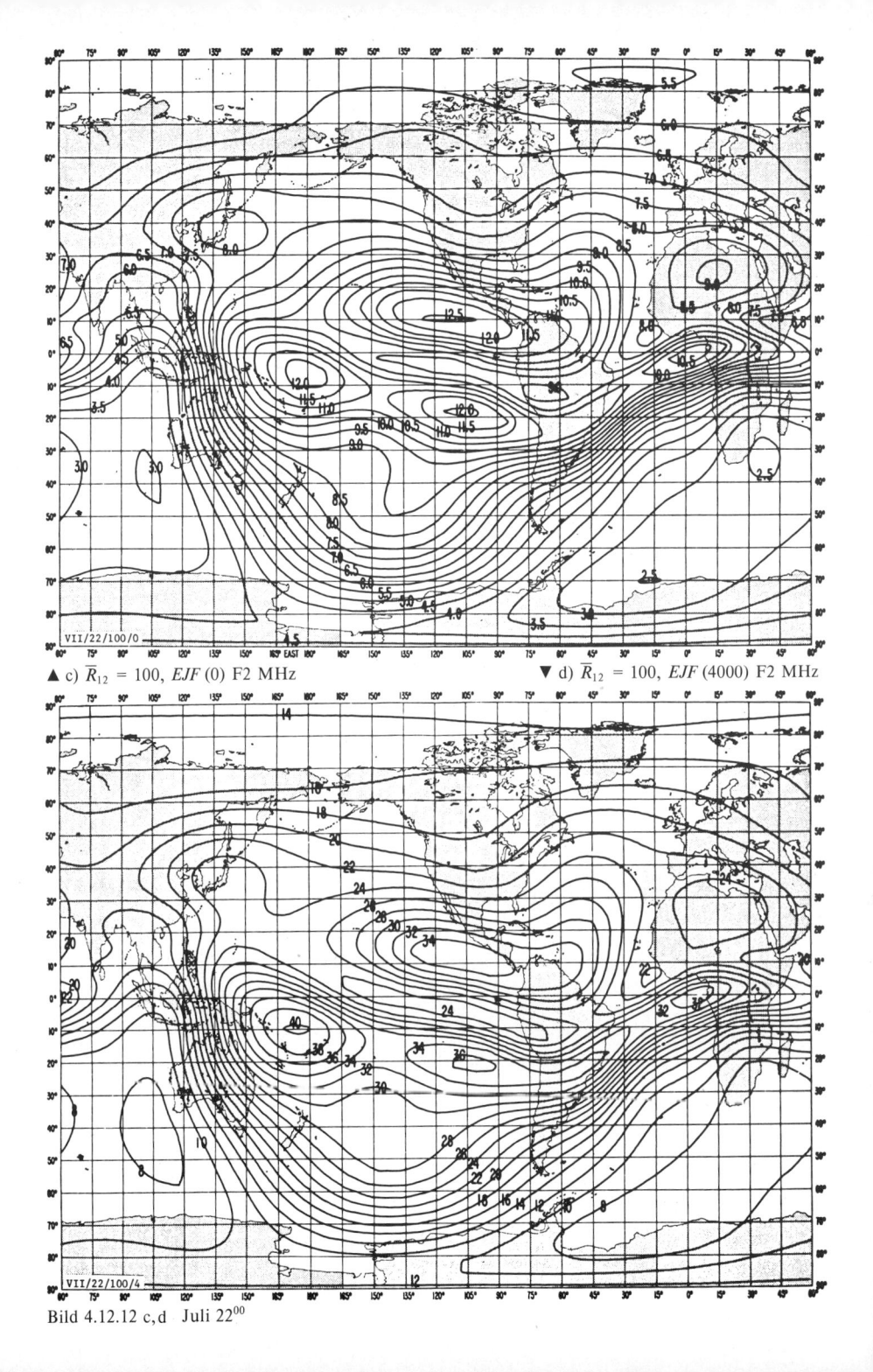

▲ c) $\overline{R}_{12} = 100$, EJF (0) F2 MHz   ▼ d) $\overline{R}_{12} = 100$, EJF (4000) F2 MHz

Bild 4.12.12 c,d   Juli 22^{00}

4.3.2 Berechnungsbeispiele

Für die bereits in den Abschnitten 4.1 und 4.2 angegebenen Beispiele sollen die anwendbaren Betriebsfrequenzbereiche mit Hilfe der in Abschnitt 4.3.1 beschriebenen Schritte 1 bis 9 ermittelt werden. Anstelle der vier Rechnungsgänge, die für das Erfassen der höchsten und tiefsten Frequenzbereiche erforderlich sind, wird hier nur einer dieser Fälle für jedes Beispiel behandelt.

Beispiel 1
Ergänzung zu den Angaben in Abschnitt 4.1
Die Strecke wird für einen beweglichen Funkdienst betrieben. Die zu betrachtende Betriebszeit ist der Monat Januar im Sonnenfleckenminimum ($\bar{R}_{12} = 0$). Die Ortszeit der beiden Funkstellen entspricht der Universalzeit (UT). Beide Stationen liegen in der Region 1. Während der Fahrt wird kein Funkbetrieb gemacht. Die Gegenstelle ist eine feste Station.

Unterlagen:
Bild 4.7a, 4.8a, 4.9, 4.10 und die Bildserie 4.11. 1a, b bis 4.11.12a, b, Bild 4.13, Tabelle 2.8. Das Transparentpapier (siehe Bild 4.14) mit dem Merkpunkt P(1).

Ergebnis: Tabelle 4.1 Beispiel 1 und Bild 4.15 zeigen das Ergebnis dieser Berechnung. Die anwendbaren Betriebsfrequenzbereiche sind aus der Tabelle 2.8 ausgewählt; sie sind für bewegliche Funkdienste zugelassen. Diese Bereiche und deren Betriebszeiten sind:

00^{00} bis 09^{00} UT 2194 bis 2498 kHz (Nachtfrequenz)
09^{00} bis 15^{00} UT 4438 bis 4650 kHz (Tagfrequenz)
15^{00} bis 24^{00} UT 2194 bis 2498 kHz (Nachtfrequenz)

Die günstigsten Zeiten für den Frequenzwechsel sind damit 09^{00} für die Umstellung auf die Tagfrequenz und 15^{00} für den Wechsel auf die Nachtfrequenz.

Die *EJF* (*d*) E liegt soweit unter der *EJF* (*d*) F2, daß sie an der Ausbreitung der ausgewählten Frequenz nicht mehr teilnimmt. Unter den gegebenen Bedingungen ist nur die F2-Schicht aktiv. Nach Bild 4.3 muß die Antenne deshalb ihr Strahlungsmaximum bei Erhebungswinkeln von etwa 72° haben (siehe Abschnitt 4.2, Beispiel 1).

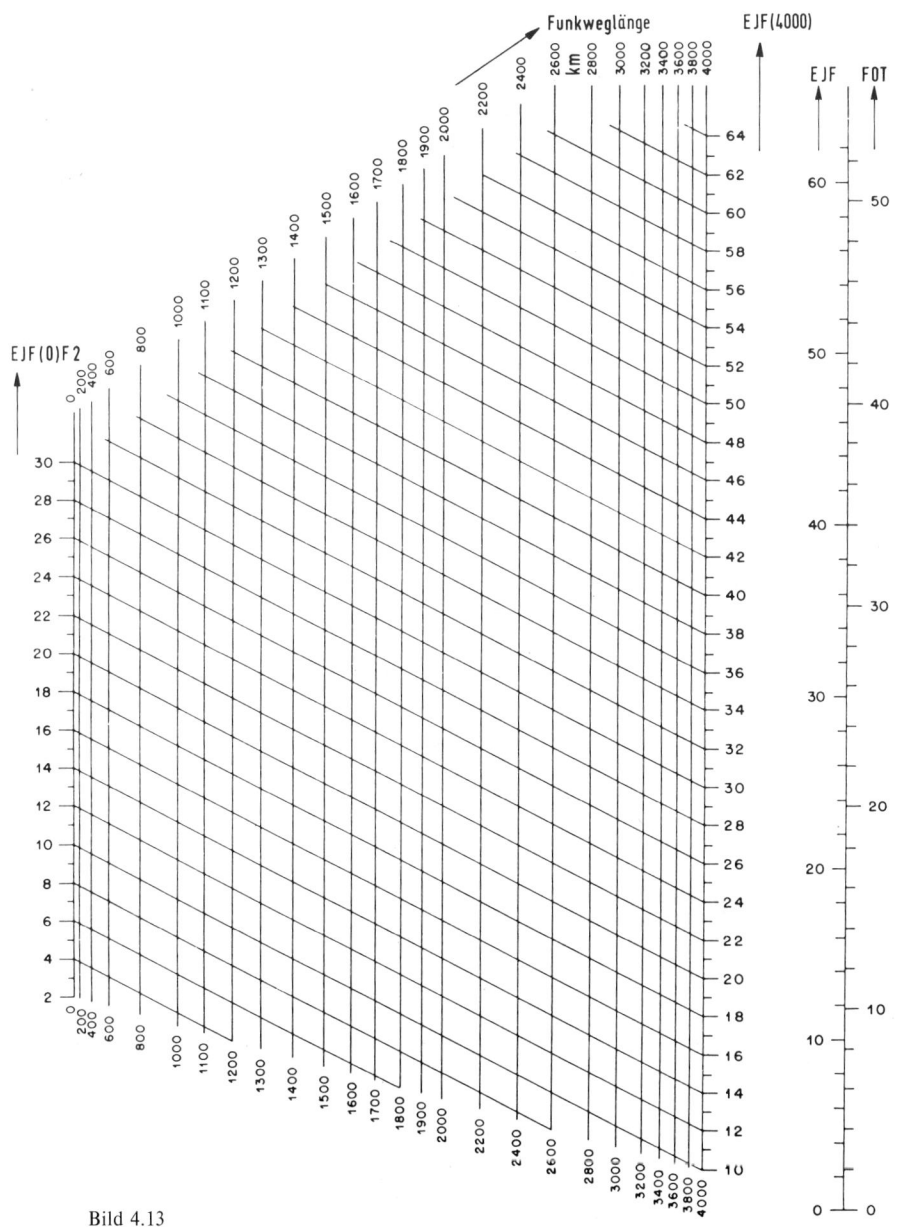

Bild 4.13
Nomogramm zur Ermittlung der *EJF* (Funkweg) F2 aus der *EJF* (0) und der *EJF* (4000) F2 sowie der entsprechenden *FOT* [3] (Voraussetzung: h'F2 annähernd konstant über die Funkweglänge)

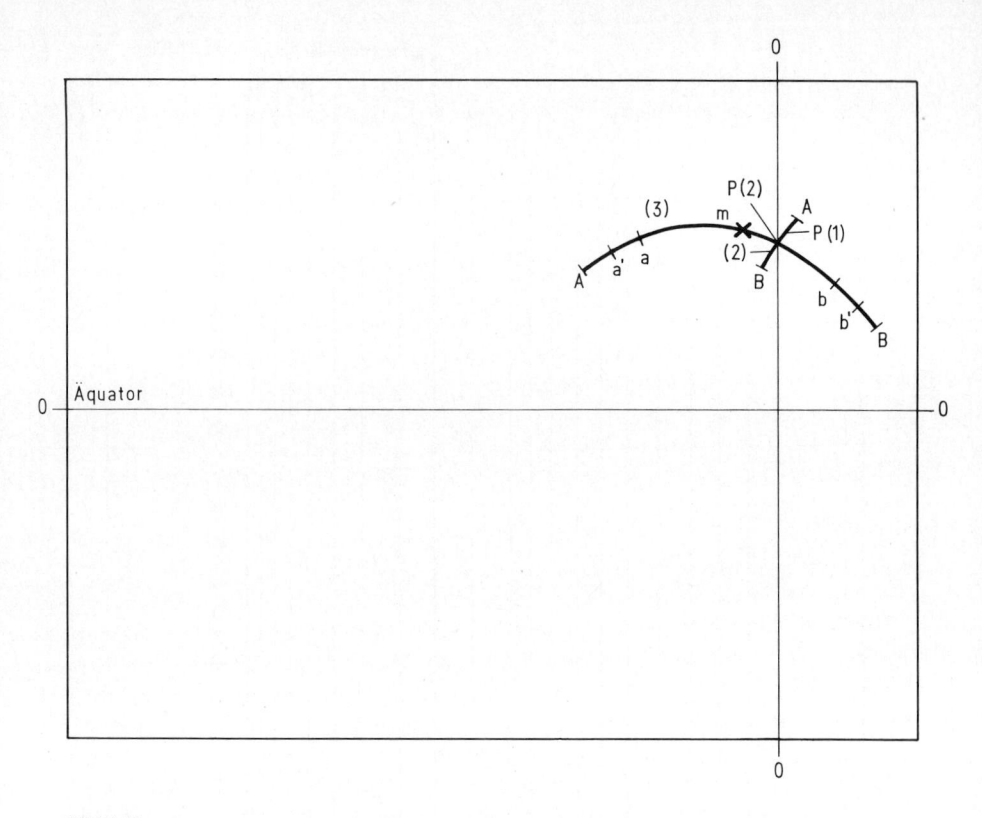

Bild 4.14
Darstellung der Aufzeichnung der Funkstrecken-Beispiele 1, 2 und 3 auf Transparentpapier zum Ermitteln der anwendbaren Frequenzbereiche (Schritte 2 bis 6)

Beispiel 2
Die Angaben für die 2000 km lange Strecke werden wie folgt ergänzt:
Die Verbindung soll für einen festen Funkdienst betrieben werden. Die Berechnung der anwendbaren Frequenzbereiche soll für den Monat Juli zur Zeit des Sonnenfleckenmaximums durchgeführt werden ($\bar{R}_{12}$ = 100). Am Streckenmittelpunkt ist die Ortszeit gleich der Universalzeit (Punkt P(2) in Bild 4.14). Die Strecke liegt in der Region 1.

Unterlagen:
Bild 4.7a, b, 4.8b, 4.9, 4.10 und die Bildserie 4.12. 1c, d bis 4.12.12c, d, Bild 4.13, Tabelle 2.8. Das Transparentpapier mit der Strecke (2).

Ergebnis:
Die Berechnung führt zu dem in der Tabelle 4.1, Beispiel 2 und in Bild 4.16 dargestellten Ergebnis. Nach Tabelle 2.8 werden folgende Frequenzbereiche für feste Funkdienste ausgewählt:

00^{00} bis 08^{00} UT   9900 bis   9995 kHz (Nachtfrequenz)
08^{00} bis 16^{00} UT 15600 bis 16360 kHz (Tagfrequenz)
16^{00} bis 24^{00} UT 12050 bis 12230 kHz (Nachtfrequenz)

Die Frequenzwechselzeiten sind 08^{00}, 16^{00} und 24^{00}. Bemerkenswert an dieser Strecke ist die von 05^{00} bis 18^{00} andauernde Aktivität der E-Schicht, die in dieser Zeit bestimmend für die Übertragung mit den ausgewählten Frequenzbereichen ist. Nach Bild 4.3 sind dafür zwei Sprünge über die E-Schicht erforderlich bei einem Erhebungswinkel von 10,5°. Während der Nachtstunden erfolgt die Ausbreitung über die F2-Schicht mit einem Erhebungswinkel von 13°. Die günstigste Antenne für eine solche Verbindung ist eine flachstrahlende Richtantenne, z. B. eine vertikal polarisierte logarithmisch-periodische Antenne. Sie ist breitbandig und erübrigt einen Antennenwechsel beim Umschalten auf Tag- oder Nachtfrequenz.

Beispiel 3
Die in den Abschnitten 4.1 und 4.2 zu diesem Beispiel enthaltenen Angaben werden für die Bestimmung der anwendbaren Frequenzbereiche wie folgt ergänzt:

Die Verbindung wird für einen festen Funkdienst eingesetzt. Die Betriebszeit ist der Januar im Sonnenfleckenmaximum ($\bar{R}_{12}$ = 100). Der Zeitunterschied zur Universalzeit beträgt für die Station A −5,2 Stunden und für die Station B +2,5 Stunden. Mit Bezug auf Bild 4.3 ist die Sprungentfernung für die Ausbreitung über die E-Schicht 1274 km und über die F2-Schicht 2548 km. Die Funkstrecke liegt vollständig in der Region 1.

Unterlagen:
Bild 4.7a, b, Bild 4.8a, Bild 4.9, Bild 4.10, die Bildserie 4.11.1c, d bis 4.11.12c, d, Bild 4.13 sowie die Tabelle 2.8.

Das Transparentpapier mit der Eintragung der Strecke (3) und den Ablesepunkten a,b, an denen die *EJF*(0) F2 und die *EJF*(4000) F2 ermittelt wird. Die Entfernung dieser Punkte von den Endstellen beträgt 1274 km − gleich der halben Entfernung eines Sprunges über die F2-Schicht. Außerdem sind die Ablesepunkte a' und b' angegeben, an denen der Zenitwinkel der Sonne und damit die *EJF*(d) E ermittelt wird. Die Entfernung dieser Punkte von den Endstellen beträgt 637 km.

Ergebnis:
Die Bestimmung der günstigsten Betriebsfrequenzbereiche erfolgt aus den mit Hilfe der Schritte 1 bis 9 gefundenen und in der Tabelle 4.2, Beispiel 3 eingetragenen Werten. Die maßgeblichen Streckenwerte (Spalten 20 und 21) sind in Bild 4.17 als Grenzfrequenzkurven für die *EJF* (d) und *FOT* (d) dargestellt, die in diesem Falle durch die Ausbreitungseigenschaften der F2-Schicht bestimmt werden. Die ebenfalls eingetragenen, für das A− und das B−Ende der Strecke gültigen Grenzfrequenzkurven *EJF* (d_H) E geben die zu der hier betrachteten Zeit vorliegenden Ausbreitungseigenschaften der E-Schicht wieder.

Aus der Tabelle 2.8 können für den hier durchzuführenden festen Funkdienst folgende Frequenzbereiche empfohlen werden:

00^{00} bis 13^{00} UT   5730 bis 5950 kHz (Nachtfrequenz)
13^{00} bis 17^{00} UT 17410 bis 17550 kHz (Tagfrequenz)
17^{00} bis 21^{00} UT 12050 bis 12230 kHz (1. Übergangsfrequenz)
21^{00} bis 24^{00} UT 9040 bis 9500 kHz (2. Übergangsfrequenz)

Aus Bild 4.3 ist zu entnehmen, daß die 10195 km lange Strecke mit vier Sprüngen über die F2-Schicht betrieben werden kann, wenn die Sendeantenne unter einem Erhebungswinkel von 8° ein Strahlungsmaximum hat. Da noch kleinere Erhebungswinkel bei Kurzwellenantennen nur unter ganz speziellen Bedingungen – z. B. ein in der Strahlungsrichtung abfallendes Gelände (siehe Abschnitt 4.2) oder sehr große Antennenhöhen – möglich sein können, wird im allgemeinen bei so langen Funkstrecken eine Unterschreitung dieser Sprungzahl nicht verwirklicht werden können.

Aus den berechneten Grenzfrequenzkurven und den daraus bestimmten Betriebsfrequenzbereichen ist zu ersehen, daß in der Zeit von etwa 04^{00} bis 13^{00} UT am B-Ende der Strecke die E-Schicht aktiv ist. Da nach Bild 4.3 für die Überbrückung eines F2-Sprunges zwei Sprünge über die E-Schicht erforderlich sind, muß in dieser Zeit mit mindestens fünf Sprüngen für die gesamte Strecke gerechnet werden. Wegen der damit erhöhten Anzahl der Reflexionsstellen in der Ionosphäre und am Boden ergeben sich eine vergrößerte Streckendämpfung und ungünstigere, wenn nicht sogar unzureichende Feldstärken am fernen Empfangsort. In der Zeit von 13^{00} bis 04^{00} UT erfolgt die Ausbreitung über die F2-Schicht mit vier Sprüngen.

Die wahrscheinlichen Zeiten für die Frequenzwechsel sind:

Nacht-/Tagfrequenz:
13^{00} UT $\triangleq$ Ortszeit 08^{00} Station A, 15^{30} Station B

Tag-/1. Übergangsfrequenz:
17^{00} UT $\triangleq$ Ortszeit 12^{00} Station A, 19^{30} Station B

1. Übergangs-/2. Übergangsfrequenz:
21^{00} UT $\triangleq$ Ortszeit 16^{00} Station A, 23^{30} Station B

2. Übergangs-/Nachtfrequenz:
24^{00} UT $\triangleq$ Ortszeit 19^{00} Station A, 02^{30} Station B.

Ähnlich wie in Beispiel 2 ist hier eine flach strahlende Richtantenne mit hohem Gewinn zu empfehlen, wie z. B. eine vertikal polarisierte logarithmisch-periodische Antenne.

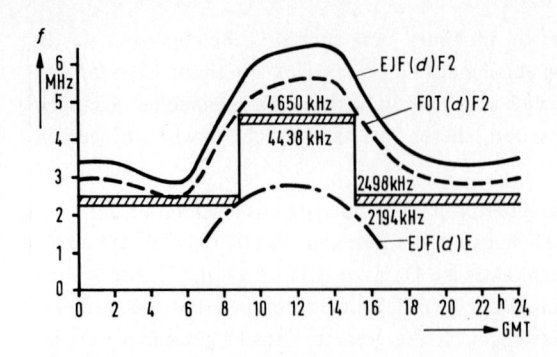

Bild 4.15
Berechnete Betriebsfrequenzbereiche für Beispiel 1, Monat Januar, Sonnenfleckenzahl $\overline{R}_{12} = 0$

Formblatt A Ermittlung der EJF(d) bei Einsprungverbindungen.

Funkverbindung:	Station A Frankfurt	Station B Duisburg

Koordinaten: Breite	50,8° N	51,4° N
　　　　　　　 Länge	8,7° O	6,8° O

Streckenlänge:	188 km

Zeitunterschied zu UT
für Streckenmitte:	0 Stunde

Monat/Jahreszeit:	Januar/Winter

Sonnenfleckenzahl $\bar{R}_{12}$: 0

1 Zeit in h UT	2 Zenit- winkel ψ in °	3 EJF (2000) E in MHz	4 EJF (d_H) E in MHz	5 EJF (O) F2 in MHz	6 EJF (4000) F2 in MHz	7 EJF (d) F2 in MHz	8 FOT (d) F2 0,85 x (7) in MHz	9 EJF(d) größter Wert von (4) u. (7) in MHz	10 FOT(d) größter Wert von (4) u. (8) in MHz
0	148	–	–	3,3	9,3	3,4	2,9	3,4	2,9
2	137	–	–	3,3	9,5	3,4	2,9	3,4	2,9
4	121	–	–	2,9	8,0	3,0	2,6	3,0	2,6
6	104	–	–	2,8	8,0	2,9	2,5	2,9	2,5
8	88	7,7	2,0	4,7	16,0	4,8	4,1	4,8	4,1
10	77	10,4	2,6	6,0	22,0	6,1	5,2	6,1	5,2
12	75	10,8	2,7	6,2	22,3	6,3	5,4	6,3	5,4
14	81	9,5	2,4	6,3	20,2	6,4	5,5	6,4	5,5
16	94	5,8	1,5	4,6	15,8	4,7	4,0	4,7	4,0
18	112	–	–	3,5	10,3	3,6	3,1	3,6	3,1
20	128		–	3,2	9,3	3,3	2,8	3,3	2,8
22	143	–	–	3,2	8,8	3,3	2,8	3,3	2,8

Beispiel 1　　　　　　　　　　　　　　　　　　　　　　　　　　Tabelle 4.1

Formblatt A Ermittlung der EJF(d) bei Einsprungverbindungen.

Funkverbindung:		Station A Frankfurt	Station B Lissabon
Koordinaten:	Breite	50,2° N	38,7° N
	Länge:	8,7° O	10,9° W

Streckenlänge: 1999,6 km

Zeitunterschied zu UT
für Streckenmitte: 0 Stunden

Monat/Jahreszeit: Juli/Sommer

Sonnenfleckenzahl $\overline{R}_{12}$: 100

1 Zeit in h UT	2 Zenit- winkel ψ in °	3 EJF (2000) E in MHz	4 EJF (d_H) E in MHz	5 EJF (O) F2 in MHz	6 EJF (4000) F2 in MHz	7 EJF (d) F2 in MHz	8 FOT (d) F2 0,85 x (7) in MHZ	9 EJF (d) größter Wert von (4) u. (7) in MHz	10 FOT (d) größter Wert von (4) u. (8) in MHz
0	112	–	–	7,2	20,0	14,2	12,1	14,2	12,1
2	107	–	–	6,3	17,7	12,8	10,9	12,8	10,9
4	95	6	4,3	6,2	16,0	12,1	10,3	12,1	10,3
6	76	12,3	8,7	6,5	19,0	13,8	11,7	13,8	11,7
8	56	15,8	11,2	7,3	22,3	16,2	13,8	16,2	13,8
10	35	18,0	13,0	7,6	22,5	16,5	14,0	18,0	14,0
12	24	18,6	13,4	7,7	22,5	16,5	14,0	18,6	14,0
14	33	18,2	13,2	7,7	22,5	16,5	14,0	18,2	14,0
16	52	16,3	11,8	7,5	22,0	16,0	13,6	16,3	13,6
18	74	12,7	9,0	7,8	24,2	17,5	14,9	17,5	14,9
20	92	7,2	5,2	8,1	24,2	17,7	15,0	17,7	15,0
22	106	–	–	7,5	21,5	15,9	13,5	15,9	13,5

Beispiel 2 Tabelle 4.1

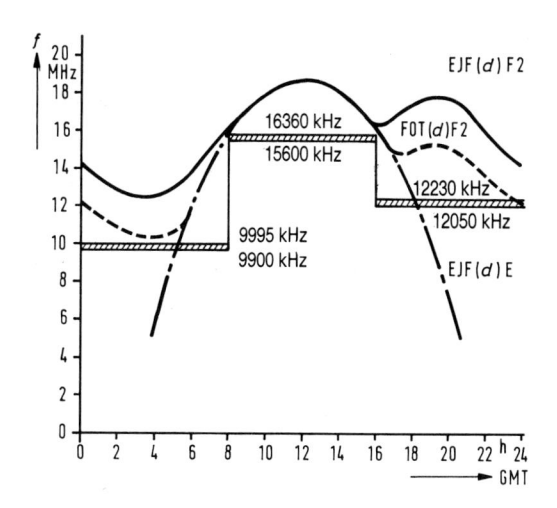

Bild 4.16
Berechnete Betriebsfrequenzbereiche für Beispiel 2, Monat Juli, Sonnenfleckenzahl $\bar{R}_{12} = 100$

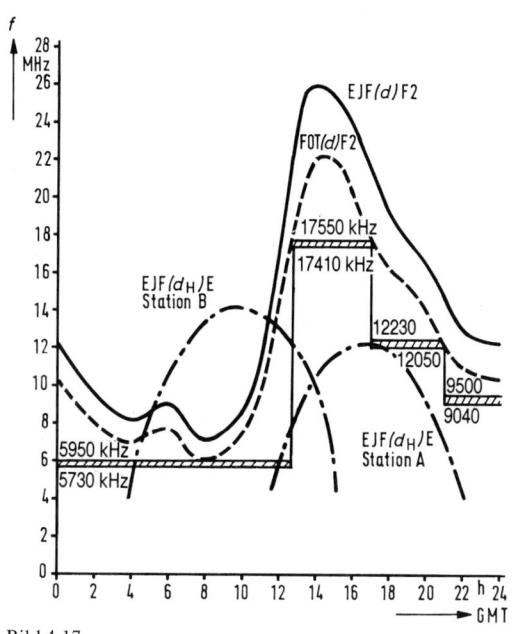

Bild 4.17
Berechnete Betriebsfrequenzbereiche für Beispiel 3, Monat Januar, Sonnenfleckenzahl $\bar{R}_{12} = 100$

Formblatt B   Ermittlung der EJF(d) bei Mehrsprungverbindungen.

Funkverbindung:		Station A	New York	Station B	Jeddah
Koordinaten:	Breite:		41,6° N		21,5° N
	Länge		74,0° W		39,2° O

Streckenlänge: 10195 km

Zeitunterschied zu UT: −5,2 Std.   +2,5 Std.

Sprungentfernung d_H: Bei E-Schicht Reflexion   1274 km
                          Bei F2-Schicht Reflexion 2548 km

Monat/Jahreszeit: Januar/Winter

Sonnenfleckenzahl $\bar{R}_{12}$: 100

				Station A					
1 Zeit in h UT	2 Zenit- winkel ψ in °	3 *EJF* (2000) E in MHz	4 *EJF* (d_H) E in MHz	5 *EJF* (O) F2 in MHz	6 *EJF* (4000)F2 in MHz	7 *EJF* (d_H) F2 in MHz	8 *FOT* (d_H) F2 0,85 · (7) in MHz	9 *EJF* (d_H) oberer Wert von (4) u. (7) in MHz	10 *FOT* (d) oberer Wert von (4) u. (8) in MHz
0	118	–	–	5,3	14,5	12,2	10,4	12,2	10,4
2	142	–	–	4,2	11,0	9,5	8,1	9,5	8,1
4	157	–	–	4,2	9,5	8,1	6,9	8,1	6,9
6	152	–	–	4,2	10,5	9,0	7,7	9,0	7,7
8	133	–	–	3,3	8,5	7,1	6,0	7,1	6,0
10	112	–	–	3,8	10,2	8,7	7,4	8,7	7,4
12	92	7,2	6,0	6,7	21,0	17,3	14,7	17,3	14,7
14	73	13,0	10,6	9,5	31,0	26,3	22,4	26,3	22,4
16	65	14,5	12,0	10,3	33,0	27,3	23,2	27,3	23,2
18	67	14,2	11,9	9,8	31,5	26,0	22,1	26,0	22,1
20	30	11,1	9,1	8,2	26,5	22,0	18,7	22,0	18,7
22	98	5,0	4,2	7,0	21,0	17,5	14,9	17,5	14,9

Beispiel 3

	Station B								Strecke	
11 Zenit- winkel ψ in °	12 EJF (2000) E in MHz	13 EJF (d_H) E in MHz	14 EJF (O) F2 in MHz	15 EJF (4000) F2 in MHz	16 EJF (d_H) F2 in MHz	17 FOT (d_H) F2 $0{,}85 \cdot (16)$ in MHz	18 EJF (d_H) oberer Wert von (13) (16) in MHz	19 FOT (d_H) oberer Wert von (13) (17) in MHz	20 EJF (d) unterer Wert von (9) (18) in MHz	21 FOT (d) unterer Wert von (10) (19) in MHz
150	–	–	5,2	15,5	13,0	11,1	13,0	11,1	12,2	10,4
125	–	–	4,0	11,5	9,7	8,2	9,7	8,2	9,5	8,1
99	4,8	3,4	4,5	13,5	11,2	9,5	11,2	9,5	8,1	6,9
75	12,5	10,4	8,7	29,5	24,1	20,5	24,1	20,5	9,0	7,7
56	15,8	13,2	10,3	38,0	31,0	26,4	31,0	26,4	7,1	6,0
50	16,6	14,0	11,5	36,0	29,7	25,2	29,7	25,2	8,7	7,4
60	15,3	13,0	11,3	35,0	29,5	25,1	29,5	25,1	17,3	14,7
78	12,2	10,2	11,3	31,0	26,0	22,1	26,0	22,1	26,0	22,1
104	–	–	9,0	29,0	23,9	20,3	23,9	20,3	23,9	20,3
129	–	–	7,5	23,0	19,0	16,2	19,0	16,2	19,0	16,2
154	–	–	6,5	20,0	16,5	14,0	16,5	14,0	16,5	14,0
172	–	–	5,3	15,5	12,8	10,9	12,8	10,9	12,8	10,9

Tabelle 4.2

4.4 Berechnen der Streckendämpfung und der erreichbaren Feldstärken

Sind für eine Kurzwellenstrecke die zum Erreichen der gestellten Bedingungen erforderliche Senderleistung und die Antennengewinne zu bestimmen, so müssen stabile Streckeneigenschaften der Rechnung zu Grunde gelegt werden können; diese sind bei den sich ständig ändernden Ausbreitungsbedingungen der Raumwelle durch Dämpfungs- bzw. Feldstärkewerte charakterisiert, die zu einem bestimmten Prozentsatz der Zeit erwartet werden können (siehe Abschnitt 2.5.5).

Das gelegentliche Auftreten des „Pedersen Strahles", der sich, ohne zur Erde zurückzukehren, über große Entfernungen in der F2-Schicht ausbreiten kann, um dann erst den fernen Empfangsort zu erreichen, oder von Streuungen in der F2-Schicht – die des öfteren in den Abend- und Nachtstunden zu beobachten sind – oder der E_s-Ausbreitung bei höheren Frequenzen kann eine Verbesserung der Übertragungsbedingungen und damit auch höhere Feldstärken bewirken. Eine sichere Voraussage dieser Erscheinungen ist jedoch nicht möglich. Sie sind bei der statistischen Betrachtung in die kleinen Dämpfungs- bzw. hohen Feldstärkewerte einbezogen, die zu einem geringen Prozentsatz der Zeit auftreten werden. Bei dem Berechnen einer Kurzwellenverbindung wird es auch nicht möglich sein (und es ist auch nicht notwendig), einen genauen Aufriß aller denkbaren Ausbreitungswege, wie in Abschnitt 2.6 erwähnt, zu erstellen. Das ebenfalls in Abschnitt 2.6 und den Bildern 2.15 und 2.16 beschriebene vereinfachte Modell ist für die Lösung der hier gestellten Aufgabe ausreichend.

4.4.1 Verluste in einem Kurzwellensystem

Wird eine Kurzwellenverbindung als ein in sich geschlossenes Übertragungssystem betrachtet – beginnend mit dem Senderausgang und endend mit dem Empfängereingang – so setzt sich dessen Gesamtverlust L_{Syst} (in dB) aus folgenden Einzelverlusten zusammen [4], [5]:

$$L_{syst} = L_{Fr} + L_I + L_B + Y_F - (G_s + G_E). \tag{4.8}$$

L_{Fr} Verluste, die durch die Freiraumdämpfung zwischen der Sende- und der Empfangsantenne entstehen in dB
L_I Verluste in der Ionosphäre in dB (Durchdringung der D-Schicht)
L_B Verluste bei der Reflexion am Boden (bei Mehrsprungverbindungen) in dB
Y_F Fadingreserven in dB
G_S Gewinn der Sendeantenne in dBi[1]) } abzüglich der Verluste in
G_E Gewinn der Empfangsantenne in dBi } den Antennenkabeln

---

1) mit dBi wird der Gewinn einer Antenne über dem eines Kugelstrahlers (isotropischer Strahler) angegeben (siehe Kapitel 6)

4.4.1.1 Verluste durch die Dämpfung im freien Raum

Wird eine Kurzwellenfrequenz von einer Antenne ausgesendet, so nimmt die abgestrahlte Leistung mit dem Quadrat, und die Feldstärke linear mit steigender Entfernung von der Antenne ab. Diese Entfernung ist gegeben durch die wirklich von der Raumwelle durchlaufene Funkweglänge d_{eff}, die sich für einen Sprung aus der Höhe der reflektierenden Schicht und dem Erhebungswinkel der Strahlung ergibt, der zur Überbrückung der Großkreisentfernung d_{Gk} zwischen der Sende- und der Empfangsstelle notwendig ist. Bei geringen Entfernungen – die nur einen Sprung über die Ionosphäre erfordern – kann der Unterschied zwischen d_{eff} und d_{Gk} sehr groß werden. Ist d_{Gk} z. B. nur 200 km, so wird bei Ausbreitung über die F2-Schicht mit einer Höhe von 320 km über dem Boden die effektive Streckenlänge $d_{eff} = 670$ km. Diese Entfernung ist maßgebend für die am Empfangsort erreichbare Feldstärke. Bei sehr langen Funkstrecken – auch wenn dazu mehrere Sprünge über die Ionosphäre notwendig werden – wird der Unterschied zwischen d_{Gk} und d_{eff} vernachlässigbar klein. Die Streckendämpfung steigt dann linear mit der Großkreisentfernung an. In Bild 4.18 ist ein von der Erdoberfläche bei A ausgesendeter Strahl dargestellt, der bei P an der Ionosphäre reflektiert und bei B

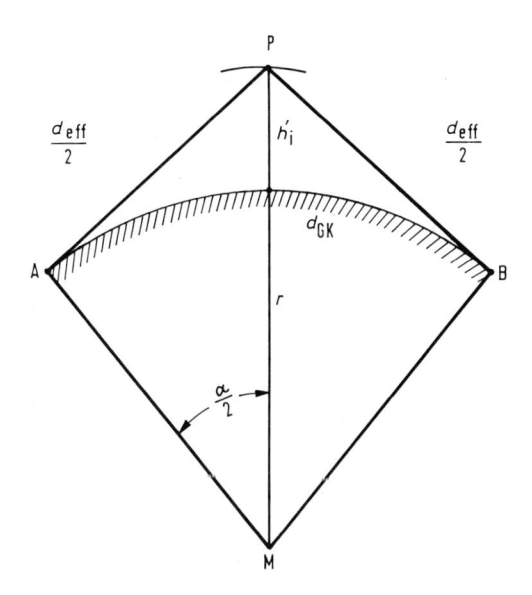

Bild 4.18   Darstellung der effektiven Funkweglänge d_{eff} einer Einsprungverbindung

empfangen wird. Die dabei durchlaufene Wegstrecke A-P-B ist gleich d_{eff}; sie ist länger als die Großkreisentfernung zwischen A und B.

$$d_{eff} = 2 \sqrt{2r^2 + 2rh'_i + h'^2_i - \cos\frac{\alpha}{2}(2r^2 + 2rh'_i)}; \qquad (4.9)$$

mit $r = 6370$ km ergibt sich

$$d_{eff} = 2 \sqrt{8{,}115 \cdot 10^7 + 12740 \cdot h'_i + h'^2_i - \cos\frac{\alpha}{2} \cdot (8{,}115 \cdot 10^7 + 12740 \cdot h'_i)}. \qquad (4.10)$$

d_{eff} die effektive Streckenlänge in km
h'_i die virtuelle Höhe der reflektierenden Schicht in km
α der Zentriwinkel des Großkreisbogens der Entfernung zwischen A und B (siehe Gleichung 4.1)

Bild 4.19 zeigt die mit Gleichung (4.10) berechneten effektiven Streckenlängen d_{eff} in Abhängigkeit von der Großkreisentfernung d_{Gk} für Schichthöhen von 110 km (E-Schicht) und 200 bis 450 km (F2-Schicht).

Bezogen auf einen Kugelstrahler als Sende- und Empfangsantenne wird die Freiraumdämpfung (in dB) nach [5]

$$L_{Fr} = 20 \log \frac{4\pi\, d_{eff}}{\lambda} = \qquad (4.11)$$

$$= 32{,}44 + 20 \log f + 20 \log d_{eff}.$$

f in MHz
d_{eff} in km

Das in Bild 4.20 dargestellte Nomogramm berücksichtigt die effektive Entfernung durch die Einbeziehung des Erhebungswinkels. Die damit gefundenen Werte der Freiraumverluste beziehen sich ebenfalls auf einen Kugelstrahler mit dem Gewinn 0 dBi auf beiden Seiten der Strecke.

In Zusammenhang mit den Tabellen 2.3 bis 2.7, in denen die auf die Sendearten bezogenen Mindestfeldstärken angegeben sind, kann es zweckmäßig sein, nicht die Verluste durch die Freiraumdämpfung, sondern die auf die Entfernung d_{eff} bezogene Freiraumfeldstärke anzugeben. Sie wird auch als „nicht absorbierte Feldstärke" bezeichnet und ist gegeben durch die Beziehung

$$E_o = \sqrt{\frac{3 Z_o}{4\pi}} \cdot \frac{\sqrt{P}}{d}. \qquad (4.12a)$$

Z_o Wellenwiderstand des freien Raumes gleich 120π
P die abgestrahlte Leistung in W
d die Entfernung von der Sendeantenne in km

Mit $P = 1$ kW und $d = 1$ km wird

$$E_o = 300 \ \frac{mV}{m}. \tag{4.12b}$$

Dies ist der Bezugswert für die Feldstärkebestimmung an den fernen Empfangsorten. Für Streckenlängen von 100 bis 40000 km kann mit dem aus [1] entnommenen Nomogramm die Freiraumfeldstärke in Abhängigkeit vom Erhebungswinkel der Strahlung gefunden werden. Wie bei Bild 4.19 ist damit auch die effektive Entfernung d_{eff} berücksichtigt. Die Feldstärkewerte werden in dB über $1 \ \frac{\mu V}{m}$ angegeben (Bild 4.21).

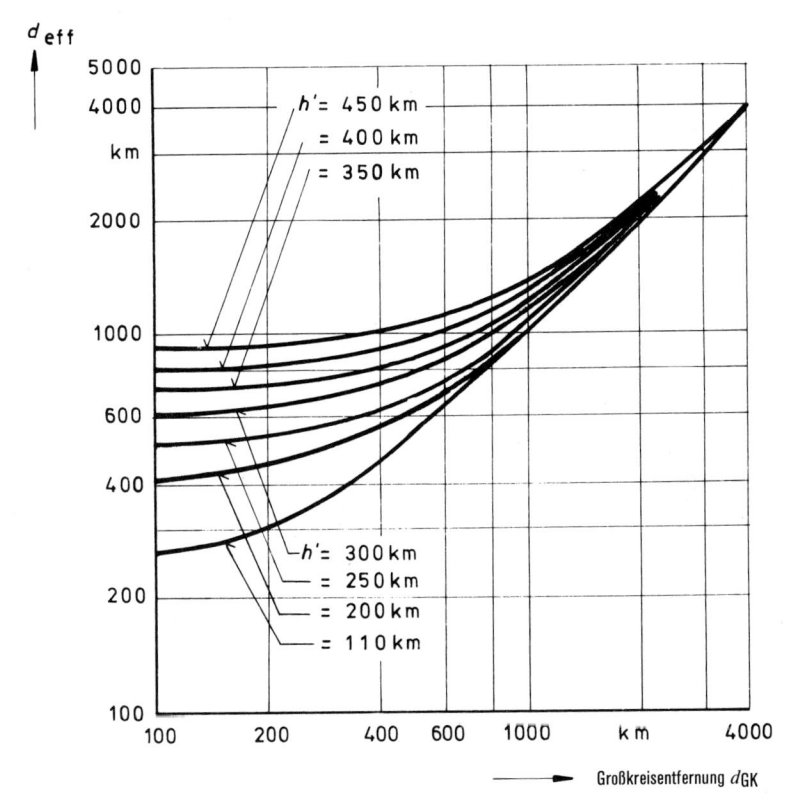

Bild 4.19
Effektive Länge d_{eff} einer Funkstrecke bei gegebener Großkreisentfernung d_{GK}
Parameter ist die Höhe h' der reflektierenden ionosphärischen Schicht

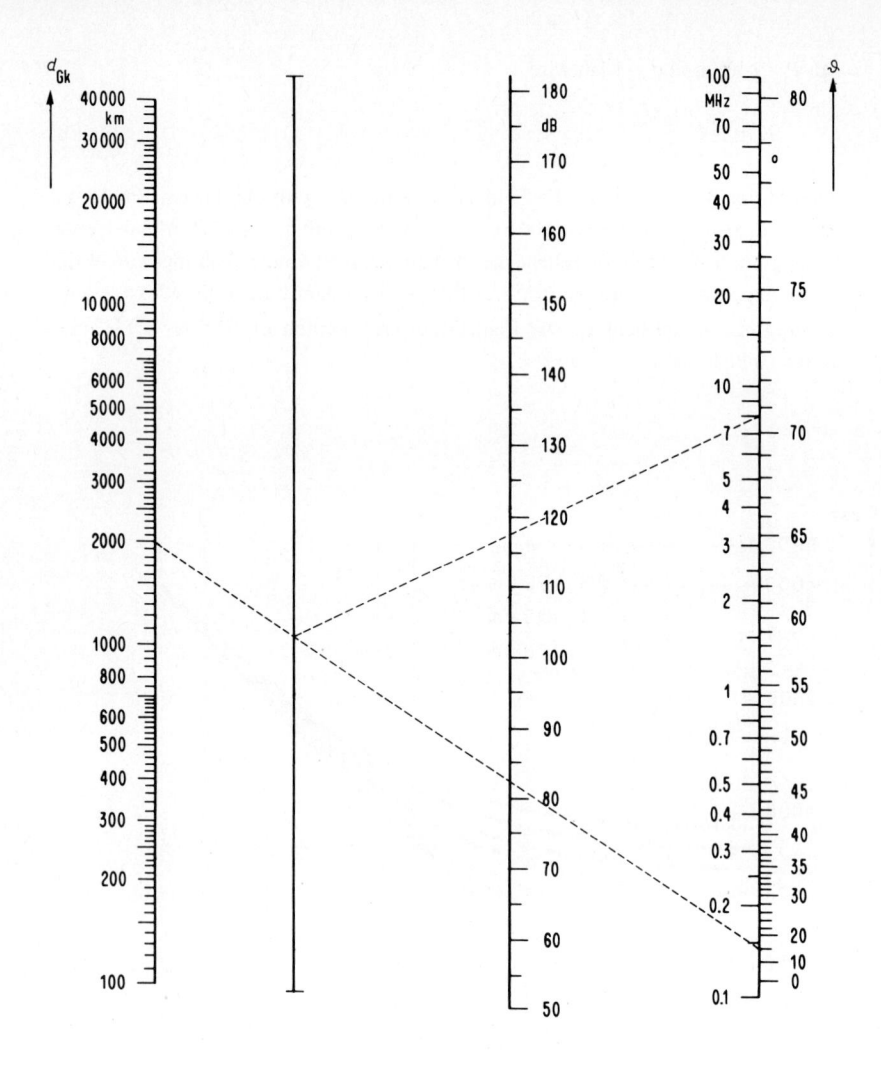

Beispiel: Streckenlänge 2000 km, Erhebungswinkel $\vartheta = 13°$, Frequenz 8 MHz. Freiraumverluste 118 dB

Bild 4.20
Nomogramm zur Bestimmung der Freiraumverluste als Funktion des Erhebungswinkels ϑ und der Entfernung d_{Gk} bezogen auf Kugelstrahler als Sende- und Empfangsantennen [4]

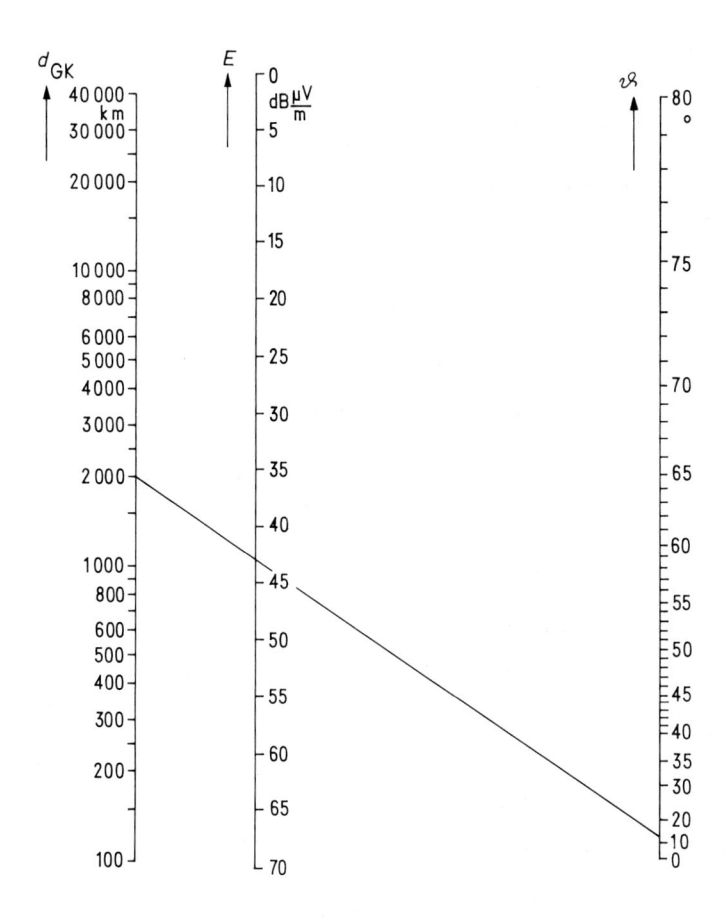

Beispiel: Streckenlänge 2000 km, Erhebungswinkel $\vartheta = 13°$.
Freiraumfeldstärke 43 dB $\frac{\mu V}{m}$ = 141,25 $\frac{\mu V}{m}$.

Bild 4.21
Nomogramm zum Bestimmen der Freiraumfeldstärke als Funktion der Entfernung d_{GK} und des Erhebungswinkels ϑ bezogen auf eine Feldstärke von 300 $\frac{mV}{m}$ in 1 km Entfernung

Ist die Feldstärke am Empfangsort unter Berücksichtigung der Streckenverluste bekannt, dann ergibt sich die am Empfängereingang anliegende Klemmenspannung U_e aus der Gleichung [8]

$$U_e = E_{eff} \cdot \lambda \cdot \sqrt{\frac{3 R_A}{2 \pi Z_o}} \cdot \sqrt{G_e} \tag{4.13}$$

mit $Z_o = 120 \pi$ und $R_A = 50 \Omega$:

$$U_e = E_{eff} \cdot 0{,}2516 \, \lambda \cdot \sqrt{G_e} . \tag{4.14}$$

G_e Gewinn der Empfangsantenne bezogen auf einen Kugelstrahler

4.4.1.2 Verluste in der Ionosphäre

Wie bereits in Abschnitt 2.2.1 behandelt, erfährt die von einem Kurzwellensender über die Raumwelle ausgestrahlte Energie bei der Durchdringung der D-Schicht erhebliche Verluste durch Absorption; diese hängen ab von

dem Zenitwinkel der Sonne ψ und

der Sonnenfleckenzahl R.

Diese beiden Parameter ergeben den Absorptionsindex I nach der in [1] angegebenen Beziehung

$$I = (1 + 0{,}0037 \, R) \cdot (\cos 0{,}881 \, \psi)^{1,3}. \tag{4.15}$$

Für die Berechnung von Kurzwellenverbindungen wird für R der abgeglichene Zwölfmonatswert $\overline{R}_{12}$ eingesetzt. Wie Beobachtungen ergeben haben, beginnt und endet die Ionisation der D-Schicht und damit auch die Absorption der ausgesendeten Energie bei einem Zenitwinkel der Sonne von $\psi = 102{,}2°$. Bei diesem Wert wird $I = 0$;

$$\cos 0{,}881 \cdot 102{,}2° = \cos 90° = 0.$$

Mit Hilfe des in Bild 4.22 dargestellten Nomogramms [1], das mit Gleichung (4.15) berechnet ist, kann der Absorptionsindex I für alle vorkommenden Werte von $\overline{R}_{12}$ und ψ schnell ermittelt werden.

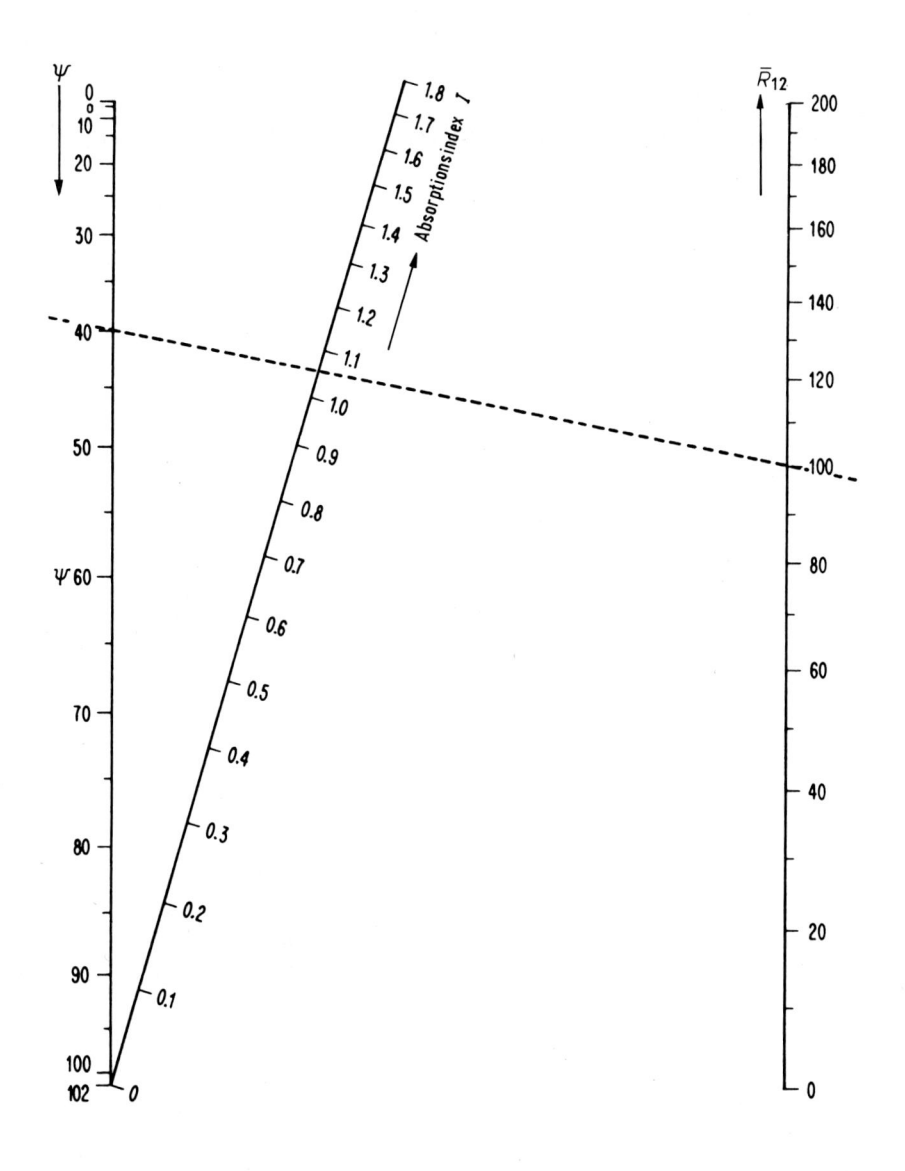

Beispiel: Sonnenfleckenzahl $\overline{R}_{12} = 100$, Zenitwinkel der Sonne $\psi - 40°$, Absorptionsindex $I = 1{,}07$

Bild 4.22
Nomogramm zur Bestimmung des Absorptionsindex I als Funktion des Zenitwinkels der Sonne ψ und der Sonnenfleckenzahl $\overline{R}_{12}$ (aus [4])

Während der Wintermonate ist der Absorptionsindex I höher als in der übrigen Zeit des Jahres (Winteranomalie). Die aus dem Nomogramm Bild 4.22 entnommenen Werte müssen für diese Zeit um die in Tabelle 4.3 enthaltenen Faktoren korrigiert werden. Diese Werte gelten für Stationen, die in einem Bereich von 40° bis 70° nördlich oder südlich des Äquators liegen.

Mit dem gegebenenfalls durch die Faktoren der Tabelle 4.3 korrigierten Absorptionsindex I, der mit $f + f_H$ bezeichneten effektiven Frequenz und dem Erhebungswinkel der Strahlung lassen sich die in der Ionosphäre entstehenden Verluste L_i mit Hilfe des Nomogramms Bild 4.23 bestimmen. Dabei bildet die Summe aus der Betriebsfrequenz f und der Gyrofrequenz f_H den für die ordentliche Welle bestimmenden Faktor (siehe Abschnitt 2.4 und Gleichung (2.6a)). Für Strecken, die nur mit mehreren Sprüngen überbrückt werden können, wird der aus Bild 4.23 gefundene L_i-Wert mit der Anzahl der Sprünge multipliziert. Die Gyrofrequenz f_H kann für jeden geografisch bestimmten Ort der Erdoberfläche aus Bild 4.24 entnommen werden. Aus Bild 4.23 ist für den Gang von L_i bei gegebenem Absorptionsindex folgende Tendenz erkennbar:

a) Die Verluste je Sprung werden bei konstanter effektiver Frequenz und bei steigendem Erhebungswinkel kleiner;
b) die Verluste werden bei konstantem Erhebungswinkel mit steigender effektiver Frequenz kleiner;
c) bei tiefen Betriebsfrequenzen kann die Gyrofrequenz zur Verminderung der ionosphärischen Verluste beitragen. Dieser positive Einfluß verringert sich mit größer werdender Betriebsfrequenz.

Die Frequenz der außerordentlichen Welle $f - f_H$ liegt etwa 2 bis 3 MHz unter der für die Streckenberechnung eingesetzten Frequenz $f + f_H$. Bereits bei günstigeren hohen Betriebsfrequenzen werden die L_i-Werte für die außerordentliche Welle schon beträchtlich größer. Bei tiefen Betriebsfrequenzen können deren Verluste so stark ansteigen, daß der Empfang der außerordentlichen Welle nicht mehr möglich ist.

Tabelle 4.3 Faktoren des Absorptionsindex zur Berücksichtigung der Winteranomalie

Monat		Faktor
Nördliche Halbkugel	Südliche Halbkugel	
November	Mai	1,2
Dezember	Juni	1,5
Januar	Juli	1,5
Februar	August	1,2

Aus Bild 4.23 ergibt sich, daß bei einem Absorptionsindex $I = 0$ auch die Verluste $L_i = 0$ werden. Aus Beobachtungen der Nachtfeldstärken hat sich gezeigt, daß auch in dieser Zeit Verluste entstehen, die einem konstanten Absorptionsindex von 0,1 entsprechen.

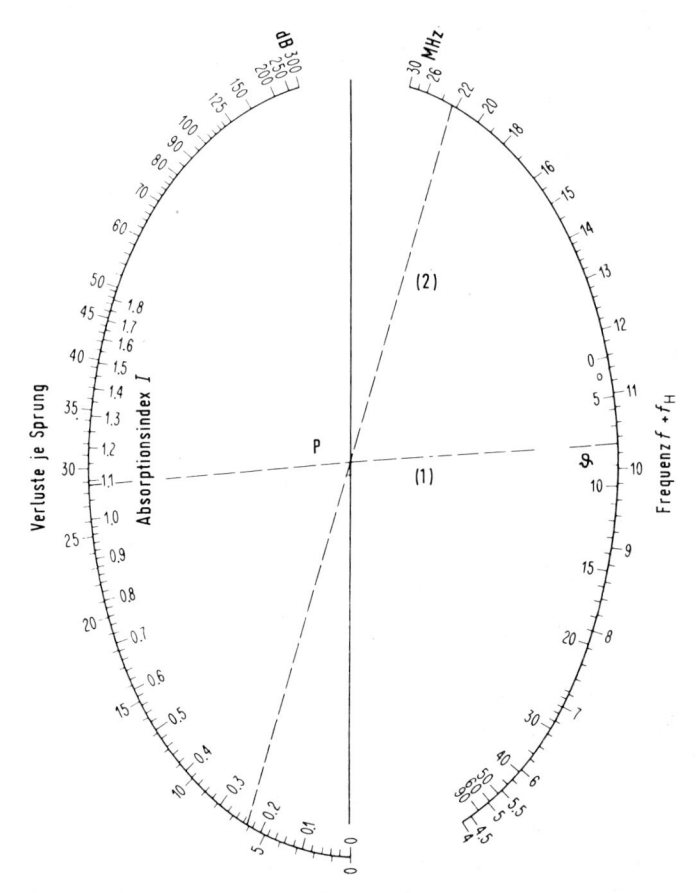

Beispiel: Erhebungswinkel $\vartheta = 8°$, Absorptionsindex $I = 1,08$. Die Verbindungslinie (1) dieser beiden Werte ergibt mit der Bezugslinie den Schnittpunkt P
Die Verbindungslinie (2) von der Frequenz 22,2 MHz über P zeigt den Verlust von 6 dB je Sprung

Bild 4.23
Nomogramm zur Bestimmung der ionosphärischen Verluste (L_i) je Sprung als Funktion des Absorptionsindexes I, des Erhebungswinkels ϑ und der Frequenz $f + f_H$ (aus [4])

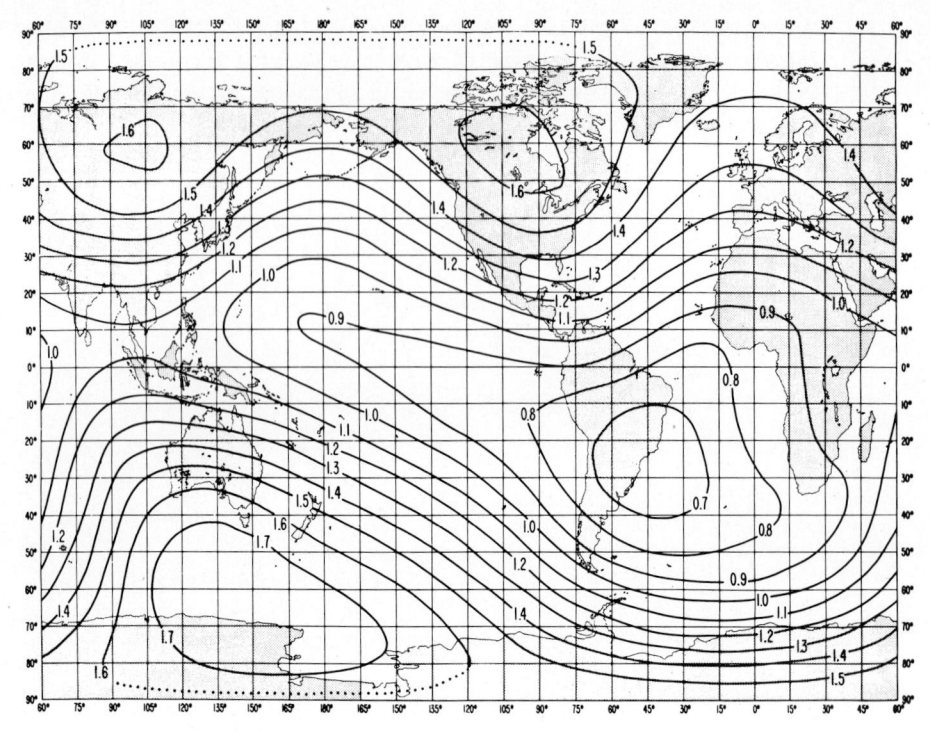

Bild 4.24
Weltkarte der Gyrofrequenzen für eine Höhe von 100 km über der Erde (aus [4])

4.4.1.3 Verluste durch Reflexion am Boden

Wird eine Raumwelle von der Ionosphäre zur Erde zurück reflektiert, so erreicht sie den Erdboden mit einer von der ausgesendeten Welle beliebig abweichenden Polarisation. Die Energie der einfallenden Welle wird dann – der zufälligen Polarisation entsprechend – in eine vertikale und eine horizontale Komponente zerlegt. Wird vorausgesetzt, daß diese beiden Komponenten gleich groß sind – also den gleichen Anteil der am Boden eintreffenden Energie haben – dann ergibt sich der Verlust, den die Welle durch den Reflexionsvorgang erfährt, aus

$$L_B = 10 \log \frac{R_v^2 + R_h^2}{2} \text{ dB.} \qquad (4.16)$$

R_v Reflexionskoeffizient der vertikalen Komponente
R_h Reflexionskoeffizient der horizontalen Komponente

Die Reflexionskoeffizienten sind eine Funktion der Größe des elektrischen Vektors der einfallenden Welle zu dem der reflektierenden Welle.

$$R_v = \frac{n^2 \sin \vartheta - \sqrt{n^2 - \cos^2 \vartheta}}{n^2 \sin \vartheta + \sqrt{n^2 - \cos^2 \vartheta}} \quad \text{und} \tag{4.17}$$

$$R_h = \frac{\sin \vartheta - \sqrt{n^2 - \cos^2 \vartheta}}{\sin \vartheta + \sqrt{n^2 - \cos^2 \vartheta}} \ . \tag{4.18}$$

ϑ Erhebungswinkel der Strahlung in °.

Der Brechungsindex n^2 ist gegeben durch

$$n^2 = \varepsilon_r - j\, 18000 \frac{\sigma}{f} \ . \tag{4.19}$$

ε_r relative Dielektrizitätskonstante des Bodens
σ Leitfähigkeit des Bodens in $\frac{S}{m}$
f Frequenz in MHz

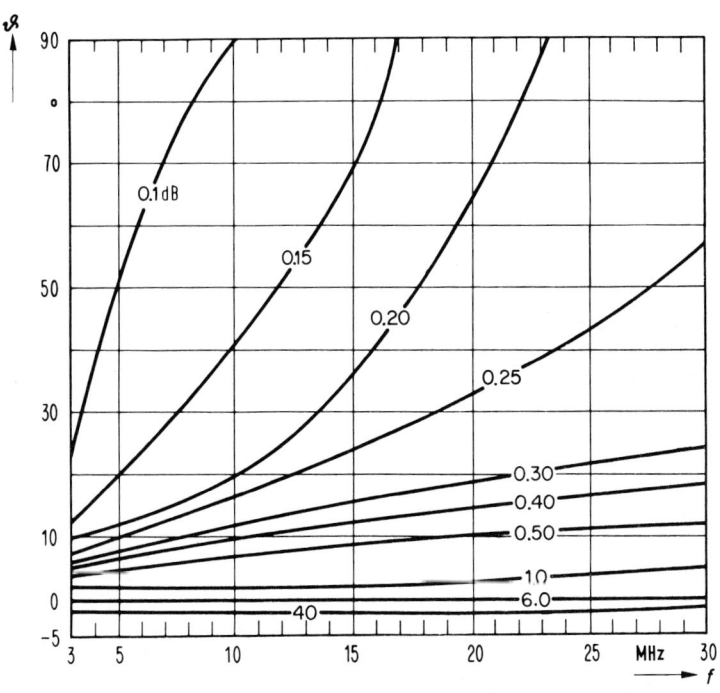

Bild 4.25a Verluste für eine Reflexion auf See in dB, $\varepsilon_r = 80$, $\sigma = 5 \frac{S}{m}$

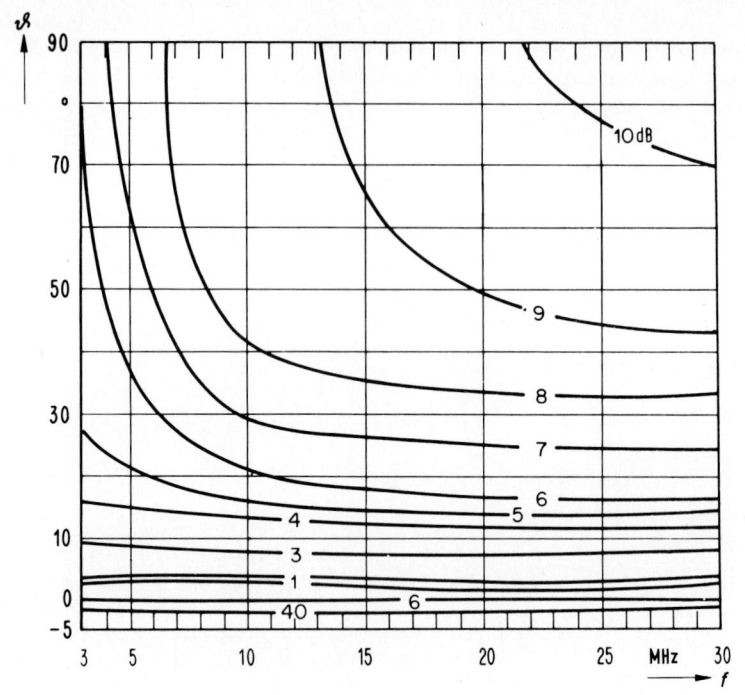

Bild 4.25b Verluste für eine Reflexion am Boden mit $\varepsilon_r = 4$, $\sigma = 10^{-3}\,\frac{S}{m}$

Für das Berechnen der Reflexionsverluste am Boden reicht es aus, nur zwischen den Bodenarten Land mit $\varepsilon_r = 4$ und $\sigma = 10^{-3}\,\frac{S}{m}$ und See mit $\varepsilon_r = 80$ und $\sigma = 5\,\frac{S}{m}$ zu unterscheiden. Während die Werte für See konstant sind, ergeben sich für Land je nach Wetter- und Klimabedingungen unterschiedliche Werte. Um die Verhältnisse über einen längeren Zeitraum zu betrachten, ist es sinnvoll, einen verhältnismäßig schlechten Boden bei der Ausbreitung über Land in die Rechnung einzusetzen. In Bild 4.25 sind für die hier angegebenen Bodenarten die Verluste in Abhängigkeit von der Betriebsfrequenz und dem Erhebungswinkel in zwei Diagrammen dargestellt [4]. Die daraus für L_B zu entnehmenden Werte werden für die in Abschnitt 4.2 beschriebenen Streckenberechnungen angewendet.

4.4.1.4 Fadingreserven

Die bisher behandelten Freiraum-, Boden- und ionosphärischen Verluste beziehen sich auf einen stabilen Zustand des Funkweges. Wie bereits in Abschnitt 2.5 und 2.6 beschrieben, wird die am fernen Empfangsort vorhandene Feldstärke jedoch durch ständig schwankende Ausbreitungsbedingungen entlang des Funkweges beeinflußt, für die mehrere Arten von Schwunderscheinungen die Ursache bilden. Die Wahrscheinlichkeit des Auftretens bestimmter Feldstärkewerte folgt dabei einer Rayleigh-Verteilung (siehe Abschnitt 2.5.5). In CCIR-Empfehlung 339-5 wird allgemein bei Kurzwellenverbindungen eine Fadingreserve von 14 dB empfohlen (siehe Abschnitt 3.5.5), mit der eine Verfügbarkeit von 90% der Zeit erreicht wird. Betrachtet man als Ausgang für die Berechnung einer solchen Funkverbindung den Feldstärkewert oder den Systemverlust, der zu 50% der Zeit erreicht oder überschritten wird, so liegt dieser Wert, eine Rayleigh-Verteilung vorausgesetzt, um 8,2 dB unter dem 90%-Wert. Für eine Verfügbarkeit von 50% der Zeit ist die Fadingreserve damit 14 dB − 8,2 dB = 5,8 dB.

4.4.1.5 Verfügbarkeit einer Funkstrecke

Mit der Fadingreserve können bei einer Streckenberechnung die am fernen Empfangsort zu erwartenden Feldstärken bzw. die Signal-/Geräuschabstände ermittelt werden, die mit einer bestimmten Geräteausrüstung zu 50% bzw. 90% der Zeit erreicht oder überschritten werden. In Beziehung gesetzt zu den Werten, die in Abhängigkeit von den Sendearten in den Tabellen 2.3 bis 2.7 als Mindestfeldstärken, bzw. in Tabelle 3.4 als notwendige Signal-/Geräuschabstände angegeben sind, ergibt sich die Verfügbarkeit einer Funkstrecke. Es gilt Gleichung (2.7), wenn dort der berechnete 50%-Wert der Feldstärke und der betreffende Sollwert aus den Tabellen 2.3 bis 2.7 eingesetzt wird. Das für die Beurteilung der Qualität einer Funkstrecke interessantere Signal-/Geräuschverhältnis kann ebenfalls zur Berechnung der Verfügbarkeit benutzt werden:

$$T = 100 \cdot e^{-0{,}69315 \frac{S_G}{S_{G(50\%)}}} \text{ \% der Zeit} \qquad (4.20)$$

S_G aus der Tabelle 3.4, Spalte 7 oder 8 sich ergebender, von der Sendeart abhängiger Absolutwert des HF-Signal-/Geräuschverhältnisses

$S_{G\ (50\%)}$ aus der Streckenberechnung sich ergebender, zu 50% der Zeit erreichter oder überschrittener Absolutwert des HF-Signal-/Geräuschverhältnisses (Fadingreserve 5.8 dB)

$$T = 100\, e^{-0{,}105 \frac{S_G}{S_{G(90\%)}}} \text{ \% der Zeit} \qquad (4.21)$$

mit $S_{G(90\%)}$ aus der Streckenberechnung sich ergebender, zu 90% der Zeit erreichter oder überschrittener Absolutwert des HF-Signal-/Geräuschverhältnisses (Fadingreserve 14 dB).

4.4.2 Beschreibung des Rechnungsganges

Die Streckenverluste bzw. die am fernen Empfangsort zu erwartenden Feldstärken werden im Anschluß an die in Abschnitt 4.3.1 beschriebene Bestimmung der anwendbaren Betriebsfrequenzbereiche berechnet. Die so für einen Tagesblauf von 24 Stunden während der Jahreszeiten Sommer und Winter und zu den Zeiten des Sonnenfleckenmaximums und- minimums gefundenen Frequenzbereiche werden der Berechnung der Streckenverluste bzw. der erreichbaren Feldstärken zu Grunde gelegt. Die günstigsten Erhebungswinkel der Strahlung und die Mindestanzahl der Sprünge werden mit Hilfe des vereinfachten Modells (siehe Abschnitt 2.6) mit den sich aus der Frequenzberechnung ergebenden Höhen der für die Ausbreitung der Raumwelle aktiven Schichten der Ionosphäre (siehe Bild 4.15 bis 4.17 für die Beispiele 1 bis 3) berechnet. Die in die Rechnung in Richtung der günstigsten Erhebungswinkel einzusetzenden Gewinne der Sende- und Empfangsantennen werden – wie später bei den Streckenberechnungen der Beispiele 1 bis 3 beschrieben – ermittelt. Sie werden in dBi, d. h. in dB relativ zu einem isotropischen Strahler (Kugelstrahler) mit einem Gewinn von 0 dBi, angegeben.

Die Streckenberechnung gliedert sich in nachstehende Abschnitte:

Allgemeine Streckendaten

Diese enthalten Angaben über die an einer Funkverbindung beteiligten Stationen, deren geografische Lage, Großkreisentfernung und -richtung, Angaben über die Jahreszeit und die Sonnenfleckentätigkeit, die der Berechnung zu Grunde gelegt werden sollen, sowie die für die Strecke zu betrachtende Gyrofrequenz und die Bodenarten, die bei Mehrsprungverbindungen an den Reflexionspunkten auf der Erdoberfläche angetroffen werden.

Technische Streckendaten

Unter diesem Begriff sind die Daten zusammengefaßt, die bestimmend für die Streckenverluste und damit für die Güte einer Kurzwellenverbindung sind. Dazu gehören die über 24 Stunden ermittelten Betriebsfrequenzbereiche, die dafür anzutreffenden Höhen der aktiven Schichten der Ionosphäre, die günstigsten Erhebungswinkel und Anzahl der Sprünge und Bodenreflexionen, der atmosphärische Geräusch-(Stör-)-grad und damit der von der Frequenz abhängige Antennenrauschfaktor. Außerdem gehören dazu auch die vom Anwender einer Funkverbindung geforderten, auf die Sendearten bezogenen Signal-/Geräuschabstände.

Verluste entlang der Funkstrecke

Entsprechend den in Abschnitt 4.1 enthaltenen Angaben werden die Verluste entlang der Funkstrecke ermittelt und damit nach Gleichung (4.8) der gesamte Systemverlust gebildet. Mit Hilfe der darin einbezogenen Fadingreserve ist eine Beurteilung der statistischen Verfügbarkeit einer Funkstrecke möglich.

Bestimmung der notwendigen Senderleistung und der Antennengewinne

Aus den vom Anwender an eine Funkverbindung gestellten Forderungen und den entlang der Funkstrecke entstehenden Verlusten lassen sich die notwendige Senderleistung und die Gewinne der Sende- und Empfangsantennen bestimmen. Es sind zwei Berechnungsgänge möglich:
a) Berechnung der gesamten Systemverluste nach Gleichung (4.8). Aus dem Vergleich der damit am Empfangsort zu erwartenden Signal-/Geräuschverhältnisse mit den geforderten werden die Senderleistung und die Antennengewinne berechnet.
b) Bestimmung der von der Streckenlänge und dem Erhebungswinkel abhängigen Freiraumfeldstärke und mit den Verlusten in der Ionosphäre und bei Reflexionen am Boden die am Empfangsort zu erwartende Feldstärke. Durch Vergleiche mit den in den Tabellen 2.3 bis 2.7 angegebenen Mindestfeldstärken können die erforderliche Senderleistung und die Antennengewinne berechnet werden. In den folgenden Abschnitten wird nur der Rechnungsgang a) eingehend behandelt, weil durch die damit verbundene Berechnung der Signal-/Geräuschabstände eine bessere Beurteilung der Verfügbarkeit und der Güte einer Funkstrecke möglich ist.
Zur Vereinfachung der Streckenberechung wird unter Verwendung des Formblattes C folgender Rechnungsgang empfohlen (Schritt 1-9, Bestimmung der anwendbaren Frequenzbereiche):

Schritt 10
Ermittlung der allgemeinen Streckendaten und deren Eintragung in Formblatt C, Abschnitt 1. Die Zeilen 1.1 bis 1.5 können aus Formblatt A oder B übernommen werden.

Zeile 1.6
Durch Auflegen des bereits für die Berechnung der anwendbaren Frequenzbereiche benutzten, mit der Großkreislinie zwischen den Funkstationen versehenen Transparentpapiers auf Bild 4.24 kann am Streckenmittelpunkt bzw. an den Mittelpunkten der einzelnen Sprünge die Gyrofrequenz abgelesen werden. Der 0-Meridian und die Äquatorlinie müssen sich bei diesem Vorgang überdecken. Bei Mehr-

sprungverbindungen wird der Mittelwert der an den Mittelpunkten der einzelnen Sprünge abgelesenen Gyrofrequenzen gebildet und der weiteren Streckenberechnung zu Grunde gelegt.

Zeile 1.7

Die Feststellung der Bodenart ist für die Bestimmung der L_B-Werte bei Mehrsprungausbreitung von Bedeutung. Durch Auflegen des Transparentpapiers auf Bild 4.7b können auf der Großkreislinie die Entfernungen der Bodenreflexionsstellen markiert werden. Wird anschließend das Papier auf die Weltkarte Bild 4.7a aufgelegt, so kann für jeden Reflexionspunkt die Bodenart Land oder See bestimmt werden.

Schritt 11

Ermittlung der technischen Streckendaten, die in Abschnitt 2 des Formblattes C eingetragen werden.

Zeile 2.1

Es werden die nach Abschnitt 4.3 über den Tagesablauf von 24 Stunden ermittelten Betriebsfrequenzbereiche eingetragen. Den weiteren Streckenberechnungen werden die mittleren Frequenzen dieser Bereiche zugrundegelegt.

Zeile 2.2

Durch Auflegen des Transparentpapiers auf Bild 4.1 (Januar) oder Bild 4.2 (Juli) können die Höhen der F2-Schicht für jeden Reflexionspunkt an der Ionosphäre in Abhängigkeit von der Ortszeit dieser Punkte ermittelt werden.

Zeile 2.3, 2.4 und 2.5

Die günstigsten Erhebungswinkel, die Anzahl der Sprünge und die Anzahl der Bodenreflexionen ergeben sich aus dem Aufriß des Strahlungsweges (siehe als Beispiel Bild 4.3).

Zeile 2.6

Der für die geografische Lage der Empfangsstation geltende atmosphärische Störgrad wird aus Tabelle 2.2 entnommen. Dabei wird zwischen Tages-, Übergangs- und Nachtzeit unterschieden.

Zeile 2.7

Der von dem Störgrad abhängige Antennenrauschfaktor ergibt sich für die ausgewählten Betriebsfrequenzbereiche mit seinen möglichen Schwankungswerten aus den Bildern 2.21 a, b (Wintermonate) und 2.22 a, b (Sommermonate).

Zeile 2.8

Die Festlegung der Sendeart ist im allgemeinen eine Forderung des Anwenders der Funkverbindung.

Zeile 2.9

Der für eine Sendeart erforderliche Signal-/Geräuschabstand ist in Tabelle 3.4 angegeben. In die Streckenberechnung werden diesen Angaben entsprechend die Werte der Spalte 7 dieser Tabelle, die sich auf eine Bandbreite von 1 Hz beziehen, eingesetzt.

Schritt 12
Freiraumverluste, Tabelle 3.1, Formblatt C.

Die für eine Funkstrecke gültigen, von der Streckenlänge (Großkreisentfernung) Zeile 1.3, der Frequenz Zeile 2.1 und dem Erhebungswinkel Zeile 2.3 abhängigen Freiraumverluste L_{Fr} werden aus Bild 4.20 entsprechend dem dort angegebenen Beispiel entnommen.

Schritt 13
Verluste in der Ionosphäre, Tabelle 3.2, Formblatt C.
Zur Bestimmung der Verluste in der Ionosphäre müssen folgende Werte ermittelt werden:

Spalte 2
Wenn für eine Kurzwellenverbindung die Berechnung der anwendbaren Frequenzbereiche durchgeführt wurde, ist der Zenithwinkel der Sonne aus Formblatt A, Tabelle 4.1 Spalte 2, bzw. aus Tabelle 4.2 Spalten 2 und 11 zu entnehmen. Bei Mehrsprungverbindungen wird außerdem der Zenithwinkel für den Streckenmittelpunkt mit Hilfe des Transparentpapiers, auf dem dieser Punkt auf dem Großkreis markiert worden ist, abgelesen.

Spalte 3
Aus Bild 4.22 wird der Absorptionsindex I als Funktion des Zenitwinkels der Sonne (siehe Spalte 2) und der Sonnenfleckenzahl $\bar{R}$ (Zeile 1.5) gefunden. Bei Mehrsprungverbindungen werden die 3 Werte für die auf dem Transparentpapier angegebenen Merkpunkte a, m und b abgelesen.

Spalte 4
Es wird die Summe aus der Mittenfrequenz der nach Abschnitt 4.3.1 gefundenen Betriebsfrequenzbereiche (Zeile 2.1) und der Gyrofrequenz (Zeile 1.6) eingetragen.

Spalte 5
Aus der Zeile 2.3 werden die Erhebungswinkel für die ausgewählten Betriebsfrequenzbereiche eingetragen.

Spalte 6 und 7
Mit dem Nomogramm Bild 4.23 wird der Verlust in der Ionosphäre für einen Sprung entsprechend dem angegebenen Beispiel als Funktion des Erhebungswinkels (Spalte 5), des Absorptionsindexes I (Spalte 3) und der Frequenz $f + f_H$ (Spalte 4) ermittelt. Werden n Sprünge für die Überbrückung der Funkstrecke gebraucht, dann ist der Verlust in der Ionosphäre gleich $n \cdot L_i$.

Schritt 14
Verluste durch Reflexion am Boden, Tabelle 3.3, Formblatt C. Die bei der Reflexion am Boden entstehenden Verluste werden aus Bild 4.25 a (See) oder 4.25 b (Land) in Abhängigkeit von der Mittenfrequenz der ausgewählten Betriebsfrequenzbereiche (Zeile 2.1) und der Erhebungswinkel (Zeile 2.3) entnommen. Treffen bei Mehrsprungausbreitung die Reflexionen auf unterschiedliche Bodenarten, dann werden deren Verluste für jeden Sprung addiert. Die Verluste werden bei n Sprüngen gleich $n \cdot L_B$, wenn bei allen Reflexionsstellen die gleiche Bodenart angetroffen wird.

Schritt 15
Gesamtverluste, Tabelle 3.4, Formblatt C.
Die Gesamtverluste L_{syst} einer Funkstrecke berechnen sich nach Gleichung (4.8) aus der Summe aller in den Tabellen 3.1 bis 3.3 angegebenen Verluste. Dazu wird die Fadingreserve, die ebenfalls durch eine entsprechend hohe Strahlungsleistung der Sendestelle aufgebracht werden muß, addiert. Wie bereits in Abschnitt 4.4.1.4 erwähnt, beträgt diese Reserve 14 dB für eine Verfügbarkeit von 90% der Zeit und 5,8 dB für eine solche von 50% der Zeit, bezogen auf das, sich mit dem Gesamtverlust ergebende Signal-/Geräuschverhältnis

Schritt 16
Signal-/Geräuschverhältnis, Senderleistung, Antennengewinne, Tabelle 4, Formblatt C.

Für die Berechnung der erzielbaren Signal-/Geräuschabstände (in dB), der notwendigen Senderleistung P_s (in dB) und der Gewinne der Sende- und Empfangsantennen G_s und G_e (in dBi) wird von einer normierten Strahlungsleistung mit $P_s = 60$ dBm entsprechend 1 kW und den Antennengewinnen $G_s = G_e = 0$ dBi ausgegangen (Spalten 2 und 3). Werden davon die Gesamtverluste L_{Syst} (Spalte 4) subtrahiert, so ergibt sich die am Empfängereingang zu erwartende Signalleistung aus

$$P_e = P_s + (G_s + G_e) - L_{Syst} \text{ dBm} . \tag{4.22}$$

Eintragung in Spalte 5

Die auf eine Bandbreite von 1 Hz bezogene, am Empfängereingang wirksam werdende Rauschleistung ist entsprechend der Gleichung (2.15) bestimmt durch

$$P_n = F_a + G_e - 174 \; \frac{dBm}{Hz}. \tag{4.23}$$

Eintragung in Spalte 6

Der mit der normierten Strahlungsleistung erreichbare HF-Signal-/Geräuschabstand ergibt sich dann aus

$$\frac{S}{N} = P_e - P_n \; \frac{dB}{Hz}. \tag{4.24}$$

Eintragung in Spalte 7.

Aus dem Vergleich dieser, mit der normierten Strahlungsleistung erreichbaren Werte mit den in Kapitel 3 Tabelle 3.4 Spalte 7 angegebenen, auf die Sendeart bei 1 Hz Bandbreite bezogenen HF-Signal-/Geräuschabstand ergibt sich der dB-Wert, um den die Empfangsleistung erhöht oder auch vermindert werden muß. Die Senderleistung und die Gewinne der Sende- und Empfangsantennen werden diesem Wert entsprechend verändert. Diese Werte werden in den Spalten 10, 11 und 12 eingetragen. Es ergibt sich damit auch der mit der ermittelten Sender- und Antennenausrüstung erreichbare Signal-/Geräuschabstand. Maßgebend für die Dimensionierung der Geräteausrüstung wird der ungünstigste, mit der normierten Strahlungsleistung erreichbare Signal-/Geräuschabstand sein. Eintragung in Spalte 13.

Die Verfügbarkeit einer Funkstrecke über den Tagesablauf von 24 Stunden ergibt sich aus den Gleichungen (4.20) oder (4.21), je nach dem, ob die Strecke auf den Mittelwert des Signal-/Geräuschabstandes, der zu 50% der Zeit, oder der zu 90% der Zeit erreicht oder überschritten wird, bezogen ist. Eintragung der berechneten Werte in Spalte 14.

4.4.3 Berechnungsbeispiele

Die bereits in den Abschnitten 4.1, 4.2 und 4.3 behandelten Beispiele werden hier mit der Streckenberechnung und der Bestimmung der günstigsten Geräteausrüstung fortgesetzt. Dabei werden die in Abschnitt 4.4.2 beschriebenen Schritte mit den dort angegebenen Unterlagen, wie Tabellen, Nomogrammen, Diagrammen und Formeln, angewendet. Um die erreichbare Qualität einer Funkstrecke bestimmen zu können, sind die in den Beispielen 1 bis 3 bereits zu Grunde gelegten Angaben noch durch die zu übertragende Sendeart und den dafür noch zulässigen Signal-/Geräuschabstand zu ergänzen.

Beispiel 1

Die geforderten Sendearten für die bewegliche Funkstelle sind J3E Sprechfunk und Funkfernschreiben mit einer Tastgeschwindigkeit von 50 Baud und einem Frequenzhub von ±42,5 Hz, Sendeart F1B. Die Fehlerrate darf 1% betragen.

Nach Tabelle 3.4 wird für die Sendeart J3E der HF-Signal-/Geräuschabstand von 48 $\frac{dB}{Hz}$ angegeben. Für die Sendeart F1B wird wegen der von der Tabelle 3.4 abweichenden geringeren Bandbreite ein solcher von 40 $\frac{dB}{Hz}$ angenommen.

Ergebnis: Die ermittelten Werte für die Verluste und die damit berechneten Angaben für die Senderleistung und die Gewinne der Sende- und Empfangsantennen sind in Formblatt C zusammengefaßt. Als Übertragungszeit ist der Monat Januar angenommen, die ionosphärischen Verluste erhöhen sich deshalb zur Berücksichtigung der Winteranomalie nach Tabelle 4.3 um den Faktor 1,5 (siehe Punkt 3.2 in Formblatt C). Da für die Strecke nur ein Sprung erforderlich ist, entfallen die Verluste am Boden. Bei der Festlegung der Senderleistung und der einsetzbaren Antennentypen muß gegebenenfalls berücksichtigt werden, daß die Möglichkeiten für den Einbau und Transport der Geräte durch die Größe des Funkfahrzeuges beschränkt sein können. Die dann erreichbare abgestrahlte HF-Leistung kann unter diesen Umständen kleiner sein, als für eine Verfügbarkeit der Strecke von 90% erforderlich wäre.

Es wird bei diesem Beispiel angenommen, daß in der beweglichen Station ein Sender mit einer Ausgangsleistung von 400 W ≙ 56 dBm installiert werden kann. Wird als leicht aufbaubare Antenne dort eine Rahmenantenne mit einem Gewinn von −6 dBi (bezogen auf einen Kugelstrahler) und in der festen Gegenstelle als Sende-/Empfangsantenne eine auf die Betriebsfrequenz zugeschnittene Dipolantenne mit einer Höhe von 0,25 Wellenlängen über dem Boden und einem Gewinn von 5,4 dBi eingesetzt, so ergibt sich aus der Streckenberechnung folgendes:

Sendeart J3E: Von 00^h bis 08^h ist der erreichte Signal-/Geräuschabstand 7,6 dB schlechter als der Sollwert. Die Berechnung der Verfügbarkeit nach Gleichung (4.21) zeigt, daß dieser Wert nur zu 54,6% der Zeit erreicht oder überschritten wird. Um 08^h, also zur Zeit des Wechsels von Nacht- auf Tagfrequenz, sinkt die Verfügbarkeit kurzzeitig auf nur 9% der Zeit. Bis 14^h – also bei Betrieb mit der Tagfrequenz – ist die Verfügbarkeit sehr hoch, größer 99%, und von 16^h bis 24^h wird der Sollwert des Signal-Geräuschabstandes zu 68,3% der Zeit erreicht oder überschritten.

Sendeart F1B: Mit Ausnahme der Zeit des Frequenzwechsels, bei der die Verfügbarkeit 68,3% der Zeit beträgt, ist während der hier betrachteten 24 Stunden immer eine Verfügbarkeit von > 90% zu erwarten. Der Fernschreibbetrieb wird also auch in Zeiten, in denen für den Sprechfunk nicht so gute Betriebsmöglichkeiten vorliegen, eine sichere Nachrichtenverbindung gewährleisten.

In Ergänzung zu diesem Beispiel soll der häufig vorkommende Fall behandelt werden, daß die bewegliche Funkstelle während der Fahrt einen Sprechfunkverkehr mit der Sendeart J3E mit der festen Gegenstelle durchführen soll. Neben dem bereits angegebenen 400-W-Sender ist der Funkwagen dazu mit einer 5 m langen Peitschenantenne ausgerüstet, die mit Hilfe eines Abstimmgerätes an den Senderausgang angepaßt wird. Während der Fahrt wird diese Antenne mit Hilfe eines isolierten Seiles in eine annähernd horizontale Lage gezogen. Nach Messungen von G. H. Hagn und J. E. van der Laan [9] wird der Gewinn einer solchen Antenne in der angegebenen Anordnung auf −26,5 dBi mit einer Genauigkeit von ± 6 dB geschätzt. Der Funkverkehr dieser Station soll während der Tagesstunden mit der Betriebsfrequenz 4,5 MHz durchgeführt werden.

Mit den Streckendaten, wie bei Beispiel 1 in Formblatt C angegeben errechnet sich mit der beschriebenen Ausrüstung für die Zeit von 10^h bis 14^h ein Signal-/Geräuschabstand von 42 bis 43 $\frac{dB}{Hz}$, d. h. innerhalb des Sprachbandes mit 3000 Hz Breite nur 8 bis 10 dB. Die Wahrscheinlichkeit, daß der erforderliche Geräuschabstand von 48 $\frac{dB}{Hz}$ erreicht oder überschritten wird, ergibt sich nach der Gleichung (4.21) zu etwa 70% der Zeit. Die in der angegebenen Zeit zu erwartende Qualität der Sprechfunkverbindung wird wegen des geringen Geräuschabstandes gerade noch als ausreichend zu betrachten sein. Da die für die Entfernung von 200 km berechnete Betriebsfrequenz auch für kürzere Entfernungen angewendet werden kann, sind auch für Entfernungen ab etwa 100 km, also außerhalb des Bereiches der Bodenwelle, ähnliche Ergebnisse zu erwarten.

Formblatt C: Berechnung einer Kurzwellenstrecke

1) *Allgemeine Streckendaten*

1.1) Funkverbindung von Station A   Frankfurt   nach Station B   Duisburg

1.2) Koordinaten: geogr. Breite: 50,8° N   51,4° N
                  geogr. Länge: 8,7° O   6,8° O

1.3) Großkreisentfernung: 188   km;   Großkreisrichtung -----

1.4) Monat/Jahreszeit: Januar/Winter

1.5) Sonnenfleckenzahl $\overline{R}_{12}$: 0

1.6) Gyrofrequenz in Streckenmitte, Bild 4.24 mit Bild 4.14:   1,3 MHz

1.7) Bodenart an Reflexionspunkten, Bild 4.7a mit Bild 4.14:   entfällt

2) *Technische Streckendaten*

Tageszeit	00^h bis 09^h	09^h bis 15^h	15^h bis 24^h		
2.1) Betriebsfrequenz MHz (nach Berechnung)	2,4	4,5	2,4		
2.2) Schichthöhen km Bild 4.1; 4.2	275	230	260		
2.3) Erhebungswinkel ϑ in ° für h'E = 110 km h'F2	68	65	67		
2.4) Sprungzahl n	1 · F2	1 · F2	1 · F2		
2.5) Bodenreflexionen $n-1$	0	0	0		
2.6) Störgrad am Empfangsort, Tab. 2.2 in dB	81/71	66	71/81		
2.7) Antennenrauschfaktor F_{am} in $\frac{dB}{Hz}$ Bild 2.21a, b und Bild 2.22a, b	68 bis 71	35	60 bis 68		

2.8) Sendeart: 3K00 J3E, 200H F1B

2.9) Erforderlicher HF-Signal-/Geräuschabstand: 48 $\frac{dB}{Hz}$ für 3K00 J3E
     (Tabelle 3.4 Spalte 7)   40 $\frac{dB}{Hz}$ für 200H F1B

Berechnungsbeispiel 1

3) *Verluste entlang der Funkstrecke*

3.1) Freiraumverluste L_{Fr}, Bild 4.20

Zeit Erhebungswinkel ϑ in ° Frequenz in MHz	00^h bis 09^h 68 2,4	09^h bis 15^h 65 4,5	15^h bis 24^h 67 2,4			
L_{Fr} in dB	95	100	95			

3.2) Verluste in der Ionosphäre L_i

1 Zeit in h	2 ψ in ° Bild 4.8 a m b	3 I Bild 4.22 a m b	4 $f + f_H$ in MHz	5 ϑ in °	6 L_i ($n = 1$) in dB Bild 4.23	7 L_i in dB
0	- 148 -	- 0,15 -	3,7	68	6	6
2	- 137 -	- 0,15 -	3,7	68	6	6
4	- 121 -	- 0,15 -	3,7	68	6	6
6	- 104 -	- 0,15 -	3,7	68	6	6
8	- 88 -	- 0,32 -	3,7	68	12	12
10	- 77 -	- 0,63 -	5,8	65	13	13
12	- 75 -	- 0,71 -	5,8	65	15	15
14	- 81 -	- 0,53 -	5,8	65	11	11
16	- 94 -	- 0,15 -	3,7	67	6	6
18	- 112 -	- 0,15 -	3,7	67	6	6
20	- 128 -	- 0,15 -	3,7	67	6	6
22	- 143 -	- 0,15 -	3,7	67	6	6

a Kontrollpunkt bei Station A
m Streckenmitte
b Kontrollpunkt bei Station B

Zu Spalte 6: L_i-Wert für den Mittelwert aus den 3 I-Werten in Spalte 3

Berechnungsbeispiel 1

3.3) Verluste durch Reflexionen am Boden L_B, Bild 4.25

1 Zeit in h	2 f in MHz	3 ϑ in °	4 Reflexionen (Zeile 1.7)		5 L_B ($n = 1$) in dB		6 L_B in dB
			Land	See	Land	See	
0							
2							
4							
6							
8							
10							
12							
14							
16							
18							
20							
22							

Die Berechnung der Verluste am Boden entfällt, weil die Strecke nur einen Sprung über die Ionosphäre erfordert.

Berechnungsbeispiel 1

3.4) Gesamtverluste L_{Syst}

1 Zeit in h	2 L_{Fr} in dB	3 L_i in dB	4 L_B in dB	5 Y_F in dB	6 L_{Syst} in dB
0	95	6	0	14	115
2	95	6	0	14	115
4	95	6	0	14	115
6	95	6	0	14	115
8	95	12	0	14	121
10	100	13	0	14	127
12	100	15	0	14	129
14	100	11	0	14	125
16	95	6	0	14	115
18	95	6	0	14	115
20	95	6	0	14	115
22	95	6	0	14	115

Berechnungsbeispiel 1

4) *Ergebnisse, Signal-/Geräuschverhältnis $\frac{S}{N}$, Senderleistung, Antennengewinne*

1	2	3	4	5	6	7	8
Zeit	$P_s =$ 1 kW	$G_s = G_e$	L_{Syst} 3.4 Sp. 6	P_e Gl. (4.22)	P_n Gl. (4.23)	$\frac{S}{N}$ Gl. (4.24)	$\frac{S}{N}$ Tab. 3.4
in h	in dBm	in dBi	in dB	in dBm	in $\frac{dBm}{Hz}$	in $\frac{dB}{Hz}$	in $\frac{dB}{Hz}$
0	60	0	115	−55	−100	45	48/40
2	60	0	115	−55	−100	45	48/40
4	60	0	115	−55	−100	45	48/40
6	60	0	115	−55	−100	45	48/40
8	60	0	121	−61	−100	39	48/40
10	60	0	127	−67	−134	67	48/40
12	60	0	129	−69	−134	65	48/40
14	60	0	125	−65	−134	69	48/40
16	60	0	115	−55	−102	47	48/40
18	60	0	115	−55	−102	47	48/40
20	60	0	115	−55	−102	47	48/40
22	60	0	115	−55	−102	47	48/40

Zu Spalte 7: $\frac{S}{N}$ = Sp. 6 − Sp. 5

Zu Spalte 9: P_{Str} = abgestrahlte Leistung = Sp. 2 − (Sp. 7 − Sp. 8)

Zu Spalte 13: $\frac{S}{N}$ erreicht = Sp. 7 + [(Sp. 10 + Sp. 11 + Sp. 12) − (Sp. 2 + Sp. 3)]

Zu Spalten 8 und 14: erste Ziffer für 3K00 J3F
zweite Ziffer für 200H F1B

Berechnungsbeispiel 1

9	10	11	12	13	14
Erforderlich					Verfügbarkeit
P_{Str} in dBm	P_s in dBm	$G_s - L_{Kab}$ in dBi	$G_e - L_{Kab}$ in dBi	$\dfrac{S}{N}$ erreicht $\dfrac{dB}{Hz}$	$T\%$ Gl. (4.20) (4.21)
63	56	−6	5,4	40,4	54,6/90,9
63	56	−6	5,4	40,4	54,6/90,9
63	56	−6	5,4	40,4	54,6/90,9
63	56	−6	5,4	40,4	54,6/90,9
69	56	−6	5,4	34,4	9,0/68,3
41	56	−6	5,4	62,4	99,6/99,9
43	56	−6	5,4	60,4	99,4/99,9
39	56	−6	5,4	64,4	99,7/99,9
61	56	−6	5,4	42,4	68,3/94,1
61	56	−6	5,4	42,3	68,3/94,1
61	56	−6	5,4	42,4	68,3/94,1
61	56	−6	5,4	42,4	68,3/94,1

Gewählte Senderleistung:
Gewählte Sendeantenne:
Gewählte Empfangsantenne: siehe S. 236

Streckenbeurteilung:

Beispiel 2

Mit der Kurzwellenverbindung von Frankfurt nach Lissabon soll die Sendeart 12K0 B8E mit vier 3 kHz breiten Sprachkanälen übertragen werden. Der nach Tabelle 3.4 Spalte 7 für diese Sendeart und für eine gute kommerzielle Qualität erforderliche HF-Signal-Geräuschabstand beträgt $75\,\frac{dB}{Hz}$.

Ergebnis: Mit einer Senderleistung von 10 kW und vertikal polarisierten logarithmisch-periodischen Antennen mit einem Gewinn von 8 dBi auf der Sende- und der Empfangsstation ergibt sich aus der Streckenberechnung folgendes: In der hier betrachteten Zeit − Monat Juli im Sonnenfleckenmaximum − sind die Ausbreitungsbedingungen durch die Aktivität der F2-Schicht während der Nachtstunden und der E-Schicht in den Tagesstunden gekennzeichnet. Wegen der geringen Höhe dieser Schicht sind zwei Sprünge zur Überbrückung der Strecke erforderlich. Die Systemdämpfung erhöht sich dadurch um die Verluste, die bei der Reflexion der Welle am Boden und den damit verbundenen vier Durchgängen durch die D-Schicht entstehen. Außerdem liegt der anwendbare Tagfrequenzbereich im Vergleich zu der Nachtfrequenz noch relativ niedrig.

Unter Berücksichtigung dieser Ausbreitungsbedingungen ergibt sich aus der Streckenberechnung folgendes:

In der Zeit von 18^h bis 24^h UT und von 00^h bis 06^h UT sind gute Betriebsmöglichkeiten auf der Nachtfrequenz vorhanden. Der Sollwert des Signal-/Geräuschabstandes von 75 dB wird zu mehr als 90% der Zeit erreicht oder überschritten mit Ausnahme der Zeiten, in denen der Wechsel von Tag- und Nachtfrequenz (16^h UT) und von Nacht- auf Tagfrequenz (08^h UT), sowie bei Änderung des Ausbreitungsmodus von $2 \cdot$ E auf $1 \cdot$ F2 (18^h UT) stattfindet. In den Tagesstunden von 08^h bis 16^h UT ist die Verfügbarkeit nach bzw. vor dem Frequenzwechsel mit mehr als 85% der Zeit recht gut, sie fällt aber um 12^h UT auf 36,7% ab. Während dieser Zeit und in den Zeiten des Frequenzwechsels und dem Wechsel des Ausbreitungsmodus wird die Qualität der Übertragung der Sendeart 12K0 B8E den kommerziellen Bedingungen nicht genügen. Eine weitere Erhöhung der Senderleistung zur Verbesserung der Strecke würde aber aus betriebswirtschaftlichen Gründen nicht zu empfehlen sein.

Formblatt C: Berechnung einer Kurzwellenstrecke

1) *Allgemeine Streckendaten*

1.1) Funkverbindung von Station A   Frankfurt   nach Station B   Lissabon

1.2) Koordinaten: geogr. Breite: 50,8° N   38,7° N
                 geogr. Länge: 8,7° O   10,9° W

1.3) Großkreisentfernung: 1999,6 km;   Großkreisrichtung 237,8°

1.4) Monat/Jahreszeit: Juli/Sommer

1.5) Sonnenfleckenzahl $\overline{R}_{12}$: 100

1.6) Gyrofrequenz in Streckenmitte, Bild 4.24 mit Bild 4.14:   1,2 MHz

1.7) Bodenart an Reflexionspunkten, Bild 4.7a mit Bild 4.14:   Land

2) *Technische Streckendaten*

Tageszeit	00^h bis 05^h	05^h bis 08^h	08^h bis 16^h	16^h bis 18^h	18^h bis 24^h
2.1) Betriebsfrequenz MHz (nach Berechnung)	9,8	9,8	15,5	12,1	12,1
2.2) Schichthöhen km Bild 4.1; 4.2	275	110	110	110	250
2.3) Erhebungswinkel ϑ in ° für h'E = 110 km	–	11	11	11	–
h'F2	13	–	–	–	13
2.4) Sprungzahl n	1 · F2	2 · E	2 · E	2 · E	1 · F2
2.5) Bodenreflexionen $n-1$	0	1	1	1	0
2.6) Störgrad am Empfangsort, Tab. 2.2	71	61	43	61	71
2.7) Antennenrauschfaktor F_{am} in $\frac{dB}{Hz}$ Bild 2.21a, b und Bild 2.22a, b	44	41	32	44	43

2.8) Sendeart: 12K0 B8E

2.9) Erforderlicher HF-Signal-/Geräuschabstand: 75 $\frac{dB}{Hz}$
(Tabelle 3.4 Spalte 7)

Berechnungsbeispiel 2

3) *Verluste entlang der Funkstrecke*

3.1) Freiraumverluste L_{Fr}, Bild 4.20

Zeit Erhebungswinkel ϑ in ° Frequenz in MHz	00^h bis 05^h 13 9,8	05^h bis 08^h 11 9,8	08^h bis 16^h 11 15,5	16^h bis 18^h 11 12,1	18^h bis 24^h 13 12,1	
L_{Fr} in dB	119	118	123	121	122	

3.2) Verluste in der Ionosphäre L_i

1 Zeit in h	2 ψ in ° Bild 4.8 a m b	3 I in Bild 4.22 a m b	4 $f + f_H$ in MHz	5 ϑ in °	6 $L_i (n=1)$ in dB Bild 4.23	7 L_i in dB
0	- 112 -	- 0,1 -	11	13	2	2
2	- 107 -	- 0,1 -	11	13	2	2
4	- 95 -	- 0,1 -	11	13	2	2
6	- 76 -	- 0,42 -	11	11	8	16
8	- 56 -	- 0,78 -	11 / 16,7	11	14 / 6,2	28 / 12,4
10	- 35 -	- 1,12 -	16,7	11	9,5	19
12	- 24 -	- 1,26 -	16,7	11	11,0	22
14	- 33 -	- 1,15 -	16,7	11	9,8	19,6
16	- 52 -	- 0,87 -	16,7 / 13,3	11	7 / 11,3	14 / 22,6
18	- 74 -	- 0,6 -	13,3	11 / 13	8 / 7	16 / 7
20	- 92 -	- 0,13 -	13,3	13	2,0	2
22	- 106 -	- 0,1 -	13,3	13	1,5	1,5

a Kontrollpunkt bei Station A
m Streckenmitte
b Kontrollpunkt bei Station B

Zu Spalte 6: L_i-Wert für den Mittelwert aus den 3 I-Werten in Spalte 3

Berechnungsbeispiel 2

3.3) Verluste durch Reflexionen am Boden L_B, Bild 4.25:

1 Zeit in h	2 f in MHz	3 ϑ in °	4 Reflexionen (Zeile 1.7)		5 L_B ($n=1$) in dB		6 L_B in dB
			Land	See	Land	See	
0	9,8	13	1	–	0	–	0
2	9,8	13	1	–	0	–	0
4	9,8	13	1	–	0	–	0
6	9,8	11	2	–	3,6	–	3,6
8	9,8 / 15,5	11	2	–	3,6 / 3,8	–	3,6 / 3,8
10	15,5	11	2	–	3,8	–	3,8
12	15,5	11	2	–	3,8	–	3,8
14	15,5	11	2	–	3,8	–	3,8
16	15,5 / 12,1	11	2	–	3,8 / 3,7	–	3,8 / 3,7
18	12,1	11 / 13	2 / 1	–	3,7 / 0	–	3,7 / 0
20	12,1	13	1	–	0	–	0
22	12,1	13	1	–	0	–	0

Berechnungsbeispiel 2

3.4) Gesamtverluste L_{Syst}

1 Zeit in h	2 L_{Fr} in dB	3 L_i in dB	4 L_B in dB	5 Y_F in dB	6 L_{Syst} in dB
0	119	2	0	14	135
2	119	2	0	14	135
4	119	2	0	14	135
6	118	2	3,6	14	151,6
8	118 / 123	28 / 12,4	3,6 / 3,8	14	163,6 / 153,2
10	123	19	3,8	14	159,8
12	123	22	3,8	14	162,8
14	123	19,6	3,8	14	160,4
16	123 / 121	14 / 22,6	3,8 / 3,7	14	154,8 / 161,3
18	121 / 122	16 / 7	3,7 / 0	14	154,7 / 143
20	122	2	0	14	138
22	122	1,5	0	14	137,5

Berechnungsbeispiel 2

4) *Ergebnisse, Signal-/Geräuschverhältnis $\frac{S}{N}$, Senderleistung, Antennengewinne*

1 Zeit in h	2 $P_s =$ 1 kW dBm	3 $G_s = G_e$ in dBi	4 L_{Syst} 3.4 Sp. 6 in dB	5 P_e Gl. (4.22) in dBm	6 P_n Gl. (4.23) in $\frac{dBm}{Hz}$	7 $\frac{S}{N}$ Gl. (4.24) in $\frac{dB}{Hz}$	8 $\frac{S}{N}$ Tab. 3.4 in $\frac{dB}{Hz}$
0	60	0	135	−75	−130	55	75
2	60	0	135	−75	−130	55	75
4	60	0	135	−75	−130	55	75
6	60	0	151,6	−91,6	−133	41,4	75
8	60	0	163 / 153,2	−103 / −93,2	−133 / −142	30 / 48,8	75
10	60	0	159,8	−99,8	−142	42,2	75
12	60	0	162,8	−102,8	−142	39,2	75
14	60	0	160,4	−100,4	−142	41,6	75
16	60	0	154,8 / 161,3	−94,8 / −101,3	−142 / −130	47,2 / 28,7	75
18	60	0	154,7 / 143	−94,7 / −83	−130 / −131	35,3 / 48	75
20	60	0	138	−78	−131	53	75
22	60	0	137,5	−77,5	−131	53,5	75

Zu Spalte 7: $\frac{S}{N}$ = Sp. 6 − Sp. 5

Zu Spalte 9: P_{Str} = abgestrahlte Leistung = Sp. 2 − (Sp. 7 − Sp. 8)

Zu Spalte 13: $\frac{S}{N}$ erreicht = Sp. 7 + [(Sp. 10 + Sp. 11 + Sp. 12) − (Sp. 2 + Sp. 3)]

Berechnungsbeispiel 2

9	10	11	12	13	14
Erforderlich P_{Str} in dBm	P_s in dBm	$G_s - L_{Kab}$ in dBi	$G_e - L_{Kab}$ in dBi	$\frac{S}{N}$ erreicht $\frac{dB}{Hz}$	Verfügbarkeit $T\%$ Gl. (4.20) (4.21)
80	70	8	8	81	97,4
80	70	8	8	81	97,4
80	70	8	8	81	97,4
93,6	70	8	8	67,4	54,7
105 / 86,2	70	8	8	56 / 74,8	<1 / 89,6
92,8	70	8	8	68,2	60,5
95,8	70	8	8	65,2	36,7
93,4	70	8	8	67,6	56,2
87,4 / 106,3	70	8	8	73,2 / 54,7	85,3 / <1
99,7 / 87	70	8	8	61,3 / 74	8,5 / 87,6
82	70	8	8	79	95,9
81,5	70	8	8	79,5	96,3

Gewählte Senderleistung:
Gewählte Sendeantenne: siehe
Gewählte Empfangsantenne: S. 245

Streckenbeurteilung:

Beispiel 3

Auf der Kurzwellenverbindung New York – Jeddah sollen 16 Wechselstromtelegrafiekanäle mit einer Gesamtbandbreite von 3 kHz übertragen werden. Die Sendeart ist J7B; hierbei wird der HF-Träger um mindestens 40 dB unterdrückt. Es soll eine Fehlerhäufigkeit besser als 1 ‰ erreicht werden; dazu wird zur Erhöhung der Übertragungssicherheit Diversity-Betrieb gefordert. Nach Tabelle 3.4 muß für diesen Betrieb der HF-Signal-/Geräuschabstand mindestens 66 dB betragen. Die große Entfernung zwischen den beiden Endstellen der Funkstrecke und der Verlauf der Strecke in West-Ostrichtung haben zur Folge, daß der Zenitwinkel der Sonne und damit der Absorptionsindex zum Zeitpunkt der Sendung entlang der Strecke unterschiedliche Werte hat. Es wird deshalb der Zenithwinkel ψ für die beiden Kontrollpunkte a und b und für den Streckenmittelpunkt m aufgenommen und für diese drei Werte der Absorptionsindex I bestimmt. Der Verlust in der Ionosphäre für einen Sprung $L_{i\ (n\ =\ 1)}$ wird dann für den arithmetrischen Mittelwert der drei Absorptionsindexwerte bestimmt.

Obwohl die Streckenberechnung für Januar durchgeführt werden soll, wird hier kein Korrekturfaktor nach Tabelle 4.4 eingesetzt. Die Empfangsstation Jeddah liegt mit ihrer geografischen Breite von 21,5° N außerhalb des für die Winteranomalie zu berücksichtigenden Breitenbereiches von 40° bis 70°.

Ergebnis: Die Streckenberechnung zeigt, daß die Kurzwellenverbindung nicht durchgehend über 24 Stunden mit einer technisch und wirtschaftlich vertretbaren Geräteausrüstung aufrecht erhalten werden kann. Die Ursache ist darin zu erkennen, daß wegen der West-Ostrichtung der Verbindung nur die tiefe Nachtfrequenz über mehrere Stunden angewendet werden kann (siehe Bild 4.17). Die Verluste in der Ionosphäre und damit die gesamten Systemverluste steigen in dieser Zeit und weil die Strecke nur mit mehreren Sprüngen zu überbrücken ist sehr stark an. Wird ein Kurzwellensender mit einer Ausgangsleistung von 10 kW = 70 dBm und Sende- und Empfangsantennen mit einem Gewinn von je 15 dBi unter Berücksichtigung der Antennenkabelverluste angenommen, so ergibt sich folgender Betriebsablauf über 24 Stunden:

In der Zeit von 00^h bis 12^h ist praktisch keine Nachrichtenübertragung möglich. Das Geräusch überschreitet besonders in der Zeit von 08^h bis 12^h UT den Signalpegel. Auch durch eine Erhöhung der Senderleistung und der Antennengewinne wäre keine Verbesserung zu erzielen. Erst nach dem Wechsel von der Nacht- auf die Tagfrequenz um 13^h wird die Strecke gut, die Verfügbarkeit, d. h. die Zeit, in der der geforderte Signal-Geräuschabstand erreicht oder überschritten wird, steigt bis auf 90%. Erst bei Wechsel auf die Nachtfrequenz um 24^h UT wird die Übertragung wieder unzureichend.

Als Sende- und Empfangsantennen kommen für diese Verbindung Richtantennen in Betracht, die abzüglich der Antennenkabelverluste noch einen Gewinn von mindestens 15 dBi haben. Dies sind z. B. logarithmisch-periodische Antennen mit horizontaler Polarisation, die aus mindestens zwei übereinander liegenden Antennenebenen bestehen und so über dem Boden angeordnet sind, daß im vertikalen Strahlungsdiagramm das Maximum bei etwa 6° bis 8° liegen wird.

Die berechneten Beispiele 1 bis 3 sind so ausgewählt, daß durch die angenommenen Betriebszeiten und Sonnenfleckentätigkeiten, sowie der Streckenlängen und Sprungzahlen möglichst viele Varianten der Ausbreitungsbedingungen behandelt sind. Für eine vollständige Übersicht über die erreichbare Verfügbarkeit einer Strecke, deren günstigste tägliche Betriebszeit und die Empfehlung einer technisch und wirtschaftlich angemessenen Geräteausrüstung wird es notwendig sein, auch noch Berechnungen für die in der Einleitung zu Kapitel 4 erwähnten Zeiten durchzuführen. Bei kürzeren Entfernungen, die nur einen Sprung über die Ionosphäre erfordern und bei denen der zeitliche Unterschied zwischen den beteiligten Funkstellen vernachlässigt werden kann, ist eine vereinfachte Streckenberechnung möglich. Für beide Endstellen liegen dann die gleichen Ausbreitungsbedingungen vor. Für eine überschlägige Betrachtung der Funkstrecke kann es dann ausreichend sein, die Berechnung der Strecke nur für die Mittags- und die Mitternachtszeit durchzuführen. Damit werden die günstigsten und die ungünstigsten Werte der HF-Signal-/Geräuschabstände erfaßt, mit denen bereits eine Abschätzung des erforderlichen Geräteaufwandes möglich sein wird. Bei längeren Funkstrecken – wie bei Beispiel 3 – müssen für eine überschlägige Betrachtung der Funkstrecke aus der Berechnung der anwendbaren Frequenzbereiche die günstigsten und die ungünstigsten Zeiten, also die mit den höchsten und den niedrigsten Betriebsfrequenzen ermittelt, und für diese Tageszeiten die Streckenberechnungen durchgeführt werden.

Formblatt C: Berechnung einer Kurzwellenstrecke

1) *Allgemeine Streckendaten*

1.1) Funkverbindung von Station A   New York   nach Station B   Jeddah

1.2) Koordinaten: geogr. Breite: $41{,}6°$ N $21{,}5°$ N
    geogr. Länge: $74{,}0°$ W $39{,}2°$ O

1.3) Großkreisentfernung: 10195   km;   Großkreisrichtung $58{,}8°$

1.4) Monat/Jahreszeit: Januar/Winter

1.5) Sonnenfleckenzahl $\overline{R}_{12}$:   100

1.6) Gyrofrequenz in Streckenmitte, Bild 4.24 mit Bild 4.14:   1,3 MHz

1.7) Bodenart an Reflexionspunkten, Bild 4.7a mit Bild 4.14:
    00^h bis 04^h und 13^h bis 24^h 2 mal See, 1 mal Land
    04^h bis 13^h 2 mal See, 2 mal Land

2) *Technische Streckendaten*

Tageszeit UT	00^h bis 04^h	04^h bis 13^h	13^h bis 17^h	17^h bis 21^h	21^h bis 24^h
2.1) Betriebsfrequenz MHz (nach Berechnung)	5,8	5,8	17,5	12,1	9,3
2.2) Schichthöhen km Bild 4.1; 4.2	A 275 B 250	270 250	240 240	230 250	235 270
2.3) Erhebungswinkel ϑ in ° für h'E = 110 km h'F2	6	6	6	6	6
2.4) Sprungzahl n	4 · F2	3 · F2 2 · E	4 · F2	4 · F2	4 · F2
2.5) Bodenreflexionen $n-1$	3	4	3	3	3
2.6) Störgrad am Empfangsort, Tab. 2.2	74	68/62	62	68	74
2.7) Antennenrauschfaktor F_{am} in $\frac{dB}{Hz}$ Bild 2.21a, b und Bild 2.22a, b	52	50	25	30	40

2.8) Sendeart: 3K00 J7B

2.9) Erforderlicher HF-Signal-/Geräuschabstand: $66 \frac{dB}{Hz}$
    (Tabelle 3.4 Spalte 7)   mit Diversity

Berechnungsbeispiel 3

3) *Verluste entlang der Funkstrecke*

3.1) Freiraumverluste L_{Fr}, Bild 4.20

Zeit Erhebungswinkel ϑ in ° Frequenz in MHz	00^h bis 04^h 6 5,8	04^h bis 13^h 6 5,8	13^h bis 17^h 6 17,5	17^h bis 21^h 6 12,1	21^h bis 24^h 6 9,3	
L_{Fr} in dB	129	129	138	135	133	

3.2) Verluste in der Ionosphäre L_i

1 Zeit in h	2 ψ in ° Bild 4.8			3 I Bild 4.22			4 $f + f_H$ in MHz	5 ϑ in °	6 L_i ($n = 1$) in dB Bild 4.23	7 L_i in dB
	a	m	b	a	m	b				
0	118	152	150	0,1	0,1	0,1	7,1	6	6,5	26
2	142	145	125	0,1	0,1	0,1	7,1	6	6,5	26
4	157	125	99	0,1	0,1	0,1	7,1	6	6,5	26 / 32,5
6	152	107	75	0,1	0,1	0,43	7,1	6	12,5	62,5
8	133	89	56	0,1	0,17	0,79	7,1	6	22,0	110
10	112	76	50	0,1	0,42	0,88	7,1	6	29,0	145
12	92	72	60	0,12	0,49	0,70	7,1	6	27,0	135
14	73	75	78	0,46	0,42	0,37	18,8	6	3,5	14
16	65	88	104	0,61	0,19	0,1	18,8	6	2,5	10
18	67	105	129	0,58	0,1	0,1	13,4	6	4,5	18
20	80	125	154	0,33	0,1	0,1	13,4	6	3,0	12
22	98	142	176	0,1	0,1	0,1	10,6	6	3,0	12

a Kontrollpunkt bei Station A
m Streckenmitte
b Kontrollpunkt bei Station B

Zu Spalte 6: L_i-Wert für den Mittelwert aus den 3 I-Werten in Spalte 3

Berechnungsbeispiel 3

3.3) Verluste durch Reflexionen am Boden L_B, Bild 4.25

1 Zeit in h	2 f in MHz	3 ϑ in °	4 Reflexionen (Zeile 1.7)		5 L_B (n = 1) in dB		6 L_B in dB
			Land	See	Land	See	
0	5,8	6	1	2	2	0,5	3
2	5,8	6	1	2	2	0,5	3
4	5,8	6	1 / 2	2 / 2	2 / 2	0,5 / 0,5	3 / 5
6	5,8	6	2	2	2	0,5	5
8	5,8	6	2	2	2	0,5	5
10	5,8	6	2	2	2	0,5	5
12	5,8	6	2	2	2	0,5	5
14	17,5	6	1	2	2,5	0,7	3,9
16	17,5	6	1	2	2,5	0,7	3,9
18	12,1	6	1	2	2	0,6	3,2
20	12,1	6	1	2	2	0,6	3,2
22	9,3	6	1	2	2	0,5	3

Berechnungsbeispiel 3

3.4) Gesamtverluste L_{Syst}

1 Zeit in h	2 L_{Fr} in dB	3 L_i in dB	4 L_B in dB	5 Y_F in dB	6 L_{Syst} in dB
0	129	26	3	14	172
2	129	26	3	14	172
4	129	26 / 32,5	3 / 5	14	172 / 180,5
6	129	62,5	5	14	210,5
8	129	110	5	14	258
10	129	145	5	14	293
12	129	135	5	14	283
14	138	14	3,9	14	169,9
16	138	10	3,9	14	165,9
18	135	18	3,2	14	170,2
20	135	12	3,2	14	164,2
22	133	12	3	14	162

Berechnungsbeispiel 3

4) *Ergebnisse, Signal-/Geräuschverhältnis $\frac{S}{N}$, Senderleistung, Antennengewinne*

1 Zeit in h	2 $P_s =$ 1 kW dBm	3 $G_s = G_e$ in dBi	4 L_{Syst} 3.4 Sp. 6 in dB	5 P_e Gl. (4.22) in dBm	6 P_n Gl. (4.23) in $\frac{dBm}{Hz}$	7 $\frac{S}{N}$ Gl. (4.24) in $\frac{dB}{Hz}$	8 $\frac{S}{N}$ Tab. 3.4 in $\frac{dB}{Hz}$
0	60	0	172	−112	−120,5	8,5	66
2	60	0	172	−112	−120,5	8,5	66
4	60	0	172 / 180,5	−112 / −120,5	−120,5 / −122,5	8,5 / 2	66
6	60	0	210,5	−150,5	−122,5	−28	66
8	60	0	258	−198	−134	−75,5	66
10	60	0	293	−233	−134	−99	66
12	60	0	283	−223	−134	−89	66
14	60	0	169,9	−109,9	−128	18,1	66
16	60	0	165,9	−105,9	−128	22,1	66
18	60	0	170,2	−110,2	−128,5	18,3	66
20	60	0	164,2	−104,2	−128,5	24,3	66
22	60	0	162	−102	−128,2	26,2	66

Zu Spalte 7: $\frac{S}{N}$ = Sp. 6 − Sp. 5

Zu Spalte 9: P_{Str} = abgestrahlte Leistung = Sp. 2 − (Sp. 7 − Sp. 8)

Zu Spalte 13: $\frac{S}{N}$ erreicht = Sp. 7 + [(Sp. 10 + Sp. 11 + Sp. 12) − (Sp. 2 + Sp. 3)]

Berechnungsbeispiel 3

9 P_{Str} in dBm	10 Erforderlich P_s in dBm	11 $G_s - L_{Kab}$ in dBi	12 $G_e - L_{Kab}$ in dBi	13 $\frac{S}{N}$ erreicht $\frac{dB}{Hz}$	14 Verfügbarkeit $T\%$ Gl. (4.20) (4.21)
117,5	70	15	15	48,5	≪1
117,5	70	15	15	48,5	≪1
117,5 / 124	70	15	15	48,5 / 42	≪1 / ≪1
148	70	15	15	12	≪1
201,5	70	15	15	-35,5	≪1
225	70	15	15	-39	≪1
215	70	15	15	-49	≪1
107,9	70	15	15	58,1	52,3
103,9	70	15	15	62,1	77,3
107,7	70	15	15	58,3	54
101,7	70	15	15	64,3	85,6
99,8	70	15	15	66,2	90,4

Gewählte Senderleistung:
Gewählte Sendeantenne:
Gewählte Empfangsantenne:
siehe S. 252, 253

Streckenbeurteilung:

Aus einer größeren Anzahl, für Raumwellenausbreitung berechneten Kurzwellenverbindungen ließen sich Richtwerte zu Funkstreckenlängen ableiten, die mit bestimmten Senderleistungen und Antennengewinnen für häufig angewendete Sendearten noch betrieben werden können. Dabei ist vorausgesetzt, daß gute Ausbreitungsbedingungen vorliegen, der Übertragungszeit angepaßte Betriebsfrequenzen und die für die geringste Anzahl von Sprüngen geltenden Erhebungswinkel der Strahlung angewendet werden (siehe Abschnitt 4.3). In Tabelle 4.4 sind solche Werte zusammengefaßt, sie basieren auf einem mittleren atmosphärischen Störgrad von 70 und damit einem mittleren F_{am}-Wert von 50 $\frac{dB}{Hz}$ (siehe Tabelle 3.4 und Bilder 2.21 und 2.22) und folgenden HF-Signal/Geräuschabständen (siehe Tabelle 3.4):

Sendeart A1A, 38 $\frac{dB}{Hz}$, 8 Baud

Sendeart J3E, 48 $\frac{dB}{Hz}$, noch brauchbar, Bandbreite 3 kHz

Sendeart F1B, 43 $\frac{dB}{Hz}$, $P_c = 0{,}01$, Bandbreite 60 Hz, Frequenzhub ± 20 Hz Schrittgeschwindigkeit 50 Baud.

Sendeart B8E, 64 $\frac{dB}{Hz}$, noch kommerziell, vier Kanäle, Bandbreite 12 kHz

Sendeart B7W, 68 $\frac{dB}{Hz}$, $P_c = 0{,}01$, 16 WTK-Kanäle und ein Sprachkanal, Bandbreite 6 kHz

Als Fadingreserven sind von den sehr kurzen bis zu den großen Entfernungen Werte von 8 dB bis 14 dB eingeschlossen. Fehlerkorrektursysteme sind bei den Telegrafiesendearten nicht berücksichtigt.

Mit Hilfe der Richtwerte ist das Abschätzen der überbrückbaren Funkstreckenlängen in Abhängigkeit von der Sendeart und der abgestrahlten HF-Leistung möglich. Die Tabelle 4.4 kann und soll die in den Abschnitten 4.3 und 4.4 beschriebenen Berechnungsverfahren – die allein ausreichende Werte für die Dimensionierung der Geräteausrüstung einer Kurzwellenstrecke liefern können – nicht ersetzen. Für diese Aufgabe sind die einer gegebenen Funkstrecke eigenen, zeitlich sich ändernden Ausbreitungsbedingungen sowie die günstigsten Betriebsfrequenzen und der von der geografischen Lage der beteiligten Stationen abhängige atmosphärische Störgrad nicht mit genügender Sicherheit in den Richtwerten zu erfassen. Auch eine Aussage über die Verfügbarkeit einer Kurzwellenverbindung ist in diesem Rahmen nicht möglich.

Tabelle 4.4
Richtwerte für mögliche Funkstreckenlängen (km) bei Raumwellenausbreitung, bezogen auf Senderleistung, Antennengewinn und Sendeart (Voraussetzungen siehe Text).

Senderleistung Sendeart		Sende- und Empfangsantennen				
		Peitschenant. $G = -10$ dBi	Rahmenant. $G = -6$ dBi	Vert. Breit- bandantenne $G = +3$ dBi	$\frac{\lambda}{2}$ - Dipol $G = +5$ dBi	Log. period. Antenne $G = +10$ dBi
100 W	A1A	bis 200	bis 400	1600	2000	–
	J3E	bis 100	bis 200	800	1100	–
	F1B	bis 100	bis 300	1200	1600	–
400 W	A1A	bis 400	bis 700	2000	2600	4000
	J3E	bis 200	bis 300	1200	1500	2500
	F1B	bis 300	bis 400	1700	2100	3400
1 kW	A1A	–	bis 1800	4000	4800	6500
	J3E	–	bis 1000	2600	3000	4500
	F1B	–	bis 1400	3400	3800	5200
5 kW	B8E	–	bis 200	1200	1500	2400
	F1B	–	–	4200	5000	7000
	B8E	–	–	1700	2100	3200
	B7W	–	–	1400	1700	2700
10 kW	F1B	–	–	4700	5400	7500
	B8E	–	–	2000	2400	3600
	B7W	–	–	1600	1800	2800

Anmerkung:
Bei der Peitschenantenne ist eine gegen die Betriebswellenlänge kurze Antenne angenommen, die annähernd in eine horizontale Lage gezogen ist.
Die Gewinnwerte der Peitschen- und Rahmenantenne sind abhängig von der Betriebsfrequenz. Die hier angegebenen Werte geben dazu praktisch die oberste Grenze an (Siehe hierzu Kapitel 6, Abschnitte 6.2.1.1 und 6.2.1.2).

4.5 Zusammenfassung der Antennendaten

Aus der in Abschnitt 4.3 behandelten Ermittlung der anwendbaren Frequenzbereiche und in Abschnitt 4.4 beschriebenen Berechnung der für eine Kurzwellenverbindung erforderlichen Strahlungsleistung ergeben sich der Frequenzbereich, der Gewinn und die Leistungsbelastung der Sendeantennen, und damit praktisch der einzusetzende Antennentyp. Bei Verbindungen bis zu einer Streckenlänge von etwa 1000 km, die mit einem Sprung über die Ionosphäre zu überbrücken sind, können keine stark bündelnden Richtantennen verwendet werden. Das vertikale Strahlungsdiagramm der Antennen für solche relativ kurzen Entfernungen ist so breit, daß die Gegenstelle immer im Bereich der Halbwertsbreite der Strahlung liegen wird, d. h. innerhalb von 70 bis 100% der am Empfangsort erzielbaren Feldstärke.

Sollen jedoch Funkverbindungen über größere Entfernungen hergestellt werden – wie im Beispiel 2 (Einsprungverbindung über 2000 km) und Beispiel 3 (Viersprungverbindung mit 10 195 km Länge) – so werden kleinere Erhebungswinkel angestrebt, um die Anzahl der Sprünge auf einem Minimum zu halten. Die tages- und jahreszeitlichen Schwankungen der virtuellen Höhe der F2-Schicht können dann zu einer Verschlechterung oder gar zu einer Unterbrechung einer Funkverbindung führen, wenn die vertikale Halbwertsbreite der Sende- und Empfangsantennen zu klein ist. Eine Betrachtung dieser durch die Ionosphäre bedingten Änderung der Ausbreitungsverhältnisse kann deshalb einen wichtigen Hinweis auf die Ausbildung der Strahlungsdiagramme der Antennen geben. Der Erhebungswinkel der Strahlung ergibt sich nach Bild 4.26 aus

$$\sin \gamma = \frac{\sin \frac{\alpha}{2} (r + h'_i)}{\frac{d_{\text{eff}}}{2}}. \qquad (4.25)$$

$\frac{\alpha}{2}$ halber Großkreiswinkel für die von einem Sprung überbrückte Entfernung

r Erdradius (6 370 km)

h'_i virtuelle Höhe der reflektierenden ionosphärischen Schicht

Mit d_{eff} aus (4.10) wird

$$\sin \gamma = \frac{\sin \frac{\alpha}{2} 6\,370 + \sin \frac{\alpha}{2} h'_i}{\sqrt{8{,}115 \cdot 10^7 + 12\,740\, h'_i + h'^{\,2}_i - \cos \frac{\alpha}{2} (8{,}115 \cdot 10^7 + 12\,740\, h'_i)}}. \qquad (4.26)$$

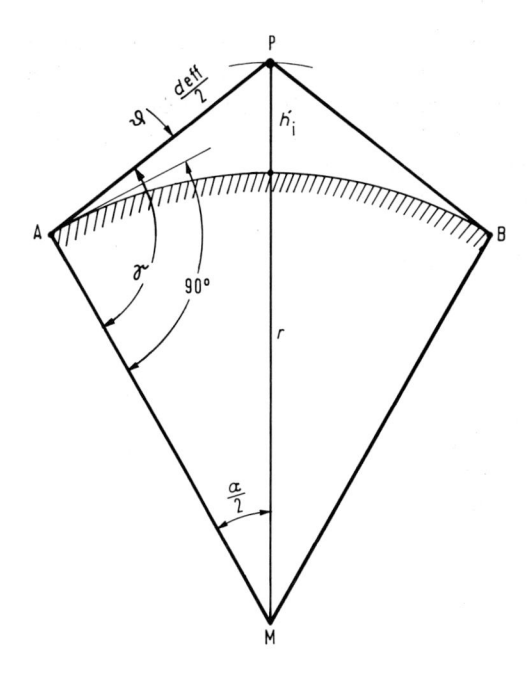

Bild 4.26 Skizze zur Ermittlung des Erhebungswinkels ϑ

Der auf die Schichthöhe h_i' und die Großkreislänge eines Sprunges bezogene Erhebungswinkel in ° ergibt sich damit aus

$$\vartheta = \arcsin \gamma - 90°. \tag{4.27}$$

In Bild 4.27 ist eine nach den vorstehenden Gleichungen berechnete Kurvenschar dargestellt, mit der die mindesterforderliche Halbwertsbreite der Sende- und Empfangsantennen ermittelt werden kann. An Hand des Beispiels 3 soll dieses beschrieben werden:

Mit Hilfe des bereits für die Ermittlung der anwendbaren Frequenzbereiche benutzten Transparentpapiers (siehe Bild 4.14, Beispiel 3) werden aus den Bildern 4.1 und 4.2 die Schichthöhen $h'F2$ entlang der 10 195 km langen Strecke entnommen. Der Großkreis in Bild 4.14 kann dafür z. B. in 1 000 km lange Abschnitte eingeteilt werden. Das so gefundene Schichthöhenprofil dieser Strecke zeigt Bild 4.28. Es wurde für die Zeit 16 ^{h} UT in den Monaten Januar und Juli aufgenommen, weil in dieser Tageszeit die günstigsten Übertragungsbedingungen erwartet werden können. Aus Bild 4.28 ist zu entnehmen, daß die größte Schichthöhe mit 400 km im Juli bei dem zweiten Sprung und die kleinste mit ca. 225 km im Januar an der dritten Reflexionsstelle erwartet werden kann. Es werden alle Schichthöhen zwischen diesen beiden Grenzwerten durchlaufen. Wird nun in Bild 4.27 bei der Sprungentfernung von 2 548 km diese Höhenvariation in die Kurvenschar eingetragen, so ergeben sich Erhebungswinkel von 3,5° bis 11,3°, die in dem vertikalen Strahlungsdiagramm der Antennen vorhanden sein müssen. Setzt man diese beiden Werte als Grenzen der Halbwertsbreite ein, dann ergibt sich diese zu 11,3° - 3,5° = 7,8°. Das Strahlungsmaximum liegt bei einem Erhebungswinkel von $\frac{11,3° + 3,5°}{2} = 7,4°$.

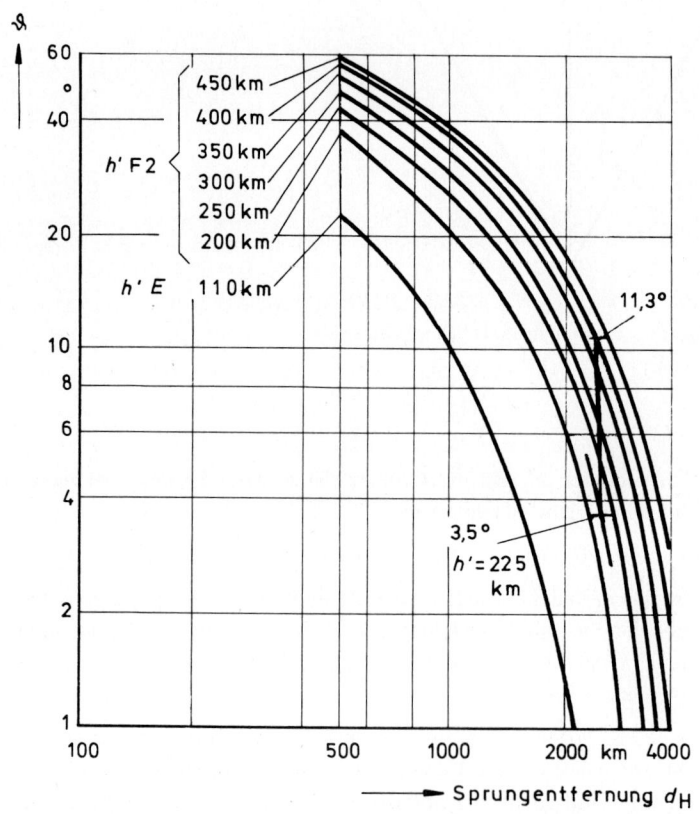

Eingetragen ist Beispiel 3 mit einer Sprungentfernung von 2548 km und Schichthöhen zwischen 400 km und 225 km.

Bild 4.27
Erhebungswinkel der Strahlung als Funktion der Sprungentfernung d_H.
Parameter ist die virtuelle Höhe der aktiven ionosphärischen Schicht über der Erde

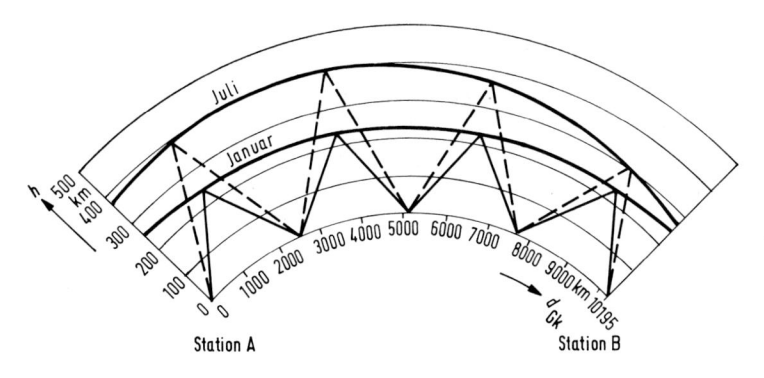

Bild 4.28
Schichthöhenprofil der Funkstrecke Beispiel 3 für die Monate Januar und Juli 16^h UT

Diese Betrachtung der erforderlichen Halbwertsbreite und des Erhebungswinkelbereiches gilt für Punkt-zu-Punkt-Verbindungen, bei denen nur zwei feste Stationen an einer Funkverbindung beteiligt sind. Bei einigen Kurzwellendiensten, wie z. B. Rundfunk, Presse, Wetter, aber auch See- und Flugfunk, müssen die Sendungen in einem ausgedehnten Bereich der Erdoberfläche empfangen werden können. Die dafür einzusetzenden vertikalen und horizontalen Halbwertsbreiten der Strahlungsdiagramme der Sende- und Empfangsantennen ergeben sich dann aus der geografischen Breite und der Entfernung der äußersten Grenzpunkte des Empfangsbereiches von der Sendestation. Zur Berücksichtigung der Schwankungen der virtuellen Höhe der ionosphärischen Schichten müssen die sich für eine Flächenversorgung ergebenden Halbwertsbreiten um die aus Bild 4.27 ermittelten Beträge vergrößert werden.

Beispiel
Es wird angenommen, daß eine Rundfunksendung von Melbourne nach Brasilien ausgestrahlt werden soll. Zur Abgrenzung des Versorgungsbereiches werden die Orte im Norden Macapa, im Süden Rio Grande, im Westen Rio Branca und im Osten Recife festgelegt. Werden nun von Melbourne mit den Gleichungen (4.1) und (4.2) die Entfernungen und die Großkreisrichtungen zu diesen vier Orten bestimmt, so ergibt sich in der Nord-Süd-Richtung ein Winkel von 22,5° und in West-Ost-Richtung ein solcher von 9°. In Tabelle 4.5 sind diese Werte der Verbindung zusammengestellt.

Tabelle 4.5 Werte zu Beispiel 4

Sendestelle	Grenzorte	Empfangsbereich Richtung von Melbourne	Differenz	Entfernung von Melbourne
Melbourne 38° S, 145° O	N Macapa 0° S, 51° W	87,5°	} 22,5°	9 640 km
	S Rio Grande 32° S, 52° W	65°		7 640 km
	W Rio Branca 10° S, 67,5° W	75°	} 9°	9 370 km
	0 Recife 8° S, 35° W	84°		7 700 km

Ohne Berücksichtigung der Änderungen der virtuellen Schichthöhen in der Ionosphäre entsprechen diese Werte – die den Differenzen zwischen den Großkreisrichtungen in Nord-Süd- und West-Ost-Richtung gleich sind – der erforderlichen horizontalen und vertikalen Halbwertsbreite der Sendeantenne in Melbourne. Wird angenommen, daß vier Sprünge über die F2-Schicht zur Überbrückung der Entfernungen zwischen der Sendestelle und dem Versorgungsgebiet notwendig sind, dann ergibt sich die größte Sprungentfernung zu 2 410 km. Aus Bild 4.27 werden für diese Entfernung bei Schichthöhenänderung von 400 km und 200 km die Erhebungswinkel 13,5° und 3,5° abgelesen, deren Differenz von 10° der Halbwertsbreite der Sendeantenne bei einer Punkt-zu Punkt-Verbindung entspricht. Um zu vermeiden, daß an den Grenzen des Versorgungsbereiches zusätzliche Feldstärkeschwankungen auftreten, müssen diese 10° den zuvor aus der Größe des Versorgungsbereiches abgeleiteten Werten der Halbwertsbreiten zugeschlagen werden. Deren endgültige Werte sind damit 32,5° für die horizontale und 19° für die vertikale Halbwertsbreite. Der Erhebungswinkel des Strahlungsmaximums liegt bei 13,0°.

Literatur

[1] Laitinen, P. O.; Haydon, G. W.: Analysis and prediction of sky wave field intensities in the high frequency band. Technical report No. 9, RPU-203, Signal corps radio propagation agency, Fort Monmouth, March 1956

[2] Utlaut, W. F.: Siting criteria for HF-communication centers. US-Department of Commerce, National Bureau of Standards, Technical Note 139, April 1962

[3] CCIR-Report 340, Atlas of ionospheric characteristics. Oslo 1966

[4] Davies, K.: Ionospheric Radio Propagation. Monograph 80, US-Department of Commerce, National Bureau of Standards. Washington, DC 1965

[5] CCIR-Report 252-2, CCIR interim method for estimating sky-wave fieldstrength and transmission loss at frequencies between the approximate limits of 2 and 30 MHz. New Delhi 1970

[6] CCIR-Recommendation 339-5, Bandwidth, signal to noise ratios and fading allowances in complete systems. Kyoto 1978

[7] CCIR-Report 322, World distribution and characteristics of atmospheric radio noise. Genf 1963

[8] Zuhrt, H.: Elektromagnetische Strahlungsfelder, Kap. 25, Springer-Verlag Berlin, Göttingen, Heidelberg 1953

[9] Hagn, G. H.; Laan, J. E. van der: Measured relative responses toward the zenith of short whip antennas on vehicles at high frequencies. IEEE Trans. on vehicular Technology VT-19 (1970) No. 3, S. 230-236

5 Berechnen von Kurzwellenstrecken bei Bodenwellenausbreitung

Kurzwellen breiten sich bekanntlich auch als Bodenwellen entlang der Erdoberfläche aus. Für das Übertragen von Rundfunkprogrammen oder anderen Nachrichten werden günstige Bedingungen dafür aber nur dann erreicht, wenn man den unteren Teil des Kurzwellenbandes heranzieht. Dieser „Grenzwellenbereich" (von 1,6 bis 5 MHz) wird u. a. für den Nachrichtenaustausch zwischen Küstenstationen und Schiffen benutzt. Über See kann man dabei noch Entfernungen bis über 1000 km überbrücken. Bei Verbindungen über Land hängt die Reichweite von den Eigenschaften des Erdbodens ab, wie Leitfähigkeit und Dielektrizitätskonstante. Außerdem haben das Klima, die Bewachsung des Bodens und das Profil der Erdoberfläche entlang der Funkstrecke Einfluß auf die Reichweite. Bei der Berechnung von Verbindungen mit Hilfe der Bodenwelle müssen deshalb die geografischen und elektrischen, aber auch die meteorologischen Bedingungen der Strecke möglichst genau bekannt sein.

Die Ausbreitung der Bodenwelle ist weitgehend unabhängig von tages- und jahreszeitlichen Schwankungen. Ein Frequenzwechsel – wie ihn die Raumwellenausbreitung zur Aufrechterhaltung einer Verbindung ja erfordert – ist bei Verbindungen mit Hilfe der Bodenwelle nicht notwendig.

Die elektrischen Eigenschaften des für die Ausbreitung wirksamen Mediums können sich sprunghaft ändern, wie z. B. bei Verbindungen über See, in die Inseln oder Halbinseln eingelagert sind. An Hand einiger Beispiele wird an dieser Stelle eine Berechnungsmethode erläutert, bei der die geografischen Gegebenheiten solcher Seefunkstrecken berücksichtigt sind.

5.1 Ausbreitung der Bodenwelle über Gelände mit homogener Beschaffenheit

Für die Planung von Verbindungen mit der Bodenwelle und die Berechnung der Senderleistungen – die für die Überbrückung einer bestimmten Entfernung und zum Erreichen der für eine bestimmte Sendeart erforderlichen Feldstärke notwendig sind – ist, wie schon angedeutet, die Kenntnis der elektrischen Eigenschaften des Mediums wesentlich, über das die Funkverbindung laufen soll. Das CCIR hat dazu in Report 229-2 [1] Werte angegeben, die für die weitaus meisten Fälle angewendet werden können. In Tabelle 5.1 sind diese Werte zusammengestellt.

In dem hier betrachteten Grenzwellenbereich sind die in Tabelle 5.1 angegebenen Werte praktisch konstant, wenn die Bodeneigenschaften selbst nicht durch andere Einflüsse geändert werden. Eine maßgebende Rolle spielt dabei die Bodenfeuchte, die sich witterungsbedingt ändern kann. So hat z. B. lehmiger Boden in normalem Zustand eine Leitfähigkeit von $10^{-2}\,\frac{S}{m}$; trocknet er stark aus, dann verschlechtert sich dieser Wert auf $10^{-4}\,\frac{S}{m}$. Auch aus Tabelle 5.1 ist zu ersehen, daß die Bodenfeuchte die elektrischen Werte des Erdbodens ganz wesentlich prägt. Bei steigender Feuchte werden diese Werte besser.

Tabelle 5.1
Durchschnittliche Bodenkonstanten der am häufigsten vorkommenden Bodenarten

Bodenart	Leitfähigkeit σ $\frac{S}{m}$	Dielektrizitäts- konstante ε
Seewasser mit durchschnittlichem Salzgehalt	4	80
Frischwasser (20°C)	$3 \cdot 10^{-3}$	80
Feuchter Boden	10^{-2}	30
Mittlerer Boden	10^{-3}	15
Trockener Boden	10^{-4}	4
Sehr trockener Boden	10^{-5} $3 \cdot 10^{-5}$	4

Diese Bodenarten gelten für folgende Gebiete:

Seewasser	praktisch alle Weltmeere
Frischwasser	Binnengewässer, wie große Seen, breite Flüsse und Flußmündungen u. ä.;
Feuchter Boden	Sumpf- und Moorlandschaften, Gebiete mit hohem Grundwasserstand, Überschwemmungs- gebiete usw.;
Mittlerer Boden	landwirtschaftliche Gebiete, bewaldete Land- schaften, typisch für Länder in den gemäßigten Zonen;
Trockener Boden	trockene, sandige Gebiete wie Küstenland- schaften, Steppen, aber auch arktische Gebiete;
Sehr trockener Boden	Wüstengebiete, Industriegebiete, Großstädte, Karstlandschaften und hohe Gebirge.

Bei den in Tabelle 5.1 angegebenen Werten ist auch vorausgesetzt, daß die geologische Struktur des Bodens bis zu einer bestimmten Tiefe homogen ist. Die „Eindringtiefe" der Funkwellen in den Boden ist je nach Art des Bodens unterschiedlich und variiert auch mit der Frequenz. Für die in Tabelle 5.1 enthaltenen Bodenarten gelten nach [1] die in Tabelle 5.2 angegebenen Werte.

Mit Ausnahme der Grenzwellenverbindungen über Seewasser wird bei allen anderen Bodenarten mit beträchtlichen, meteorologisch bedingten Änderungen der Konstanten gerechnet werden müssen. Für eine exakte Betrachtung solcher Funkstrecken müßte man deshalb auch diese, über längere Zeit zu erwartenden, Änderungen in die Streckenberechnung einbeziehen. Dies dürfte aber in den meisten Fällen nicht mit genügender Sicherheit durchführbar sein, sodaß man vorwiegend die in [1] und[2] angegebenen Werte zugrundelegen muß. Die damit berechneten Bodenwellenfeldstärken sind für das Ermitteln der zu installierenden Senderleistungen und Antennengewinne ausreichend.

Tabelle 5.2
Eindringtiefe in m der Funkwellen in Abhängigkeit von der Frequenz bei Bodenarten nach Tabelle 5.1

Bodenart (Medium)	Eindringtiefe in m bei Frequenz in MHz			
	0,5	1	5	10
Seewasser 20°C mit durchschnittlichem Salzgehalt	0,35	0,25	0,1	0,075
Frischwasser 20°C	18	15	12	8,5
Feuchter Boden	7	5,5	3,8	1,5
Mittlerer Boden	28	23	18	16
Sehr trockener Boden	90	90	90	90

5.1.1 Berechnen der Bodenwellenfeldstärken

Die Feldstärke, die von einem Funksender in einer bestimmten Entfernung von der Sendestelle bei einem Gelände mit homogener Beschaffenheit – d. h. praktisch gleichbleibenden elektrischen Werten des Bodens – erzielt wird, ist gegeben durch die Beziehung

$$E = \frac{3 \cdot 10^5}{d} \cdot A \cdot \sqrt{P \cdot G_s} \ . \tag{5.1}$$

E \qquad an dem zu erreichenden Empfangsort (durch den Sender) verfügbare elektrische Feldstärke in $\frac{\mu V}{m}$

$\dfrac{3 \cdot 10^5}{d}$ \qquad von der Entfernung $d \cdot$ (in km) abhängiger Wert der Feldstärke bei Freiraumausbreitung

A \qquad durch die Bodenverluste gegebener Dämpfungsfaktor

P \qquad Ausgangsleistung des Senders (in kW)

G_s \qquad Gewinn der Sendeantenne in Richtung auf die ferne Empfangsstelle

Je nach den Steckenbedingungen kann der Dämpfungsfaktor A unterschiedliche Werte annehmen, die durch folgende Bedingungen gegeben sind:

a) A_v für $d < d_{kr}$ Die Länge der Funkstrecke ist maximal so groß, daß das Gelände noch als eben zu betrachten ist und die Erdkrümmung vernachlässigt werden kann. Die Polarisation des von der Sendeantenne ausgestrahlten elektrischen Feldes ist vertikal;

b) A_h für $d < d_{kr}$ Wie vorstehend, die Polarisation ist jedoch horizontal;

c) A_v für $d > d_{kr}$ Der Abstand zwischen Sender und der fernen Empfangsstelle ist so groß, daß die Erdkrümmung nicht mehr vernachlässigt werden kann. Die Polarisation ist vertikal;

d) A_h für $d > d_{kr}$ Wie c, jedoch bei horizontaler Polarisation.

Für diese Fälle muß der Dämpfungsfaktor in (5.1) besonders ermittelt werden. Bei Entfernungen $d < d_{kr}$ wird dazu die in [3] beschriebene, von K. Norton angegebene, Methode angewendet. Für $d > d_{kr}$ werden die in [4] mitgeteilten Formeln für die Berechnung des Dämpfungsfaktors zu Grunde gelegt. In der CCIR-Empfehlung 368-2 [2] ist bereits eine Anzahl von Feldstärkekurven in Abhängigkeit von der Länge des Funkwegs für Frequenzen bis 10 MHz angegeben, die sich auf bestimmte Bodenkonstanten beziehen. Entsprechende Kurven für Frischwasser, feuchten Boden und mittleren Boden mit den in Tabelle 5.1 erwähnten Bodenkonstanten sind dort jedoch nicht enthalten und wurden deshalb nach den bereits erwähnten Methoden berechnet. Alle Ausbreitungskurven für die Bodenwelle beziehen sich auf eine effektiv abgestrahlte Leistung von $P \cdot G_s = 1$ kW, wobei eine vertikal polarisierte Antenne mit der Länge $l \leq \frac{\lambda}{4}$ der Betriebsfrequenz angenommen ist.

Die kritische Entfernung, bis zu der noch die Erdkrümmung vernachlässigt werden kann, ist gegeben durch

$$d_{kr} = \frac{80}{\sqrt[3]{f}}, \tag{5.2}$$

wobei die Größe f in MHz einzusetzen ist.

Bild 5.1 zeigt diese Entfernung in Abhängigkeit von der Frequenz bis 10 MHz.

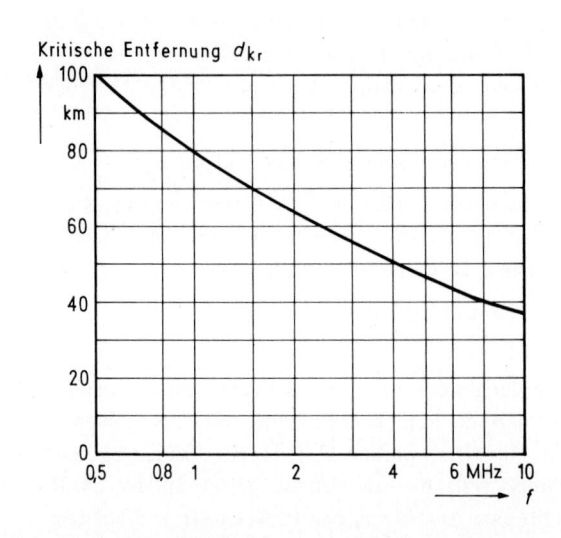

Bild 5.1 Kritische Entfernung d_{kr} abhängig von der Frequenz

5.1.1.1 Funkweglänge $d < d_{kr}$

Der Dämpfungsfaktor A berücksichtigt die in der Erde auftretenden Verluste der Bodenwelle: er hängt von der Frequenz, den Bodenkonstanten und der Funkweglänge ab. Seine exakte Berechnung ist aufwendig, bei Einführung vereinfachter Annahmen kann der Dämpfungsfaktor aber durch die „numerische Entfernung" p und die Phasenkonstante β ausgedrückt werden. Die damit erreichbare Genauigkeit der Berechnung ist für die praktische Bestimmung der erforderlichen Geräteausrüstung völlig ausreichend.

Für vertikal polarisierte Wellen ist die numerische Entfernung gegeben durch

$$p_v \approx 1{,}745 \cdot 10^{-4} \cdot \frac{f \cdot \cos \beta}{\sigma} \cdot \frac{d \cdot 10^3}{\lambda}, \tag{5.3.1}$$

$$\beta \approx \arctan \frac{(\varepsilon + 1) \cdot f}{1{,}8 \cdot 10^4 \cdot \sigma}. \tag{5.3.2}$$

Für horizontale polarisierte Wellen gilt

$$p_h \approx 5{,}654 \cdot 10^4 \cdot \frac{\sigma}{f \cdot \cos \beta'} \cdot \frac{d \cdot 10^3}{\lambda}, \tag{5.4.1}$$

$$\beta' \approx \arctan \frac{(\varepsilon - 1) \cdot f}{1{,}8 \cdot 10^4 \cdot \sigma}. \tag{5.4.2}$$

f Frequenz in MHz

σ Leitfähigkeit des Bodens in $\frac{S}{m}$

ε Dielektrizitätskonstante des Bodens

λ Wellenlänge der Frequenz in m

d Entfernung zwischen den Funkstellen in km

Wegen der beträchtlich höheren Dämpfung werden für die Bodenwellenausbreitung Antennen, die bevorzugt die horizontale Polarisation aussenden oder empfangen, nicht angewendet. Für die Berechnung von Funkverbindungen mit Hilfe der Bodenwelle kommen deshalb hauptsächlich die Gleichungen für vertikal polarisierte Wellen in Betracht.

Für Werte von $\beta \leq 90°$ kann der Dämpfungsfaktor A mit ausreichender Genauigkeit durch folgende empirische Beziehung angegeben werden

$$A \approx \frac{2 + 0{,}3\,p}{2 + p + 0{,}6\,p^2} - \sqrt{\frac{p}{2}} \cdot e^{-1{,}44 \cdot p \cdot \log \varepsilon} \cdot \sin \beta. \tag{5.5}$$

Je nach Polarisation wird in Gleichung (5.5) der Wert für p_v oder p_h eingesetzt. Für große numerische Entfernungen, $p > 10$, wird der Subtrahent in (5.5) vernachlässigbar gegenüber dem ersten Glied der Gleichung und A wird umgekehrt proportional zur Entfernung d mit einem Wert, der sich $\dfrac{1}{2p}$ annähert.

5.1.1.2 Funkweglänge $d > d_{kr}$

Für die Berechnung der Feldstärken der Bodenwelle für $d > d_{kr}$ sind die von H. Zuhrt in [4] angegebenen Gleichungen zu Grunde gelegt. Dort ist auch deren Ableitung nachzulesen.

Die numerische Entfernung p für $d < d_{kr}$ zeigt in den Gleichungen (5.3.1) und (5.3.2) eine lineare Abhängigkeit von der Entfernung d, weil völlig ebener Boden ohne Berücksichtigung der Erdkrümmung vorausgesetzt ist. Wird die Funkweglänge jedoch größer als die kritische Entfernung d_{kr}, so muß auch in dem Ausdruck für die numerische Entfernung die Erdkrümmung berücksichtigt sein. Dann gilt

$$\chi = \sqrt[3]{k_1 a} \cdot \frac{d}{a} = 0{,}0537 \frac{d}{\sqrt[3]{\lambda}} \; . \tag{5.6}$$

k_1 $\quad \dfrac{2\pi}{\lambda}$ Wellenzahl des Vakuums

a $\quad$ Erdradius (6 370 km)

d $\quad$ Entfernung zwischen den Funkstellen in km

λ $\quad$ Wellenlänge der benutzten Frequenz in m

Die Feldstärke am Ende einer Funkstrecke in $\dfrac{\mu V}{m}$ ergibt sich aus der Gleichung

$$E = \frac{7{,}52 \cdot 10^5}{\lambda} \cdot \sqrt{\chi} \; \frac{e^{\mathrm{Im}(\tau_0)\chi}}{|2\tau_0 - \dfrac{1}{\delta^2}|} \tag{5.7}$$

wenn die effektiv abgestrahlte Leistung 1 kW ist und eine vertikal polarisierte Antenne mit $h = \dfrac{\lambda}{4}$ verwendet wird.

Der Dämpfungsfaktor gegenüber der Freiraumausbreitung ist dann

$$A_{(d > d_{kr})} = \sqrt{2\pi} \cdot \chi \frac{e^{\text{Im}(\tau_0) \cdot \chi}}{|2\tau_0 - \frac{1}{\delta^2}|} = \frac{0{,}5808 \cdot \sqrt{d}}{\sqrt[6]{\lambda}} \frac{e^{\text{Im}(\tau_0) \cdot \chi}}{|2\tau_0 - \frac{1}{\delta^2}|}. \quad (5.8)$$

χ numerische Entfernung für $d > d_{kr}$

δ auf eine bestimmte Wellenlänge bezogener Wert, der die Bodenleitfähigkeit und die Dielektrizitätskonstante berücksichtigt

τ_0 komplexe Größe, bestehend aus dem Realteil $\text{Re}_{(\tau_0)}$ und dem Imaginärteil $\text{Im}_{(\tau_0)}$. $|\tau_0| = \sqrt{\text{Re}_{(\tau_0)} + \text{Im}_{(\tau_0)}}$. Beide Werte sind als Funktion des Betrages $|\delta| = k$ und der Phasenkonstanten ψ als Parameter in den Bildern 5.2 und 5.3 dargestellt

d Entfernung zwischen den Funkstellen in km

λ Wellenlänge der benutzten Freqenz in m

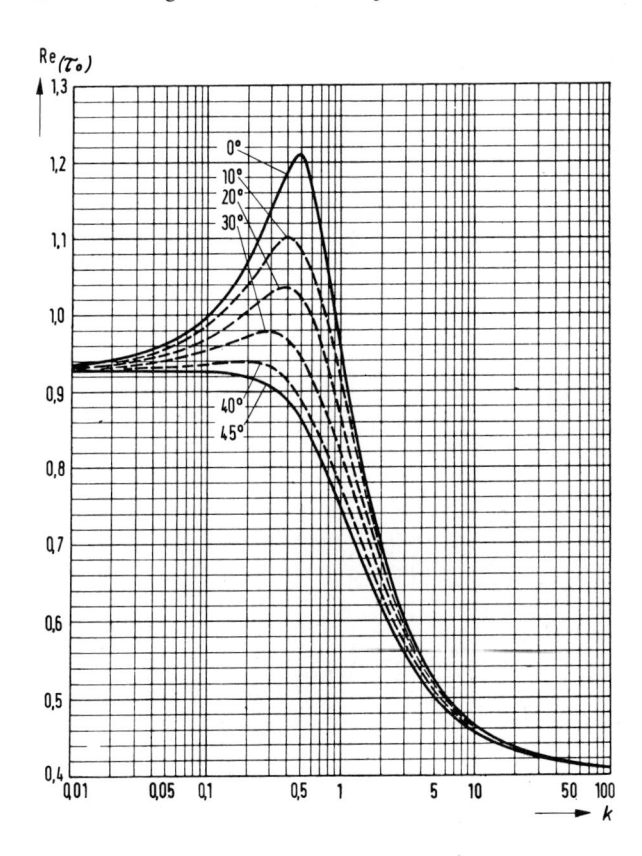

Bild 5.2
$\text{Re}_{(\tau_0)}$ als Funktion von $|\delta| = k$
Parameter ist die Phasenkonstante ψ

Der Wert von δ ist je nach Polarisation der Funkwelle unterschiedlich. Für vertikale Polarisation ist

$$|\delta_v| = 0{,}002924 \cdot \sqrt[3]{\lambda} \cdot \frac{\sqrt{\varepsilon^2 + 36 \cdot 10^2 \cdot \sigma^2 \cdot \lambda^2}}{\sqrt[4]{(\varepsilon - 1)^2 + 36 \cdot 10^2 \cdot \sigma^2 \cdot \lambda^2}}, \tag{5.9}$$

und für horizontale Polarisation

$$|\delta_h| = 0{,}002924 \cdot \sqrt[3]{\lambda} \; \frac{1}{\sqrt[4]{(\varepsilon - 1)^2 + 36 \cdot 10^2 \cdot \sigma^2 \cdot \lambda^2}}. \tag{5.10}$$

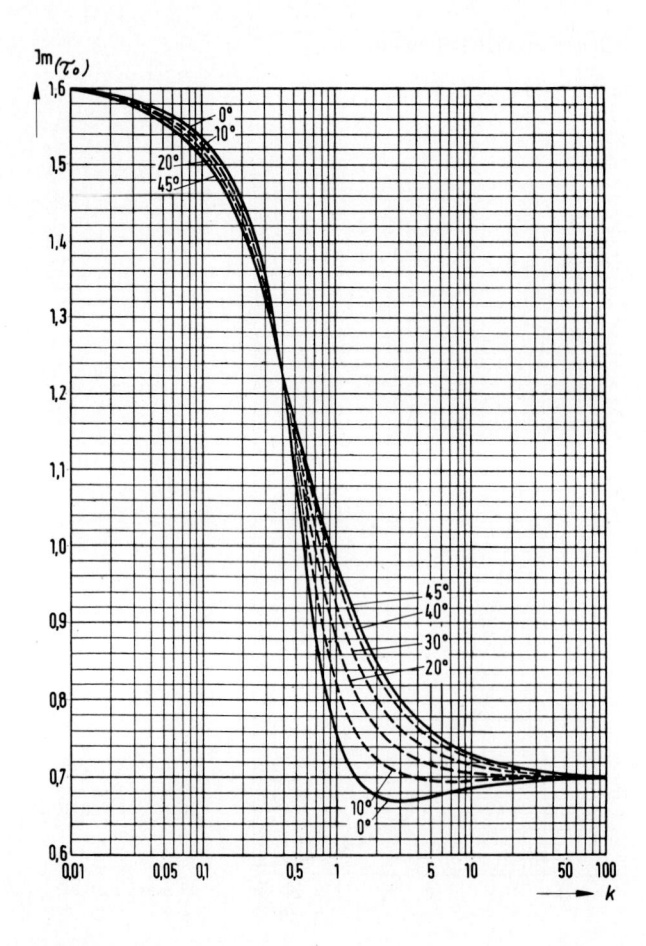

Bild 5.3
$\mathrm{Im}_{(\tau 0)}$ als Funktion von $|\delta| = k$
Parameter ist die Phasenkonstante ψ

Die Phasenkonstante für eine bestimmte Wellenlänge und bei bestimmten Bodeneigenschaften ist gegeben durch

$$\psi = \arctan \frac{\varepsilon}{6 \cdot 10^{-8} \cdot \sigma \cdot \lambda} - \frac{1}{2} \arctan \frac{\varepsilon - 1}{6 \cdot 10^{-8} \cdot \sigma \cdot \lambda}. \qquad (5.11)$$

In (5.9), (5.10) und (5.11) bedeuten

ε Dielektrizitätskonstante des Bodens

σ Leitfähigkeit des Bodens in $\frac{S}{m}$

λ Wellenlänge der benutzten Frequenz in m

Im allgemeinen ist der Ausdruck $2\,\tau_0$ sehr klein gegen $\frac{1}{\delta^2}$. Die endgültig anwendbare Formel für die Berechnung der Bodenwellenfeldstärken wird dann mit (5.7) und (5.8)

$$E = \frac{3 \cdot 10^5}{d} \frac{0{,}5808 \cdot \sqrt{d}}{\sqrt[6]{\lambda}} \frac{e^{-\operatorname{Im}(\tau 0)\,0{,}0537\,\frac{d}{\sqrt[3]{\lambda}}}}{\left|\frac{1}{\delta^2}\right|}, \qquad (5.12)$$

$$= \frac{1{,}742 \cdot 10^5}{\sqrt{d} \cdot \sqrt[6]{\lambda}} \frac{e^{-\operatorname{Im}(\tau 0)\,0{,}0537\,\frac{d}{\sqrt[3]{\lambda}}}}{\left|\frac{1}{\delta^2}\right|}, \qquad (5.12a)$$

bzw. für die häufig angewendete Schreibweise in dB $\frac{\mu V}{m}$

$$E = 104{,}8 - \frac{1}{2} \cdot 20 \log d - \frac{1}{6} \cdot 20 \log \lambda - 20 \log \frac{1}{\delta^2} - 0{,}468 \operatorname{Im}_{(\tau 0)} \frac{d}{\sqrt[3]{\lambda}} \qquad (5.13)$$

Diese Formeln gelten für die effektiv abgestrahlte Leistung von 1 kW. Bei abweichenden Senderleistungen muß sie mit der Wurzel aus diesen Leistungen multipliziert werden. Mit Hilfe von (5.1), (5.5) und (5.12) bzw. (5.13) wurden die Ausbreitungskurven für mittleren Boden, feuchten Boden und Frischwasser mit den Konstanten nach Tabelle 5.1 berechnet. Dabei ergab sich eine gute Übereinstimmung der Anschlußwerte vor und hinter der kritischen Entfernung.

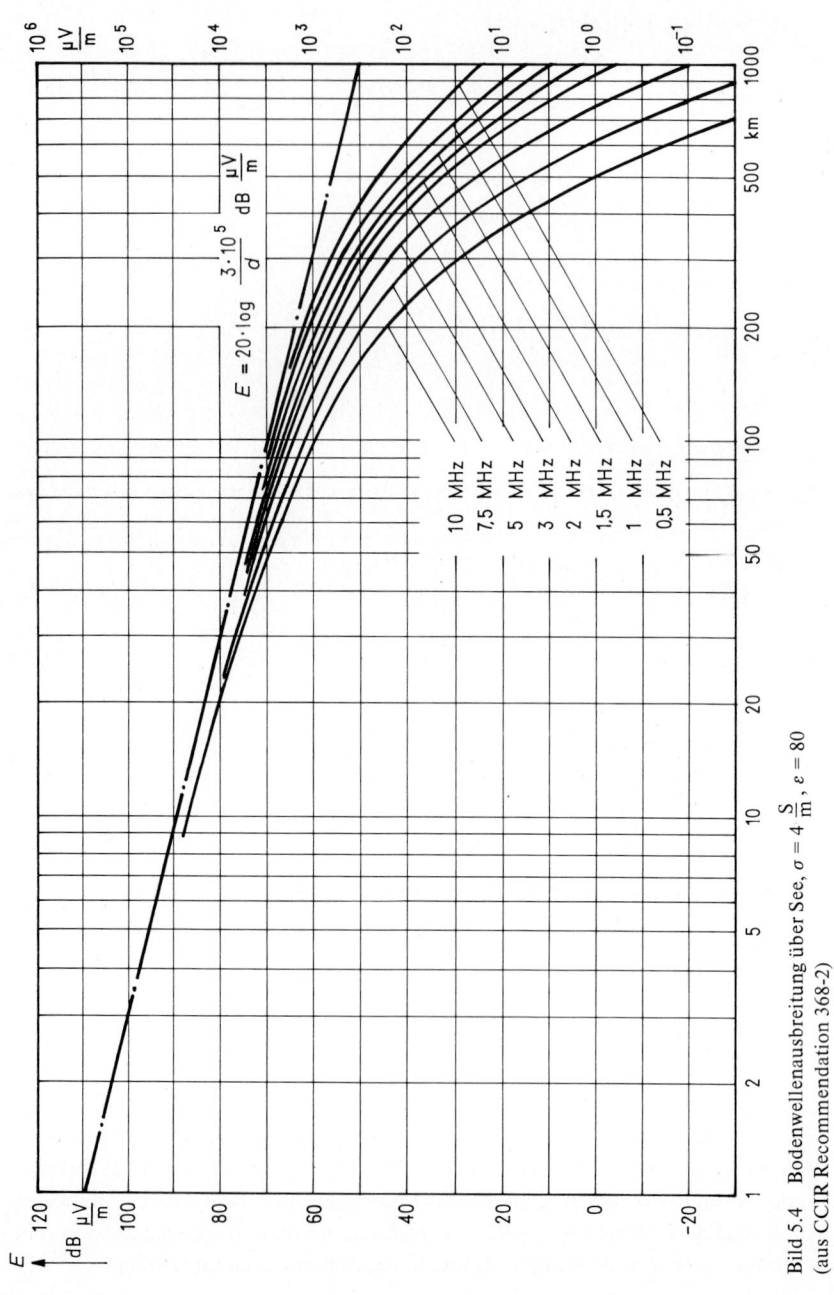

Bild 5.4 Bodenwellenausbreitung über See, $\sigma = 4 \frac{S}{m}$, $\varepsilon = 80$ (aus CCIR Recommendation 368-2)

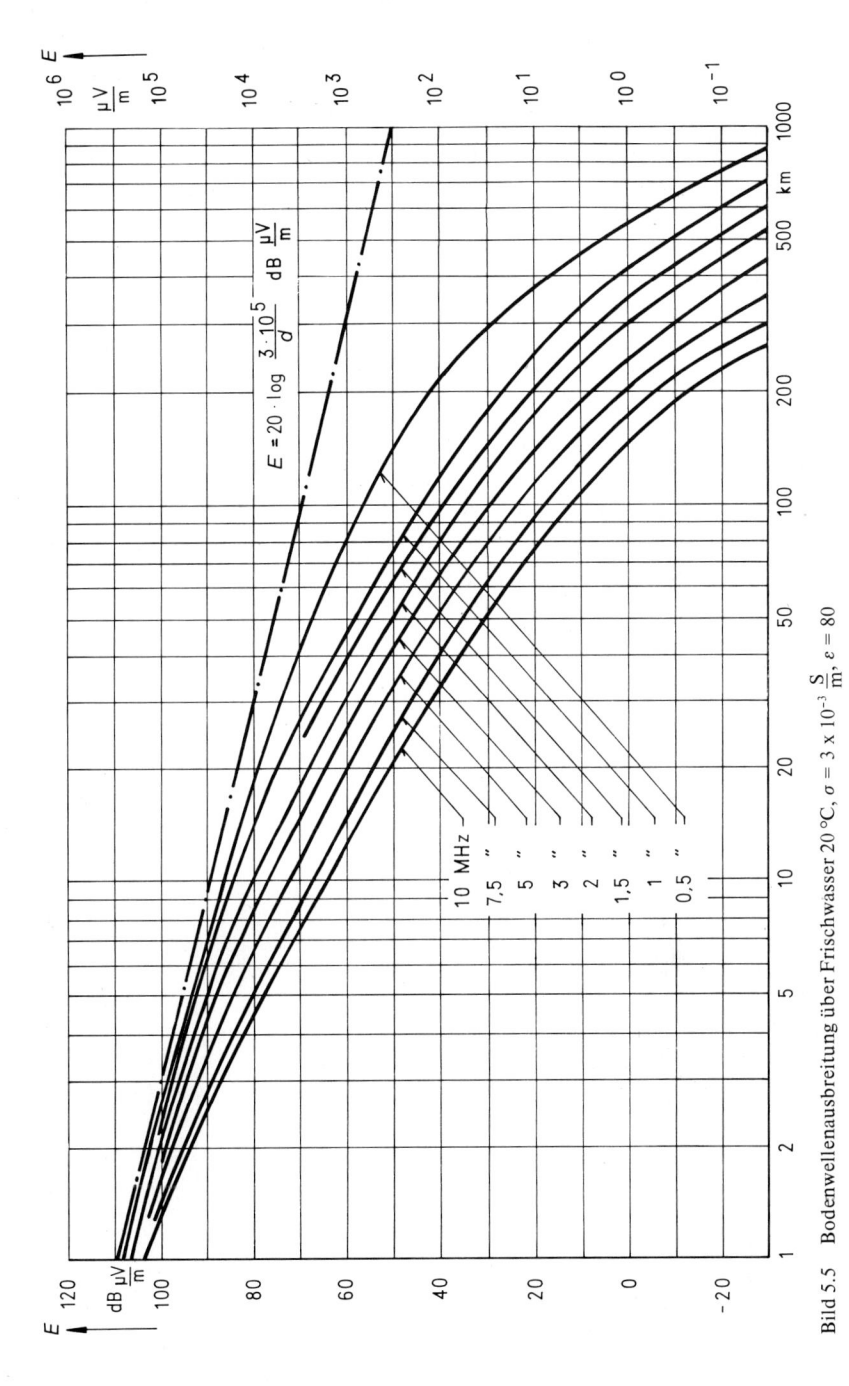

Bild 5.5 Bodenwellenausbreitung über Frischwasser 20 °C, $\sigma = 3 \times 10^{-3}\,\frac{S}{m}$, $\varepsilon = 80$

$$E = 20 \cdot \log \frac{3 \cdot 10^5}{d}\ \text{dB}\,\frac{\mu V}{m}$$

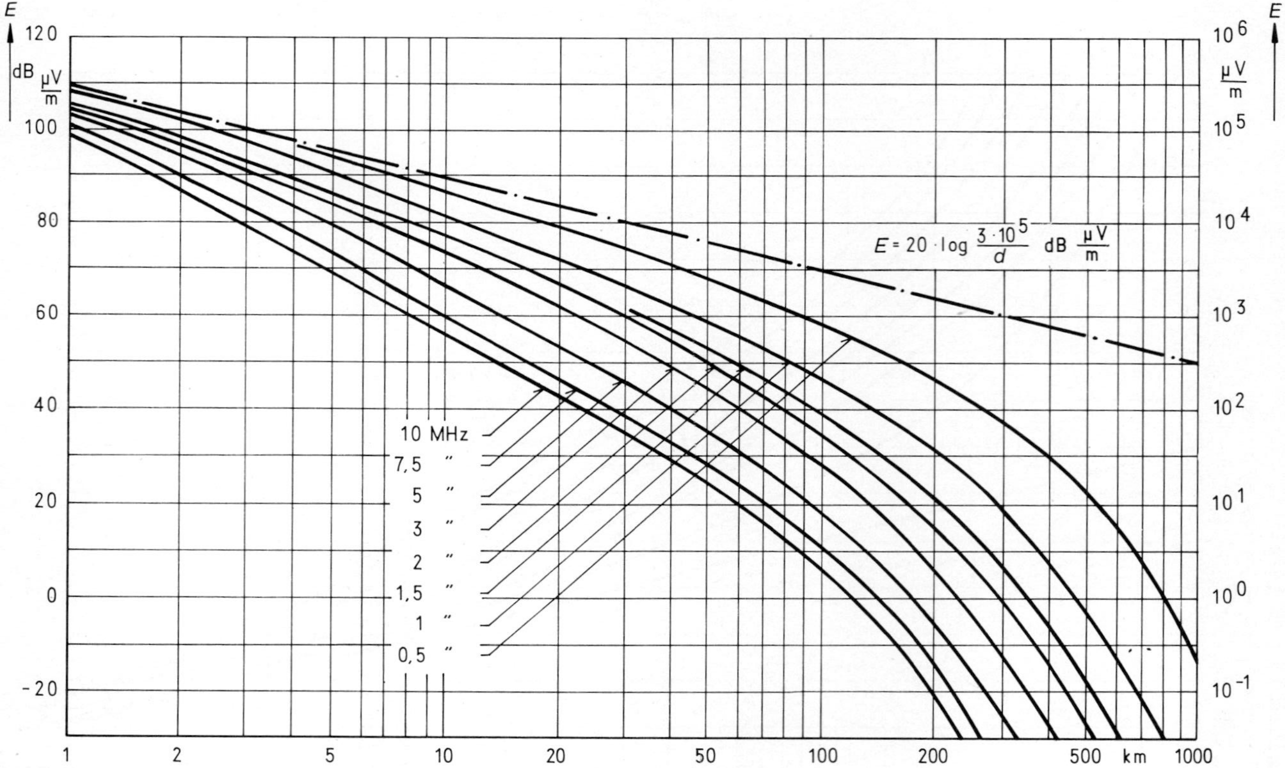

Bild 5.6 Bodenwellenausbreitung über feuchtem Boden, $\sigma = 10^{-2}\ \frac{S}{m}$, $\varepsilon = 30$

$$E = 20 \cdot \log \frac{3 \cdot 10^5}{d}\ \mathrm{dB}\ \frac{\mu V}{m}$$

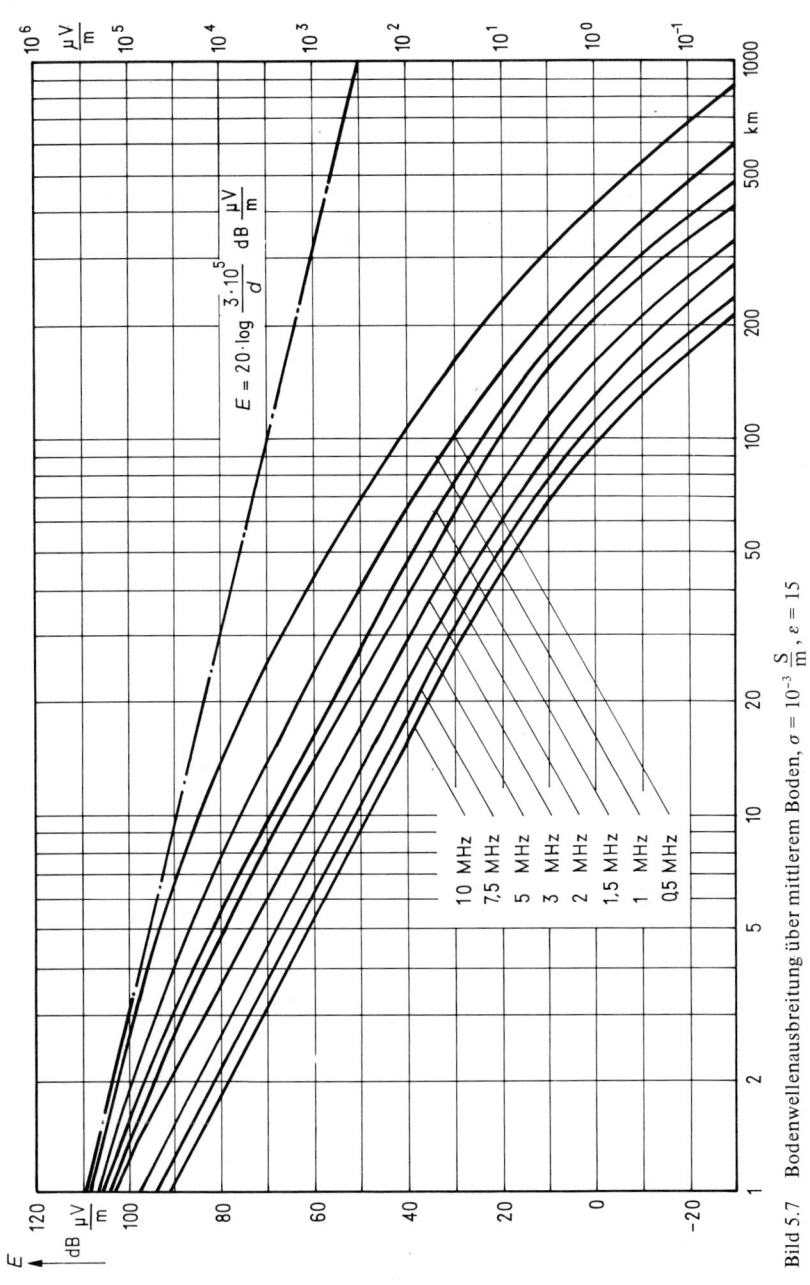

Bild 5.7 Bodenwellenausbreitung über mittlerem Boden, $\sigma = 10^{-3}\,\frac{S}{m}$, $\varepsilon = 15$

$$E = 20 \cdot \log \frac{3 \cdot 10^5}{d}\ \mathrm{dB}\ \frac{\mu V}{m}$$

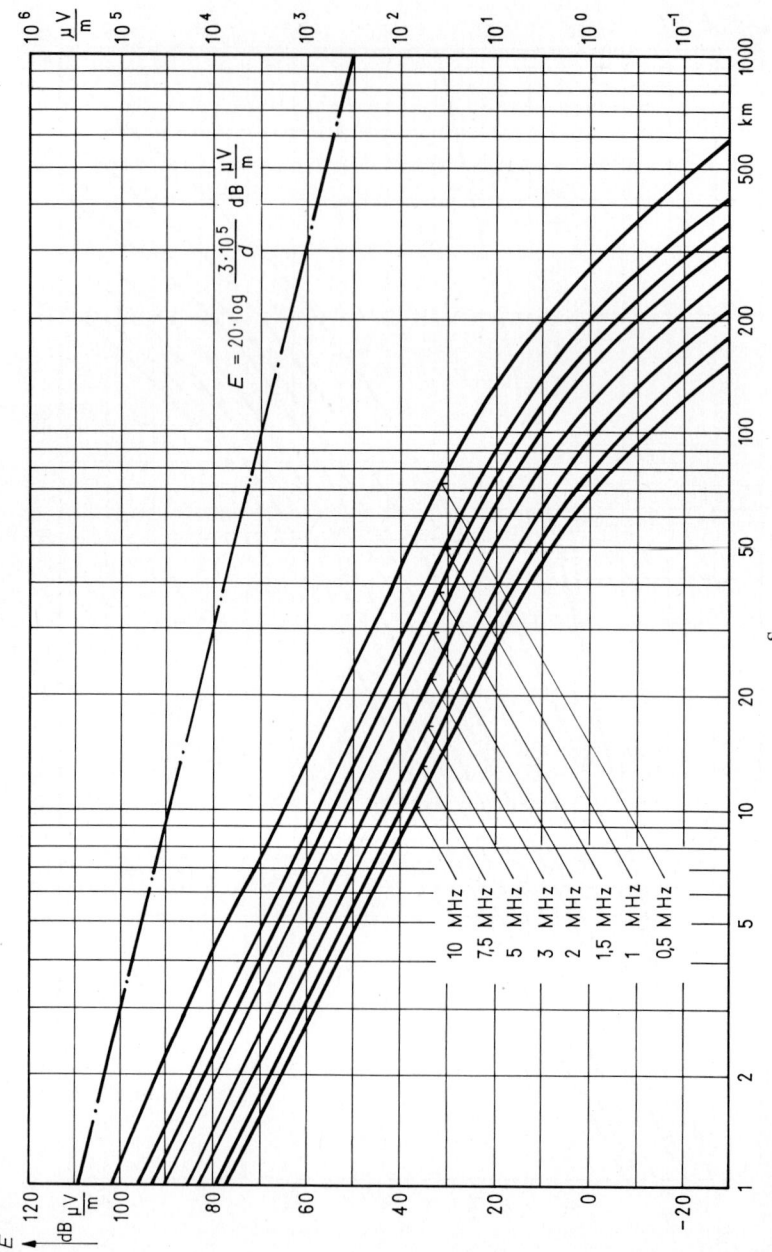

Bild 5.8 Bodenwellenausbreitung über trockenem Boden, $\sigma = 10^{-4} \frac{S}{m}$, $\varepsilon = 4$ (aus CCIR Recommendation 368-2)

Bild 5.9 Bodenwellenausbreitung über trockenem Boden, $\sigma = 10^{-5}\,\frac{S}{m}$, $\varepsilon = 4$
(aus CCIR Recommendation 368-2)

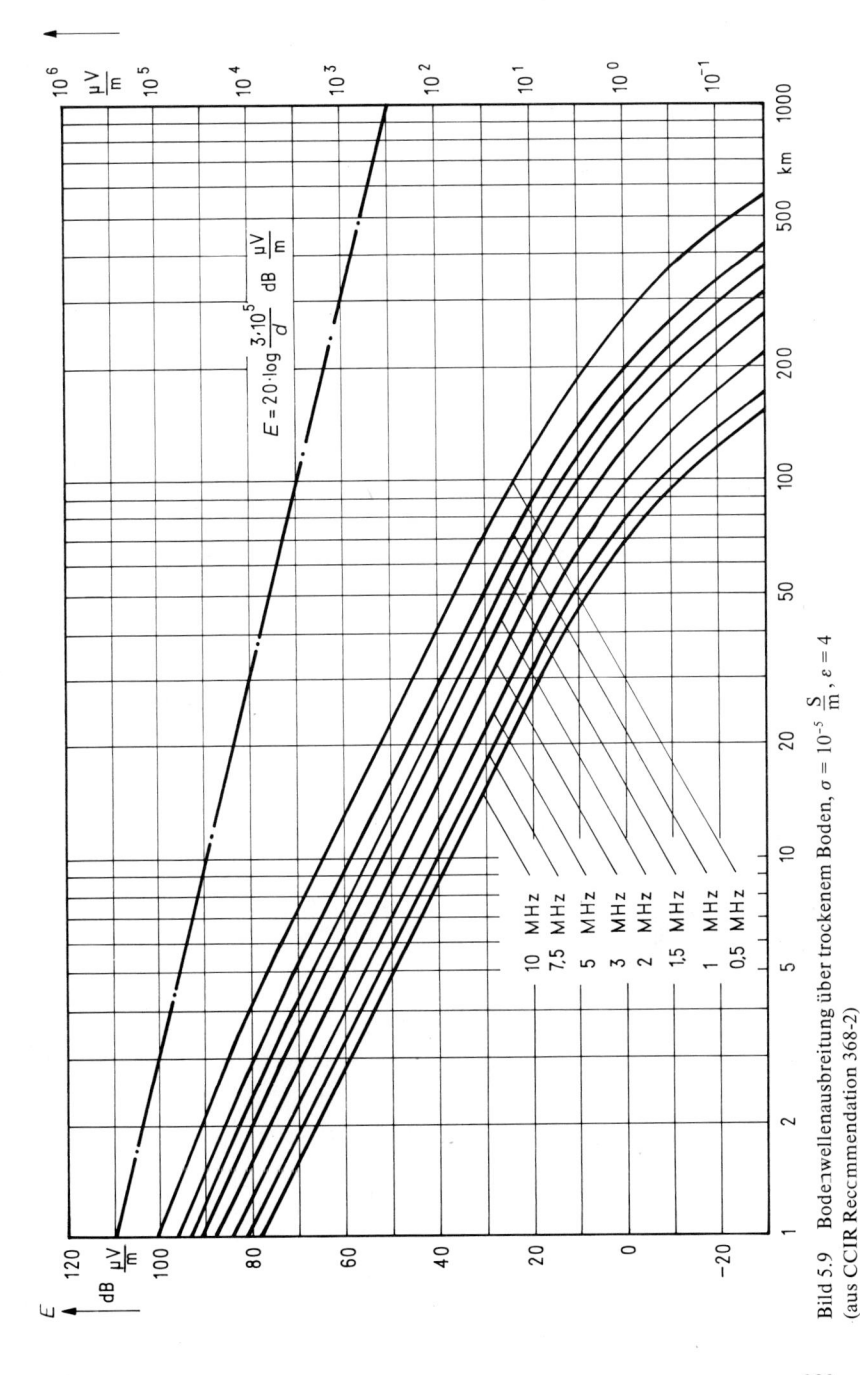

$$E = 2.0 \cdot \log\frac{3 \cdot 10^5}{d}\,\text{dB}\,\frac{\mu V}{m}$$

Die Bilder 5.4 bis 5.9 zeigen die Ausbreitungskurven der Bodenwelle für alle in Tabelle 5.1 enthaltenen Bodenarten. Die Kurven 5.4 für Seewasser, 5.8 und 5.9 für trockene Böden sind aus [2] entnommen. Aus diesen Bildern geht hervor, daß der Verlauf der Ausbreitungskurven nicht einheitlich ist. In Bild 5.10 sind dazu einige Beispiele dargestellt:

Kurve 1
zeigt den Feldstärkenverlauf für die Frequenz 0,5 MHz über mittlerem Boden. Bei Entfernungen $d < d_{kr}$ ist der Wert für die numerische Entfernung bis zum Übergang in den Kurvenverlauf für $d > d_{kr}$ kleiner als 10. Die Feldstärke vermindert sich dabei mit dem zweiten Glied von (5.5);

Kurve 2
stellt den Feldstärkeverlauf über mittlerem Boden für die Frequenz 1,5 MHz dar. Bis zu Entfernungen von etwa 5 km ist p wesentlich kleiner als 10, die Kurve geht dann in den, durch das erste Glied der Gleichung (5.5) bestimmten, linearen Abfall der Feldstärke über. Zwischen den Entfernungen 50 km und 100 km liegt der Interpolationsbereich, der den Übergang zwischen dem Kurvenverlauf für $d < d_{kr}$ und $d > d_{kr}$ ergibt. Anschließend folgt dann der Feldstärkegang der Gleichung (5.13).

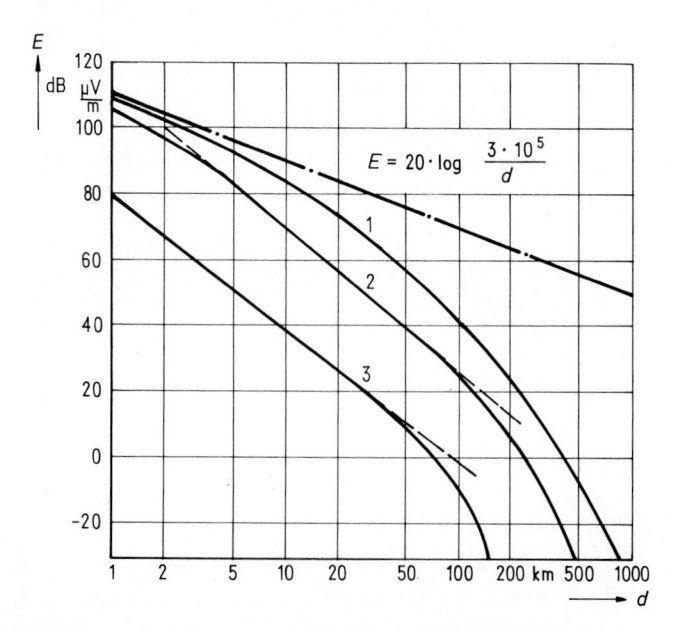

Bild 5.10 Schaubild zur Tendenz der Bodenwellenausbreitung

Kurve 3

gilt für die Frequenz 10 MHz über trockenem Boden. Der Wert p im Bereich $d < d_{kr}$ ist hier bereits von Beginn an so groß, daß die Feldstärke schon bei sehr geringen Entfernungen linear mit dem ersten Glied von (5.5) abfällt, bevor sie über den Interpolationsbereich in den Verlauf nach (5.13) übergeht.

Bei der Berechnung der Feldstärkekurven ergibt sich in allen Fällen ein Interpolationsbereich zwischen dem Feldstärkeverlauf für $d < d_{kr}$ und $d > d_{kr}$.

5.1.2 Bodenwellendämpfung in Abhängigkeit von der Polarisation

Die Kurven Bild 5.4 bis 5.9 gelten für die Ausbreitung der Bodenwelle bei vertikaler Polarisation der ausgesendeten Strahlung. Die Streckendämpfungen steigen beträchtlich an, wenn horizontale Polarisation angewendet wird. Als Beispiel zeigt dazu Bild 5.11 die mit (5.4.1) und (5.5) berechneten Bodenwellendämpfungen über mittlerem Boden bei Entfernungen bis zu 100 km und für die Frequenzen 2 MHz, 5 MHz und 10 MHz. Es zeigt sich, daß für die Frequenzen des Grenzwellenbereichs die Streckendämpfungen bei horizontaler Polarisation um etwa 50 dB höher sind als bei vertikaler Polarisation. Die numerische Entfernung p wird dabei

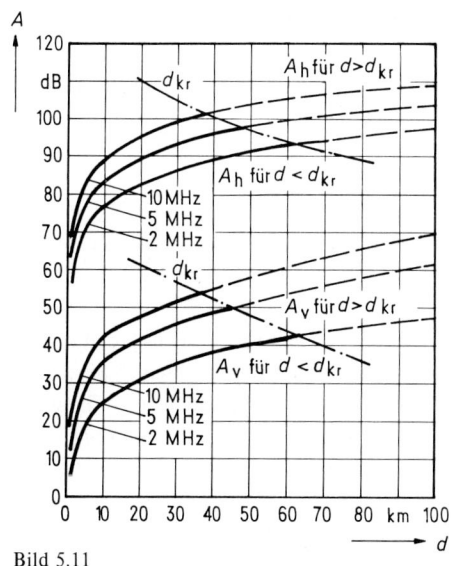

Bild 5.11
Bodenwellendämpfung bei horizontaler und vertikaler Polarisation, mittlerer Boden, $\sigma = 10^{-3}\, \frac{S}{m}$, $\varepsilon = 15$

sehr groß und die Streckendämpfung ergibt sich dann aus der Beziehung $A = \frac{1}{2p}$.
Bei sehr trockenem Boden ($\sigma = 10^{-5}$ $\varepsilon = 4$) wird die Differenz der Streckendämpfung zwischen vertikaler und horizontaler Polarisation etwa 25 dB. Bei Ausbreitung über Seewasser ist die Streckendämpfung bei vertikaler Polarisation sehr gering, z. B. bei $d = 100$ km und für $f = 10$ MHz beträgt sie nur 10 dB. Bei horizontal polarisierter Strahlung steigt dieser Wert aber auf etwa 90 dB an. Der Dämpfungsunterschied ist also bei sehr guten Böden groß und wird mit zunehmend schlechter werdenden Bodenwerten kleiner. Die Streckendämpfung liegt aber in allen Fällen bei horizontaler Polarisation erheblich über den Werten für vertikale Polarisation. Für Bodenwellenfunkstrecken sind deshalb Antennen, die eine vertikal polarisierte Welle abstrahlen, am besten geeignet.

5.2 Ausbreitung der Bodenwelle über nicht ebenem Gelände

Bei der Ausbreitung der Bodenwelle über Land wird in den wenigsten Fällen mit einem ebenen Gelände zu rechnen sein. Viel häufiger sind Strecken anzutreffen, bei denen der Funkweg über Hügel oder Berge, durch größere Städte mit hohen Bauten u. ä. stark behindert ist. Die Streckendämpfung wird dann nicht nur durch die Änderung der Bodenkonstanten bestimmt, sondern auch durch die Behinderung der Ausbreitung wegen der Unregelmäßigkeiten des Geländeprofils entlang des Funkwegs. So wurde durch Messungen nachgewiesen [5], daß bei Frequenzen im Bereich des Mittelwellenrundfunks durch ein Gebirge Zusatzdämpfungen bis zu 10 dB gegenüber der Ausbreitung über ebenem Gelände auftreten. Wie aus den Ausbreitungskurven Bild 5.6 bis 5.9 zu entnehmen ist, sind die Streckendämpfungen für Frequenzen im Grenzwellenbereich aber erheblich größer als die im Mittelwellenrundfunkbereich. Die Zusatzdämpfungen durch Unregelmäßigkeiten des Geländeprofils werden deshalb auch wesentlich größer sein. Bei solchen Funkverbindungen muß auch damit gerechnet werden, daß die Bodeneigenschaften sich entlang des Funkweges ändern, weil z. B. ein Boden mittlerer Qualität durch einen mit schlechten Werten abgelöst wird. Wenn für die Nachrichtenverbindung in solchen Geländen keine anderen Möglichkeiten bestehen als eine Bodenwellenstrecke, dann müssen möglichst genaue Aufnahmen des Geländeprofils durchgeführt werden, um daraus die Zusatzdämpfungen mit Hilfe der Ausbreitungskurven Bild 5.6 bis 5.9 ermitteln zu können. Hierzu sind auch die Berechnungsverfahren für die Ausbreitung über inhomogenem Gelände (siehe Kapitel 5.3) anzuwenden. Wenn durchführbar, dann sollten für die Sende- als auch für die Empfangsanlagen erhöhte Standorte gewählt werden, weil dann die gesamte Länge oder wenigstens Teilstücke einer Funkstrecke frei oder annähernd frei von Geländehindernissen sein können.

5.3 Ausbreitung der Bodenwelle über nicht homogenem Gelände

Die Ausbreitung der Funkwellen über einem Boden mit unveränderten elektrischen Eigenschaften ist in der Natur kaum gegeben mit Ausnahme von Verbindungen über freie größere Wasserflächen, wie die See oder große Binnengewässer. Aber auch dort wird der einheitliche Verlauf der „Bodenwerte" unterbrochen, wenn der Funkweg über Inseln, Landzungen u. ä. geführt werden muß. Die an dem fernen Empfangsort vorhandene Feldstärke ist dann von den elektrischen Eigenschaften der Wasseroberfläche und denen des Bodens der Landanteile abhängig. Zwischen diesen beiden Medien (5.1) gibt es keinen allmählichen Übergang, wie er häufig bei Verbindungen über Land anzutreffen ist. Dort sind oft verschiedenartige Böden an der Übertragung der Funkwellen beteiligt, deren Eigenschaften ineinander übergehen – und die sich außerdem durch meteorologische Einflüsse ändern können.

Berechnungsverfahren für die Bodenwellenausbreitung über nicht homogenem Gelände wurden vorwiegend im Zusammenhang mit der Mittelwellenversorgung von Küstengebieten und für den Seefunkdienst in Seegebieten entwickelt, die durch Landanteile unterbrochen sind. Eine vergleichende Darstellung einiger Berechnungsverfahren für Bodenwellenverbindungen über nicht homogenen Böden ist in einer Veröffentlichung von H. L. Kirke gegeben, [6] von denen zwei der wichtigsten hier behandelt werden sollen.

5.3.1 Berechnungsmethode nach Eckersley

Die Methode nach Eckersley besteht darin, daß sich an der Grenze zwischen zwei unterschiedlichen Bodenarten die Ausbreitungskurve der zweiten Bodenart an die der ersten anschließt, d. h. jede der in einem Funkweg vorkommenden Bodenarten bestimmt für ihren Streckenanteil und ohne Berücksichtigung der benachbarten Bodenarten den Verlauf der Streckendämpfung. Ein *Beispiel* soll dieses Verfahren erklären:

Eine Schiffsstation – 50 km von der Küste entfernt – soll mit einer 150 km landeinwärts gelegenen Station Funkverkehr durchführen. Die Sendefrequenz ist 3 MHz und die effektiv abgestrahlte Leistung ist 1 kW. Es wird eine vertikal polarisierte Antenne verwendet. Die *Landstrecke* besteht aus einem Boden mittlerer Qualität. In Bild 5.12 ist diese Verbindung mit der Strecke A → B bezeichnet.

Für die *Seestrecke* gilt die Ausbreitungskurve für 3 MHz nach Bild 5.4. Die Feldstärke nach 50 km Entfernung – d. h. an der Küste – hat dann den Wert E_{1_A} dB $\frac{\mu V}{m}$. An dieser Stelle beginnt die Strecke mit einer Länge von 150 km über Land, für die die Ausbreitungskurven nach Bild 5.7 anzuwenden sind. Wären auch die ersten 50 km dieser Verbindung eine Landstrecke mit gleichen Bodenwerten gewesen, dann hätte die Feldstärke nur den Wert E_{2A} dB $\frac{\mu V}{m}$ erreicht. Um den Anschluß an die Ausbreitungskurve der Seestrecke zu finden, muß der E_{2A}-Wert bis zum E_{1A}-Wert angehoben werden, d. h. an der Grenze zwischen den beiden Bodenarten um das Verhältnis $\frac{E_{1A}}{E_{2A}}$ $\frac{\mu V}{m}$, bzw. $E_{2A} - E_{2A}$ dB $\frac{\mu V}{m}$ erhöht werden. Die Feldstärke ist dann so hoch, wie wenn eine um den Faktor $\left(\frac{E_{1A}}{E_{2A}}\right)^2$ vergrößerte Senderleistung zur Verfügung stehen würde. Die Berechnungsmethode nach Eckersley wird deshalb auch die *Methode der äquivalenten Leistung* genannt. Die am Ende der 150 km langen Landstrecke vorhandene Feldstärke hat dann den Wert E_B.

Betrachtet man nun die Rückrichtung, so beginnt die Funkverbindung mit der 150 km langen Landstrecke, der die 50 km lange Seestrecke folgt. In Bild 5.12 ist diese Strecke mit B → A bezeichnet. Der Wert E_{1B} ist jetzt ganz erheblich kleiner

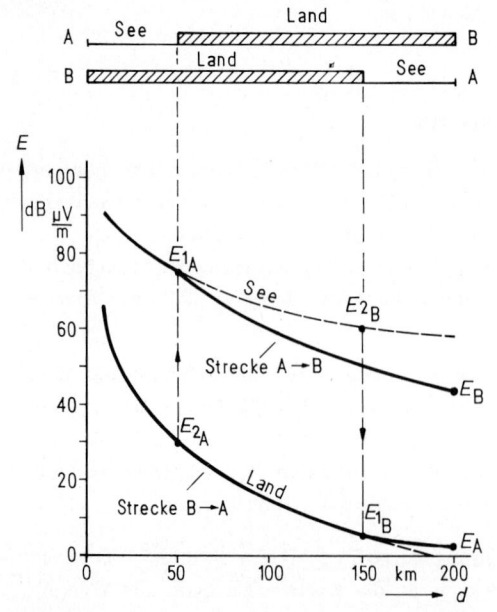

Bild 5.12
Bodenwellenfeldstärke über inhomogenem Gelände nach Eckersley. $P_{erp} = 1$ kW, $f = 3$ MHz

als für die Strecke A → B, weil die Dämpfung der Landstrecke sehr viel größer ist. Wäre die 150 km lange Strecke ebenfalls über See verlaufen, dann hätte die Feldstärke an ihrem Ende den Wert E_{2B} erreicht. Um wieder den Anschluß an den Wert E_{1B} der Landstrecke zu finden, muß der Wert E_{2B} um das Verhältnis $\frac{E_{1B}}{E_{2B}}$ vermindert werden, was einer entsprechenden Herabsetzung der Senderleistung in B gleichzusetzen ist. In der Station A ist jetzt eine Feldstärke mit dem Wert E_A vorhanden.

Das Beispiel zeigt, daß sich nach der Eckersley-Methode je nach der Senderichtung unterschiedliche Feldstärkewerte ergeben, deren Differenz von den entlang des Funkweges vorhandenen Bodenarten und deren elektrischen Eigenschaften abhängt. Die Bedingung der Umkehrbarkeit ist also nicht erfüllt. Dieser Nachteil hat zu der von Millington [7] entwickelten Methode geführt, die unabhängig von der Senderichtung gleiche Feldstärkewerte ergibt.

5.3.2 Berechnungsmethode nach Millington

Bei dieser Methode wird für eine Funkstrecke über nicht homogenem Boden zuerst die Richtung von Station A nach Station B und dann die umgekehrte Richtung von B nach A nach der Eckersley-Methode berechnet. Die am Ende dieser Strecken vorhandene Feldstärke ergibt sich dann aus dem geometrischen Mittelwert

$$E_{ges} = \sqrt{E_A + E_B} \; ; \qquad (5.14)$$

Werte in $\frac{mV}{m}$ oder $\frac{\mu V}{m}$

oder

$$E_{ges} = 10 \, (\log E_A + \log E_B) \, ;$$

E_{ges} in dB $\frac{\mu V}{m}$, E_A, E_B in $\frac{mV}{m}$ oder $\frac{\mu V}{m}$

oder

$$E_{ges} = \frac{E_A + E_B}{2} \; ;$$

Werte in dB $\frac{\mu V}{m}$

Für die Berechnung der Bodenwellenfeldstärken entlang eines aus unterschiedlichen Böden zusammen gesetzten Funkweges gilt folgende Formel [7][2]:

$$E_B = E_{1\,(d_1)} - E_{2\,(d_1)} + E_{2\,(d_1 + d_2)} - E_{3\,(d_1 + d_2)} + E_{3\,(d_1 + d_2 + d_3)}$$
$$- E_{4\,(d_1 + d_2 + d_3)} + E_{4\,(d_1 + d_2 + d_3 + d_4)} - \ldots \ldots \text{ und} \qquad (5.15\ \text{a})$$

in der Gegenrichtung

$$E_A = \ldots \ldots E_{4\,(d_4)} - E_{3\,(d_4)} + E_{3\,(d_4 + d_3)} - E_{2\,(d_4 + d_3)} + E_{2\,(d_4 + d_3 + d_2)}$$
$$- E_{1\,(d_4 + d_3 + d_2)} + E_{1\,(d_4 + d_3 + d_2 + d_1)}. \qquad (5.15\ \text{b})$$

Alle *Feldstärkewerte* in Gleichung (5.15 a und 5.15 b) in $\text{dB}\,\dfrac{\mu V}{m}$

Darin sind:

$E_1, E_2, \ldots E_n$ Die für eine bestimmte Bodenart bei den Entfernungen $d_1, d_2, \ldots d_n$ aus den Ausbreitungskurven zu entnehmenden Feldstärkewerte

$d_1, d_2, \ldots d_n$ die Entfernungen von den Sendestellen A oder B, bei denen der Übergang von einer Bodenart auf eine andere erfolgt

$- E_{n\,(d_n - 1)} + E_{n\,(d_n - 1 + d_n)}$ der Feldstärkeunterschied, der sich nach der Eckersley-Methode für eine bestimmte Bodenart über einen gegebenen Entfernungsbereich ergibt.

An Hand von drei Beispielen soll die *Feldstärkenverteilung* entlang einer *zusammengesetzten Funkstrecke* erläutert werden.

Beispiel 1

Ein Schiff befindet sich 50 km von der Küste in See und soll mit einer 150 km landeinwärts liegenden Funkstelle Betrieb aufnehmen. Die effektiv abgestrahlte Leistung ist 1 kW und die Betriebsfrequenz 3 MHz. An Land ist ein Boden mit mittlerer Qualität vorherrschend.

Die Berechnung dieser Strecke mit Hilfe von (5.15) zeigt Bild 5.13. Darin sind folgende Kurven eingetragen:

Kurve 1
die Ausbreitungskurve für 3 MHz über See nach Bild 5.4

Kurve 2
die Ausbreitungskurve für mittleren Boden für 3 MHz nach Bild 5.7

Kurve 3

die nach Formel (5.15 a und b) berechnete Feldstärkeverteilung entlang der Funkstrecke

E_A, E_B sind die Feldstärken, die sich am Ende der Funkstrecke ergeben, je nach dem ob von Station A oder Station B gesendet wird (Eckersley-Methode)

$E_{ges.}$ die nach der Millington-Methode berechnete Feldstärke am Ende der Funkstrecke unabhängig von der Senderichtung.

An der Übergangsstelle zwischen den beiden Bodenarten ergibt sich hier ein starker Abfall der Feldstärkewerte, bevor diese bei einer Entfernung von $2d_1$ asymptotisch in die Tendenz der Kurve der Feldstärken über mittlerem Boden übergehen. Dieser Verlauf ist immer dann vorhanden, wenn eine Bodenart mit

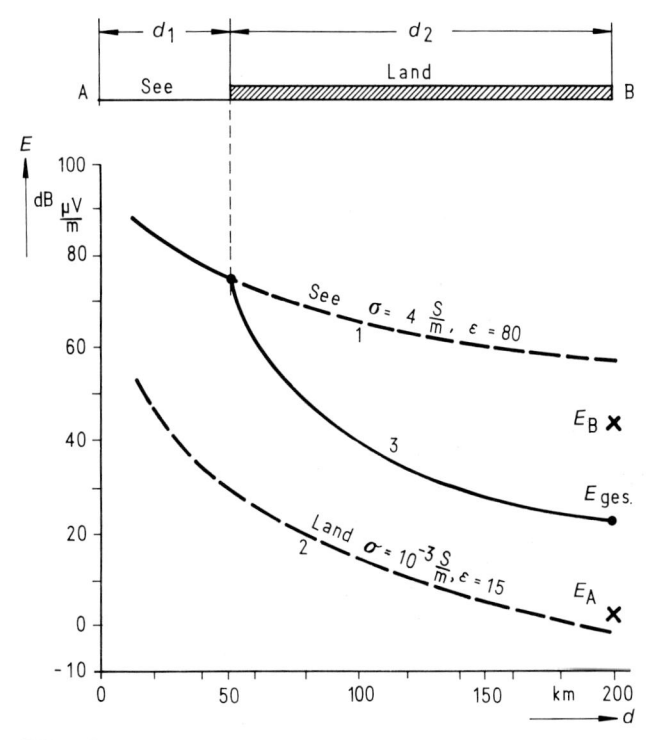

Bild 5.13
Bodenwellenfeldstärke über inhomogenem Gelände nach Millington, Beispiel 1
$P_{erp} = 1$ kW, $f = 3$ MHz

schlechten Werten an einen Boden mit guten elektrischen Werten anschließt. Der Feldstärkeabfall ist dann um so größer, je mehr sich die Bodenwerte der an der Funkstrecke beteiligten Böden voneinander unterscheiden.

Beispiel 2

Von einer 50 km landeinwärts liegenden Funkstelle soll Verkehr mit einem Schiff aufgenommen werden, das sich in einer Entfernung von 150 km von der Küste in See befindet. Die übrigen Daten sind wie in Beispiel 1.

Bild 5.14 zeigt den nach der Millington-Methode berechneten Feldstärkeverlauf. Kurve 1 und Kurve 2 sind die Ausbreitungskurven für Bodenwellen über See und über einem Boden mit mittlerer Qualität entsprechend den Bildern 5.4 und 5.7.

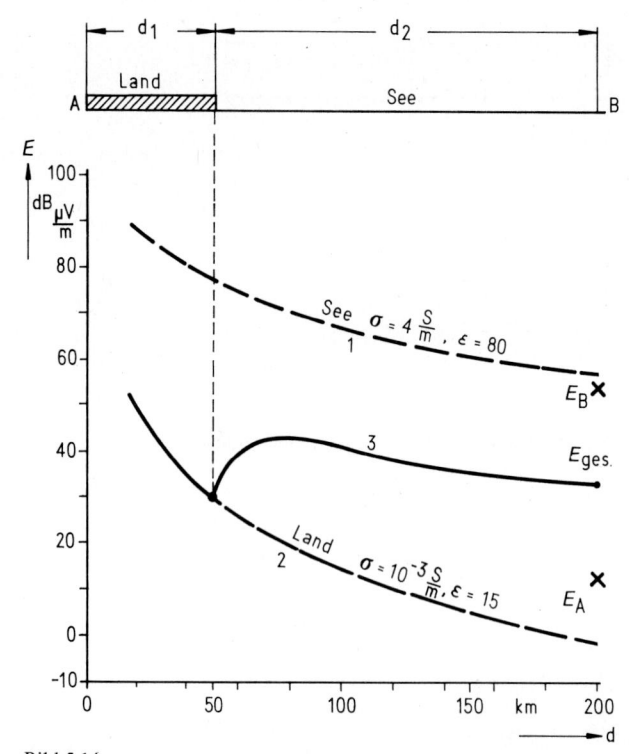

Bild 5.14
Bodenwellenfeldstärke über inhomogenem Gelände nach Millington, Beispiel 2
$P_{erp} = 1$ kW, $f = 3$ MHz

Kurve 3 stellt den nach der Millington-Methode berechneten Feldstärkeverlauf (5.15) dar. Bei dem Übergang von Land auf See ergibt sich hier ein schneller Anstieg der Feldstärke, der bei Millington als „recovery effect" bezeichnet wird. Bei einer Entfernung von $2d_1$ von der Station A geht dann der Feldstärkeverlauf asymptotisch in den der Seestrecke über. Die Punkte E_A und E_B sind wieder die nach der Eckersley-Methode berechneten Feldstärken am Ende der Funkstrecke, wenn der Sender entweder in der Station A oder in der Station B betrieben wird.

Beispiel 3

Von einer Sendestelle 30 km landeinwärts soll mit einem Schiff Funkverkehr aufgenommen werden. Die Verbindung zwischen den beiden Stationen verläuft über zwei Inseln im Abstand von 80 km bzw. 200 km von der Küste. Das Schiff befindet sich 300 km von der Landfunkstelle entfernt. Die Betriebsfrequenz ist 3 MHz. Für den Boden an Land und auf den Inseln werden die Kennwerte eines mittleren Bodens angenommen.

Bild 5.15 zeigt den Aufriß dieser Funkstrecke.

Der nach (5.15 a) und (5.15 b) berechnete Verlauf der Feldstärke über die ganze Länge der Funkstrecke zeigt wiederum den Anstieg bei Übergang von einem schlechten zu einem besseren Boden, bzw. den Abfall der Feldstärke, wenn die Bodenart von einer besseren zu einer schlechteren wechselt. Nach einem Abstand von $2\,d_n$ des vorhergegangenen Bodens nähert sich die nach Millington berechnete Feldstärkekurve asymptotisch dem Verlauf der Ausbreitungskurve des neuen Bodens. In Beispiel 3 erfolgt der Übergang in die Tendenz der Seekurve bei den Entfernungen $2\,d_1$, $d_1 + d_2 + 2\,d_3$, und $d_1 + d_2 + d_3 + d_4 + 2\,d_5$.

Ein vereinfachtes grafisches Verfahren zum Ermitteln der Bodenwellenfeldstärken nach der Millington-Methode ist in [8] ausführlich beschrieben.

Aus den Beispielen 1 bis 3 ist zu erkennen, daß die Wahl der Standorte für die Funkstellen sehr wesentlich für die Feldstärkeverteilung sein kann. So sollten die ortsfesten Stationen für den Seefunkdienst möglichst dicht an der Küste stehen, damit der durch Landstrecke bedingte Feldstärkeverlust gering bleibt. Der Funkverkehr mit einem Schiff kann aber auch erheblich verbessert werden, wenn sich dieses im Abstand von nur wenigen Kilometern von einer Insel hinweg bewegt.

Die starken Feldstärkeänderungen an der Grenze zwischen unterschiedlichen Bodenarten, allgemein auch als *Küsteneffekt* bezeichnet, wirken sich so aus, als wenn plötzlich eine erheblich höhere oder niedrigere Senderleistung zur Verfügung stehen würde. Es muß aber mit einer konstanten, vom Sender abgegebenen Leistung gerechnet werden. Die Ursache dieser plötzlichen Änderungen wird in einer Wechselwirkung zwischen dem von der Senderantenne durch die Ausstrahlung einer Frequenz erzeugten elektrischen *Feld* und dem im Boden durch dieses Feld gebildeten Gegenfeld zu suchen sein, das eine Verdrängung des Senderfeldes von der Erdoberfläche bewirkt. Bei guten Bodeneigenschaften ist dieses Gegenfeld und seine Wirkung auf das Senderfeld gering und die Energie der Bodenwelle ist entsprechend hoch. Bei „schlechten" Bodeneigenschaften wird das Gegenfeld entsprechend stärker und verdrängt das Senderfeld in die Höhe. Schließt sich an einen schlechten Boden ein guter Boden wie z. B. die See an, so wird der Verdrängungseffekt plötzlich kleiner und die von der Senderantenne ausgestrahlte Hochfrequenzenergie kann aus der Höhe zum Boden zurückfließen. Die

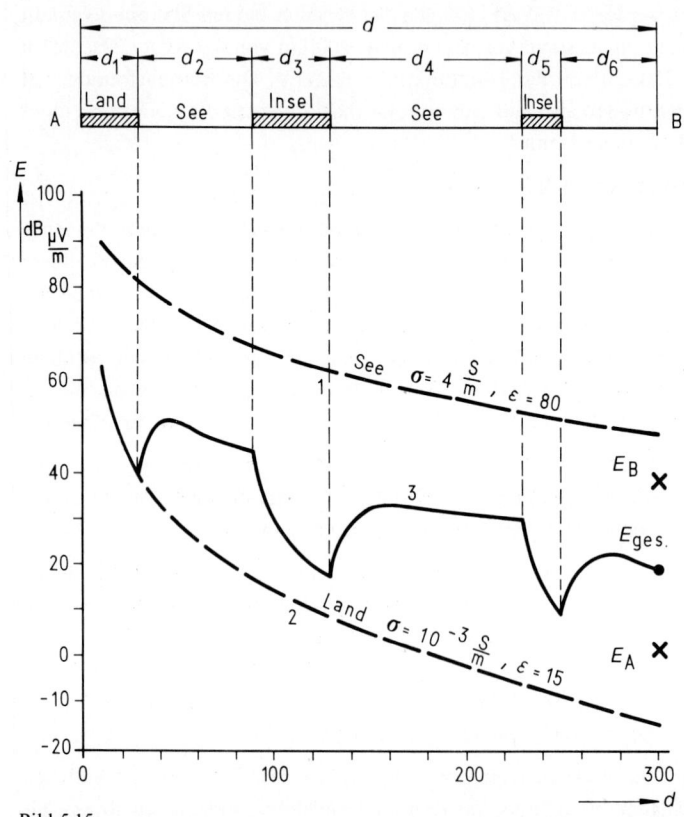

Bild 5.15
Bodenwellenfeldstärke über nicht homogenem Gelände nach Millington, Beispiel 3
$P_{erp} = 1$ kW, $f = 3$ MHz

Feldstärke am Boden steigt dann entsprechend an. Ein ähnlicher Effekt ist auch bei den Strahlungsdiagrammen von vertikal polarisierten Antennen zu beobachten. Über ideal leitendem Boden erzeugen diese eine maximale Strahlungskomponente entlang dem Boden. Bei verlustbehaftetem Boden hebt sich das vertikale Strahlungsdiagramm wegen des vorhandenen Gegenfeldes vom Boden ab.

Auf einer Anzahl von Versuchsstrecken, die aus mehreren hintereinander liegenden Land- und Seeabschnitten bestanden, wurde durch Messungen die Feldstärkeverteilung der Bodenwellen nach der Millington-Methode bestätigt [6], [7], [8].

5.4 Störungen der Bodenwellenübertragung

Die Bodenwellenübertragung ist bekanntlich weitgehend frei von Störungen durch die unterschiedlichen Fadingerscheinungen, die den Kurzwellenempfang mit Hilfe der Raumwelle erheblich beeinträchtigen. Der Empfang ist jedoch nicht frei von anderen Störungen, die vor allem folgende Ursachen haben können.

5.4.1 Mehrwegeausbreitung

Liegt in einem Funkweg ein Gebiet mit einer erheblich schlechteren Bodenart – z. B. eine trockene, felsige Insel in der See – so kann ein Teil der Bodenwelle um dieses Gebiet herum laufen und mit einem Zeitunterschied zur direkten Welle am Empfangsort eintreffen. Die Überlagerung beider Wellen wird dann eine, ihrer Amplitude und Phase entsprechende Störung des Empfangs verursachen.

5.4.2 Interferenzen durch andere Sender

Wie in Abschnitt 5.1.2 bereits angegeben, werden für Funkverbindungen mit der Bodenwelle zur Verminderung der Streckendämpfung vertikal polarisierte Antennen angewendet. Meist handelt es sich dabei um senkrecht aufgebaute Peitschen-, Stab- und Breitbandantennen, deren Länge gleich oder kürzer als eine Viertelwellenlänge der Betriebsfrequenz ist. Solche Antennen haben ein Strahlungsdiagramm in der E-Ebene, das über einem ideal leitenden Boden einer cos-Funktion entspricht.

Die für den Funkverkehr mit der Bodenwelle im Grenzwellenbereich angewendeten Frequenzen werden aber auch besonders bei Verbindungen über Land je nach Länge des Funkweges als Nacht- oder Tagfrequenzen bei Raumwellenausbreitung eingesetzt. Für Entfernungen von etwa 100 bis 1000 km liegen diese Frequenzen im Bereich von 2 bis 10 MHz. Die Einfallswinkel, unter denen diese Frequenzen die Empfangsantenne erreichen, erstrecken sich dann über einen

Bereich von 80° bis 9° unter Berücksichtigung von Reflexionen an der E- und der F2-Schicht. In Bild 5.16 ist eine vertikal polarisierte Empfangsantenne mit einer Höhe von $h \leqq 0{,}25\ \lambda$ und ihrem cos-förmigen Strahlungsdiagramm dargestellt. Dazu sind die Einfallswinkel von Raumwellen für Entfernungen bis zu 1000 km angegeben. Die an dem Strahlungsdiagramm angeschriebenen Zahlen bezeichnen mit Bezug auf die maximale Komponente entlang des Bodens mit dem Wert 1 die Größe des wirksamen relativen Gewinns für die unterschiedlichen Einfallswinkelbereiche an. Es ergibt sich aus dieser Betrachtung, daß bereits aus kleinen Entfernungen mit Störungen des Bodenwellenempfangs durch die Raumwelle gerechnet werden muß, wenn diese mit Frequenzen arbeiten, die gleich oder dicht bei der eigenen Betriebsfrequenz liegen.

5.4.3 Empfang atmosphärischer Störungen

Wie Bild 5.16 zeigt, werden durch das vertikale Strahlungsdiagramm der Empfangsantenne auch die in den Bereich der benutzten Bodenwellenfrequenz fallenden atmosphärischen Störungen unter den angegebenen Einfallswinkeln aufgenommen. Die Stärke dieser Störungen ist unterschiedlich je nach der Tages- und Jahreszeit; sie hängen außerdem auch ab von der geografischen Lage der an der Funkverbindung beteiligten Stationen. CCIR-Report 322 [10] gibt hierzu für die ganze Welt die erforderlichen Daten der Störgrade, bezogen auf eine Bandbreite von 1 Hz. Diese Daten können bei der Planung von Bodenwellenverbindungen angewendet werden (siehe Abschnitt 2.8.1).

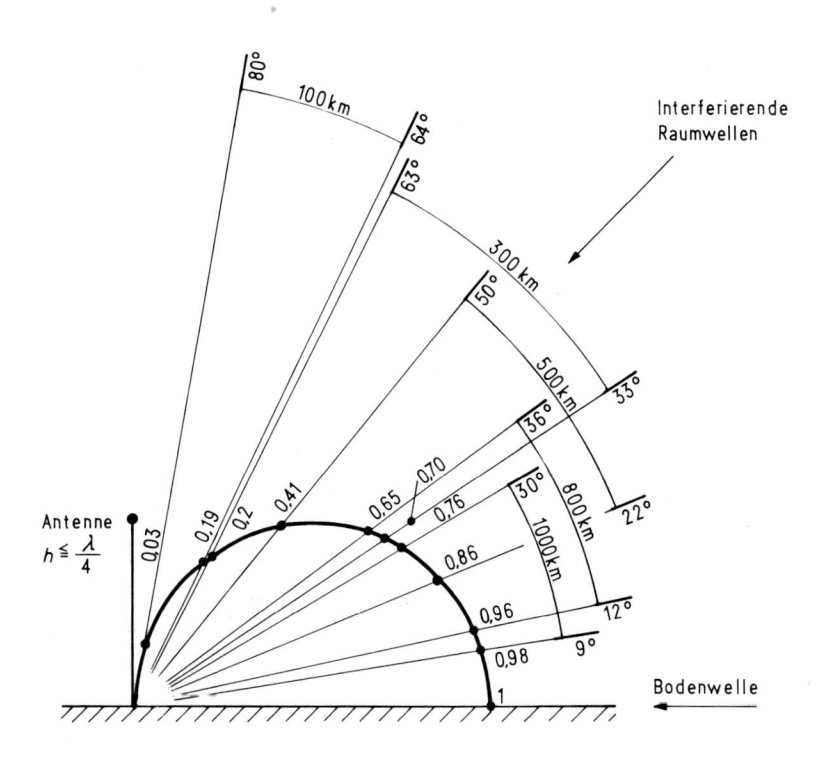

Bild 5.16
Störungen des Bodenwellenempfanges durch interferierende Raumwellen;
Empfangsantenne vertikal polarisiert, $h \leq \lambda/4$

5.4.4 Störungen der Bodenwelle durch die Raumwelle des eigenen Senders

Setzt man vertikal polarisierte Antennen – wie in Bild 5.16 dargestellt – für einen Bodenwellensender ein, so werden neben der Bodenwelle auch Raumwellen durch das cos-förmige Strahlungsdiagramm ausgestrahlt. Ist für die verwendete Frequenz eine der ionosphärischen Schichten aktiv – d. h. reflektiert diese die Frequenz wieder zur Erde zurück – so können in einer bestimmten Entfernung vom Sender durch Überlagerung der Boden- und der Raumwelle erhebliche Störungen entstehen. Es ergibt sich dabei eine Zone mit stark beeinträchtigtem Empfang, deren Breite und deren Abstand von der Sendestation von der verwendeten Frequenz abhängig sind. Das Eintreffen und die Stärke der Störungen sind auch von jeweils vorliegenden Übertragungsbedingungen der Ionosphäre abhängig. Bild 5.17 soll dieses Verhalten für die Bodenarten See mit $\sigma = 4\,\frac{S}{m}$ und $\varepsilon = 80$ sowie einem mittleren Boden mit $\sigma = 10^{-3}$ und $\varepsilon = 15$ darstellen. Die Sendefrequenz ist 3 MHz und die Senderleistung 1 kW ERP. Die Feldstärken der Raumwellen sind nach dem in Kapitel 4 beschriebenem Verfahren berechnet. Folgende Kurven sind in Bild 5.17 eingetragen:

Kurve 1   Bodenwellenfeldstärke über See (siehe Bild 5.4)

Kurve 2   Bodenwellenfeldstärke über Land mit mittlerem Boden (siehe Bild 5.7)

Kurve 3   Raumwellenfeldstärke während der Nachtstunden

Kurve 4   Raumwellenfeldstärke um 12^{00} mittags,
Sonnenfleckenmaximum im Winter

Kurve 5   Raumwellenfeldstärke um 12^{00} mittags,
Sonnenfleckenminimum im Winter

Kurve 6   Raumwellenfeldstärke um 12^{00} mittags,
Sonnenfleckenminimum im Sommer

Kurve 7   Raumwellenfeldstärke um 12^{00} mittags,
Sonnenfleckenmaximum im Sommer

Alle Raumwellenkurven gelten für einen Sprung über die F2-Schicht.

Für das hier angenommene Beispiel können aus dieser Darstellung folgende Ergebnisse abgelesen werden:

Die Schnittpunkte der Bodenwellenkurven mit den Raumwellenkurven zeigen die Entfernungen von der Sendestelle an, bei denen ein Maximum der störenden Interferenzen zu erwarten ist; die Feldstärken beider Wellen sind dort gleich groß. Die Störungen werden während der Nachtstunden am größten, weil dann die

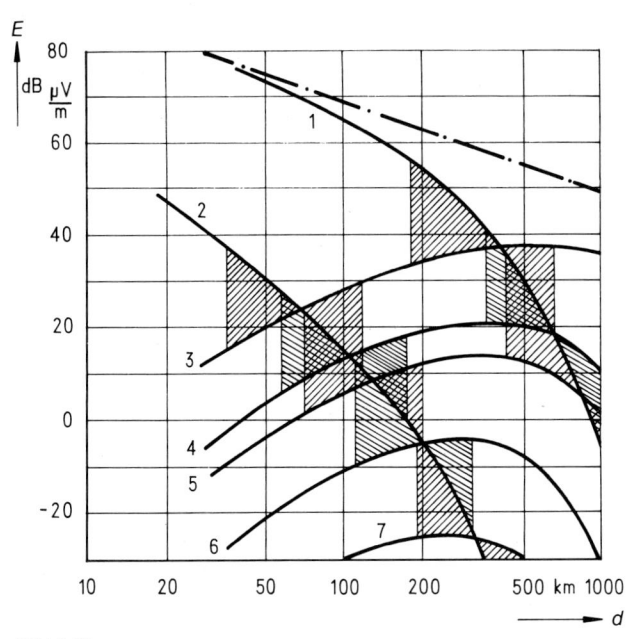

Bild 5.17
Interferenzzonen Bodenwelle/Raumwelle, Beispiel für P_{erp} = 1 kW, f = 3 MHz

ionosphärische Dämpfung gering und der Abstand der Störzonen von der Sendestelle in dieser Zeit am kleinsten ist; er ändert sich jedoch mit der Tages- und Jahreszeit und ist im Sommer größer als im Winter. Es ist außerdem zu erkennen, daß die Bodenwelle über See wesentlich weniger beinflußt wird als die Verbindungen über Land. So sind im Seefunkdienst am Tage Störungen durch die eigene Raumwelle im Sommer praktisch nicht mehr zu erwarten; im Winter dürfte erst ab Entfernungen von etwa 500 km damit zu rechnen sein. Die schraffierten Flächen in Bild 5.17 zeigen die Entfernungsbereiche an, in denen der Störabstand $\leq$ 20 dB wird. Wird berücksichtigt, daß hinter den Schnittpunkten der Bodenwellen- mit den Raumwellenkurven eine ähnlich große Fläche mit einem Störabstand von $\leq$ 20 dB angenommen werden muß, so ergeben sich Breiten der Störzonen, die eine Ausdehnung von etwa 100 km bis 1000 km haben können. Siehe hierzu die schraffierten Flächen zwischen den Kurven 2 und 3 sowie 1 und 5. Die Reichweite der Bodenwellen wird also auch durch den Abstand der Interferenzzonen zwischen Boden und Raumwelle begrenzt.

Zur wirksamen Unterdrückung dieser Störungen werden bei den Mittelwellenrundfunkdiensten „schwundmindernde" Antennen verwendet. Dies sind Vertikalstrahler mit einer Höhe von 0,625 λ der Betriebsfrequenz. Sie haben in ihrem Vertikaldiagramm bei einem Erhebungswinkel von etwa 40° eine Nullstelle, die die Raumstrahlung für die in Betracht zu ziehenden Störzonen weitgehend unterdrückt.

5.4.5 Störungen durch elektrische Maschinen und Anlagen

Störungen, die durch elektrische Maschinen und Anlagen erzeugt werden, sind meist vertikal polarisiert und werden deshalb von den für den Bodenwellenempfang am besten geeigneten Antennen besonders gut aufgenommen. Um günstige Aufstellungsorte für Funkempfangstellen zu finden, oder zumindest die Störbeeinflussung an einem geplanten Aufstellungsort zu kennen, sind in den CCIR-Berichten 322 [10] und 258-2 [11] Richtwerte für einige Landgebiete angegeben, die in Tabelle 5.3 zusammengefaßt dargestellt sind. Diese Werte zeigen, daß der Empfang von schwachen Signalen, wie sie z. B. im Seefunkdienst mit den dort auf Schiffen oft vorhandenen relativ geringen Sendeleistungen häufig anzutreffen sind, praktisch nur in elektrisch ruhigen Gebieten sicher angenommen werden können (siehe hierzu auch Kap. 2, Abschnitt 2.8.2).

Tab. 5.3
Störfeldstärken in dB $\frac{\mu V}{m}$ durch elektrische Maschinen und Anlagen in unterschiedlichen Gebieten

Gebiet	0,5 MHz	1 MHz	5 MHz	10 MHz	$\Delta E_{dB} \frac{\mu V}{m}$
elektrisch ruhiges Landgebiet	−10	−12	−17	−20	−
normale Landgebiete	3	2	−4	−7	13 bis 14
kleine, ruhige Städte	9	7	3	0	19 bis 20
Großstädte und Industriegebiete	14	11	8	5	23 bis 25

Literatur

[1] CCIR-Report 229-2, Electrical characteristics of the surface of the earth. Genf 1974

[2] CCIR-Recommendation 368-2, Ground-wave propagation curves for frequencies between 10 kHz and 10 MHz. Genf 1974

[3] Terman, F. E.: Radio Engineers Handbook, Section 10. McGraw-Hill Book Comp., New York and London 1943

[4] Zuhrt, H.: Elektromagnetische Strahlungsfelder, Kap. 27 und 28. Springer-Verlag Berlin, Göttingen, Heidelberg 1953

[5] Biggs, A. W.: Terrain influences of effective ground conductivity. IEEE Trans. on Geoscience Electronics GE-8 (1970) No. 2, S. 107-114

[6] Kirke, H. L.: Calculation of ground-wave fieldstrength over composite land-sea path. Proc. of the IRE (1949) May, S. 489-496

[7] Millington, G.: Ground-wave propagation over inhomogeneous smooth earth. J. of the Instit. of electr. Eng. (IEE), London, 96 (1949) Jan. S. 53-64

[8] Stokke, K. N.: Some graphical considerations on Millingtons method for calculating field strength over inhomogeneous earth. J. des Telecommunications, Telecommunication J. 42 (1975) No. 3, S. 157-163

[9] Großkopf, J.: Zur Ausbreitung von Mittelwellen über inhomogenem Gelände. Fernmeldetech. Z. 3 (1950) Heft 4 S. 118-121

[10] CCIR-Report 322, World distribution and characteristics of atmospheric radio noise. Genf 1963

[11] CCIR-Report 258-2, Man made noise. Genf 1974

6 Kurzwellenantennen

Je nach Anwendungsfall, Ausbreitungsbedingungen und Streckeneigenschaften müssen die Antennen bestimmte Bedingungen erfüllen. Insbesondere sind hier die Strahlungscharakteristik unter Erhebungswinkeln, die der Funkstreckenlänge und der Ausdehnung des Versorgungsbereiches entsprechen, der dafür anwendbare Frequenzbereich und die zulässige Hochfrequenzleistung zu nennen. Ohne auf die theoretischen Grundlagen näher einzugehen – diese werden in der einschlägigen Spezialliteratur ausführlich behandelt – sollen hier die am häufigsten in der Praxis vorkommenden Antennen und deren technische Eigenschaften beschrieben werden. Einleitend werden die in der Fachliteratur zu findenden Begriffe kurz erläutert.

6.1 Allgemeines

Die wichtigsten, für die Einsatzmöglichkeiten von Kurzwellenantennen in Betracht zu ziehenden Eigenschaften und Daten sind:

6.1.1 Polarisation

Mit Polarisation wird die Richtung der von der Antenne ausgesendeten oder aufgenommenen elektrischen Kraftlinien bezeichnet. Stehen diese senkrecht auf der Erdoberfläche, dann wird von vertikaler Polarisation gesprochen. Ist die Richtung der Kraftlinien parallel zur Erdoberfläche, wird die Polarisation als horizontal bezeichnet. Bei allen Antennen, die aus Drähten, Stäben oder auch Mastkonstruktionen bestehen, wird zuerst die elektrische Kraftlinie ausgesendet. Die Orientierung dieser Antennen zum Erdboden ergibt damit auch die Richtung des elektrischen Feldes und die Polarisation der Antenne. Zum Erdboden geneigt aufgebaute Antennen dieser Konstruktion haben eine, dem Neigungswinkel der Antenne gegen den Boden entsprechende Polarisation, die sich in eine vertikale und eine horizontale Komponente zerlegen läßt.

Gegenüber diesen, auch als „elektrische Linearantennen" bezeichneten Antennen, haben die „magnetischen Antennen" eine um 90° gedrehte Polarisation. Es handelt sich hierbei um Rahmen- und Schlitzantennen, die zuerst die magnetische Kraftlinie erzeugen, nach der dann die um 90° gedrehte elektrische Kraftlinie entsteht. Eine senkrecht stehende Schlitzantenne ist deshalb elektrisch horizontal polarisiert, bei einem quadratischen Rahmen ist sowohl die horizontale, als auch die vertikale Polarisation vorhanden.

Wie aus Abschnitt 5.1.2 und Bild 5.11 zu entnehmen ist, sind Antennen mit vertikaler Polarisation besonders gut für die Bodenwellenausbreitung geeignet, weil sie bei gut leitendem Boden eine starke Feldkomponente entlang der Erdoberfläche bewirken (siehe Bild 6.13). Da diese Antennen auch sehr flache Erhebungswinkel im vertikalen Strahlungsdiagramm haben, werden sie bei Raumwellenausbreitung auch für die Überbrückung langer Funkstrecken eingesetzt. Antennen mit horizontaler Polarisation sind für Bodenwellenverbindungen nicht gut geeignet, wohl aber für kurze und mittlere Entfernungen bei Raumwellenausbreitung.

6.1.2 Strahlungsdiagramme

Die Strahlungseigenschaften einer Kurzwellenantenne werden mit einer für die Streckenplanung ausreichenden Genauigkeit durch das horizontale und das vertikale Strahlungsdiagramm dargestellt. Wegen der relativ geringen Höhe über dem Boden wird die Funkwelle immer unter einem von dieser Höhe bestimmten Erhebungswinkel ϑ abgestrahlt. Das horizontale Strahlungsdiagramm wird dargestellt durch den Schnitt waagerecht zur Erdoberfläche durch das Maximum der Strahlungskeule in azimutaler Richtung; man bezeichnet es deshalb auch als azimutales Strahlungsdiagramm. Das vertikale Diagramm ist der Schnitt senkrecht zur Erdoberfläche durch das Maximum der Strahlungskeule. Bild 6.1 zeigt dazu ein beliebiges Richtdiagramm einer Kurzwellenantenne. Darin stellt die schraffierte Fläche das azimutale Diagramm, die nicht schraffierte Fläche das entsprechende vertikale Diagramm dar.

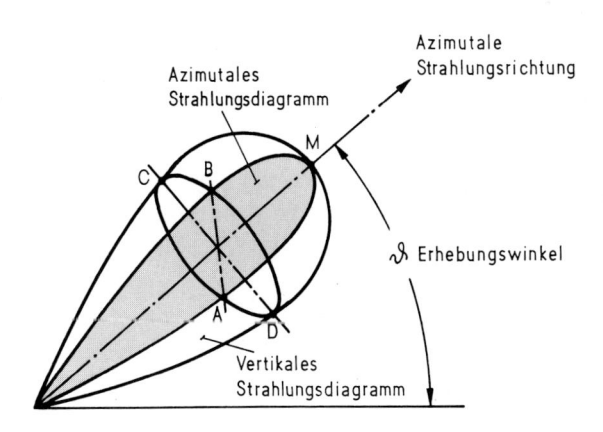

Bild 6.1 Erklärung zum Strahlungsdiagramm einer Kurzwellenantenne

Die ellipsenförmige Fläche durch die Punkte A, B, C und D kennzeichnet den Querschnitt der Strahlungskeule. Liegen diese Punkte auf einem Vektor, dessen Länge gleich 50% der Maximalleistung, bzw. 70% der maximalen Feldstärke darstellt, dann markieren die Punkte A und B die horizontale (azimutale) und die Punkte C und D die vertikale Halbwertsbreite; sie begrenzen den Arbeitsbereich einer Antenne. Außerhalb der durch diese Punkte gegebenen Winkel sollte kein Ort mehr liegen, der durch die Strahlung erreicht werden soll. Aus Bild 6.1 ist auch zu ersehen, daß die Strahlungskeule einer Antenne ein von der ausgesendeten Energie erfülltes Volumen darstellt.

Das vertikale Strahlungsdiagramm einer Kurzwellenantenne kann aus der vektoriellen Addition eines unter einem bestimmten Erhebungswinkel ϑ ausgesendeten direkten und eines am Erdboden reflektierten Strahles berechnet werden. Für den Winkel ϑ werden dabei z. B. Werte im Bereich von 0° bis 90° angenommen. Der direkte Strahl hat gegenüber dem reflektierten eine Phasendifferenz, die sich aus dem Weglängenunterschied Δl beider Strahlen ergibt. Nach Bild 6.2 ist

$$\Delta l = 2 h_A \cdot \sin \vartheta \text{ und} \tag{6.1}$$

der Phasenunterschied

$$\psi = 360° \frac{h_A}{\lambda} \cdot \sin \vartheta. \tag{6.2}$$

h_A Höhe der Antenne über dem Erdboden bei horizontalen Antennen; Höhe des Antennenschwerpunktes über dem Erdboden bei vertikalen Antennen.

ϑ Erhebungswinkel der Strahlung

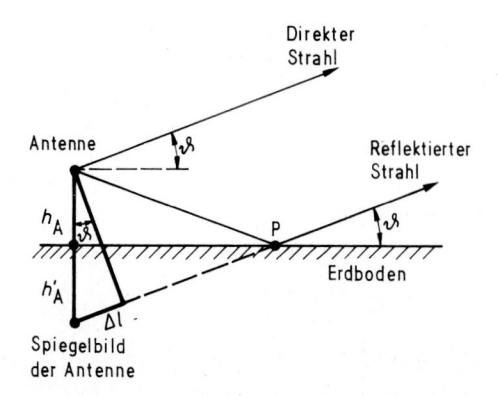

Bild 6.2 Skizze zur Darstellung des Weglängenunterschieds Δl

Der „Höhenfaktor", mit dem das im freien Raum vorhandene Strahlungsdiagramm einer Antenne multipliziert werden muß, um es auf eine bestimmte Höhe h_A zu beziehen, ergibt sich mit (6.2) zu

$$h_f = 2 \cdot \sin(360° \frac{h_A}{\lambda} \cdot \sin \vartheta). \tag{6.3}$$

Gleichung (6.3) gilt für horizontal und für vertikal polarisierte Antennen, die eine gradzahlige Anzahl von Halbwellen lang sind. Für vertikale Antennen, die eine ungradzahlige Anzahl von Halbwellen lang sind, wird

$$h_f = 2 \cdot \cos(360° \frac{h_A}{\lambda} \cdot \sin \vartheta). \tag{6.4}$$

Das vertikale Strahlendiagramm eines bestimmten Antennentyps ergibt sich dann aus der Gleichung

$$\left. \begin{array}{l} \text{Strahlungsdiagramm} \\ \text{in Abhängigkeit von } h_A \end{array} \right\} = h_f \left\{ \begin{array}{l} \text{Strahlungsdiagramm der Antenne} \\ \text{im freien Raum} \end{array} \right. \tag{6.5}$$

Die Gleichungen (6.1) bis (6.5) beziehen sich auf einen verlustfreien Boden [4].

Für die in den meisten Fällen angewendeten Kurzwellenantennen ist der Höhenfaktor nach Gleichung (6.3) zutreffend. Wie hieraus zu erkennen ist, wird der Strahlungsvektor des vertikalen Diagramms gleich Null, wenn der Klammerausdruck die Werte 0°, 180°, 360°, 540° usw. hat. Ein Strahlungsmaximum ist vorhanden, wenn dieser Ausdruck gleich 90°, 270°, 450°, 630° usw. wird. Bild 6.3 zeigt die Erhebungswinkel, bei denen Maxima und Nullstellen in Abhängigkeit von der Antennenhöhe über dem Boden bis zu $\frac{h_A}{\lambda} = 4$ vorhanden sind. Aus diesem Bild ist auch zu erkennen, daß bei einer Vergrößerung der Antennenhöhe um eine halbe Wellenlänge eine neue zusätzliche Strahlungskeule entsteht. Bei $\frac{h_A}{\lambda} = 3$ sind z. B. sechs Maxima und sechs Nullstellen in dem Erhebungswinkelbereich von 0° bis 90° vorhanden. Für die Raumwellenausbreitung sind die vertikalen Strahlungsdiagramme von erheblicher Bedeutung, weil die darin innerhalb der Halbwertsbreite enthaltenen Strahlungskomponenten bestimmend sind für die Anzahl der Sprünge und die Ausbreitungswege über die Ionosphäre.

Das horizontale, oder azimutale Strahlungsdiagramm einer Kurzwellenantenne wird durch die Größe des von der Antenne in einem horizontalen Winkelbereich von 360° erzeugten Diagrammvektors dargestellt. Die Größe dieses Vektors hängt ab von der Konstruktion der Antenne und ihrer Höhe über dem Boden. Bei dem als Bezugsgröße für Kurzwellenantennen verwendeten Kugelstrahler ist sein Betrag konstant; das Strahlungsdiagramm ist in jeder beliebigen Schnittebene kreisförmig. Bei einer vertikal polarisierten Stab- oder Reusenantenne – die durch keine, in kleinem Abstand zu ihr vorhandenen Metallstrukturen in ihren Strahlungseigenschaften beeinflußt wird – ist das Horizontaldiagramm ebenfalls kreisförmig. Der Mindestabstand solcher Strukturen von der Antenne muß größer sein als eine Wellenlänge der tiefsten Frequenz des Frequenzbereiches der Antenne, wenn Verzerrungen des Horizontaldiagrammes vernachlässigbar sein sollen. Horizontale Dipolantennen haben bereits ein von ihrer Länge und Höhe über dem Boden abhängiges Richtdiagramm (siehe Bild 6.11). Bei anderen Richtantennen, wie z.B. Yagi-Antennen (die aus einem Halbwellendipol und einem Reflektor und einem oder mehreren Direktoren bestehen) und logarithmisch-periodischen Antennen (siehe Abschnitt 6.2.2.1), ist die Anzahl der an der Strahlung

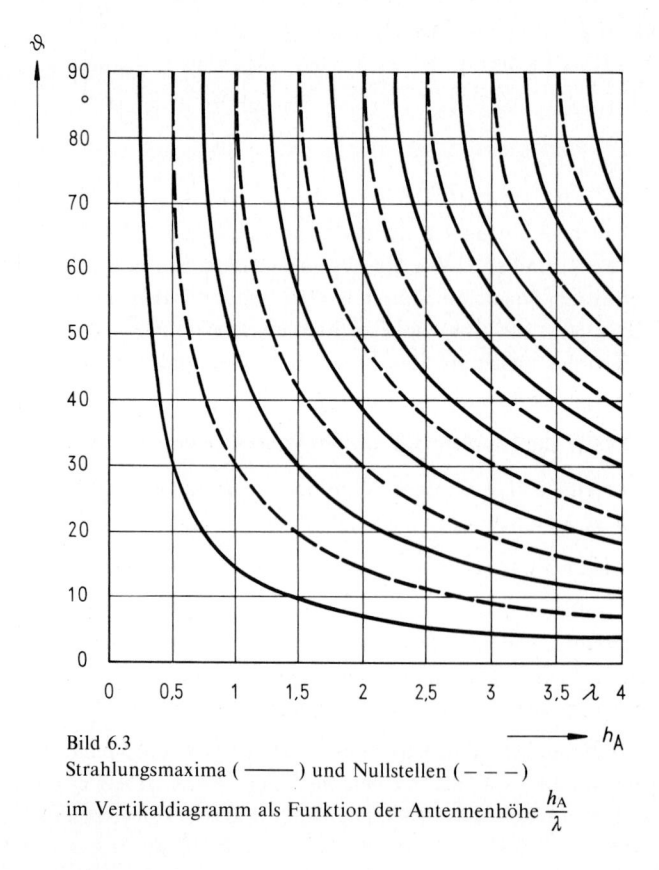

Bild 6.3
Strahlungsmaxima (———) und Nullstellen (– – –)
im Vertikaldiagramm als Funktion der Antennenhöhe $\frac{h_A}{\lambda}$

beteiligten aktiven und passiven Elemente und bei horizontaler Polarisation auch die Höhe der Antenne über dem Boden bestimmend für die Form des azimutalen Strahlungsdiagrammes. Bei Langdraht-, Rhombus- und V-Antennen sind die in Wellenlängen der benutzten Frequenz gemessenen Antennen- bzw. Seitenlängen und ebenfalls die Antennenhöhe über dem Boden maßgebend.

Im Zusammenhang mit der Ausbildung der Strahlungsdiagramme einer Richtantenne muß auch das Verhältnis zwischen der Größe der Strahlungskomponenten in der gewünschten Richtung zu der in der Rückrichtung betrachtet werden; es ist maßgebend für den Anteil der gesamten Strahlungsleistung in der gewünschten Richtung und damit bei einem ungünstigen Vor-Rück-Verhältnis auch für die Übertragungsgüte und -sicherheit einer Verbindung. Außerdem kann eine starke Rückstrahlung die Ursache für Interferenzstörungen anderer Funkdienste und des eigenen Empfangs von Kurzwellensendungen sein. Richtantennen, die bei festen Funkdiensten im Frequenzbereich 4 bis 28 MHz für Weitverkehrsverbindungen eingesetzt werden, sollen ein Strahlungsdiagramm haben, das den in CCIR-Empfehlung 162-2 [1] enthaltenen Richtlinien entspricht. Störungen anderer Funkdienste durch Interferenzen sollen dadurch so weit wie möglich vermieden werden. Dabei wird von der Leistung ausgegangen, die in dem Interferenzsektor des azimutalen Strahlungsdiagrammes, der durch die Beziehung 360° minus doppelter Halbwertsbreite des azimutalen Diagrammes gebildet wird, vorhanden sein darf. Als Maß für die noch zulässige Strahlung in diesem Sektor wird der Antennenrichtfaktor M angegeben, der das Verhältnis der Leistung in der Hauptkeule des Strahlungsdiagrammes – also in der gewünschten Richtung – zu dem Durchschnittswert der Leistung im Interferenzsektor darstellt. Für Strahlungsleistungen ≥ 5 kW soll $M = 0,1 \cdot f^2$ sein, d.h., daß mit einer Frequenz von z.B. 10 MHz das Verhältnis der Leistung in der gewünschten Richtung zu dem im Interferenzsektor den Wert von mindestens 10 : 1 haben soll. Bei Strahlungsleistungen ≥ 10 kW soll M nicht schlechter sein als $0,25 \cdot f^2$ bei 10 MHz, also einem Verhältnis von 25 : 1 entsprechen. Sind die Strahlungsleistungen ≤ 5 kW, soll die Leistung im Interferenzsektor nicht größer sein als die, die durch $M = 0,1\, f^2$ gegeben ist. Um auch bei Empfangsantennen die Störungsmöglichkeiten durch Sender in anderen Richtungen als der Nutzsender so klein wie möglich zu halten, wird empfohlen, dort die gleichen oder bessere M-Werte einzuhalten als bei den Sendeantennen.

6.1.3 Gewinn

Der Gewinn einer Antenne wird durch den Vergleich mit einer Bezugsantenne bestimmt. Wird mit einer solchen Antenne und mit einer festgelegten Senderleistung eine Frequenz ausgesendet, so entsteht am fernen Empfangsort eine bestimmte Feldstärke bzw. Empfangsleistung. Sollen dort die gleichen Werte mit der Bezugsantenne erzeugt werden, so muß deren Senderleistung entsprechend er-

Tabelle 6.1 Gewinne einiger Antennen bezogen auf den Kugelstrahler

	Gewinnfaktor	Voraussetzung
Kugelstrahler	$1 \triangleq 0$ dBi	
Hertz'scher Dipol	$1,5 \triangleq 1,76$ dBi	
Halbwellendipol	$1,64 \triangleq 2,15$ dBi	im freien Raum
Ganzwellendipol	$2,4 \triangleq 3,8$ dBi	
Kurze Vertikalantenne	$3,0 \triangleq 4,8$ dBi	
Vertikalantenne mit $h_A = \dfrac{\lambda}{4}$	$3,28 \triangleq 5,2$ dBi	bezogen auf unendlich gut leitenden Boden, ohne Berücksichtigung der Verluste im Antennenabstimmgerät
Rahmenantenne	$1,5 \triangleq 1,76$ dBi	

höht oder vermindert werden. Das Verhältnis der beiden Senderleistungen ergibt den Gewinnfaktor der eingesetzten Antenne relativ zu der Bezugsantenne. Kurzwellenantennen werden auf einen Kugelstrahler im freien Raum bezogen. Wie der Name dieser Antenne sagt, ist ihr räumliches Strahlungsdiagramm kugelförmig, bei gleichem Abstand vom Strahler ist die von ihr erzeugte Feldstärke in allen Richtungen gleich groß. Eine solche Antenne ist technisch nicht herstellbar; sie stellt eine theoretische Meßgröße dar, welcher der Gewinnfaktor $G = 1$ zugewiesen ist. Im logarithmierten Größenverhältnis wird der Gewinn einer Antenne in dBi, d. h. dB relativ zu einem isotropischen Strahler (Kugelstrahler) angegeben. Dieser hat dann den Gewinn 0 dBi. Andere Bezugsantennen, wie der im Vergleich zur Wellenlänge sehr kurze Hertzsche Dipol oder der Halbwellendipol werden häufig bei Frequenzen weit über dem Kurzwellenbereich zum Bestimmen des Gewinns benutzt. Mit den Werten einiger häufig verwendeter Antennen sind die Gewinne dieser Bezugsantennen in der Tabelle 6.1 zusammengefaßt.

6.1.4 Frequenzbereich

Die für die Aussendung und den Empfang von Kurzwellen benutzten Antennen haben in ihrer einfachsten Form und ohne den Einsatz von zusätzlichen Anpassungsgeräten ausschließlich für eine Frequenz die günstigsten technischen Eigenschaften. Ihre Länge entspricht bei symmetrischen Antennen – wie z. B. Dipolantennen – der Beziehung

$$l_A = k \cdot n \cdot \frac{\lambda}{2}. \tag{6.6}$$

Mit $n = 1, 3, 5$ usw. wird der Wert des Eingangswiderstandes der Antenne niedrig. Bei Dipolen hat dieser den Wert von 73,2 Ω, wenn ein sehr dünner Draht für den Aufbau der Antenne benutzt wird. Mit $n = 2, 4, 6$ usw. erreicht der Wert des Eingangswiderstands hohe Werte, und zwar bis zu 1000 Ω und höher bei sehr kleiner Drahtstärke. Der Faktor k berücksichtigt die Fortpflanzungsgeschwindigkeit der Welle auf dem Antennendraht gegenüber der im freien Raum. Es gelten für dünne Antennendrähte folgende Werte:

$\frac{l}{d}$ etwa 300; $k = 0{,}95$

$\frac{l}{d}$ etwa 1000; $k = 0{,}96$.

Für vertikale Strahler, wie z. B. Stab- und Mastantennen wird

$$l_A = k \cdot n \cdot \frac{\lambda}{4} \quad \text{mit} \tag{6.7}$$

$n = 1, 3, 5$ usw. für niedrigen und $n = 2, 4, 6$ usw. für hohen Wert des Eingangswiderstands.

Bei den in den Gleichungen (6.6) und (6.7) angegebenen Längen stellen die Antennen einen offenen Resonanzkreis dar, der auf die Frequenz mit der Wellenlänge λ abgestimmt ist. Der Eingangswiderstand kann für diesen Fall als reell angesehen werden, wenn die Antenne aus sehr dünnem Draht besteht. Besonders Vertikalantennen haben aus konstruktiven Gründen eine nicht zu vernachlässigende Oberfläche, die eine zusätzliche Kapazität gegen Erde bildet. Daher haben diese Antennen auch bei der Resonanzwellenlänge – wenn also $l_A = \frac{\lambda}{4}, \frac{\lambda}{2}$ usw. ist – einen Eingangswiderstand mit einem komplexen Wert. Bei einer Mastantenne mit einer Länge gleich $\frac{\lambda}{4}$ beträgt dieser z. B. 40 + j30 Ω. Die Breitbandigkeit von dünnen Drahtantennen ist nicht größer als 3% der Frequenz, für welche die Antenne dimensioniert ist. Wie aus den Beispielen 1 bis 3 in Kapitel 4 zu ersehen ist, benötigt eine Kurzwellenverbindung für den Betrieb über 24 Stunden eine Tag- und eine Nachtfrequenz, oft aber auch noch eine oder mehrere Übergangsfrequenzen. Außerdem werden noch Umstellungen der Betriebsfrequenzen bei Wechsel der Jahreszeiten und der Sonnenfleckenaktivitäten notwendig werden. Über eine längere Zeit gesehen kann die für eine Kurzwellenverbindung bereit zu haltende Anzahl von Betriebsfrequenzen ziemlich groß sein. Wie in Beispiel 1 gezeigt, bei dem steilstrahlende Antennen die günstigste Lösung darstellen, müßten in der ortsfesten Station für die im 24-Stunden-Betrieb benötigten Frequenzen Dipolantennen mit einer Länge nach Gleichung (6.6) für $n = 1$ aufgestellt werden. Die gleiche Aufgabe besteht auch in den Anwendungsfällen, in denen eine Rundstrahlung zur Versorgung größerer Gebiete in allen Richtungen um die Sendestation durchgeführt werden soll. In solchen Fällen könnte eine Anzahl vertikaler Stabantennen eingesetzt werden. Solche Antennenanordnungen erfordern schon zur Vermeidung von unerwünschten gegenseitigen Kopplungen ein großes Antennengelände mit allen Nachteilen technischer Art, wie lange Antennenzuleitungen, sowie hohe Kosten für Geländebeschaffung, Montagen und Betrieb. Für bewegliche Funkdienste sind solche schmalbandigen Resonanzantennen wegen der langen Aufbauzeit und der Transportmöglichkeit für das Antennenmaterial nicht brauchbar. Diese Nachteile können durch die Verwendung von Antennen vermieden werden, mit denen mehrere Frequenzen oder alle Frequenzen innerhalb eines bestimmten Bereiches ohne wesentliche Beeinträchtigung der sonstigen technischen Eigenschaften abgestrahlt werden können. Die Antennen sollen eine bestimmte Breitbandigkeit haben. Durch eine entsprechende Formgebung und mit Hilfe von zusätzlichen Bauteilen kann diese Eigenschaft erreicht werden. Wie bereits erwähnt, sind Antennen mit einem großen $\frac{l}{d}$-Verhältnis[1]) mit einem hochwertigen Resonanzkreis vergleichbar, der nur auf eine Frequenz abgestimmt ist. Soll eine Antenne für einen bestimmten Frequenzbereich verwendet werden können, so muß ihre Resonanzkurve eine dementsprechende Breite haben, also flacher verlaufen. Die für die Anpassung an die Impedanz des Antennenkabels, oder die des Antennenanschlusses der nachfolgenden Sende- oder Empfangsgeräte noch zulässige Abweichung der Impedanz der Antenne von ihrem Sollwert bestimmt dann den Frequenzbereich und damit die Breitbandigkeit der Antenne (siehe Abschnitt 6.1.5). Eine solche Eigenschaft läßt sich erreichen, wenn das $\frac{l}{d}$-Verhältnis klein und die Antennenlänge um etwa 25 bis 30% kürzer wird [2].

Bei vertikalen Rundstrahlantennen im Kurzwellenbereich führt diese Maßnahme zu Antennenformen, die aus zylinder- oder kegelförmigen, aus Drähten aufgebauten Körpern bestehen. Bei Dipolantennen läßt sich diese Form der Strahler aus konstruktiven Gründen nicht gut durchführen. An deren Stelle haben sich fächer- oder dachförmig konstruierte Drahtantennen durchgesetzt. Der Frequenzbereich dieser Antennen ist hinsichtlich einer in zulässigen Grenzen gehaltenen Impedanz sehr groß, so daß mit wenigen, ausschließlich in ihrer Größe unterschiedlichen Typen der gesamte Kurzwellenbereich überdeckt werden kann. Nur die Anzahl der Nebenkeulen im vertikalen Strahlungsdiagramm begrenzt den Frequenzbereich; er beträgt bei den handelsüblichen Ausführungen – wenn nur ein Strahlungsmaximum mit brauchbaren Erhebungswinkeln vorhanden sein soll – etwa 1 : 2,5 bis 1 : 3.

---

1) Verhältnis der Antennenlänge *l* zu Antennendurchmesser *d*.

Abweichend von den durch ihre Konstruktion breitbandigen Resonanzantennen kann durch Belastung der Strahler mit Widerständen eine Breitbandigkeit erzielt werden. Solche Antennen sind nicht mehr für eine Frequenz oder für Frequenzen innerhalb eines bestimmten Bereiches in Resonanz, weil durch den Abschlußwiderstand eine Reflexion am Ende des Strahlers nicht mehr möglich ist. Die Frequenz breitet sich vielmehr als fortschreitende Welle auf dem Strahler aus. Je nach Länge der Antenne und der Wellenlänge der Betriebsfrequenz wird ein bestimmter Anteil der Hochfrequenzleistung in dem Abschlußwiderstand absorbiert. Die Verluste liegen zwischen 50% bei den tiefen Frequenzen und 20% bei den höchsten Frequenzen des Bereiches der Antenne. Im Vergleich zu einer Antenne gleichen Typs jedoch ohne Abschlußwiderstand ist der Gewinn etwa um 3 dB bis 1 dB geringer. Ein Beispiel für diese Antennenart sind Dipole, bei denen jede Strahlerhälfte mit einem Widerstand abgeschlossen ist, dessen Wert dem halben Eingangswiderstand der Antenne entspricht. Weitere Beispiele sind abgeschlossene **Langdraht-, V- und Rhombus-Antennen** sowie **Stabantennen** mit einem Abschlußwiderstand im oberen Ende.

Die dritte Möglichkeit, einen breitbandigen Betrieb mit einer Antenne durchzuführen, besteht darin, die bei einer bestimmten Betriebsfrequenz am Eingang der Antenne vorhandene Impedanz an das Antennenkabel bzw. den Antennenanschluß der nachfolgenden Geräte, anzupassen. Diese Möglichkeit wird besonders häufig angewendet bei beweglichen Stationen, die keine komplizierten Antennen mitführen können und bei Funkstellen, die räumlich sehr beengt sind und nur über eine beschränkte Aufbaumöglichkeit für die Antenne – wie z. B. eine kleine Dachfläche – verfügen. Die einfachste und aus Platz- und Transportgründen für solche Stationen am häufigsten verwendete Antenne ist die Peitschenantenne und die kurze vertikale Stabantenne (für die feste Funkstelle). In letzter Zeit verwendet man für solche Fälle die mit einem automatischen oder fernbedienten Anpaßgerät versehene Rahmenantenne; sie ist schnell aufstellbar und benötigt nur wenig Platz.

Die Fußpunktimpedanz der kurzen vertikalen Peitschen- und Stabantenne hat in Abhängigkeit von ihrer Länge und Frequenz mit Ausnahme von $l = \frac{\lambda}{4}, \frac{\lambda}{2}$ usw. einen komplexen Wert. z.B. hat eine Peitschenantenne mit einem Länge-/Durchmesserverhältnis von 1 : 500 und einer Länge von 5 m bei einer Frequenz von 1,5 MHz an ihrem Fußpunkt eine Impedanz von $0,025 - j2400 \, \Omega$. Wird diese Antenne mit der Frequenz von 24 MHz betrieben, so wird ihre Länge 0,4 λ; die Impedanz am Fußpunkt hat den Wert $500 + j460 \, \Omega$. Der komplexe Widerstandsbereich, den diese Werte von tiefen bis zu hohen Frequenzen umfassen, muß mit dem Antennenanpaßgerät auf die Impedanz des Antennenkabels bzw.

die des Antennenanschlusses der nachfolgenden Funkgeräte transformiert werden können. Neben dieser Aufgabe soll das Antennenanpaßgerät bei Sendung auch als zusätzliche Oberwellensperre, und bei Empfang als Vorselektion wirksam sein. Hinweise zur Dimensionierung von Antennenanpaßgeräten für kurze Peitschen- und Stabantennen werden in [3] gegeben.

6.1.5 Fehlanpassung oder Welligkeit

Soll eine Antenne die gesamte ihr zugeführte Energie abstrahlen, bzw. – bei Empfang an den Eingang des Empfängers abgeben – so muß ihr Fußpunktwiderstand an den Wert des Antennenkabels oder des Antennenanschlusses angepaßt sein. Bei Abweichen von dieser Bedingung wird ein Teil der Energie (an der Verbindungsstelle der nicht einwandfrei angepaßten Widerstände) reflektiert und läuft zu ihrem Ursprung zurück. Dabei ergibt sich ein Verlust an der zu übertragenden Energie. Wird eine Antenne – wie im Kurzwellenbereich häufig – für Breitbandbetrieb ausgelegt, so ist es innerhalb ihres Frequenzbereiches nicht möglich, für alle Frequenzen eine vollkommene Anpassung des Antennenanschlusses zu erreichen. Es muß dann angestrebt werden, die über den Frequenzbereich der Antenne auftretenden Variationen des Fußpunktwiderstandes und damit die Fehlanpassung in vertretbaren Grenzen zu halten.

Das Verhältnis der Spannung der rücklaufenden Welle zu der der vorlaufenden Welle nennt man *Reflexionsfaktor r*.

$$r = \frac{|U_r|}{|U_v|} = \sqrt{\frac{|P_r|}{|P_v|}} = \frac{Z_a - Z}{Z_a + Z}. \tag{6.8}$$

$|U_r|, |P_r|$ Betrag der Spannung der rücklaufenden Welle bzw. deren Leistung

$|U_v|, |P_v|$ Betrag der Spannung bzw. der Leistung der vorlaufenden Welle

Z_a Widerstand der Antenne bei Betriebsfrequenz

Z Widerstand des Antennenkabels oder des Antennenanschlusses (im allgemeinen der Wellenwiderstand) der Funkgeräte

Maß für die Güte der Anpassung einer Antenne ist die *Welligkeit s*.

$$s = \frac{1+r}{1-r} = \frac{|U_v|+|U_r|}{|U_v|-|U_r|}. \tag{6.9}$$

Dieser Ausdruck wird auch *Stehwellenverhältnis* (voltage standing wave ratio, VSWR) genannt.

Bild 6.4 zeigt die Welligkeit s als Funktion des Reflexionsfaktors r.

Aus (6.8) und (6.9) ergibt sich die Größe der rücklaufenden Energie zu

$$P_r = P_v \cdot r^2 = P_v \left(\frac{s-1}{s+1}\right)^2 \tag{6.10}$$

und in Prozent der vorlaufenden Energie wird, wenn $P_v = 1 \triangleq 100\%$ ist

$$P_r = 100\% \left(\frac{s-1}{s+1}\right)^2. \tag{6.10a}$$

In Bild 6.5 ist diese Beziehung bis zu einer Welligkeit von $s = 10$ dargestellt. Bei $s \to \infty$ wird $P_r = 100\%\, P_v$, d. h. die vorlaufende Energie wird vollständig reflektiert, das Antennenkabel ist am Ende offen.

Beim Senden ist die Welligkeit der Antennenanlage bestimmend für die an der Antenne zur Verfügung stehenden Leistung. Bei zu hoher Welligkeit wird der Ausgangskreis des Senders außerdem unzulässig durch die rücklaufende Welle belastet. Daher sind Werte von $s \geqq 3$ nicht zu empfehlen. Beim Empfangen wird die am Eingang des Empfängers anstehende Energie des aufgenommenen Signals

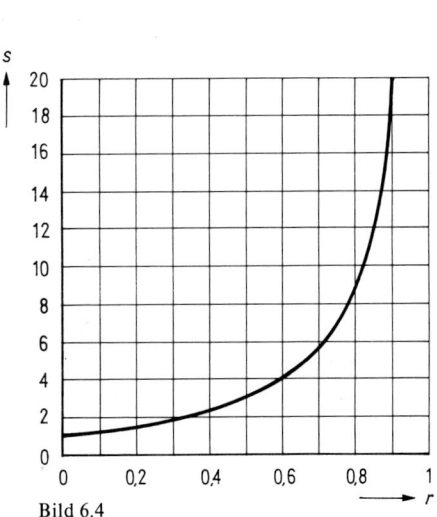

Bild 6.4
Welligkeit s als Funktion des Reflexionsfaktors r

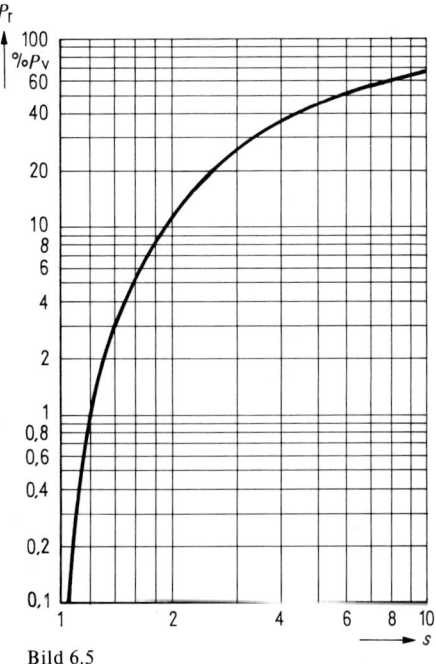

Bild 6.5
Größe der rücklaufenden Leistung P_r in Prozent der vorlaufenden Leistung P_v als Funktion der Welligkeit s

im gleichen Maße durch die Welligkeit beeinflußt. Jedoch ist dabei von Bedeutung, wie weit dieses Signal – das aus der mit der Nachricht modulierten Hochfrequenz und den von außen aufgenommenen Geräuschen besteht – noch das Eigenrauschen des Empfängers übersteigt. Es gelten dann die an die Funkverbindung gestellten Qualitätsforderungen.

6.1.6 Zulässige Hochfrequenzleistung

Die Größe der Hochfrequenzenergie, die einer Antenne zugeführt werden darf, wird durch deren konstruktiven Aufbau bestimmt. Bei nicht abgeschlossenen Antennen (Resonanzantennen) wird der Strom am Ende gleich Null und die dort anstehende Spannung sehr hoch; sie kann bei Antennen mit einem großen $\frac{l}{d}$-Verhältnis je nach der zugeführten Energie und der Höhe der Antenne über dem Boden mehrere tausend Volt betragen. So hat z. B. eine aus Draht aufgebaute Dipolantenne mit einer Länge von $\frac{\lambda}{2}$ und einer zugeführten Leistung von 1 kW an beiden Strahlerenden eine Spannung von 2 500 bis 3 000 V. Die Isolation der Strahler gegen die Antennenträger muß dementsprechend ausgelegt sein. Der Anschluß des Antennenkabels in der Mitte des Dipols hat, von Sonderfällen abgesehen, bei handelsüblichen Antennen entsprechend der Internationalen Norm einen Wert von 50 Ω. Unter den gleichen Bedingungen wie oben ist die Hochfrequenzspannung an dieser Stelle damit 223 V. Eventuell erforderliche Anpassungsgeräte zur Transformation dieses Wertes auf die im Speisepunkt der Antenne vorhandene Impedanz, wie sie z. B. bei Vertikalantennen häufig eingesetzt werden müssen, gehören bereits zur Antennenanlage. Bei abgeschlossenen Antennen herrscht am Strahlerende hinter dem Abschlußwiderstand die Spannung 0 V; sie können an dieser Stelle geerdet werden.

6.2 Antennen für Raumwellenausbreitung

Kurzwellenverbindungen, die ausschließlich mit Hilfe der Raumwelle hergestellt werden können, benutzen Antennen, deren vertikale Strahlungscharakteristiken die für die Raumwellenausbreitung besonders geeigneten Erhebungswinkel haben. Bei der Auswahl der für eine bestimmte Strecke geeigneten Antenne sind die zu überbrückende Entfernung bzw. – bei Mehrsprungverbindungen – die Länge eines Sprunges sowie die auf dem Ausbreitungsweg anzutreffenden Höhen der aktiven Schichten der Ionosphäre maßgebliche Faktoren. Die von diesen Parametern abhängigen Erhebungswinkel werden mit Hilfe der Diagramme nach Bild 4.4 und 4.27 ermittelt.

Eine strenge Zuordnung bestimmter Antennentypen zu Entfernungsbereichen ist nicht möglich, weil in den meisten Fällen in den vertikalen Strahlungsdiagrammen auch Komponenten unter Erhebungswinkeln vorhanden sind, die Funkverbindungen über kleinere oder größere Entfernungen zulassen. Die vorhandenen Antennenausführungen können aber auf Grund ihrer technischen Eigenschaften bevorzugt bestimmten Entfernungsbereichen zugeordnet werden. Weiter unten wird deshalb – und weil es für Planungsarbeiten übersichtlicher ist – von Entfernungsbereichen ausgegangen. Es werden Antennen für kurze, mittlere und große Entfernungen behandelt. Dafür lassen sich vertikale Strahlungsdiagramme entwerfen, welche die für diese Entfernungsbereiche günstigen Erhebungswinkel innerhalb ihrer Halbwertsbreiten haben. Dies schließt nicht aus, daß besonders bei Punkt-zu-Punkt-Verbindungen (deren Funkstreckenlängen bekannt sind) auch Antennen mit vertikalen Strahlungsdiagrammen ausgewählt werden, die diesen Streckenlängen und den dort vorliegenden Ausbreitungsbedingungen optimal angepaßt sind.

6.2.1 Verbindungen über kurze Entfernungen

Unter diesem Begriff sollen Funkverbindungen verstanden werden, deren größte mit Hilfe der Raumwelle zu überbrückende Entfernung einige hundert Kilometer, jedoch nicht mehr als 1000 km beträgt. Besonders bei nicht kommerziellen Verbindungen – wie z. B. solche für militärische Netze oder für Sicherheits- und Behördendienste – besteht häufig die Forderung, bereits über Entfernungen von weniger als 100 km Funkbetrieb durchzuführen. Um bei solch kurzen Entfernungen Interferenzen mit der gleichfalls von der eigenen Antenne abgestrahlten Bodenwelle so weit wie möglich zu unterdrücken, muß die Polarisation der Antennen berücksichtigt werden. Wie Bild 5.11 dazu zeigt, wird im Vergleich mit einer vertikal polarisierten Antenne die Bodenwelle um 45 bis 50 dB schwächer abgestrahlt, wenn eine horizontal polarisierte Antenne verwendet wird. Für die hier betrachteten kleinen Entfernungen sind deshalb bei Raumwellenausbreitung Antennen mit horizontaler Polarisation am besten geeignet. Andernfalls können sich stark gestörte Interferenzgebiete (Abschnitt 5.4 und Bild 5.17) ergeben. Nach Bild 4.4 erfordern die hier angesetzten Entfernungsgrenzen von < 100 km bis ≤ 1000 km Erhebungswinkel zwischen 80° und 90° für einen Sprung über die E- oder F2-Schicht bis zu 10° bei 1 · E-Schicht, 24° bei 2 · E-Schicht und 29° bei 1 · F2-Schicht. Werden bei der Entfernung 1000 km die Schwankungen der F2-Schichthöhe nach Bild 4.27 berücksichtigt, so ergibt sich ein Erhebungswinkelbereich von 19° bis 38° mit dem diese Höhenänderung erfaßt werden. Damit liegt der Erhebungswinkelbereich einer Antenne, die für kurze Strecken angewendet werden soll, zwischen den Grenzwerten 90° und 19°, wenn die größte Reichweite der Raumwelle mit 1000 km angenommen wird. Diese Winkel bestimmen den Arbeitsbereich der

Antenne; sie repräsentieren den oberen und den unteren Halbwertsbreitenpunkt des vertikalen Strahlungsdiagramms. Das Strahlungsmaximum liegt dann bei etwa 54,5°. Bild 6.6 zeigt das vertikale Strahlungsdiagramm einer Antenne, die hinsichtlich der Erhebungswinkel den erforderlichen Mindestwerten für Streckenlängen von $d \leqq 100$ km bis $\leqq 1000$ km entspricht.

Nach diesen Bedingungen sind für kurze Streckenlängen geeignet die
Rahmenantenne,
Dipolantenne, horizontal und bedingt geeignet
Stab- und Peitschenantenne,
vertikale Breitbandantenne.

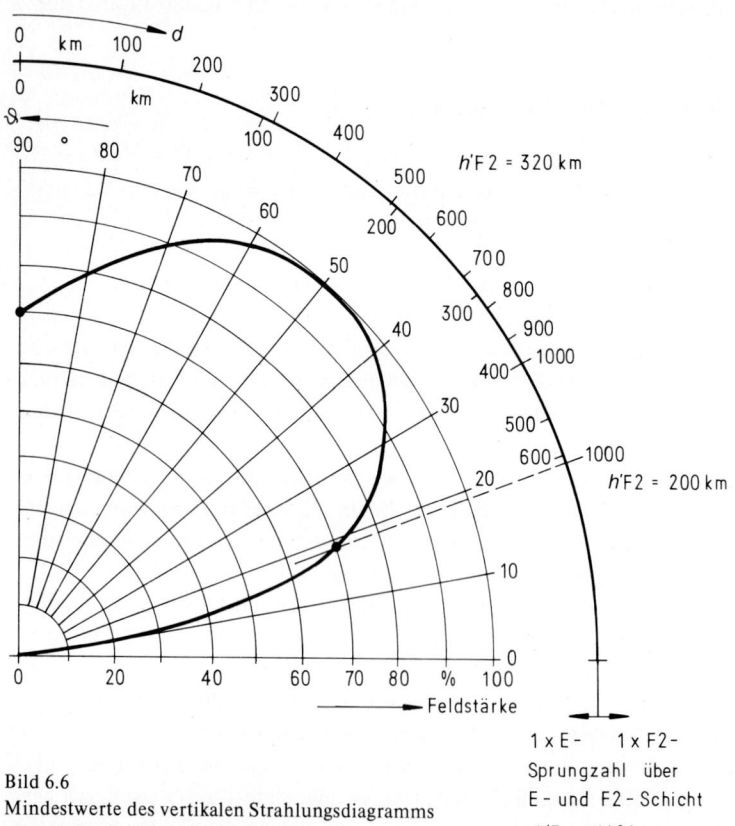

Bild 6.6
Mindestwerte des vertikalen Strahlungsdiagramms einer Antenne für kurze Funkstrecken von $d \leqq 100$ km bis $\leqq 1000$ km

1 x E - 1 x F2-
Sprungzahl über
E- und F2-Schicht
$h'E$ = 110 km
$h'F2$ = 320 km

6.2.1.1 Rahmenantenne

Die Rahmenantenne gehört zur Gruppe der magnetischen Antennen; sie besteht (für den Kurzwellenbereich) aus einem metallischen Rahmen aus sehr gut leitendem Material mit vernachlässigbar kleinem Widerstand. Die beiden Enden des Rahmens sind unmittelbar mit einem hochwertigen Abstimm- und Transformationskreis verbunden. Handelsübliche Rahmenantennen umschließen eine kreisförmige, ovale oder rechteckige Fläche. Der Rahmen stellt eine Windung dar, deren Länge klein sein muß gegen die Wellenlänge der höchsten Frequenz, auf die der Rahmen noch abgestimmt werden kann. Damit wird eine gleichmäßige Stromverteilung auf dem Rahmen und ein homogenes magnetisches Feld gewährleistet [2]. Meist wird diese Antenne auf einem Stativ oder einem Bodenständer senkrecht zur Erdoberfläche aufgestellt. Die elektrischen Daten entsprechen denen eines Hertzschen Dipols, wenn die elektrischen und magnetischen Größen miteinander vertauscht

Bild 6.7
Rahmenantenne für mobilen und ortsfesten Einsatz

werden. Tabelle 6.1 gibt dazu die Gewinnfakoren, wenn keine Verluste berücksichtigt werden. Praktische Ausführungen haben folgende Daten:

Abstimmbarer Frequenzbereich, Verhältnis kleinster
zu größter abstimmbarer Frequenz　　　　　etwa 1 : 6 z.B. 1,5 bis 9 MHz

Gewinn unter Berücksichtigung der Abstimm-
und Erdverluste　　　　　　　　　　　　Mittelwert etwa −6 dBi

Strahlungsdiagramme, gerechnet für einen Rahmen mit einer Fläche von 3 m² und einer Windungszahl $w = 1$, Höhe der Rahmenmitte über dem Boden 1,5 m (siehe Bild 6.8)

Das azimutale Strahlungsdiagramm hat senkrecht zur Rahmenfläche eine Nullstelle; die Maxima liegen in Richtung der Rahmenfläche. Das vertikale Strahlungsdiagramm hat die Form eines Halbkreises, d.h. gleich große Strahlungskomponenten im Bereich von 0° bis 180°.

Wegen der Ausbildung des Vertikaldiagramms eignet sich die Rahmenantenne sehr gut für Funkverbindungen über kurze und sehr kurze Entfernungen bei Raumwellenausbreitung. Ihre Abmessungen ermöglichen den Transport mit beweglichen Funkstellen; der Zeitaufwand für den Aufbau und die erforderliche Aufstellungsfläche sind sehr klein.

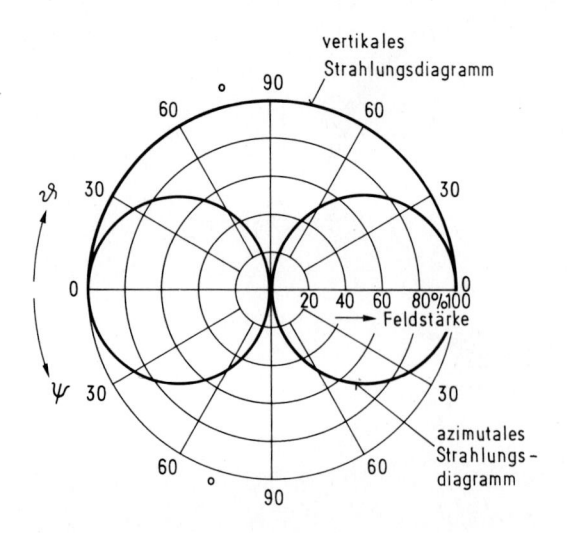

Bild 6.8
Strahlungsdiagramme einer Rahmenantenne mit einer Fläche von 3 m² und einer Höhe über dem Boden von 1,5 m

6.2.1.2 Stab- und Peitschenantennen

Häufig werden bei Kurzwellenstationen, die nur eine kleine Aufstellungsfläche für die Antennen zur Verfügung haben, senkrechte Stabantennen und bei beweglichen Stationen besonders für den Funkbetrieb während der Fahrt Peitschenantennen verwendet. Diese Antennen sind kurz gegen die Wellenlänge der Betriebsfrequenz und haben ein vertikales Strahlungsdiagramm, das dem Kosinus des Erhebungswinkels folgt, d. h. bei senkrechter Aufstellung dieser Antennen und über unendlich gut leitendem Boden liegt das Maximum der Strahlung in Richtung des Erdbodens. Senkrecht nach oben ist eine Nullstelle vorhanden. Die Halbwertsbreite einer solchen Antenne liegt bei dem Erhebungswinkel von 45°. Nach Bild 4.4 wird unter diesem Winkel bei einem Sprung über die E-Schicht eine Entfernung von 220 km, bei einem Sprung über die F2-Schicht von 600 km überbrückt. Für sehr kurze Entfernungen sind diese Antennenformen nicht gut geeignet, weil die dazu notwendigen steilen Erhebungswinkel im vertikalen Strahlungsdiagramm fehlen.

Stab- und Peitschenantennen haben einen geringen Wirkungsgrad, besonders dann, wenn sie auf einem Untergrund mit schlechter Leitfähigkeit aufgebaut sind. Eine Verbesserung wird durch ein sternförmiges Erdnetz mit dem Mittelpunkt am Fußpunkt der Antenne erreicht werden. Wie H. Brückmann in [5] beschreibt, ist das Verhältnis der Länge l_D der Erddrähte zu deren Anzahl n eine Funktion des Produktes aus Bodenleitfähigkeit σ und Betriebsfrequenz f. Bild 6.9 zeigt den Verlauf dieser Funktion, wobei sich für die Länge l_D der Wert ergibt, dessen Überschreiten keinen nennenswerten Beitrag zur Verbesserung des Wirkungsgrades mehr liefert. Das Verhältnis des Stromes in der Erde – einschließlich im Erdnetz – zum Gesamtstrom ist dann etwa 0,9. Die Gestaltung des Erdnetzes verbessert den Wirkungsgrad der Antenne durch Verminderung der Verluste im Erdboden; er ist aber auch wesentlich abhängig von der Länge der Antenne im Verhältnis zur Wellenlänge der Betriebsfrequenz. Wie Bild 6.10 zeigt, kann erst mit Antennenlängen von größer als 0,1 λ mit einem Wirkungsgrad von mehr als 50% gerechnet werden. Nicht nur auf Vertikalantennen bezogen hat die Aufstellung der Antennen auf Dächern den Nachteil, daß – wegen des besonders in Städten sehr unübersichtlichen und unregelmäßigen Vorgeländes – eine einigermaßen zutreffende Bestimmung der Strahlungsdiagramme schwierig ist.

Bewegliche Funkstationen, die auch während der Fahrt einen Funkbetrieb durchführen, verwenden in überwiegendem Maße Peitschenantennen. Als Ersatz für das dabei erforderliche Erdnetz – oder besser Gegengewicht – kann nur der Aufbau des Funkfahrzeuges selbst angesehen werden, dessen Form und Abmessungen keinesfalls den idealen Bedingungen entsprechen. Die effektiven Gewinne der Peitschenantennen, auch wenn sie während der Fahrt durch isolierte Seile in eine schräge

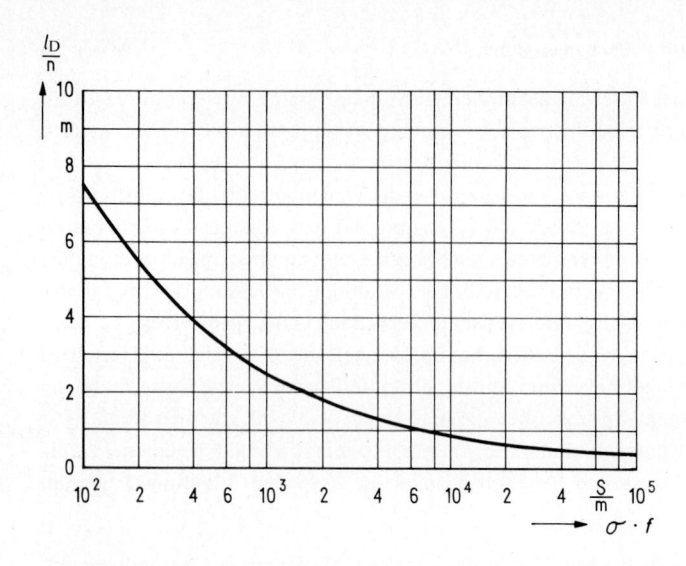

Bild 6.9
Grenzwert der Erddrahtlänge zu Erddrahtanzahl $\frac{l_D}{n}$ als Funktion des Produktes aus Bodenleitfähigkeit σ und der Frequenz f in MHz [5]

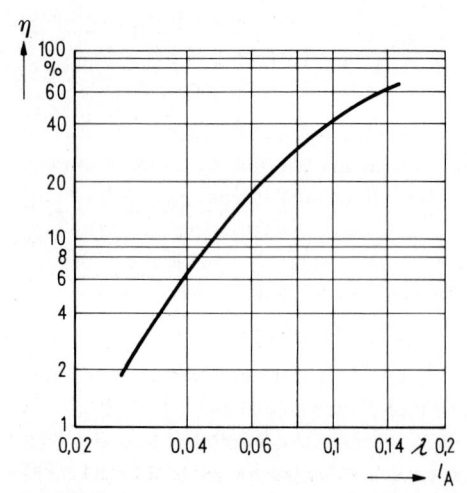

Bild 6.10
Wirkungsgrad von kurzen Stab- und Peitschenantennen als Funktion der Strahlerlänge

Lage gezogen werden, sind sehr gering. Wie G. H. Hagn und I. E. van der Laan über solche Antennenanordnungen berichten [6], wurden mit einer 5 m langen, an einem Jeep montierten Peitschenantenne Gewinne von − 30 dBi bei 4 MHz und − 8,5 dBi bei 8 MHz unter Einschluß der Verluste in der Antennenanpassung gemessen. Diese geringen Gewinnwerte müssen bei der Berechnung der Reichweite von beweglichen Kurzwellenstationen berücksichtigt werden.

6.2.1.3 Dipolantennen

Feste Kurzwellenstationen verfügen oft über genügend große Gelände zum Aufstellen der Sende- und Empfangsantennen. Zur Überbrückung der hier behandelten kurzen Entfernungen von nicht mehr als 1000 km können dann Halbwellendipolantennen vorteilhaft eingesetzt werden, die als schmalbandige, breitbandige und abgeschlossene Antennen ausgeführt sein können (siehe Abschnitt 6.1.4). Der Antennenanschluß ist symmetrisch und niederohmig; er liegt in der Dipolmitte. Wird zur Verbindung mit dem Senderausgang bzw. dem Empfängereingang ein koaxiales Kabel benutzt, so muß ein Symmetriertransformator zwischen das Kabel und den Antennenanschluß geschaltet werden. Dipolantennen werden meist an zwei gleich hohen Masten parallel zum Erdboden aufgehängt. Es gibt auch Ausführungen, die nur einen Mittelmast haben, von dem die beiden $\frac{\lambda}{4}$ langen Dipolhälften schräg nach unten gezogen sind. Da mit einer solchen Konstruktion eine besonders kurze Aufbauzeit erreicht wird und der Transport des Antennenmaterials nicht schwierig ist, eignet sie sich auch für bewegliche Stationen, wenn diese nach Ankunft in einer festen Position dort für eine längere Zeit den Funkbetrieb durchführen sollen. Gegeben durch diese Aufbaumöglichkeiten haben Dipolantennen vorwiegend eine horizontale Polarisation. Die vertikalen und azimutalen Strahlungsdiagramme sind bei Höhen über dem Boden von $\frac{h_A}{\lambda} = 0,25$ bis 0,75 in den Bildern 6.11a bis f dargestellt. Wie daraus zu erkennen ist, können Dipolantennen mit Höhen über dem Boden von $h_A = 0,25\,\lambda$ und $0,30\,\lambda$, sowie mit kleinen Einschränkungen auch noch $0,35\,\lambda$ für Rundstrahldienste eingesetzt werden. Die Unrundheit der azimutalen Strahlungsdiagramme ist bei diesen Höhen mit Ausnahme von $h_A = 0,35\,\lambda$ kleiner als 2 dB entsprechend einem Wert von 79,4% des Strahlungsmaximums. Die Strahlungsdiagramme gelten sowohl für schmalbandige Resonanzdipole als auch für breitbandige Ausführungen. Bei den letzteren ist zu beachten, daß sich die Höhe der Antenne über dem Boden in Wellenlängen gemessen innerhalb des zulässigen Frequenzbereiches ändert. Hat z. B. ein Dipol mit einem Frequenzverhältnis von 1:4 bei der tiefsten Frequenz eine Höhe über dem Boden von $h_A = 0,25\,\lambda$, so steigt diese Höhe auf eine ganze Wellenlänge an, wenn die Antenne mit der höchsten Frequenz betrieben wird. Nach

Bild 6.3 sind dann im vertikalen Strahlungsdiagramm Maxima bei den Erhebungswinkeln $\vartheta = 14°$ und $48°$, und Nullstellen bei $30°$ und $90°$ vorhanden. Bei Funklinien, die ständig über die gleiche Entfernung betrieben werden und deshalb keine großen Veränderungen des Erhebungswinkels zulassen, muß diese Eigenschaft der Breitbandantennen bei der Streckenplanung berücksichtigt werden. Für die Planung interessante Daten über Dipolantennen sind in der Tabelle 6.2 angegeben.

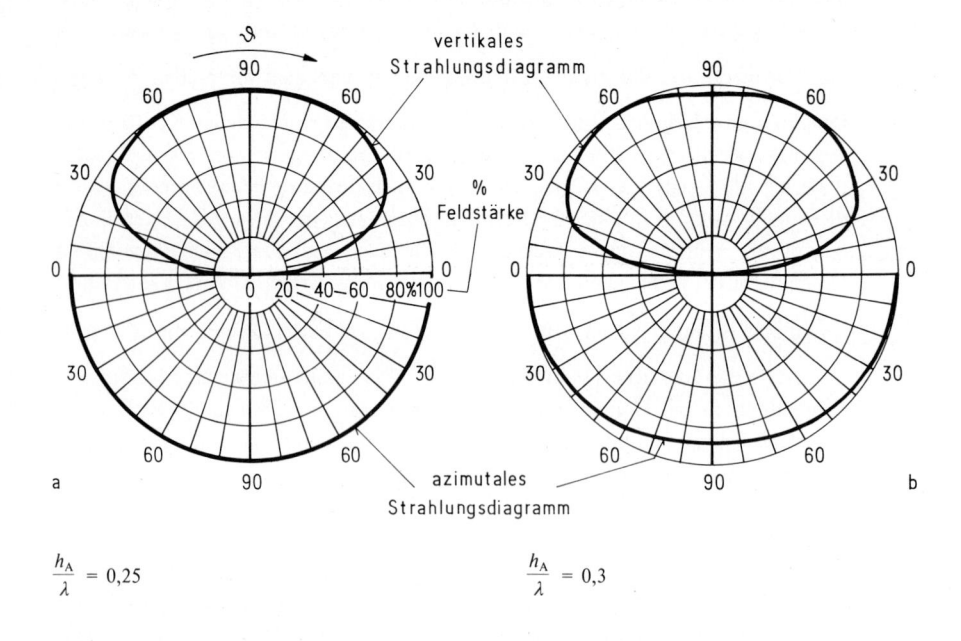

a) $\dfrac{h_A}{\lambda} = 0{,}25$ \qquad b) $\dfrac{h_A}{\lambda} = 0{,}3$

Bild 6.11
Vertikale und azimutale Strahlungsdiagramme von Halbwellendipolantennen mit Höhen über dem Boden von $0{,}25\,\lambda$ bis $0{,}75\,\lambda$

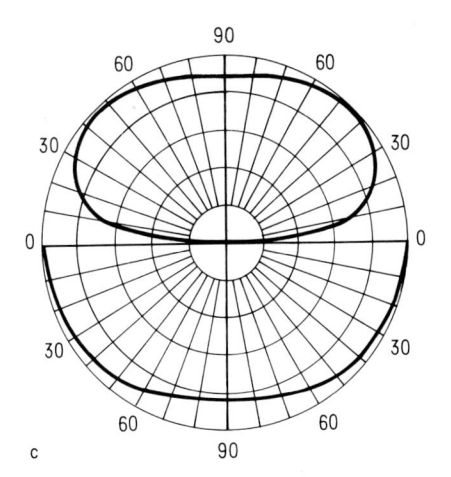

c $\qquad$ d

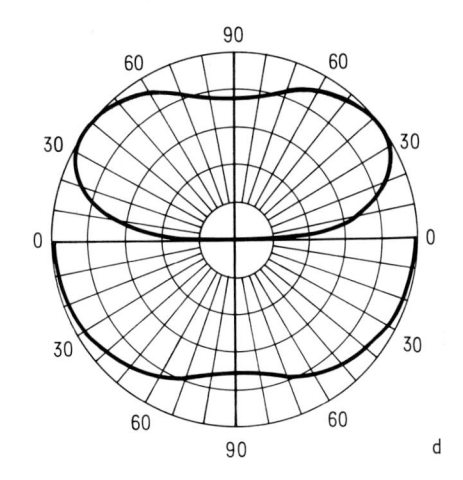

$\dfrac{h_A}{\lambda} = 0{,}35$ $\qquad\qquad$ $\dfrac{h_A}{\lambda} = 0{,}4$

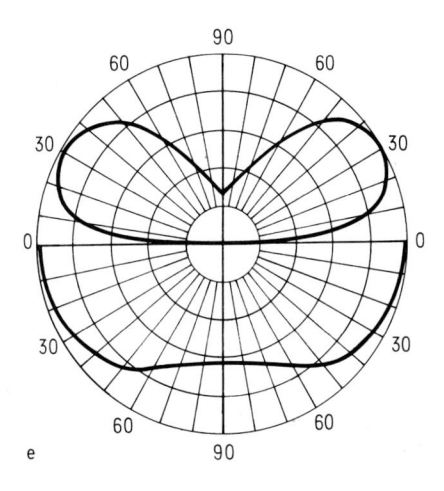

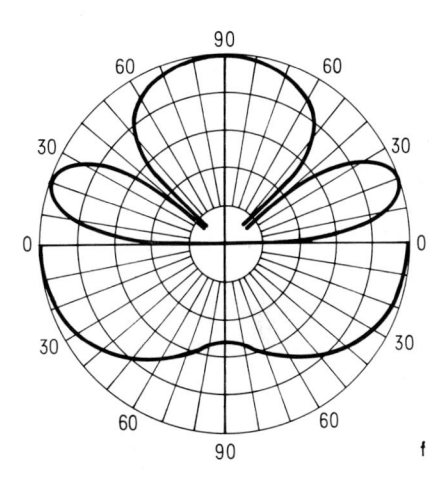

e $\qquad$ f

$\dfrac{h_A}{\lambda} = 0{,}5$ $\qquad\qquad$ $\dfrac{h_A}{\lambda} = 0{,}75$

Tabelle 6.2
Richtwerte für Dipolantennen in Abhängigkeit von der Antennenhöhe

Dipolhöhe $\frac{h_A}{\lambda}$	Erhebungswinkel ϑ in °			Entfernungsbereich (Bild 4.4) in km		Frequenzbereich in MHz	Gewinn für ϑ max in dBi
	-3dB	max	-3dB	1 · E	1 · F2		
0,25		90	18	100 bis 650	100 bis 1600	2,3 bis 16	5,4
0,3		65	15	100 bis 750	100 bis 1800	2,3 bis 18	4,9
0,35		45	13	100 bis 850	100 bis 2000	2,3 bis 20	4,7
0,4		37	11	100 bis 900	350 bis 2100	2,3 bis 20	5,0
0,5	58	30	8	250 bis 1100	400 bis 2600	2,5 bis 22	6,1
0,75	35	18	7,5	350 bis 1200	800 bis 2600	2,5 bis 22	2,9

Bemerkungen zu Tabelle 6.2
Für die Antennenhöhen 0,25 λ bis 0,4 λ ist kein Erhebungswinkel für den oberen Halbwertsbreitenpunkt angegeben, weil die Strahlungsdiagramme in diesem Teil die Halbwertsbreite nicht unterschreiten (Bild 6.11 a bis d).

Die Entfernungsbereiche sind durch die Steilstrahlung und den unteren Halbwertsbreitenpunkt, für die Antennenhöhen 0,5 λ und 0,75 λ durch den oberen und den unteren Halbwertsbreitenpunkt bestimmt.

Für $\frac{h_A}{\lambda}$ = 0,75 sind die Werte nur für die flach abgestrahlte Hauptkeule des vertikalen Strahlungsdiagrammes angegeben (siehe Bild 6.11 f).

Bei der Ausbreitung über die F2-Schicht sind mit Hilfe der Strahlungskomponenten bis zum unteren Halbwertsbreitenpunkt auch Funkverbindungen über erheblich mehr als 1000 km möglich, wenn die Ausbreitungsbedingungen gut sind, eine diesen Entfernungen angepaßte Frequenz benutzt wird und die Sendeleistung groß genug ist, um einen ausreichenden Signal-/Geräuschabstand zu erreichen.

Für den konstruktiven Aufbau der Dipolantennen sind in den Bildern 6.12a bis c einige Beispiele angegeben; diese können nicht alle Möglichkeiten, besonders hinsichtlich Anschlußschaltungen dieser Antennen an die Zuleitungen und die Transformation des Wellenwiderstandes dieser Leitungen an den des Antennenspeisepunktes berücksichtigen.

Bild 6.12a zeigt einen schmalbandigen Dipol, der nur für eine Frequenz zugeschnitten werden kann; er besteht aus einem 2 bis 3 mm starken Leiter aus Stahl-Kupferdraht, Antennenlitze oder einem ähnlichen, für Hochfrequenz gut geeigneten Material. Dieser Leiter ist in der Mitte durch einen Isolator in die beiden Strahlerhälften aufgeteilt; an dieser Stelle wird das Zuleitungskabel angeschlossen. An den Enden sind die beiden Strahlerhälften wegen der dort vorhandenen hohen HF-Spannung mit einem hochwertigen Isolator versehen, an dem auch das Seil zur Befestigung der Antenne an den Tragemasten angebracht ist. Da der Antennenanschluß symmetrisch ist, wird bei Verwendung eines Koaxialkabels als Zuleitung ein vorzugsweise breitbandiger Symmetriertransformator verwendet. Es gibt für diesen Zweck auch andere Möglichkeiten, wie Symmetrierleitungen und -schleifen; sie haben jedoch den Nachteil, daß sie nur für eine bestimmte Frequenz angefertigt werden können. Bei einer Änderung der Betriebsfrequenz muß dann nicht nur die Antenne, sondern auch diese Symmetrierleitung geändert oder neu gebaut werden.

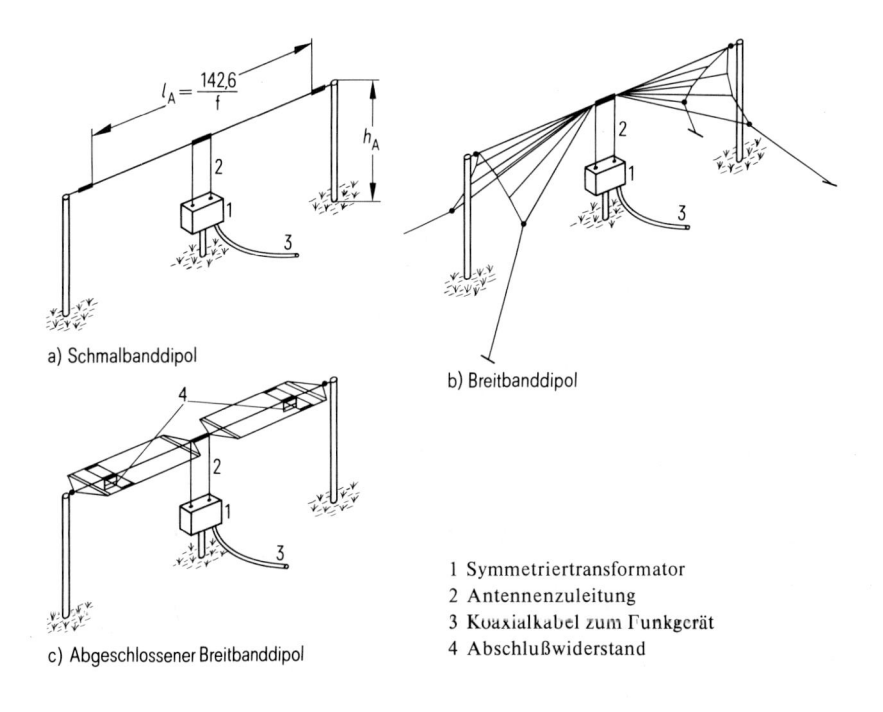

a) Schmalbanddipol

b) Breitbanddipol

c) Abgeschlossener Breitbanddipol

1 Symmetriertransformator
2 Antennenzuleitung
3 Koaxialkabel zum Funkgerät
4 Abschlußwiderstand

Bild 6.12
Beispiele für die Konstruktion von Dipolantennen

Bei Verwendung eines breitbandigen Symmetriertransformators muß nur die Antennenlänge der neuen Frequenz angepaßt werden. Unter Berücksichtigung der Fortpflanzungsgeschwindigkeit der Welle auf dem Antennendraht ergibt sich die Länge eines Halbwellendipols l_A in m aus der Beziehung

$$l_A = \frac{142,6}{f}, \qquad (6.11)$$

wenn f in MHz eingesetzt wird.

Eine breitbandige Dipolantenne, wie sie in ähnlicher Form handelsüblich von einschlägigen Firmen hergestellt wird, zeigt Bild 6.12b. Jede der beiden Dipolhälften besteht aus einer Anzahl von Drähten, die, wie aus dem Bild zu ersehen ist, durch eine entsprechende Seilkonstruktion dachförmig ausgespannt werden. Dabei ergibt sich eine Strahlerform mit einem in Analogie zu einem dicken zylindrischen Strahler kleinem Länge zu Durchmesserverhältnis. Die Dipolantenne wird durch diese Art der Konstruktion breitbandig. Ihr Frequenzbereich reicht praktisch von der durch die Antennenlänge gegebenen Frequenz bis hinauf zu 30 MHz bei der Welligkeit $s \leq 2$. Die obere Grenze ist durch die Ausbildung der Strahlungsdiagramme (Anzahl und Richtung der Nebenkeulen) aber nicht durch die Fehlanpassung bestimmt. Zum Betrieb mit Funkgeräten, die einen unsymmetrischen Antennenanschluß haben, wird die Antennenanlage mit einem breitbandigen Symmetriertransformator ausgerüstet.

Eine ebenfalls für einen breitbandigen Betrieb geeignete, abgeschlossene Dipolantenne ist in Bild 6.12c dargestellt. Von der in Bild 6.12b unterscheidet sie sich dadurch, daß die beiden Dipolhälften an ihren Enden mit einem Widerstand abgeschlossen sind (siehe auch Abschnitt 6.1.4). Damit sind auf dem Antennendraht nur noch fortschreitende Wellen möglich. Die Fehlanpassung solcher Antennen ist im allgemeinen nicht größer als $s = 2$. Der Frequenzbereich wird nach unten durch die Länge der Antenne und nach oben praktisch nur durch die Ausbildung der Strahlungsdiagramme begrenzt.

6.2.1.4 Vertikale Breitbandreusen

Sollen von einer festen Kurzwellenstation Rundstrahldienste (Rundfunk, Wetter- und Pressemeldungen u. ä.) ausgesendet, oder Nachrichten aus beliebigen Richtungen empfangen werden, so sind dazu neben den bereits erwähnten Dipolantennen mit Höhen bis zu 0,35 λ am besten senkrechte Breitbandreusenantennen geeignet. Diese Antennen sind in ihren Strahlungseigenschaften mit den in Abschnitt 6.2.1.2 behandelten Stabantennen vergleichbar. Wegen ihrer größeren Höhe und der Breitbandigkeit haben sie aber einen höheren Gewinn und eignen sich deshalb besser für eine Flächenversorgung, wie sie bei Rundstrahldiensten oft gefordert wird. Das azimutale Strahlungsdiagramm dieser Antennen ist kreisrund. Die vertikalen Strahlungsdiagramme einer typischen Breitbandreuse für sechs Antennenhöhen über unendlich gut leitendem Boden zeigt Bild 6.13 [7]. Es ist zu erkennen, daß ab einer Höhe von 4 λ_0 die bodennahe Strahlung abnimmt und das Strahlungsmaximum bei Erhebungswinkeln von $\vartheta = 40°$ bis $50°$ auftritt. Die für die Überbrückung großer Entfernungen notwendigen starken Strahlungskomponenten bei kleinen Erhebungswinkeln sind dann nur noch schwach oder garnicht mehr vorhanden.

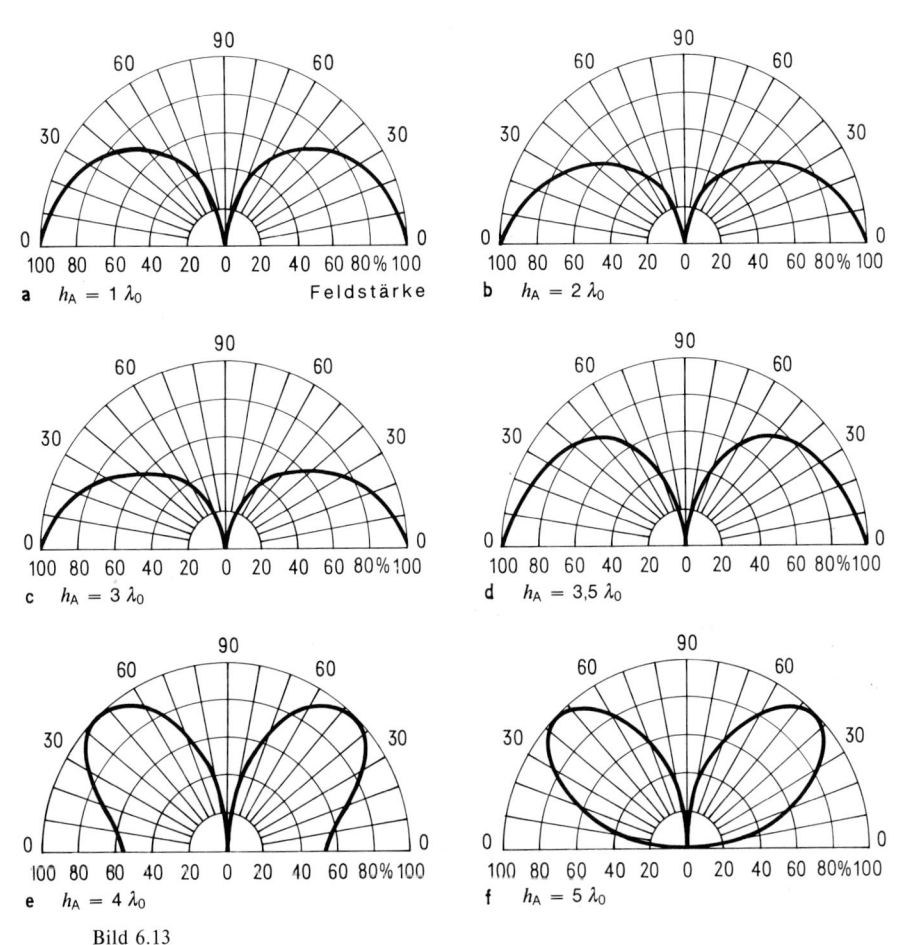

a $h_A = 1\,\lambda_0$ Feldstärke   b $h_A = 2\,\lambda_0$

c $h_A = 3\,\lambda_0$ d $h_A = 3,5\,\lambda_0$

e $h_A = 4\,\lambda_0$ f $h_A = 5\,\lambda_0$

Bild 6.13
Vertikale Strahlungsdiagramme einer senkrechten Breitbandreusenantenne in Abhängigkeit von der Antennenhöhe h_A über unendlich gut leitendem Boden. Das azimutale Strahlungsdiagramm hat eine Rundstrahlcharakteristik wie bei Bild 6.11.a

Bei verlustbehaftetem Boden heben sich die vertikalen Strahlungsdiagramme im Fernfeld vom Boden ab. Nach Berechnungen von G. Jäger [8] wird diese Abhebung größer, wenn die Bodenleitfähigkeit schlechter wird. Außerdem verringert sich dabei der Antennengewinn. Im Vergleich zu unendlich gut leitendem Boden, bei dem bis zu Antennenhöhen von 3,5 λ_0 das Strahlungsmaximum bei $\vartheta = 0°$ liegt, steigt es bei einem mittleren Boden auf einen Erhebungswinkel von 22° und bei trockenem Boden auf etwa 27° an. Die Gewinnverluste können mehrere dB erreichen. Die Bodenqualität ist deshalb bei der Wahl der Aufstellungsgelände von erheblicher Bedeutung. Wird bei den in Bild 6.13 dargestellten Strahlungsdiagrammen ebenfalls ein verlustbehafteter Boden in Betracht gezogen, dann muß mit ähnlichen Diagrammabhebungen gerechnet werden. Bei Streckenplanungen mit diesen Antennen sollten deshalb erst Erhebungswinkel für den unteren Halbwertspunkt ab etwa 15° als anwendbar vorausgesetzt werden. Nach Bild 4.4 werden dann als größte Entfernungen bei einem Sprung über die E-Schicht 700 km und über die F2-Schicht 1 800 km erreicht. Wie bereits bei den Stabantennen erwähnt, ist auch für vertikale Breitbandreusen ein sternförmiges Erdnetz zur Verringerung der Verluste im Erdboden erforderlich. Angenommen, eine Breitbandreuse hat einen Frequenzbereich von 3 bis 12 MHz, und sie wird auf einem Gelände mit einer mittleren Bodenleitfähigkeit $\sigma = 10^{-3} \frac{S}{m}$ aufgestellt, so gilt: Für die tiefste Frequenz wird das Produkt $\sigma \cdot f = 3 \cdot 10^3$ und damit aus Bild 6.9 der Quotient $\frac{l_D}{n} = 1,5$ m.

Tabelle 6.3
Richtwerte für breitbandige Vertikalreusen über verlustbehaftetem Boden in Abhängigkeit von der Antennenhöhe

Antennenhöhe	Erhebungswinkel			Entfernungsbereich		Gewinn
$h_A = n \cdot \lambda_0$	ϑ in °			in km		für ϑ max in dBi
	-3dB	max	-3dB	1 · E	1 · F2	
1 λ_0	15	25	50	200 bis 700	500 bis 1 800	2 bis 4, je nach Bodenleitfähigkeit und Frequenz
2 λ_0	15	25	33	360 bis 700	900 bis 1 800	
3 λ_0	15	25	32	380 bis 700	900 bis 1 800	
3, 5 λ_0	15	25	52	180 bis 700	480 bis 1 800	
4 λ_0	20	45	68	100 bis 600	260 bis 1 400	
5 λ_0	25	42	65	100 bis 480	300 bis 1 200	

Werden 24 Erddrähte verlegt, so ergibt sich für diese eine Länge von je 36 m, gemessen vom Antennenfußpunkt. Der damit erreichbare Wirkungsgrad der Antenne ist dann bei der tiefsten Frequenz etwa 90%; er steigt bei den höheren Frequenzen noch etwas an.

Unter Berücksichtigung der Diagrammanhebung bei nicht verlustfreiem Boden sind in Tabelle 6.3 Richtwerte für den Einsatz einer Breitbandreuse zusammengestellt.

Bemerkungen zu Tabelle 6.3

Die Wellenlänge λ_0 entspricht der tiefsten Frequenz, für welche die Antenne bei kleiner Welligkeit noch benutzt werden kann;

Die Entfernungsbereiche gelten für den unteren und den oberen Halbwertsbreitenpunkt;

Die angegebenen Gewinnwerte sind für eine Streckenplanung ausreichend; sie entsprechen den Werten, die bei einem Antennengelände mit mittlerer Bodenleitfähigkeit zu erwarten sind.

Der konstruktive Aufbau einer Breitbandreuse besteht im Prinzip aus einem mit einer Anzahl von Antennendrähten gebildeten Doppelkegel. Damit ergibt sich eine Strahlerform mit einem kleinen $\frac{l}{d}$-Verhältnis, das für die Breitbandigkeit der

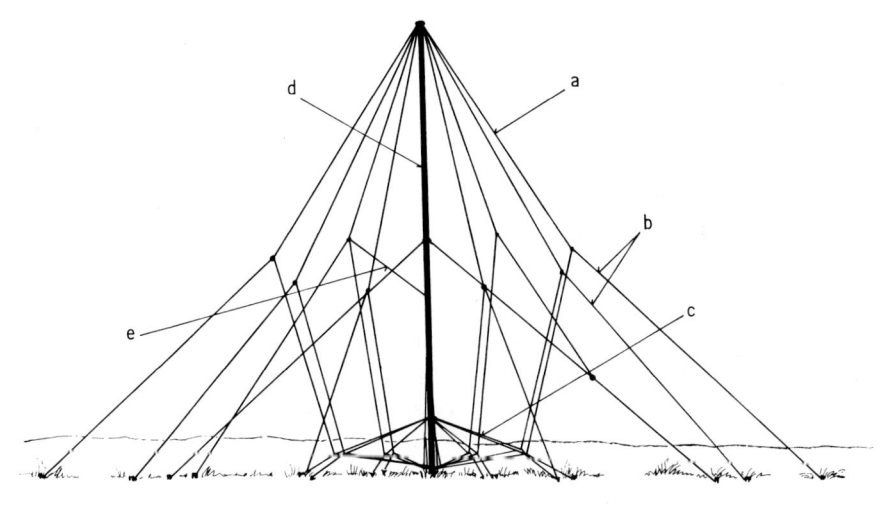

a Antennendrähte   c Sperrtopf   e Kurzschluß
b Abspannseile   d Tragemast

Bild 6.14   Kompensierte Breitbandreusenantenne (Siemens) [7]

Antenne maßgebend ist. Besonders bei der Verwendung solcher Reusenantennen für Sendezwecke ist jedoch die Einhaltung einer bestimmten Welligkeit notwendig. Die Breitbandreusen werden deshalb häufig mit zusätzlichen Kompensationsschaltungen ausgerüstet; sie dienen dazu, den Reflexionsfaktor innerhalb des Frequenzbereiches der Antenne nicht über einen Wert von 0,33 entsprechend einer Welligkeit von $s = 2$ ansteigen zu lassen. Die Konstruktion einer solchen kompensierten Breitbandreuse zeigt Bild 6.14; sie zeichnet sich dadurch aus, daß sie auch bei den tiefen Frequenzen mit einer kleinen Antennenhöhe auskommt. Sie besteht aus einem Tragemast und acht Antennendrähten, die mit Hilfe von Abspannseilen in die gewünschte Reusenform gezogen werden. Innerhalb eines Frequenzbereiches von 1 : 3,5 ist diese Antenne auch für Weitverkehrsverbindungen geeignet (siehe die Strahlungsdiagramme Bild 6.13). Die Eingangsimpedanz ist entsprechend der internationalen Norm 50 Ω unsymmetrisch. Die Funkgeräte werden über ein koaxiales Kabel angeschlossen.

6.2.1.5 Andere Antennenformen

Neben den Dipol- und Reusenantennen können für kurze Entfernungen im Bereich von etwa 200 bis 1000 km auch Richtantennen vom logarithmisch-periodischen Typ verwendet werden, wenn deren Höhe über dem Erdboden nicht größer als 0,25 λ Wellenlängen ist. Wegen der relativ niedrigen Frequenzen, die besonders während der Nachtstunden bei diesen Entfernungen angewendet werden müssen, erhalten die Antennenmasten eine beträchtliche Höhe. Gegenüber den bisher für kurze Streckenlängen behandelten Antennen haben die logarithmisch-periodischen Antennen einen erheblich höheren Gewinn; sie benötigen aber eine viel größere Aufbaufläche und sind aufwendig (siehe auch Abschnitt 6.2.2.1).

6.2.2 Verbindungen über mittlere Entfernungen

Streckenlängen von etwa 1000 bis 3000 km sollen als „mittlere Entfernung" für den Kurzwellenbereich bezeichnet werden, wenn sie mit der Raumwelle bei einer Schichthöhe von $h'F2 = 320$ km noch mit einem Sprung überbrückt werden können. Aus Bild 4.4 ergeben sich dafür Erhebungswinkel von 30° bis 5°. Werden die Höhenschwankungen der F2-Schicht von 200 bis 450 km in Betracht gezogen, dann müssen im vertikalen Strahlungsdiagramm nach Bild 4.27 für die Entfernung von 1000 km Erhebungswinkel von 18° bis 38° und für 3000 km solche von 1 bis 9,5° im vertikalen Strahlungsdiagramm vorhanden sein. Für die Ausbreitungsmöglichkeit über die E-Schicht mit einer Höhe von 110 km wären für die Entfernung von 1000 bis 1500 km Erhebungswinkel von 10° bis 4° erforderlich. Über diese Entfernung hinaus bis 3000 km werden zwei Sprünge über die E-Schicht notwendig sein. Nun sind sehr kleine Erhebungswinkel bei Kurzwellenantennen nur mit großen Antennenhöhen zu erreichen (siehe Bild 6.3), die bei den tiefen Nachtfrequenzen nur mit einem hohen Aufwand zu realisieren sind. Bei geringen Höhen der F2-Schicht und den bei handelsüblichen Antennen gegebenen Höhen der Antennen über dem Boden werden auch zwei Sprünge über die F2-Schicht mit Erhebungswinkeln von 50° bis 19° als möglicher Ausbreitungsmodus betrachtet werden müssen. Die objektbezogene Streckenplanung muß dann über die zu berücksichtigenden günstigsten Ausbreitungsbedingungen Auskunft geben. Das vertikale Strahlungsdiagramm von Antennen, die für mittlere Entfernungen eingesetzt werden sollen, müßte die Erhebungswinkel für die Ausbreitung mit ein und zwei Sprüngen über die E- und – einschließlich ihrer Höhenvariationen – der F2-Schicht innerhalb der Halbwertsbreite aufweisen. Bild 6.15 zeigt ein solches Strahlungsdiagramm; dabei ist jedoch angenommen, daß Entfernungen um 1000 km nur einen Sprung über die F2-Schicht erfordern. Die obere Halbwertsbreite dieses Diagramms überschreitet deshalb nicht den Wert 38°. Die untere Halbwertsbreite liegt bei 5° und das Strahlungsmaximum bei 21,5°. Dieses vertikale Strahlungsdiagramm gilt sowohl für Rundstrahlantennen, wie die in Abschnitt 6.2.1.4 beschriebenen Breitbandreusen, als auch für Dipolantennen (Abschnitt 6.2.1.3) und für andere Richtantennen.

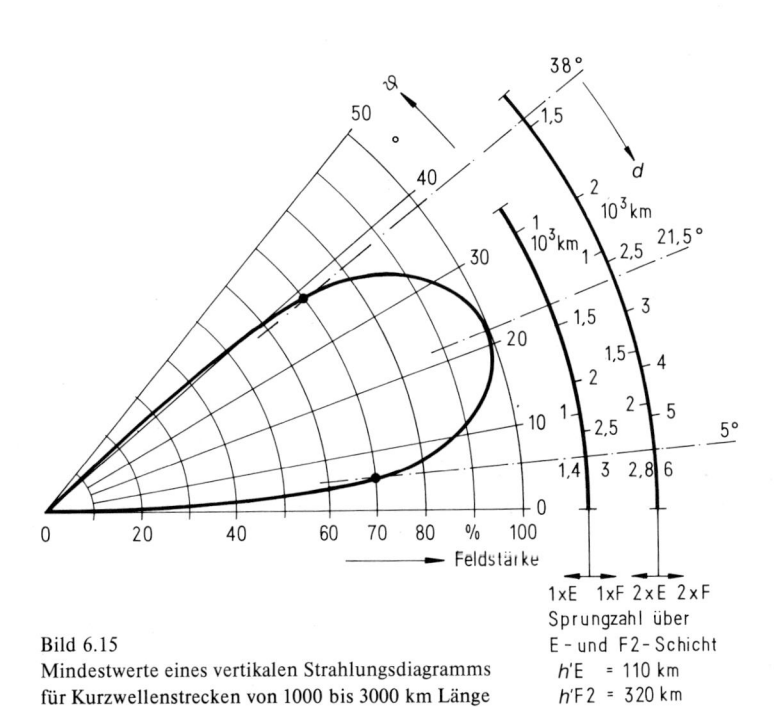

Bild 6.15
Mindestwerte eines vertikalen Strahlungsdiagramms
für Kurzwellenstrecken von 1000 bis 3000 km Länge

1xE   1xF   2xE   2xF
Sprungzahl über
E- und F2-Schicht
$h'E$ = 110 km
$h'F2$ = 320 km

Antennen, deren vertikale Strahlungsdiagramme sich dem in Bild 6.15 dargestellten annähern, sind Dipolantennen mit Höhen über dem Boden von $h_A = 0,4\,\lambda$ (Bild 6.11d, e, f), sowie für Rundstrahldienste Stabantennen oder besser Breitbandreusen mit einer Höhe bis zu 3,5 λ_0 (Bild 6.13a bis d). Bei Verwendung dieser Antennen muß berücksichtigt werden, daß deren geringer Gewinn gegebenenfalls eine hohe Senderleistung erforderlich macht, wenn ein der Sendeart entsprechendes Signal-/Geräuschverhältnis erreicht werden soll. Bei Rundstrahlsendungen werden Sender mit hoher Leistung oftmals nicht zu umgehen sein, bei Punkt-zu-Punkt-Verbindungen können jedoch Richtantennen mit einem hohen Gewinn eingesetzt werden, mit denen die geforderte Übertragungsqualität und -zeit auch mit geringeren Senderleistungen erreicht werden kann.

6.2.2.1 Logarithmisch-periodische Antennen

Bei dieser Antennenart – auch kurz bezeichnet als LP-Antennen – handelt es sich um Richtantennen, die häufig für Punkt-zu-Punkt-Verbindungen über mittlere und große Entfernungen eingesetzt werden; sie bestehen aus einer Anzahl von Strahlerelementen, die einen großen Frequenzbereich des Kurzwellenbandes umfassen. Wie die Bilder 6.16 und 6.17 zeigen, können diese in horizontaler oder vertikaler Polarisation angeordnet sein. Es gibt auch Ausführungen, bei denen die einzelnen Elemente aus gekreuzten Dipolen bestehen und dadurch eine elliptische Polarisation erzeugen. Eine eingehende theoretische Behandlung des logarithmisch-periodischen Antennenprinzips wird in den Veröffentlichungen [9], [10] und [11] gegeben.

Der Abstand zwischen den Strahlerelementen und deren Länge folgt einem, über den Frequenzbereich konstanten Faktor, der bestimmend ist für die Anzahl der Strahler und damit für die Dichte ihrer Anordnung. Der längste Strahler entspricht einem Halbwellendipol der tiefsten Frequenz des Bereiches der Antenne; er ist damit maßgebend für deren räumlichen Ausdehnung, die Höhe der Antennenmasten und den Geländebedarf für die Aufstellung der Antenne, also insgesamt für die aufzuwendenden Kosten der Antennenanlage. Die Überprüfung der Notwendigkeit, eine Funkverbindung auf tiefen Frequenzen während der Nachtstunden zu betreiben, sollte daher in die Lösung einer Planungsaufgabe einbezogen werden. Wird von einer LP-Antenne eine Frequenz innerhalb ihres Bereiches ausgesendet oder empfangen, so wird die Strahlergruppe aktiv, die für diese Frequenz die optimalsten Anpassungsbedingungen – d. h. die kleinste Welligkeit – bietet. Diese Strahlergruppe wird das Strahlungszentrum genannt. Je nach der Frequenz kann es jede Position entlang der Antenne einnehmen. Die Strahlerelemente außerhalb des Zentrums stellen für dessen Frequenz eine komplexe Belastung mit induktivem oder kapazitivem Imaginäranteil dar. Wie bei einem Halbwellendipol ist jedes

Strahlerelement nur für eine seiner Länge entsprechenden Frequenz in Resonanz und hat dafür die geringste Welligkeit. Besteht eine LP-Antenne bei einem großen Frequenzbereich nur aus wenigen Strahlern, so werden auch nur wenig Frequenzen optimale Anpassungsbedingungen vorfinden. Die Welligkeit solcher LP-Antennen kann dabei verhältnismäßig groß werden und die für den Sendefall noch zulässigen Werte überschreiten. Eine dichte Belegung mit Strahlerelementen, gegeben durch einen kleinen Abstandsfaktor, hat praktisch im gesamten Frequenzbereich der Antenne eine kleine Welligkeit ($s \leqq 2$).

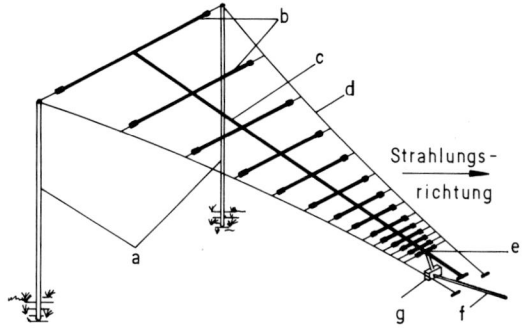

a Antennenmasten
b Dipolelemente
c Speiseleitung, symmetrisch
d Halteseile
e Antennenanschluß
f Koaxialkabel zum Funkgerät
g Symmetrierung

Bild 6.16
Aufbauskizze einer logarithmisch-periodischen Antenne mit horizontaler Polarisation

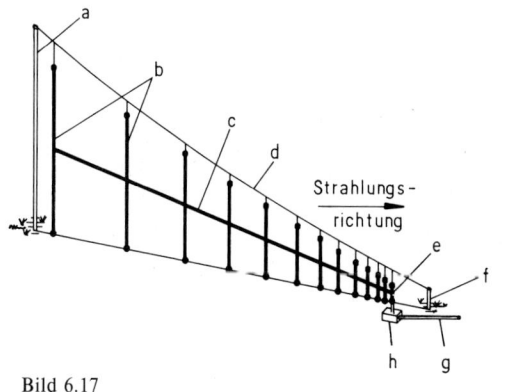

a Antennenmast
b Dipolelemente
c Speiseleitung, symmetrisch
d Halteseile
e Antennenanschluß
f Endmast
g Koaxialkabel zum Funkgerät
h Symmetrierung

Bild 6.17
Aufbauskizze einer logarithmisch-periodischen Antenne mit vertikaler Polarisation

Horizontal polarisierte LP-Antennen – wie in Bild 6.16 dargestellt – lassen sich so aufbauen, daß die Höhe der Dipolelemente über dem Boden in Wellenlängen gemessen für alle Strahler konstant ist. Der Erhebungswinkel bleibt dann über den ganzen Frequenzbereich gesehen ebenfalls konstant; er kann durch die Wahl der Antennenhöhe (siehe Bild 6.3) vorliegenden Ausbreitungs- und Streckenbedingungen angepaßt werden.

In den meisten Fällen wird der Eingangswiderstand der LP-Antennen mit 50 Ω unsymmetrisch entsprechend der internationalen Norm angegeben. Die Verbindung mit den Funkgeräten ist dann mit Koaxialkabeln möglich. Daneben gibt es auch LP-Antennen, deren Eingangswiderstand 300 Ω und 600 Ω beträgt und die als Zuleitung symmetrische Vierdraht- und Zweidrahtleitungen benötigen. Diese Antennenausführung ist vorteilhaft, wenn die Antennenzuleitung sehr lang wird und die Dämpfung eines Koaxialkabels (besonders bei den hohen Frequenzen) schon eine erhebliche Rolle spielt.

Mit Bezug auf das Strahlungsdiagramm Bild 6.15 müßte das Maximum für den Entfernungsbereich etwa 1000 bis 3000 km bei 21,5° und die Halbwertsbreiten bei 38° und 5° liegen. Nach Bild 6.3 ergibt sich für den Erhebungswinkel 21,5° das Strahlungsmaximum bei einer Antennenhöhe von 0,7 λ. Bezogen auf die tiefste Frequenz können hohe Antennenmasten mit entsprechend großen Kosten erforderlich werden. Bei einer Antennenhöhe von 0,5 λ steigt das Strahlungsmaximum auf etwa 30°, bei dem hier erwünschten Erhebungswinkel von 21,5° ist die dort vorhandene Strahlungskomponente aber nur 5% geringer als das Maximum. Gegenüber den durch die nicht konstanten Ausbreitungsbedingungen gegebenen, ist dieser geringe Verlust aber vernachlässigbar. Die meisten Hersteller von

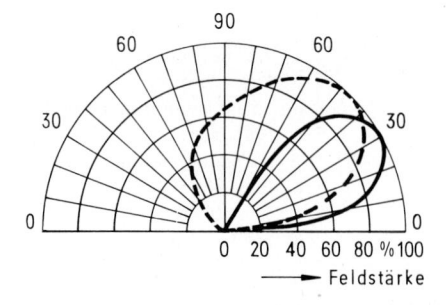

a) Vertikales Strahlungsdiagramm   b) Azimutales Strahlungsdiagramm

Bild 6.18
Typische Strahlungsdiagramme einer horizontal polarisierten logarithmisch-periodischen Antenne für Höhen über dem Boden von 0,3 λ (– – –) und 0,5 λ (———)

LP-Antennen verwenden aus diesem Grunde keine größeren Antennenhöhen als 0,5 λ. In Bild 6.18a sind die vertikalen Strahlungsdiagramme für Antennenhöhen von 0,3 λ und 0,5 λ dargestellt. Bild 6.18b zeigt das zugehörige azimutale Strahlungsdiagramm.

Der Gewinn dieser nur aus einem „Vorhang" bestehenden Antennen beträgt je nach Anordnung der Strahler 10 bis 12 dBi. Der Frequenzbereich ist von der Größe der Antennen abhängig. Für Konstruktionen nach Bild 6.16 beginnt er bei 3 MHz und geht bis zu 30 MHz. Diese unterste Frequenzgrenze ist in den meisten Fällen auch für die tiefen Nachtfrequenzen bei Funkverbindungen mit mittleren Streckenlängen ausreichend. Neben dieser Antennenausführung, die sich besonders für große Feststationen eignet, gibt es auch Konstruktionen, die aus einem freitragenden Mittelträger mit starren Strahlerelementen bestehen. Diese Antennen beginnen meist erst bei einer unteren Frequenz von etwa 6 MHz oder bei noch höheren Frequenzen; sie eignen sich für die Installation auf engen Antennengeländen und auf Gebäudedächern. Ähnliche Konstruktionen der LP-Antennen werden auf hohen Antennenmasten so aufgebaut, daß sie mit Hilfe eines Steuerungssystems in jede beliebige Großkreisrichtung gedreht werden können (siehe z. B. [12], [13]).

Für mittlere Streckenlängen im Bereich von 2000 bis 3000 km sind Erhebungswinkel von 13° bis 3° am günstigsten (Bilder 4.4, 4.27 und 6.15), wenn die Strecken mit einem Sprung über die F2-Schicht überbrückt werden sollen. Wie in Abschnitt 4.4.3 Beispiel 2 bei einer 2000 km langen Strecke empfohlen, eignen sich bei solchen festen Verbindungen auch die in Bild 6.17 dargestellten vertikal polarisierten logarithmisch-periodischen Antennen. Diese bestehen aus einer Anzahl von senkrecht angeordneten Strahlern, deren Länge und Abstand sich über den Frequenzbereich der Antenne, wie bei den horizontal polarisierten, um einen konstanten Faktor verringern. Gegenüber früheren Ausführungen, bei denen die Strahler an ihrem Fußpunkt an die Speiseleitung angeschlossen, und an diesen Stellen besondere Anpaßglieder notwendig waren, werden die Strahler jetzt aus senkrechten, in der Mitte mit einer symmetrischen Leitung gespeisten Dipolen gebildet. Die Strahlungsdiagramme von diesen Antennen zeigt Bild 6.19 bei unterschiedlichen Bodeneigenschaften und ohne ein zusätzliches Erdnetz. Die Gewinne, bezogen auf das Strahlungsmaximum, sind bei unendlich gut leitendem Boden 11 dBi bei einem Erhebungswinkel von 0°, für Seewasser 10 dBi bei 4° und für mittleren Boden 8 dBi bei 10°. Dieser Wert kann durch Auslegen eines Erdnetzes in Richtung der Strahlung auf 10 bis 12 dBi erhöht werden [14].

Für den Empfang werden ebenfalls logarithmisch-periodische Antennen der beschriebenen Ausführungen angewendet, wenn zur Verminderung der Streckendämpfung (siehe Abschnitt 4.4.1) der Gewinn der Empfangsantenne für die

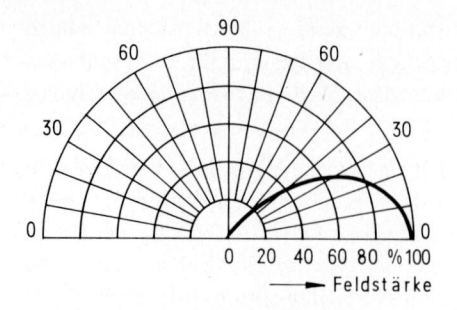

a) Vertikales Strahlungsdiagramm
über unendlich gut leitendem Boden

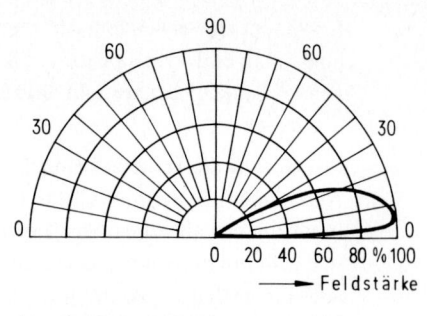

b) Vertikales Strahlungsdiagramm
über Seewasser

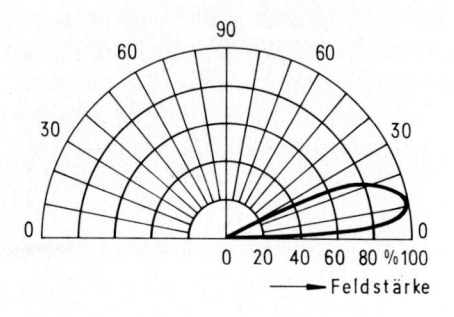

c) Vertikales Strahlungsdiagramm
über mittlerem Boden

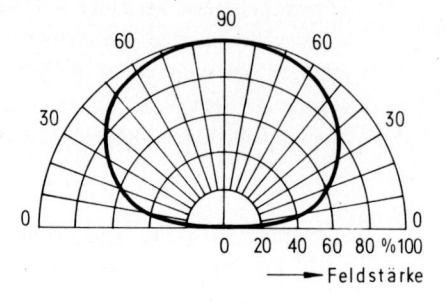

d) Azimutales Strahlungsdiagramm

Bild 6.19
Strahlungsdiagramme einer vertikal polarisierten logarithmisch-periodischen Antenne

Einhaltung der geforderten Übertragungsqualität von Bedeutung ist. Dies wird besonders bei längeren Funkstrecken in Betracht gezogen werden müssen. Für den Empfang von Telegrafiesendungen wird zur Verringerung der Fehlerhäufigkeit Diversity-Empfang (siehe Abschnitt 3.6) angewendet. Aus einer Kombination, bestehend aus einer horizontal und einer vertikal polarisierten LP-Antenne, die dicht nebeneinander aufgestellt werden können, wird eine wirksame Polarisations-Diversity-Antennenanordnung gebildet, deren Platzbedarf wesentlich geringer ist als der für eine, aus zwei Antennen bestehenden in mehreren Wellenlängen Abstand aufgestellten Raumdiversity-Anordnung.

6.2.3 Verbindungen über große Entfernungen

Bei Kurzwellenverbindungen über Entfernungen von etwa 3000 km bis 20000 km wird das dafür geeignete vertikale Strahlungsdiagramm durch die Erhebungswinkel bestimmt, die für die Überbrückung einer möglichst großen Sprungentfernung notwendig sind. Damit wird die geringste Anzahl von Reflexionen an den aktiven Schichten der Ionosphäre und ein Minimum der Streckendämpfung erreicht. Wegen der bei horizontalem Aufbaugelände nur mit einem hohen Kostenaufwand zu realisierenden großen Antennenhöhen können die erforderlichen kleinen Erhebungswinkel oft nicht erzeugt werden. Nach Bild 6.3 müßte für das Strahlungsmaximum bei 4° bereits eine Antennenhöhe von vier Wellenlängen vorhanden sein. Nur wenn die Nutzung eines in der Strahlungsrichtung abfallenden Geländes möglich ist (siehe Bild 4.5), können noch kleinere Erhebungswinkel erzielt werden.

Mit Bild 4.4 und Bild 4.27 läßt sich ein vertikales Strahlungsdiagramm darstellen, das den Forderungen nach möglichst kleinen Erhebungswinkeln auch unter Berücksichtigung der Höhenschwankungen der F2-Schicht weitgehend erfüllt. Wird vorausgesetzt, daß bei einer mittleren Höhe der F2-Schicht von $h'F2 = 320$ km für eine Entfernung von 4000 km bereits zwei Sprünge über je 2000 km Entfernung erforderlich sind, dann muß dafür ein Erhebungswinkel von $\vartheta = 13°$ vorhanden sein. Steigt die Höhe dieser Schicht auf 450 km, so wird $\vartheta = 19°$ und bei $h'F2 = 200$ km ergibt sich $\vartheta = 6,5°$. Wird als möglicher. durch handelsübliche Antennen noch darzustellender Erhebungswinkel der Halbwertsbreite von $\vartheta = 3°$ angenommen, so erhält man Sprungentfernungen von 3300 km bei $h'F2 = 320$ km und 4000 km bei $h'F2 = 450$ km. Das vertikale Strahlungsdiagramm für große Funkstreckenlängen

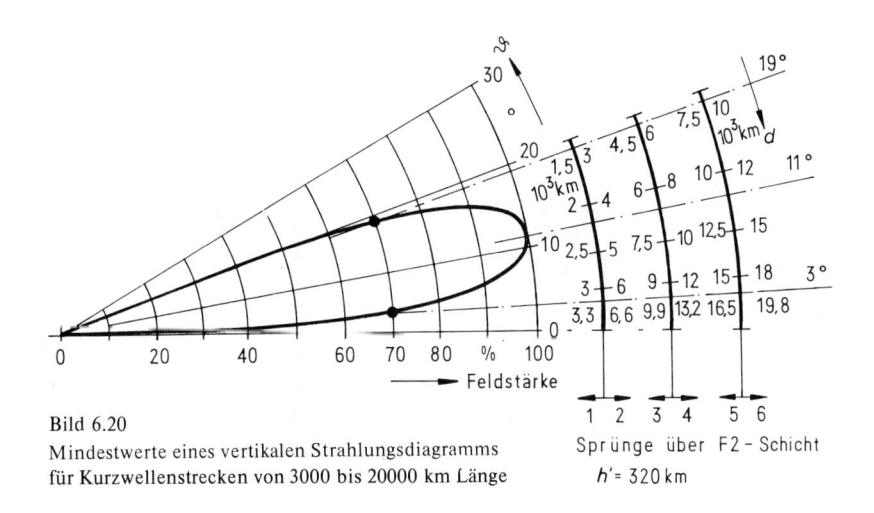

Bild 6.20
Mindestwerte eines vertikalen Strahlungsdiagramms für Kurzwellenstrecken von 3000 bis 20000 km Länge

Sprünge über F2-Schicht
$h' = 320$ km

sollte danach die Halbwertsbreiten bei 19° und 3° und das Strahlungsmaximum bei etwa 11° haben. Bild 6.20 zeigt dieses Strahlungsdiagramm; es sollte durch die für große Funkstreckenlängen ausgewählten Antennen so weit als möglich erreicht werden. Bei Verbindungen, die nur mit mehreren Sprüngen über die Ionosphäre hergestellt werden können, ist aber auch die Größe des Antennengewinnes für das erreichbare Minimum der Streckendämpfung und damit für die Einhaltung der geforderten Qualitätswerte maßgebend.

Unter Verwendung der horizontal und vertikal polarisierten logarithmisch-periodischen Antennen ist eine Anzahl von Konstruktionen entstanden, welche die Vorteile dieser Antennenart mit dem eines erhöhten Gewinns verbinden. Es seien hier nur zwei der am häufigsten angewendeten Antennen dieser Art erwähnt.

6.2.3.1 Horizontal polarisierte, logarithmisch-periodische Doppelantenne

Werden zwei Antennen nach Bild 6.16 untereinander an den gleichen Masten befestigt und an ihren Speisepunkten über eine Symmetrier- und Verteileinrichtung zusammengeschaltet, so entsteht eine logarithmisch-periodische Doppelantenne. Deren Frequenzbereich kann den gleichen Umfang haben, wie die einfache Antenne; ihr Gewinn erhöht sich aber von 10 bis 12 dBi auf 13 bis 15 dBi je nach Aufbau der Antenne. In Bild 6.21 sind die Strahlungsdiagramme einer solchen Antenne dargestellt. Dabei fällt auf, daß bei der tiefsten Frequenz – hier 3 MHz – die Halbwertsbreite größer ist und das Strahlungsmaximum bei einem höheren Erhebungswinkel liegt, als es bei der höchsten Frequenz, hier 30 MHz, der Fall ist.

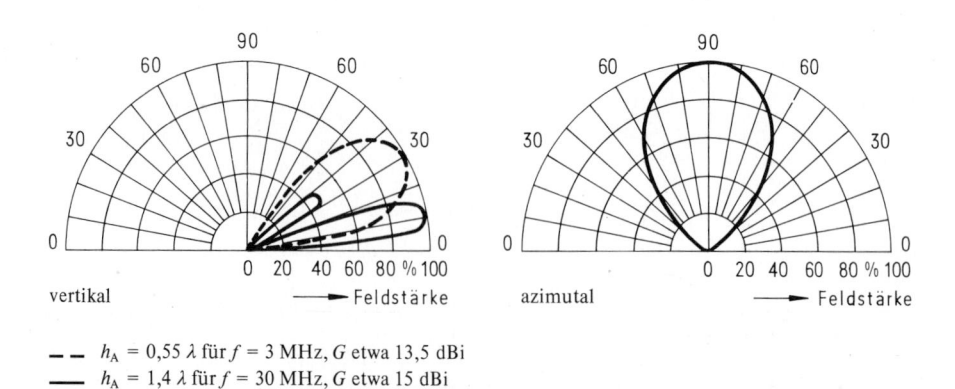

– – $h_A = 0{,}55\,\lambda$ für $f = 3$ MHz, G etwa 13,5 dBi
— $h_A = 1{,}4\,\lambda$ für $f = 30$ MHz, G etwa 15 dBi

Bild 6.21
Typische Strahlungsdiagramme einer horizontal polarisierten, logarithmisch-periodischen Doppelantenne 3 bis 30 MHz

Die Ursache liegt darin, daß bei dem betrachteten Modell bei der tiefsten Frequenz die Antennenhöhe etwa 0,5 λ beträgt, während sie bei der höchsten Frequenz etwa 1,4 λ ist. Die Halbwertspunkte liegen bei 3 MHz bei 11° und 46°, und das Strahlungsmaximum bei 28°. Bei 30 MHz sind die entsprechenden Werte 4° und 16° und das Maximum bei 10°. Bei den hohen Tagfrequenzen entspricht dieses Strahlungsdiagramm angenähert dem in Bild 6.20 dargestellten; die Anzahl der Sprünge über die Ionosphäre wird dann geringer sein, als bei den tiefen Nachtfrequenzen. Wie dazu aus den Beispielen 1 bis 3 in Abschnitt 4.4.3 zu entnehmen ist, nimmt die Streckendämpfung in den Nachtstunden erheblich ab. Wenn in dieser Zeit die Anzahl der Sprünge wegen der steileren Erhebungswinkel ansteigt, wird das auf die Qualität des empfangenen Signals nur einen geringfügigen Einfluß haben. Während der Tagesstunden kann jedoch auf ein Minimum an Sprüngen nicht verzichtet werden. Das azimutale Strahlungsdiagramm hat die gleiche Form und Halbwertsbreite wie bei der Antenne nach Bild 6.16, weil in der horizontalen Ausdehnung der Antenne die Anzahl der Dipole gleich geblieben ist. Die Gewinne betragen bei 3 MHz etwa 13,5 dBi und bei 30 MHz 15 dBi.

6.2.3.2 Vertikal polarisierte, logarithmisch-periodische Doppelantenne

Diese Antenne besteht aus zwei vertikal polarisierten, logarithmisch periodischen Antennen – wie in Bild 6.17 dargestellt – die unter einem bestimmten, den maximal möglichen Gewinn ergebenden Winkel zueinander aufgebaut werden. Am Scheitelpunkt dieses Winkels erfolgt die Einspeisung der beiden Antennen. Wie Bild 6.22

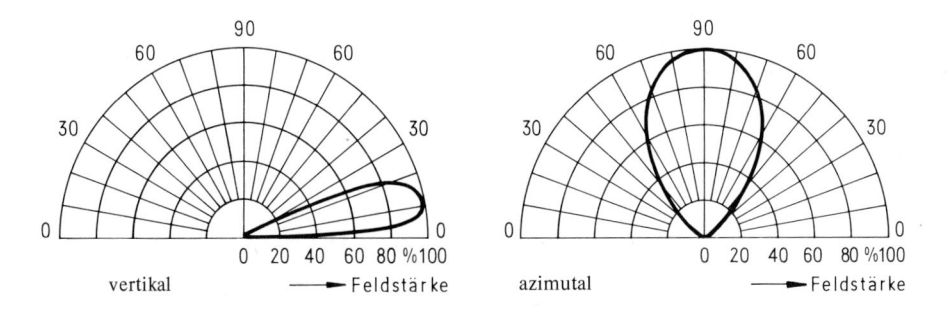

Bild 6.22
Typische Strahlungsdiagramme einer vertikal polarisierten, logarithmisch-periodischen Doppelantenne, G etwa 12 dBi über mittlerem Boden

zeigt, ist das vertikale Strahlungsdiagramm dieser Antenne über den ganzen Frequenzbereich konstant und hat die gleiche Form wie bei der Antenne nach Bild 6.19c, wenn mittlerer Boden vorausgesetzt wird. Es ist in guter Übereinstimmung mit dem Diagramm Bild 6.20. Die Sprungentfernung ist deshalb groß und für Tag- und Nachtfrequenzen gleich. Die Halbwertsbreite des azimutalen Strahlungsdiagramms ist wegen der Verdoppelung der Strahler aber nur noch halb so groß wie bei der Antenne Bild 6.17, d. h. der Gewinn der Antenne ist um 3 dB gestiegen. Besteht die Antenne aus Halbwellendipolen wie in Bild 6.17, dann steigt der Gewinn, bezogen auf einen mittleren Boden, auf etwa 12 dBi. Die Funkgeräte werden am hochfrequenten Ende der Antennenkombination über eine Symmetrier- und Verteilereinrichtung angeschlossen.

Neben den logarithmisch-periodischen Antennen werden für Punkt-zu-Punkt-Verbindungen und zur Flächenversorgung über große Entfernungen auch andere Richtantennen verwendet, von denen zwei Beispiele kurz beschrieben werden.

6.2.3.3 Rhombusantennen

Wie der Name bereits andeutet, besteht die Rhombusantenne aus einer an vier gleich hohen Masten in Form eines Rhombus ausgespannten symmetrischen Zweidrahtleitung. Eingespeist wird an dem einen Ende der langen Diagonale des Rhombus, am anderen Ende ist die Antenne mit einem Widerstand von der Größe ihres Wellenwiderstandes abgeschlossen. Der Mittelpunkt dieses Widerstandes ist galvanisch geerdet. Durch diesen Abschluß ergeben sich auf der Antenne fortschreitende Wellen; sie wird sehr breitbandig und ist nicht in Resonanz für eine ihrer Länge entsprechenden Frequenz. Der nutzbare Frequenzbereich wird trotzdem auf ein Verhältnis von maximal 1 : 3 begrenzt, weil mit steigender Frequenz die Länge der Rhombusseiten in Wellenlängen gemessen größer wird und die Anzahl und Stärke der Nebenkeulen im Strahlungsdiagramm zu groß wird. Diese ändern in Abhängigkeit von der Frequenz ihren Erhebungswinkel und ihre Strahlungsrichtung und können dadurch die Ursache von Störungen anderer Funkdienste bilden.

Für den Sendebetrieb muß die Welligkeit einer Antenne klein bleiben, damit die der Sendung zur Verfügung stehende Energie nicht unzulässig vermindert wird (siehe Bild 6.5). Neben dem Abschlußwiderstand am Ende der Antenne, der bereits einen Beitrag zu einer reduzierten Welligkeit liefert, muß auch der Wellenwiderstand der aus einer Zweidrahtleitung mit steigendem Leiterabstand gebildeten Antenne so weit wie möglich konstant gehalten werden. Dies ist möglich, wenn die Antennenleiter dreidrähtig ausgeführt werden. Von den Endpunkten der langen Diagonalen des Rhombus ausgehend, werden die Antennenleiter so zu den Endpunkten der kurzen Diagonalen geführt, daß dort ein bestimmter Abstand

Tabelle 6.4 Technische Daten für Rhombusantennen

Frequenz		f	$2f$	$3f$
Länge der Rhombusseite		2λ	4λ	6λ
Höhe über dem Boden		$0,6\lambda$	$1,2\lambda$	$1,8\lambda$
Halber Öffnungswinkel gegen lange Diagonale	α	20°	20°	20°
Strahlungsmaximum bei Erhebungswinkel	ϑ	28,5°	13,5°	8°
Unterer Halbwertspunkt	ϑ	18°	7°	5°
Oberer Halbwertspunkt	ϑ	38°	19°	13°
Halbwertsbreite azimutal		±13°	±8°	±6°
Gewinn im Strahlungsmaximum		14 dBi	19 dBi	22 dBi

zwischen Drähten vorhanden ist. Soll z. B. ein Wellenwiderstand von 600 Ω aufrecht erhalten werden, so wird bei einem Abstand der Drähte von 1,5 m keine größere Abweichung als 25% des Wellenwiderstandswertes der Leitung auftreten. In Tabelle 6.4 sind allgemeine technische Daten zusammengestellt.

Die vertikalen und die azimutalen Strahlungsdiagramme sind in Bild 6.23 dargestellt. Wie aus den Abmessungen entnommen werden kann, ist die Höhe der Rhombusantennen über dem Boden durch die Wellenlänge der Betriebsfrequenz gegeben. Dementsprechend verhalten sich auch die vertikalen Strahlungsdiagramme. Bei der untersten Frequenz ist der Erhebungswinkel am größten; er nimmt mit steigender Frequenz ab und erreicht den kleinsten Wert bei der höchsten Frequenz. Wie bereits bei den logarithmisch-periodischen Doppelantennen erwähnt (Abschnitt 6.2.3.1), ist dies jedoch kein Nachteil, weil bei den tiefen Nachtfrequenzen wesentlich geringere Streckendämpfungen vorhanden sind und deshalb ein oder zwei zusätzliche Sprünge über die Ionosphäre keine ausschlaggebende Verschlechterung der Übertragungsqualität bewirken. Bei den hohen Tagfrequenzen ist aber der Erhebungswinkel so klein, daß die Anzahl der Sprünge, auf die Länge der Strecke bezogen, ein Minimum wird. Im Verlauf nach den hohen Frequenzen stimmen die vertikalen Strahlungsdiagramme mit den anzustrebenden Werten in Bild 6.20 gut überein.

vertikal ──► Feldstärke   azimutal ──► Feldstärke

– – – Strahlungsdiagramme für f
────── Strahlungsdiagramme für $2f$
─·─·─ Strahlungsdiagramme für $3f$

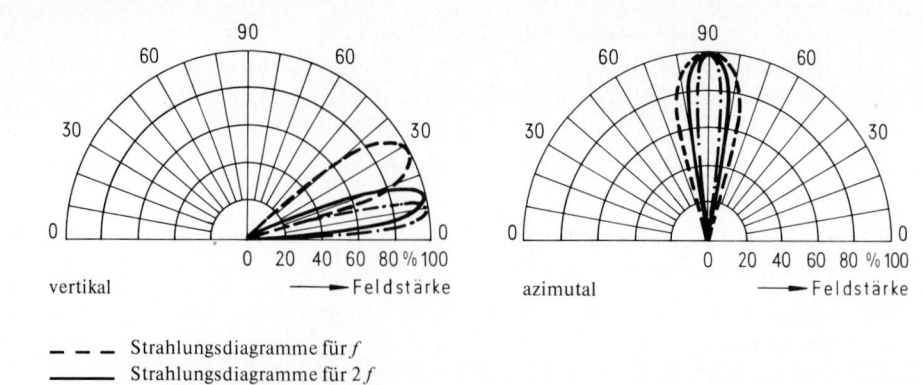

Bild 6.23
Typische Strahlungsdiagramme einer Rhombusantenne, Frequenzbereichsverhältnis 1 : 3, Seitenlänge 2 λ bis 6 λ, Höhe über dem Boden 0,6 λ bis 1,8 λ, Werte siehe Tabelle 6,4

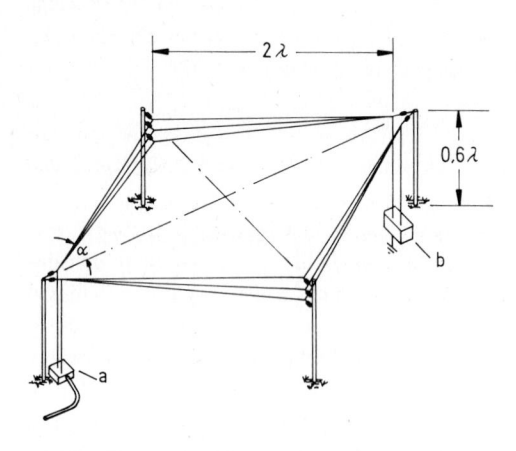

a Symmetriertransformator
b Abschlußwiderstand
Abmessungen der Seitenlänge und der Antennenhöhe gelten für die unterste Frequenz des Frequenzbereiches der Rhombusantenne

Bild 6.24 Prinzipeller Aufbau einer Rhombusantenne mit typischen Abmessungen

Wie für die Sendeseite, können Rhombusantennen auch für Empfangszwecke eingesetzt werden. Der hohe Gewinn dieser Antennen liefert einen erheblichen Beitrag zur Verminderung der Streckendämpfung. Die Welligkeit der Antenne hat jedoch dabei nicht die große Bedeutung wie im Sendefall; die Empfangsrhomben werden deshalb nur eindrähtig ausgeführt.

Für die Dimensionierung von Rhombusantennen sei u. a. auf die Arbeiten von A. E. Harper und E. A. Laporte verwiesen [15], [16]. Der prinzipielle Aufbau einer Sende-Rhombusantenne ist in Bild 6.24 dargestellt, in dem auch die Spreizung der Antennenleiter an den Enden der kleinen Diagonalen zu erkennen ist.

6.2.3.4 Dipolwände

Besonders für weltweite Rundfunksendungen im Kurzwellenbereich werden Dipolwände eingesetzt; sie bestehen aus mehreren, mit Halbwellendipolen besetzten waagerechten Zeilen und senkrechten Spalten. Ein 16er-Feld enthält z. B. vier Zeilen untereinander mit je vier Dipolen. Wird die gleiche Strahlerkombination hinter diesen Dipolen nochmals in einem Abstand von 0,25 bis 0,3 λ aufgebaut, so bildet diese eine gespeiste Reflektoranordnung. Die Strahlung entgegengesetzt zu der gewünschten Richtung wird dadurch unterdrückt und der Gewinn der Antenne um den Faktor 2 erhöht. Mit dieser Anordnung ergibt sich auch die Möglichkeit, mit Hilfe einer Umschalteinrichtung die Wirkungsweise der Dipole und der Reflektoren zu vertauschen und Sendungen in der entgegengesetzten Richtung auszustrahlen. Werden mehrere Dipole in einer Zeile angeordnet ($n = 4$), so kann durch eine phasenverschobene Speisung der einzelnen Dipole eine Schwenkung des azimutalen Strahlungsdiagramms nach der einen oder der anderen Seite bewirkt und damit andere Versorgungsgebiete erreicht werden. Der Frequenzbereich solcher Anordnungen bei Breitbandausführung umfaßt bei Einhaltung der für den Sendebetrieb günstigen Welligkeit von $s \leq 2$ etwa das Frequenzverhältnis 2 : 1. Mit einer solchen Antennenanlage können dann bis zu vier Rundfunkbänder (siehe Tabelle 2.8) ausgestrahlt werden. Das vertikale Strahlungsdiagramm und dessen Erhebungswinkel werden durch die Anzahl der Dipole in den Spalten und Zeilen und deren Höhe $\left(\frac{h}{\lambda}\right)$ über dem Boden bestimmt. Für den Gewinn der Antennenanordnung im Strahlenmaximum ist die gesamte Anzahl der Dipole und deren Höhe über dem Boden maßgebend. Bei der als Beispiel genannten Anordnung von 4 · 4 Dipolen mit Reflektor werden im Durchschnitt etwa 20 dBi erreicht. Die vertikalen Strahlungsdiagramme liegen dabei im Bereich der in Bild 6.20 angegebenen Werte.

6.3 Antennen für Bodenwellenausbreitung

Wie aus Abschnitt 5.1.2 und Bild 5.11 zu entnehmen ist, sind vertikal polarisierte Wellen für die Ausbreitung der Bodenwelle den horizontal polarisierten weit überlegen. Als Beispiel ist dazu erwähnt, daß die Streckendämpfung in dem für diese Ausbreitungsart günstigen Frequenzbereich von 2 bis 10 MHz bezogen auf einen mittleren Boden um 40 bis 50 dB geringer werden kann. Kurzwellenstationen, die mit Hilfe der Bodenwelle einen Nachrichtenaustausch durchführen sollen, werden aus diesem Grunde mit vertikal polarisierten Antennen ausgerüstet.

Kleine ortsfeste und bewegliche Stationen verwenden Stab- und Peitschenantennen, die auf die Betriebsfrequenz abgestimmt werden. Ein gutes Erdnetz (siehe Abschnitt 6.2.1.2) ist zur Verbesserung des Wirkungsgrades solcher Antennen erforderlich. Da die im unteren Bereich des Kurzwellenbandes liegenden, für die Bodenwelle geeigneten Frequenzen auch bei Raumwellenausbreitung über kurze Entfernungen von mehreren hundert Kilometern einsetzbar sind, wird bei beweglichen Stationen oft die Schrägdrahtantenne benutzt; sie besteht aus einem leicht transportierbaren Steckrohrmast, von dessen oberen Ende ein Antennendraht schräg nach unten gespannt wird. Ein Anpaßgerät übernimmt die Abstimmung auf die Betriebsfrequenz. Diese Antenne hat sowohl vertikal, als auch horizontal polarisierte Strahlungskomponenten und kann deshalb zur Nachrichtenübertragung im Bodenwellenbereich wie auch im anschließenden Raumwellenbereich dienen. Sie muß ebenfalls mit einem Erdnetz versehen werden.

Küstenfunkstellen müssen große Seegebiete mit mehr als 1000 km Ausdehnung mit Nachrichten über die Bodenwelle versorgen können. Neben der Wahl einer günstigen Frequenz (siehe Bild 5.4) ist dazu auch der Gewinn der verwendeten Antenne maßgebend für die Übertragungssicherheit. Vertikal polarisierte logarithmisch-periodische Antennen – wie in Bild 6.17 dargestellt – sind für derartige Funkverbindungen besonders gut geeignet, weil die große Halbwertsbreite des azimutalen Strahlungsdiagramms von ± 60° auch die Überdeckung eines großen Seebereiches ermöglicht. Um jegliche Erhöhung der Streckendämpfung durch größere Landgebiete zu vermeiden, sollten die Antennen der Küstenfunkstellen so dicht wie möglich an der See aufgestellt werden.

Außer diesen Antennen werden für die Bodenwellenausbreitung auch im Küstenfunkdienst die in Abschnitt 6.2.1.4 beschriebenen Breitbandreusen angewendet.

6.4 Empfangsantennen

Die bisher beschriebenen Antennen können sowohl als Sende- als auch als Empfangsantennen eingesetzt werden. Bei langen Funkstrecken wird deren Gewinn einen erheblichen Beitrag zur Verminderung des Gesamtverlustes liefern (siehe Abschnitt 4.4, Gleichung (4.8)) und damit oftmals erst die Nachrichtenübermittlung über eine längere Zeit möglich machen. In ihrer Konstruktion sind sie dazu – besonders mit Bezug auf die Abmessungen des Antennenanschlusses und die geringe Belastbarkeit eventuell erforderlicher Symmetrier- und Anpassungseinrichtungen – weniger aufwendig ausgelegt. Antennenanordnungen für Diversitybetrieb und die dafür wirksamen Antennenabstände bei Raumdiversity sind in Abschnitt 3.6.1.1 und Polarisationsdiversity in den Abschnitten 3.6.1.2 und 6.2.2.1 behandelt.

Besonders im Bereich der kurzen Entfernungen, bei denen typische Richtantennen wegen der Ausbildung ihrer vertikalen Strahlungsdiagramme mit vorzugsweise flachen Erhebungswinkeln nicht wirkungsvoll einsetzbar sind, können den dort vorliegenden Bedingungen besser angepaßte Antennen einfacherer Konstruktion und wesentlich kleinerer Aufbaufläche angewendet werden. Aus der Vielzahl der auf dem Markt befindlichen Antennentypen dieser Art sollen hier nur zwei in vielen Funkdiensten eingesetzten Antennen näher beschrieben werden.

6.4.1 Empfangsantenne mit wählbarer Polarisation

Diese Antenne wird von F. Scheuerecker in [17] beschrieben; sie besteht aus zwei gekreuzten horizontal polarisierten Dipolen und einem Vertikalstrahler, die gemeinsam auf einem Rohrmast angeordnet sind. Jede dieser drei Antennen hat ihren eigenen, von den beiden anderen unabhängigen Anschluß. Damit sind mehrere Betriebsmöglichkeiten gegeben, wie der Empfang von Bodenwellen mit dem Vertikalstrahler, der Empfang von Raumwellen mit den beiden horizontalen Dipolen und Polarisationsdiversity-Betrieb, wenn die drei Antennen an ein Diversity-Auswahlgerät angeschlossen werden. Da die Strahler nur so lang sind, daß das mit ihnen aufgenommene atmosphärische Rauschen ausreichend stark gegen das Eigenrauschen der Empfangsgeräte und die Welligkeit der Antenne für den Empfang von untergeordneter Bedeutung ist, kann die Antenne praktisch über den ganzen Kurzwellenbereich benutzt werden. Die Strahlungsdiagramme der drei Antennen sind von der Aufstellungshöhe und den Bodeneigenschaften abhängig. Die einfache Konstruktion der Antenne läßt auch die Montage auf Dächern und Schiffen zu.

Weitere Angaben und Erklärungen sind in [17] nachzulesen.

6.4.2 Aktive Empfangsantennen

Das Prinzip der aktiven Empfangsantennen wird von H. Meinke in [18] ausführlich beschrieben. Es besteht darin, daß ein Einzelstrahler, der sehr kurz gegen die Wellenlänge der Betriebsfrequenz ist, direkt an seinem Speisepunkt mit dem hochohmigen, kapazitiven Eingang eines Verstärkers ohne Zwischenschaltung einer Leitung verbunden ist. Diese Zusammenschaltung bedeutet für den Empfang von Kurzwellen folgendes:

Ist die Länge oder die Höhe einer Antenne nicht größer als $\frac{\lambda}{8}$ der höchsten zu empfangenden Frequenz, so wird sie in ihrem gesamten Frequenzbereich resonanzfrei sein. Für die höchste Frequenz des Kurzwellenbereiches (30 MHz) entspricht dies einer Strahlerlänge von $\leq$ 1,25 m. Der Scheinwiderstand solcher kurzen Antennen hat eine praktisch vernachlässigbare Frequenzabhängigkeit, die Antennen haben Breitbandcharakter. Wird zwischen die Antenne und den Verstärkereingang eine Leitung geschaltet, so geht diese Eigenschaft wieder verloren, weil die Leitung eine Verlängerung der Antenne darstellt, die innerhalb des Frequenzbereiches wieder Resonanzen haben kann. Auch wenn Transformationsglieder zwischen der Antenne und Leitung und von dieser auf den Verstärker- oder Empfängereingang eingesetzt werden müssen, wird die Breitbandigkeit ebenfalls beeinträchtigt. Erst wenn der Verstärker ein integrierter Bestandteil der Antenne ist, ergibt sich eine Unabhängigkeit von den nachgeschalteten Leitungen und Anpassungseinrichtungen. Die Breitbandigkeit bleibt erhalten.

Im Frequenzbereich bis 30 MHz kann vorausgesetzt werden, daß das atmosphärische, und bei den höheren Frequenzen dieses Bereiches das kosmische Rauschen sowie die industriellen Störungen (siehe Bilder 2.21a, 2.22a und 2.23) das Eigenrauschen des Verstärkers und des Empfängers erheblich übersteigen. Wie aus [18] zu entnehmen ist, wird bei den aktiven Antennen die günstigste Länge einer Antenne erreicht, wenn die Größe der von ihr durch die Aufnahme des Außenrauschens abgegebenen Spannung gleich der von dem Verstärker oder Empfänger erzeugten Rauschspannung ist.

Bei elektronischen Schaltungen – wie sie der Verstärker in der Antenne darstellt – muß damit gerechnet werden, daß wegen der Vielzahl der von der Antenne gleichzeitig empfangenen Frequenzen durch nichtlineare Charakteristiken der verwendeten Bauelemente Kreuzmodulationsprodukte, Intermodulationen und Oberwellen entstehen. Eine vollständige Unterdrückung dieser das Nutzsignal störenden Frequenzen ist nicht möglich. Durch die geringe Länge der Antenne ist sowohl die Amplitude des Nutzsignales, als auch die der gleichzeitig aufgenommenen nicht gewünschten Frequenzen am Eingang des integrierten Verstärkers klein. Damit wird auch der Anteil der nichtlinearen Verzerrungen geringer; sie vermindern sich mit dem quadratischen Wert der Störamplituden. Werden diese z. B. auf die Hälfte reduziert, dann gehen die Kreuzmodulationsprodukte auf ein Viertel ihres Wertes (= -12 dB) zurück.

Die kleinen Abmessungen der aktiven Antennen haben den Vorteil, daß der Platzbedarf für deren Aufstellung äußerst gering ist; sie können ohne Schwierigkeiten auf Dächern, Fahrzeugen und Schiffen installiert werden.

Literatur

[1] CCIR-Recommendation 162-2, Use of directional antennas in the band 4 to 28 MHz. New Delhi 1970

[2] Zuhrt, H.: Elektromagnetische Strahlungsfelder, Kap. 17. Springer-Verlag, Berlin, Göttingen, Heidelberg 1953

[3] Simon, A.: Anpassungsschaltungen für unsymmetrische Drahtantennen. Frequenz 8 (1954) Nr. 2 S. 1-9

[4] Terman, F. E.: Radio Engineers Handbook, Section 11. McGraw-Hill Book Comp., New York and London 1943

[5] Brückmann, H.: Antennen. Hirzel Verlag, Leipzig 1939

[6] Hagn, G. H.; Laan, J. E. van der: Measured relative responses toward the zenith of short whip antennas on vehicles at high frequencies. IEEE Trans. on vehicular Technology, VT-19 (1970) No. 3, S. 230-236

[7] D'all Armi, G. von: Leichte Vertikal-Reusenantennen für den Kurzwellenbereich. Siemens-Z. 40 (1966), S. 705-708

[8] Jäger, G.: Der Einfluß des Erdbodens auf Antennendiagramme im Kurzwellenbereich. Int. elektron. Rdsch. 24 (1970) Nr. 4 S. 101-104

[9] Duhamel, R. H.; Isbell, D. E.: Broadband logarithmically periodic antenna structures. IRE National convention record (1957) Part 1, S. 119-128

[10] Duhamel, R. H.; Ore, F. R.: Logarithmically periodic antenna design. IRE National convention record (1958) Part 1, S. 139-151

[11] Duhamel, R. H.; Berry, D. G.: Logarithmically periodic antenna arrays. Wescon convention record (1958) Part 1, S. 161-174

[12] Stark, A.: Drehbare logarithmisch periodische Dipolantenne für 5 bis 30 MHz. Neues von Rohde und Schwarz Nr. 63 (Okt./Nov. 1973) S. 16-21

[13] Stark, A.: Dimensioning log.-periodic short wave antennas using computer analysis. Communications international June 1977, S. 40-46

[14] Blum, L.: Super high gain log.-periodic antennas provide high communication reliability. Communications international, June 1977, S. 53

[15] Harper, A. E.: Rhombic antenna design. D. van Nostrand Co. Inc. New York, N. Y. 1941

[16] Laport, E. A.: Design data of rhombic antennas. RCA Rev. 13 (1952) No. 1 S. 71-94

[17] Scheuerecker, F.: Eine Kurzwellenantenne mit wählbarer Polarisation. Radio Mentor XXXI (1965) Heft 7, S. 573-575

[18] Meinke, H. H.: Aktive Empfangsantennen. Int. elektron. Rdsch. 23 (1969) Nr. 6, S. 141-144

Anhang

Vergleich der Bezeichnungen der wichtigsten Sendearten im Kurzwellen-Funkverkehr nach Radio-Regulations, Genf 1976 und CCIR-Empfehlung 504 Kyoto 1978.

(Auszug aus CCIR-Empfehlung 504)

Beschreibung der Modulation	Nach Radio-Regulations Genf 1976	Nach CCIR-Rec. 504 Kyoto 1978 Kennzeichen 1,2,3	Kennzeichen 4,5
I. Unmoduliertes Signal Standardfrequenzen ohne Zeitsignal	A0	NON	– –
II. Ein Nachrichtenkanal mit quantisierter oder digitaler Information, ohne moduliertem Unterträger			
A) Amplitudenmodulierte Sendungen:			
Morsetelegrafie, Hörempfang	A1	A1A	AN
Morsetelegrafie, automatischer Empfang	A1	A1B	AN
Fernmessung mit Kodeelementen der gleichen Anzahl und Dauer ohne Fehlerkorrektur	A1	A1D	BN
B) Frequenzmodulierte Sendungen			
Morsetelegrafie mit Frequenzumtastung für automatischen Empfang	F1	F1B	AN
Frequenzumtastung, Fernschreiber 5er-Kode, ohne Fehlerkorrektur	F1	F1B	BN
Schmalband direkt druckendes Telegrafiesystem im beweglichen Seefunkdienst	F1	F1B	CN
Faksimile, quantisiert (Wetterkarten)	F4	F1C	AN
Datenübertragung in quantisierter Form	F1	F1D	BN
III. Ein Nachrichtenkanal mit quantisierter oder digitaler Information, mit moduliertem Unterträger.			
A) Amplitudenmodulierte Sendungen:			
A1) Doppelseitenband:			
Morsetelegrafie für Hörempfang, ein-aus-Tastung des modulierten Unterträgers	A2	A2A	AN

Beschreibung der Modulation	Nach Radio-Regulations Genf 1976	Nach CCIR-Rec. 504 Kyoto 1978	
		Kennzeichen 1,2,3	Kennzeichen 4,5
Morsetelegrafie für automatischen Empfang, ein-aus-Tastung des modulierten Unterträgers	A2	A2B	AN
A2) Einseitenband, voller Träger:			
Standard Frequenzen mit Zeitsignal	A2H	H2X	XN
Selektivrufsignal mit Frequenzkode	A2H	H2B	FN
A3) Einseitenband, unterdrückter Träger:			
Schnellmorsetelegrafie, ein-aus-Tastung des modulierten Unterträgers	A2J	J2B	AN
Doppelton-Telegrafiesystem mit moduliertem Unterträger und Fehlerkorrektur	A2J	J2B	CN
Telegrafie mit Vielfachzustandskode, bei dem jeder Zustand oder Kombination von Zuständen ein Zeichen darstellt	A7J	J2B	FN
IV. Ein Nachrichtenkanal mit analoger Information			
A) Amplitudenmodulierte Sendung:			
A1) Doppelseitenband:			
Rundfunk	A3	A3E	GN
Telefonie mit Verschlüsselung	A3	A3E	KN
Telefonie ohne Verschlüsselung	A3	A3E	– –
Analoges Faksimile	A4	A3C	– –
A2) Einseitenband, voller Träger:			
Telefonie, kommerzielle Qualität mit Verschlüsselung	A3H	H3E	KN
A3) Einseitenband, reduzierter Träger:			
Telefonie mit Verschlüsselung	A3A	R3E	KN
Rundfunk	A3A	R3E	GN
A4) Einseitenband, unterdrückter Träger:			
Telefonie mit Verschlüsselung	A3J	J3E	KN
Telefonie mit gesondertem frequenzmoduliertem Signal zur Pegelkontrolle der demodulierten Sprache, (Lincompex)	A3J	J3E	LN
Analoges Faksimile (Frequenzmodulation eines tonfrequenten Unterträgers, der den Hauptträger moduliert)	A4J	J3C	– –

Beschreibung der Modulation	Nach Radio-Regulations Genf 1976	Nach CCIR-Rec. 504 Kyoto 1978	
		Kennzeichen 1,2,3	Kennzeichen 4,5
V. Zwei oder mehr Nachrichtenkanäle mit quantisierter oder digitaler Information			
A) Amplitudenmodulierte Sendung:			
Einseitenband mit reduziertem Träger, Wechselstromtelegrafiesystem mit Fehlerkorrektur, einige Kanäle mit Zeitmultiplex	A7A	R7B	CW
Unabhängiges Seitenband mit quantisierter Faksimile in einem Seitenband und Wechselstromtelegrafiesystem mit Fehlerkorrektur und Zeitmultiplex in dem anderen Seitenband	A9B	B7W	WW
B) Winkelmodulierte Sendung:			
Frequenzmodulation Vier-Frequenz Diplex	F6	F7B	DX
VI. Zwei oder mehr Nachrichtenkanäle mit analoger Information			
A) Amplitudenmodulierte Sendung:			
Einseitenband, unterdrückter Träger, Telefonie kommerzieller Qualität mit Verschlüsselung	A3J	J8E	KF
Unabhängiges Seitenband, Telefonie mit kommerzieller Qualität mit Verschlüsselung	A3B	B8E	KF
Zwei analoge Faksimilesignale	A4B	B8C	XF
Telefonie mit einem gesondertem frequenzmoduliertem Signal zur Pegelkontrolle der demodulierten Sprache (Lincompex)	A3B	B8E	LF
VII. Kombinierte Systeme mit einem oder mehreren Kanälen, die quantisierte oder digitale Informationen zusammen mit einem oder mehreren Kanälen mit analogen Informationen enthalten			
A) Amplitudenmodulierte Sendung:			
Unabhängiges Seitenband mit mehreren Telegrafiekanälen mit Fehlerkorrektur zusammen mit mehreren Telefoniekanälen mit Sprachverschlüsselung	A9B	B9W	WF

Stichwortverzeichnis

Absorption in der Ionosphäre 13
Absorptionsindex 222, 223 ff.
Absorptionsschwund 35
Abstrahlwinkel 135, 138, 139
Aktive Schichten 11, 20
Amateure 11, 74 ff.
Amplitudenmodulaton 87
Anruffrequenz 73
Antenne, Bezugs- 307, 308
– Breitband- 261, 295, 316, 322
– Breitbandreusen- 326, 329, 331, 344
– Dipol- 306, 308, 309, 321 ff.
– Dipolwand- 343
– Empfangs- 307, 335, 344
– –, mit wählbarer Polarisation 345
– –, aktive 345
– Ganzwellendipol- 348
– Halbwellendipol- 261, 308, 326, 332
– Hertzscher Dipol 308, 317
– Kurzwellen- 302, 305, 306
– Langdraht- 307, 311
– Linear- 302
–, logarithmisch-periodische
– – horizontal polarisiert 253, 333, 334, 338
– – vertikal polarisiert 207, 209, 272, 333, 335, 336
– – Doppelantenne, horizontal polarisiert 38
– – Doppelantenne, vertikal polarisiert 339
–, magnetische 302, 317
– Mast- 309
– Peitschen- 237, 295, 311, 316, 319
– Rahmen 236, 316, 317
– Rhombus 340 ff.
– Richt- 262, 330 ff.
– Sende- 14, 70, 262, 344
– Schlitz- 302
– Schrägdraht- 344
–, schwundmindernde 299
– Stab- 295, 306, 309, 311, 316, 319
– V- 307, 311
– Yagi- 306

Antennengewinn 53, 216, 308, 324, 328
Antennen-Anpaßgerät 311, 312
– Diversity-Verfahren 128
– Rauschfaktor 50 ff., 230, 232
ARCD-Modell 19
Atmosphärisches Rauschen 49, 50, 59, 345, 346
Atmosphärischer Störgrad 51 ff., 232, 260
Atmosphärische Störungen 16, 53
Ausbreitungswege 39
Ausbreitung Bodenwelle 270, 271, 278 ff., 344
– Raumwelle 11
Außerbandstrahlung 70, 120 ff.
Außerordentliche Welle 32, 33, 34, 224
Auswahlschaltung 34

Bandbreite 53, 86, 88 ff., 121 ff.
Beeinflussung, klimatisch 14
Betriebsart 85, 102 ff.
Betriebs-Frequenzbereich 118, 204
Beugungsindex 33
Bewegliche (mobile) Dienste 71, 73 ff.
Bezugsantenne 307, 308
Brechungsindex 227
Breitbandantenne 257, 295, 316, 344
Breitband-Reusenantenne 326, 329, 331, 344
Bildübertragung 94
Bodenarten 226, 239, 254, 269, 270, 284, 287
Bodeneigenschaften 269, 335
Bodenkonstanten 269, 272, 273
Bodenwellenleitfähigkeit 269, 275, 319, 328
Bodenreflexion 42, 228, 234, 238
Bodenwellenausbreitung 268, 273, 278 ff., 344
Bodenwellendämpfung 285
Bodenwellenfeldstärken 271, 277, 288, 290 ff., 344

Datenübertragung 125
Dämpfungsfaktor der Bodenwelle 271, 273, 275
Dienst, diplomatischer 16, 71
– Flugfunk- 11, 12, 16, 72, 73 ff.
–, meteorologischer 16, 71
– Rundfunk- 72, 73 ff.
– Seefunk- 16, 72, 73 ff., 293, 299
Dielektrizitätskonstante 32, 33, 227, 269, 273, 275, 277
Dipolantenne 306, 308, 309, 321 ff.
Dipolwandantenne 343
Diversity-Betrieb 124, 128, 344
– Antennen- 128
– Frequenz- 131
Diversity-Kriterium 125
– Polarisations- 34, 131, 336, 345
– Raum- 128, 336
– Zeit- 132
Diversity-Effekt 128
Diversity-Empfang 128, 336
Doppelseitenband 87
Doppelseitenbandmodulation 61, 108
Doppelseitenbandsendungen 108
Doppler-Effekt 48, 49, 105, 106, 107
D-Schicht 20, 23, 25, 27, 35, 216, 222
Duplexverkehr 102, 145
Durchschnittliche Spitzenleistung 109, 114, 115

Eckersly, Berechnungsmethode nach- 287, 288
EJF (estimated junction frequency) 145 ff., 149 ff., 205
Eindringtiefe 270
Einfallswinkel (der Funkwelle) 35, 42, 49, 145
Einseitenband 87
Einseitenbandbetrieb 61, 90, 120
Einseitenbandmodulation 108
Einseitenbandsendungen 108
Einseitenbandverfahren 86, 95
Einsprungverbindungen 135, 149, 150, 211, 217
Elektronendichte 20 ff., 32, 41
Elliptische Polarisation 33, 34
Empfangsantenne 307, 335, 344
–, aktive 345
–, mit wählbarer Polarisation 345

Empfangsleistung 53
Empfangsstörungen 35
Entfernung, kritische 272, 277
–, numerische 273, 274
Erdmagnetisches Feld 27, 31, 32
Erdnetz 319, 328, 344
Erhebungswinkel 39, 41 ff., 135, 138, 140, 144, 220, 221, 225 ff., 303, 305, 316, 324, 328, 331, 337, 341
E-Schicht 21, 22, 40, 138, 142, 154
E_s-Schicht 21, 27, 44

Fading (Schwund) 33, 34, 128
– Absorptions- 35
– Flatter- 34
– Interferenz- 33 ff.
– reserven 13, 216, 228, 260
–, selektives 33, 34, 128
– Skip- 35
Faksimile 66, 87, 88, 93, 94
– sendungen 45, 61
Fehlanpassung 121
Fehlerhäufigkeit 13, 115, 252
Feld, erdmagnetisches 27, 31, 32
Feldstärke 33 ff., 59, 221
–, nicht absorbierte 218
Fernmessung 87
Fernschreibkanal 91, 92
Fernschreibsignal 50
Fernsteuerung 87
Feste Dienste 71, 73 ff.
Flatterfading 34
Flugfunkbereich 12, 71, 73 ff.
Flugfunkdienst 11, 12, 16, 72 ff.
Fortpflanzungsgeschwindigkeit 309
FOT (fréquence optimal de trafic) 41, 145, 205
Freiraumdämpfung 13, 216, 218
Freiraumfeldstärke 218, 219, 221, 231
Freiraumverluste 216, 218, 220, 233, 239
Frequenz, anwendbare 35
– Diversity 34, 131
–, kritische 23, 25, 27
–, multiplex 88
– Nacht- 35, 204, 207 ff., 295, 309
–, parasitäre 11, 119
– Tag- 204, 207 ff., 295
– Übergangs- 208, 209, 309

– Umtastsystem 46
–, unerwünschte (nicht erwünschte) 12, 118
Frequenzbereiche für Kurzwellendienste 73 ff.
Frequenzgenauigkeit 12
Frequenzhub 90, 91, 92, 94, 124, 236
Frequenzmodulation 87, 90, 93, 94
Frequenzstabilität 105, 107
F-Schicht 21, 23, 25, 27
F1-Schicht 21, 23, 40
F2-Schicht 21, 23, 27, 39, 40, 43, 44
Funkstörungen 49
Fußpunktwiderstand 312

Galaktisches Rauschen 51, 59
Ganzwellendipol 308
Gegengewicht 319
Gelände, homogen 268
–, nicht eben 286
–, nicht homogen 287 ff.
Gewinn, Antennen- 216, 231, 234, 296, 307, 318, 324, 328, 335, 340, 341, 343
Grenzfrequenzkurven 145
Grenzwellenbereich 17, 268
Großkreisentfernung 136, 217, 219
Großkreisrichtung 136
Gyrofrequenz 32, 33, 224, 226, 230

Halbdicke 20, 21
Halbduplexverkehr 103, 104
Halbwertsbreite 263, 305, 307, 319, 324, 331, 337, 341
–, azimutale 304, 341
–, horizontale 265, 266, 304
–, vertikale 262, 265, 266, 304
Halbwellen-Dipolantenne 261, 308, 326, 332
Harttastung 89, 90, 91
Hertzscher Dipol 308, 317
HF-Signal-Geräuschabstand 51, 53, 124, 126, 229, 260
HF-Träger, vermindert 109
–, voller 108
–, unterdrückter 109
– Trägerleistung 108
Hilfsträger 94, 95
Höhe, virtuelle 39, 42, 43, 138, 139, 218, 262

Höhenfaktor 305
Hörempfang 89
Horizontale Polarisation 58, 276, 285, 302, 315, 321

Industrielle Störungen 54, 56, 58, 118, 300, 346
Information, analoge 87
–, digitale 87
–, quantisierte 87
Interferenzen 67 ff., 95, 118, 295, 298
Interferenzschwund 33 ff.
Interferenzsektor 307
Interferenzstörungen 307
Intermodulationsfrequenz 119
Intermodulationsprodukte 118, 119, 346
Ionenkonzentration 20, 21
Ionisation 18, 20 ff., 27, 31, 35, 222
Ionogramm 39, 40
Ionosphäre 17 ff., 24, 32, 34, 39, 42, 48, 49
Ionosphärische Störungen 28
Ionosphärische Stürme 27, 29, 31, 36
Isotropische Strahler 216, 226, 304

Klimatische Beeinflussung 302, 305, 306
Kode, Zwei-Zustände- 87
– Vier-Zustände- 88
– Vielfach-Zustände- 88
Kollisionen (von Elektronen) 32, 33
Korpuskulare Strahlung 20, 21, 27
Korrelation (Diversity) 128
Korrelationskoeffizient 128 ff.
Kosmisches Rauschen 51, 53, 54, 56, 59, 346
Kritische Entfernung 272, 277
Kritische Frequenz 23, 25, 27
Kreuzmodulation 346
Küsteneffekt 293
Kugelstrahler 216, 218, 220, 222, 308
Kurzwellenantenne 302, 305, 306

Langdrahtantenne 307, 311
Langzeitbeobachtung 13
Laufzeiten 33
Leistung, durchschnittliche Spitzen- 109, 114, 115
– HF-Träger 108

355

–, mittlere Sender- 109
–, rücklaufende 313
– Sender- 21, 60, 95, 108, 109, 113, 216, 231
–, vorlaufende 313
Leistungsverteilung 113
Leitfähigkeit des Bodens 227, 268, 269, 273
Licht, ultraviolett 20
LINCOMPEX 117, 127
Linearantenne 302
Logarithmisch-periodische Antenne horizontal polarisiert 253, 333, 334, 338
–, vertikal polarisiert 207, 209, 272, 333, 335, 336
Logarithmisch-periodische Doppelantenne horizontal polarisiert 338
–, vertikal polarisiert 339
Luftdichte 19
Luftdruck 19

Magnetische Antenne 302, 317
– Feldstärke 31
Magnetische Induktion 31
– Stürme 27, 36, 48
Magnetisches Feld 31
Man made noise 51, 58
Mastantenne 309
Mehrkanal-Telefoniebetrieb 117, 120
– Telegrafiebetrieb 113, 120
Mehrsprungverbindungen 44, 135, 149, 150, 214, 231 ff., 314
Mehrwegeausbreitung 33, 45, 295
Mehrwege-Reduktionsfaktor 47
Mehrwegeverzögerung 47, 48
Meteorologischer Dienst 16, 71
Millington, Berechnungsmethode nach – 289, 291 ff., 295
Mittlere Senderleistung 109
Mindestfeldstärken 17, 59, 60, 218, 229
Mittelwellenbereich 20
Mobile Dienste 71, 73 ff.
Modellatmosphäre 19
Modulationsart 86, 87
Modulationseinrichtung 11
Modulationsfrequenz 93, 96, 121
Modulationsgrad 108, 110

Modulationsindex (Telegrafie) 90, 91, 123, 124
Modulationsspitze 95 ff., 109
Mögel-Dellinger-Effekt 26, 35
Morse Alphabet 16, 89
Morse Telegrafie 88
MUF (maximum useful frequency) 35, 39 ff., 47, 68
Multiplexarten 86, 88

Nachrichten, telefonische 11, 124
–, telegrafische 11, 89, 124
Nachrichtendienst 12
Nachrichtenkanal 86, 87
Nachrichtenübertragung 15, 17, 85
Nachtfrequenz 35, 204, 207 ff., 295, 309
Nagakami-Rice-Verteilung 37
Nebenwellen 12, 70, 119
Nennleistung 119
NF-Geräuschabstand 126
Nordlicht 27, 30, 35
Nordlichtzone 34
Normalfrequenz 27, 30, 35, 73 ff.
Nullstelle (Strahlungsdiagramm) 305, 318, 319
Numerische Entfernung 273, 274

Oberwellen 12, 70, 114, 118, 346
Örtliche Störungen 51
Ordentliche Welle 32 ff., 224

Peak envelope power 109
Pedersen-Strahl (ray) 41, 42, 216
Permeabilität 31
Peitschenantenne 237, 295, 311, 316, 319
Polarisation 32, 34, 58, 125, 131, 226, 271, 276, 302, 315
–, elliptische 33, 34
–, horizontale 58, 276, 285, 302, 315, 321
–, vertikale 58, 276, 285, 302, 315
–, zirkulare 32, 33
Polarisationsdiversity 34, 131, 336, 345
Polarisationsschwund 34, 35
Punkt-zu-Punkt-Verbindung 136, 332, 340

$\overline{R}_{12}$ (abgeglichener Zwölfmonatswert der Sonnenfleckenzahl) 23, 222
Rahmenantenne 236, 316, 317
Raumdiversity 128, 336
Raumwelle 16, 39, 134, 216, 217, 297, 298, 315
Raumwellenausbreitung 16, 260, 268, 303, 305, 315, 316
Rauschen, atmosphärisch 49, 50, 59, 345, 346
–, galaktisch 51, 59
–, kosmisch 51, 53, 54, 56, 59, 346
Rauschbandbreite 50
Rauschfaktor 58, 59
Rauschfeldstärke 59
Rauschleistung 50, 51, 53, 234
Rayleigh-Fading 128, 129
Rayleigh-Verteilung 13, 36 ff., 229
Recovery-Effekt 293
Reflexionen 17, 32, 34, 35, 337
Reflexionsfaktor 312, 330
Reflexionshöhe 39
Reflexionskoeffizient 226, 227
Rekombination 20, 26, 31, 48
Reserven, Fading- 13, 216, 228, 260
Resonanzantenne 310, 314
Restionoisation 21, 22
Reusenantenne 306
Rhombusantenne 340 ff.
Richtantenne 262, 330 ff.
Röntgenstrahlen 20, 23, 25
Rücklaufende Leistung 313
Rücklaufende Welle 312
Rundfunk 72, 73 ff., 88
Rundfunkdienst 72
Rundfunkprogramm 72, 85, 268
Rundfunksendungen 85, 108, 123, 265, 332, 343
Rundfunkübertragung 72
Rundstrahlantenne 310, 331
Rundstrahlbetrieb 85
Rundstrahlcharakterisitk 327
Rundstrahldienst 321, 326

Satzverständlichkeit 124
Schichten, aktive 11, 20
–, elektrisch leitend 18
Schichtdicke 20
Schichthöhe 22

Schichthöhenprofil 263, 265
Schlitzantenne 302
Schrägdrahtantenne 344
Schwundbereich 38
Schwunddauer 38, 39
Schwunderscheinungen 13, 34, 35, 38, 48, 49, 125
Schwundreserve 125
Schwundtiefe 35
Seefunkbereich 12
Seefunkdienst 16, 72, 293, 299
Seitenband, moduliert 33
–, oberes 90, 93, 94, 96, 97
–, unteres 93, 97
Seitenbandbetrieb 67
Seitenbandtechnik 16
Selektiver Schwund (Fading) 33, 34, 128
Sendearten 85 ff., 106, 107, 109 ff.
Sendeart A1A, A1B 61, 89, 98, 106, 108, 110, 121, 126, 260, 261
– A2A, A2B 61, 90, 121
– A3C 93
– A3E 95, 100, 112
– B7B 46, 61, 92, 98, 111
– B7W 46, 61, 92, 93, 109, 113, 127, 260, 261
– B8E 61, 97, 101, 112, 127, 260, 261
– F1B 46, 61, 70, 90, 99, 111, 126, 260, 261
– F1C 111
– F3C 126
– F7B 46, 61, 92, 99, 111
– H2X, H2B 61, 90, 98, 110, 121
– H3E 96, 100, 112, 127
– J3C 111
– J3E 53, 96, 97, 101, 112, 127, 260, 261
– J7B 11, 127
– R3C 94, 98, 111, 126
– R3E 61, 96, 100, 112, 127
– R7B 46, 61, 92, 93, 98, 111
Senderleistung 21, 60, 72, 95, 108, 109, 113, 216, 231
Signalfeldstärke 25, 59, 125
Signal-Geräuschabstand 60, 89, 98, 100, 124, 126, 128, 135, 229, 231
Silbenverständlichkeit 124
Simplexverkehr 124
Skip distance 40
Skip fading 35

Sonneneruption 22, 23, 27
Sonnenflecken 22, 23, 27
Sonnenfleckengruppen 23
Sonnenfleckenmaximum 23, 134, 145, 146, 150, 230
Sonnenfleckenminimum 23, 134, 145, 146, 150, 230
Sonnenfleckenperiode 23
Sonnenfleckenrelativzahl 23
Sonnenfleckentätigkeit 18, 22, 230
Sonnenfleckenzahl 23 ff., 146, 149, 222
-, abgeglichene 23, 222
- Wolf'sche- 23
Sonnenfleckenzyklus 24
Spitzenleistung, durchschnittliche 109, 114, 115
Sporadische E-Schicht 21, 27
Sprechfunk 61, 92, 124, 125
Sprungentfernung 40, 41, 208, 264, 340
Spurious emissions 118, 119
Stabantenne 295, 306, 309, 311, 316, 319
Stehwellenverhältnis 312
Störfeldstärken 49, 300
Störgrad 60, 63 ff., 297
-, atmosphärisch 51 ff., 60, 232, 260
Störpegel, atmosphärisch 16, 53
-, örtlich 51
Störungen 25 ff., 34, 48, 49, 50, 73
-, atmosphärische 24, 114
-, industrielle 54, 56, 58, 118, 300, 346
-, ionosphärische 28
- der Bodenwelle 295
Störzone der Bodenwelle 299, 300
Strahlung, korpuskulare 20, 21, 27
-, ultraviolette 23, 27
Strahlungsdiagramm, azimutal 303, 305, 318, 321, 326, 340, 343, 344
-, horizontal 303, 305
-, vertikal 303 ff., 315, 316, 318, 321, 327, 328, 330, 332, 337, 343, 345
Strahlungsleistung 52, 234
-, normierte 234, 235
Strahlungsmaximum 305, 316, 331, 338
Streckendämpfung 135, 138, 146, 337, 343
Streckenlänge, effektive 217, 218

Tagfrequenz 13, 207 ff., 309, 339, 341
Tastgeschwindigkeit 89, 90, 94, 121

Telebilder 93
Telefoniekanal 16, 61, 85, 97, 110
Telefoniesendearten 95, 110, 256
Telefoniesendungen 85, 96, 97, 124
Telefonieübertragung 36
Telegrafie, automatischer Empfang 61, 65, 87
- Hörempfang 61, 65, 87
Telegrafiekanal 16, 85, 110, 114, 115
Telegrafiergeschwindigkeit 46, 90, 91, 93
Telegrafiesendearten 89, 124
Telegrafiesendungen 48, 89, 123
Telegrafieübertragung 36, 90, 125
Temperatur (in der Ionsphäre) 19

Übergangsfrequenz 208, 209, 309
Übertragungsqualität 12, 13, 322, 336
UIT (Union internationale de telecommunication) 47, 69, 70, 85
Ultraviolette Strahlung 23, 27
Unabhängiges Seitenband 87

V-Antenne 307, 311
Verluste, Kurzwellensystem 216
- Freiraum- 216, 218, 220, 233, 239
- Ionosphäre 216, 222, 225, 234
- Reflexion am Boden 216, 226, 228, 234
Versorgungsbereich 14, 265
Verteilung, Nagakami- Rice 37
- Rayleigh 14, 36 ff., 229
-, statistische 13, 35
Vertikalantenne 50, 59
Vertikale Polarisation 58, 276, 285, 302, 315
Verzögerungszeit 45, 46, 48
Vituelle Höhe 39, 42, 43, 138, 139, 218, 262
Vorlaufende Leistung 313
Vorlaufende Welle 312
Vor-Rück-Verhältnis 307
VSWR (voltage standing wave ratio) 312

Wechselstromtelegrafie 61, 132
Wechselstrom-Telegrafieknal 61, 114, 115
Wechselstrom-Telegrafie-System 92, 110, 113, 114

Weichtastung 89, 91
Welle außerordentliche 32 ff., 224
–, ordentliche 32 ff., 224
–, rücklaufende 312
–, vorlaufende 312
Welligkeit 312, 313, 330, 332, 333, 339, 343
Wellenwiderstand 312
– des freien Raumes 218
Winteranomalie 224, 252
Wolf'sche Sonnenfleckenzahl 23

Yagi-Antenne 306

Zeichenfehlerhäufigkeit 124, 126
Zeichenverzerrung 46, 89
Zeitblöcke 53, 60
–, jahreszeitliche 51
–, tageszeitliche 51
Zeitdiversity 132
Zeitmultiplex 88
Zeitzeichensender 72
Zenitwinkel der Sonne 20, 147, 149
Zirkulare Polarisation 32, 33
ZSN (Zürich sunspot number) 23
Zweiseitenband-Modulation 95
Zwölfmonatswert, abgeglichener
  (der Sonnenflecken) 23, 222

Siemens-Fachbücher

Brodhage, Helmut; Hormuth, Wilhelm
Planung und Berechnung von Richtfunkverbindungen
10., völlig neubearbeitete Auflage, 1977, 216 Seiten, 85 Bilder,
39 Tabellen, 35 Bildanlagen mit Arbeitsdiagrammen, 2 Vordrucke für
Geländeschnitte, 18 cm × 23,5 cm, Pappband
ISBN 3-8009-1242-2

Wiesner, Lothar
Fernschreib- und Datenübertragung über Kurzwelle
Grundlagen und Netze
4. Auflage, 1984, 222 Seiten, 123 Bilder, 17 Tabellen, A5, kartoniert
ISBN 3-8009-1391-7

Schubert, Werner
Nachrichtenkabel und Übertragungssysteme
3. Auflage, 1986, 228 Seiten, 73 Bilder, 7 Tabellen, A5, Pappband
ISBN 3-8009-1448-4

Gumhalter, Hans
Stromversorgungssysteme der Kommunikationstechnik
Band 1: Grundlagen
1983, 233 Seiten, 201 Bilder, 9 Tabellen, A5, kartoniert
ISBN 3-8009-1374-7

Gumhalter, Hans
Stromversorgungssysteme der Kommunikationstechnik
Teil 2: Gerätetechnik und Planungshinweise
1984, 387 Seiten, 196 Bilder, 43 Tabellen, A5, kartoniert
ISBN 3-8009-1413-1

Beer, Waldemar
Automatische Gebührenerfassung bei Nebenstellenanlagen
Mikroprozessoren als Steuer- und Speicherelemente
1984, 328 Seiten, 74 Bilder, Taschenbuch, kartoniert
ISBN 3-8009-1392-5